普通高等教育"十一五"国家级规划教材

石油高职高专规划教材

石油仪表及自动化

王克华　张继峰　主编

辜忠涛　主审

石油工业出版社

内 容 提 要

本书为高职高专教材。全书共分十二章，其内容包括三大部分。第一章至第六章分别介绍了测量基本知识和压力、物位、流量、温度等参数的测量，对显示仪表、成分分析仪表也进行了介绍。第七章到第九章，分别介绍了控制系统的基本知识和调节仪表。第十章到第十二章，分别介绍了自动控制系统的组成、简单和复杂控制系统的特征与投运，并介绍了石油加工、油气储运等方面自动控制的应用实例和最新的一些控制方法。

本书可作为高职高专石油储运、炼制、化工、燃气输配及轻工、热电、供热等专业的仪表自动化教学，也可以作为函授学校、成人教育学校、企业培训学校的相关专业教材，并可供相关行业工艺技术人员及操作人员参考。

图书在版编目（CIP）数据

石油仪表及自动化/王克华，张继峰主编．北京：石油工业出版社，2006.8

（普通高等教育“十一五”国家级规划教材）

ISBN 978－7－5021－5555－1

Ⅰ．石…

Ⅱ．①王…②张…

Ⅲ．石油化工－化工仪表－自动控制系统－高等学校：技术学校－教材

Ⅳ．TQ056

中国版本图书馆 CIP 数据核字（2006）第 079704 号

出版发行：石油工业出版社

（北京安定门外安华里 2 区 1 号　100011）

网　址：http://www.petropub.com

发行部：(010)64523620　编辑部：(010)64523612

经　　销：全国新华书店

印　　刷：北京中石油彩色印刷有限责任公司

2006 年 8 月第 1 版　2015 年 4 月第 8 次印刷

787×1092 毫米　开本：1/16　印张：15.75

字数：400 千字

定价：22.00 元

(如出现印装质量问题，我社发行部负责调换)

前　言

为适应石油高职高专院校石油钻井、采油、储运、炼制、化工、燃气输配等石油类各专业的仪表自动化教学需要，根据石油工业的特点，针对上、下游两类不同的专业，石油工业出版社组织编写了《钻采仪表及自动化》和《石油仪表及自动化》教材。本教材适用于高职高专石油储运、炼制、化工、燃气输配等专业的仪表自动化教学，也可以延伸至轻工、热电、供热等专业。

本教材力图适应高职高专职业教育的培养目标，突出高等职业教育特点，以反映典型性、针对性、实用性、先进性的原则，按仪表功能组织教材，介绍目前国内常用的检测、控制仪表，反映当今最新技术动态。内容设置从本行业职业的需要出发，以应用为目的、够用为原则，适当拓宽知识范围，尽量照顾石油工业下游行业各专业的需要，较系统全面地介绍了常用测量仪表、控制仪表和自动控制系统的基本知识。

本教材内容力求深入浅出，着眼于为实际应用服务，重视仪表及自控系统的应用知识。教材给出了部分仪表外形图、实物图片等，以配合实验和技能训练，增强学生的感性认识。

为便于学习，每章末附有习题与思考题，以帮助读者学习时练习与参考。

全书按总学时72学时编写，各学校可根据专业与学时情况，适当选择、增减教学内容。

本书编写分工如下：绪论、第三章、第六章由山东胜利职业学院王克华、姜月红（第三章第五节）、于洪庆（第六章第六节）编写，第一章、第四章由渤海石油职业学院王伟华编写，第二章由大庆职业学院张晔（第一、三节）、白术波（第二、四节）编写，第五章由天津石油职业技术学院解晓飞编写，第七章、第十章分别由重庆科技学院张其敏、严宏东编写，第八章、第九章由大庆石油学院张继峰、刘文龙编写，第十一章、第十二章由河北石油职业技术学院王晖、杨文川编写。

本书由王克华、张继峰任主编，张其敏、王伟华、王晖任副主编。全书由辜忠涛主审，并重新编写了第十二章第六节，在此深表感谢。

由于作者水平有限，书中错误、不妥之处在所难免，恳请读者批评指正。

编者

2006年2月

目　　录

绪 论

石油开采、储运、炼制、化工生产过程中，所处理的介质一般是原油、成品油、天然气及伴生污水等流体。这些流体从油、气井中采出后，经过接转站汇集、集输联合站进行初步分离与净化，再经长输管道送往炼油厂和化工厂，进行精细分馏或其他化学处理。所有这些过程，油、气、水的处理往往是在密闭的设备、管道中连续进行的。只有借助于测量仪表与自动化装置进行检测和控制，才能正确地指导生产操作，监控设备运行。由于生产规模的不断扩大、需要测控的工艺参数增多，只靠人工操作已经无法适应现代工业生产的要求。为了确保安全生产，提高生产效率，改善劳动条件，必须把生产中的各项工艺参数控制在最佳值，使生产设备在最佳状态下自动地运行，即实现生产过程的自动化。石油储运、集输与加工过程的自动化均属于生产过程自动化的范畴。

一、生产过程自动化的概念

所谓生产过程自动化，就是在流程型、连续性生产过程中，采用自动化仪表及装置，来检测、控制生产过程中的工艺参数，以代替操作人员的直接操作。这种用自动化仪表来控制生产过程的方法，就称为生产过程自动化。

自动化仪表与自动化技术在石油、石化行业得到了广泛的应用。从沙漠腹地无人值守的集输泵站，到海上采油平台的遥测遥控；从长输管线远程联网控制，到炼油厂、化工厂的大型自动化系统的应用，仪表、自动化已成为生产过程中必不可少的重要技术手段。工业生产对仪表自动化的依赖日益加重，特别是计算机技术、通信技术、微电子技术在自动化领域中的应用，提高了自动化系统和仪表的性能，提供了更有效的控制手段。

因此，对于从事石油储运、炼制、化工等方面的技术人员，除了必须深入了解和熟悉生产工艺外，还必须学习和掌握自动化仪表方面的知识。这对于控制和管理工业生产过程是十分必要的。

二、自动化仪表分类

石油工业用自动化仪表类型繁多。一般分类如下：

(1) 按仪表使用能源分类，可分为电动仪表、气动仪表和自力式仪表。它们分别使用电、压缩空气及被测介质自身能量作动力。

(2) 按测量参数分类，可分为化工测量仪表（测量压力、物位、流量、温度等参数），电工测量仪表（测量电压、电流等参数），成分分析仪表等等。

(3) 按仪表在自动调节系统中的作用分类，可分为变送器（用于参数的检测与信号的转换及传送），控制器、执行器（用于对参数的调节），显示记录仪等。

(4) 按仪表的组合方式分类，可分为基地式仪表和单元组合仪表。基地式仪表集变送、显示、调节各部分功能于一体，单独构成一个固定的控制系统。单元组合式仪表将变送、控制、显示等功能制成各自独立的仪表单元，各单元间用统一的输入输出信号相联系，可以根据实际需要选择某些单元进行适当的组合、搭配，组成各种测量系统或控制系统。单元组合仪表，有电动单元组合仪表及气动单元组合仪表两大类。

国产 QDZ 系列气动单元组合仪表，气源采用压力为 140kPa 的压缩空气，统一标准信号为 20～100kPa 的气压信号。国产 DDZ 系列 DDZ－Ⅱ型电动单元组合仪表，采用 220V 单相交流电源，统一标准信号为 0～10mA 直流电流；DDZ－Ⅲ型电动单元组合仪表，电源为 24V 直流电源，统一标准信号为 4～20mA 直流电流。

用于原油、天然气、污水及成品油的自动化仪表，有其专业特点和特殊性。对于原油，其特殊性在于其高粘度、低雷诺数，并且具有易燃、易爆、易凝、不透明等特点；对于油田污水，其特殊性在于它具有较强的腐蚀性，并且矿化度高、易结垢。成品油成分单纯、透明、无腐蚀性，要求测量精度高。对于天然气，其特殊性在于它的易燃易爆性，因此在选择、安装、使用仪表时，要特别注意仪表的适应性和防爆问题。

三、课程的性质、任务与要求

本课程为石油储运、炼制、化工专业的必修课。与物理学、电工及电子学、流体力学、机械原理、油气集输工程、化工工程等课程有密切联系，是一门综合性、实践性较强的专业技术课。通过本课程的学习，应能掌握常用测量仪表的基本结构与工作原理，了解仪表的特性、安装及应用特点，以便在实际生产过程中能正确选择、使用常用仪表，并具备简单故障的分析、处理能力。同时，应熟悉自动控制系统的组成，了解自动化的基本知识，学会使用控制仪表，懂得自动控制系统的投运及参数整定方法，使仪表与自动化技术能够更好地在石油工业生产中发挥应有的作用。

第一章　测量的基本知识

第一节　测量过程及测量误差

一、测量的概念

测量就是用实验的方法，借助一定的仪器或设备把被测量与作为标准测量单位的已知量进行比较，求出两者的比值，从而得到被测量数值大小的过程。测量结果——测量值，包括被测量的大小、符号（正或负）及测量单位。

例如，我们要测量一段导线的长度，最简单的办法是用一把直尺与导线比试。导线在直尺上毫米刻度的倍数是多少，就表明它有多少毫米长。

实际上，所有参数的测量过程，都是将被测参数与其相应的测量单位进行比较的过程。而测量仪表就是实现这种比较的工具。

二、测量误差及处理

所谓误差，就是某一被测量的测量值与客观真实值之差。测量的目的是希望能正确地反映被测参数的真实值。但是，测量过程始终存在着各种各样因素的影响，测量结果不可能绝对准确，而只能尽量接近真实值。测量值与真实值之间始终存在着一定偏差，这一偏差称为测量误差。一个测量结果，只有当知道它的测量误差或指明其误差范围时，这种测量结果才有意义。

测量误差通常有两种表示方法，即绝对误差和相对误差。

绝对误差 e_a：测量值 X 与“真实值” X_t 之间的代数差。即：

$$e_a = X - X_t \tag{1-1}$$

如前所述，由于测量值不能绝对准确地反映被测参数的真实值，真实值往往是无法可知的。实际测量过程中，一般是利用误差更小的标准仪表的指示值作为被测参数的真实值（称为约定真值）。

相对误差 E_r：测量的绝对误差和“真实值”之比。即：

$$E_r = \frac{e_a}{X_t} \times 100\% \approx \frac{e_a}{X} \times 100\% \tag{1-2}$$

测量误差越小，说明测量结果的可信度越高。因此，求测量误差的目的就在于用来判断测量结果的可靠程度。

在测量过程中，测量误差按其产生的不同原因，可以分为系统误差、随机误差和疏忽误差三类。产生原因不同，有其不同的处理方法。

1. *系统误差*

系统误差是在相同测量条件下，多次测量同一被测参数时，测量结果的误差大小与符号均保持不变或在条件变化时按某一确定规律变化的误差。系统误差一般是由于仪表本身性能不完善、测量方法有缺陷或测量时外界条件变化等原因引起的。

必须指出，单纯地增加测量次数无法减少系统误差对测量结果的影响。但在找出产生误差的原因之后，便可通过对测量结果引入适当的修正值而加以消除。

2. 随机误差

随机误差是在相同测量条件下，对参数进行重复测量时，测量结果的误差大小与符号均不固定，且无一定规律的误差。产生随机误差的原因很复杂，是由许多微小变化的复杂因素共同作用的结果所致。

对单次测量来说，随机误差是没有任何规律的，既不可预测，也无法控制；但对于一系列重复测量结果来说，它的分布服从统计规律，产生正负误差的概率相等。因此，可以采取多次测量求算术平均值的方法减小随机误差，取此平均值作为最终的测量结果。

3. 疏忽误差

疏忽误差是测量结果显著偏离被测值的误差，没有任何规律可循。产生的主要原因是由于工作人员在读取或记录测量数据时的疏忽大意所造成的。

带有这类误差的测量结果毫无意义，因此在实际工作中，必须加强管理，精心操作，避免发生这类误差。

第二节　测量仪表的品质指标

一、精度

1. 引用误差

测量值的绝对误差 e_a 与测量仪表的量程 S_p 之比的百分数，称为引用误差。

$$E_q = \frac{e_a}{S_p} \times 100\% \tag{1-3}$$

式中，$S_p = X_{max} - X_{min}$，为仪表的量程，即仪表测量上限值 X_{max} 与下限值 X_{min} 之差。

显然，具有相同绝对误差的两台仪表，量程大的仪表的引用误差要小于量程小的仪表。引用误差可以表示测量仪表的可信程度。

2. 精确度

精确度（简称精度），反映正常使用条件下，描述仪表测量结果准确程度的一项综合性指标。其形式用最大引用误差去掉百分号表示。可用下式描述：

$$A_c = \frac{e_{max}}{S_p} \times 100 \tag{1-4}$$

式中 A_c——精度；

e_{max}——允许最大绝对误差。

允许最大绝对误差是在规定的工作条件下，仪表测量范围内各点绝对误差的允许最大值，为仪表的“基本误差”。与此对应的仪表的引用误差称为允许误差，即：

$$E_{qmax} = \frac{e_{max}}{S_p} \times 100\% \tag{1-5}$$

3. 精度等级

精度等级是按国家统一规定的允许误差大小而划分的精度值。某一等级仪表，反映在正常情况下，仪表所允许具有的最大引用误差。例如：精度等级为1级的仪表，在测量范围内各点处的允许误差均不超过±1%。

目前，我国规定生产的仪表精度等级有：0.01、0.02、0.05、0.1、0.2、(0.35)、(0.4)、0.5、1.0、1.5、2.5等（括号内等级必要时采用）。下面举例说明如何确定仪表的精度等级。

例1 某压力测量仪表的测量范围为0～1000kPa，校验该表时得到的最大绝对误差为±8kPa，试确定该仪表的精度等级。

解：该仪表的精度为：

$$A_c = \frac{e_{max}}{S_p} \times 100 = \frac{e_{max}}{X_{max} - X_{min}} \times 100 = \frac{8}{1000 - 0} \times 100 = 0.8$$

由于国家规定的精度等级中没有0.8级仪表，而该仪表的精度又超过了0.5级仪表的允许误差，所以，这台仪表的精度等级应定为1.0级。

例2 某台测温仪表的测量范围为0～1000℃，根据工艺要求，温度指示值的误差不允许超过±7℃，试问应如何选择仪表的精度等级才能满足以上要求？

解：根据工艺要求，仪表精度应满足为：

$$A_c = \frac{e_{max}}{S_p} \times 100 = \frac{7}{1000 - 0} \times 100 = 0.7$$

此值介于0.5级和1.0级之间，若选择精度等级为1.0级的仪表，其允许最大绝对误差为±10℃，这就超过了工艺要求的允许误差，故应选择0.5级的精度才能满足工艺要求。

由以上两个例子可以看出，根据仪表校验数据来确定仪表精度等级和根据工艺要求来选择仪表精度等级，要求是不同的。根据仪表校验数据来确定仪表精度等级时，仪表的精度等级值应选不小于由校验结果所计算的精度值；根据工艺要求来选择仪表精度等级时，仪表的精度等级值应不大于工艺要求所计算的精度值。

仪表的精度等级是衡量仪表质量优劣的重要指标之一，它反映了仪表的准确度和精密度。仪表的精度等级一般用圈内数字等形式标注在仪表面板或铭牌上。

二、灵敏度及分辨率

1. 灵敏度

灵敏度反映了仪表示值变化相对于被测量变化的灵敏程度，一般用于模拟量仪表。它是指仪表输出增量与输入增量之比，常用仪表的输出变化量（例如指针的线位移或角位移）与引起此变化的被测量变化量之比来表示，即：

$$S = \frac{\Delta Y}{\Delta X} \tag{1-6}$$

式中 S——仪表的灵敏度；

ΔY——仪表输出的变化量；

ΔX——仪表输入的变化量。

测量仪表的灵敏度可以用增大仪表转换环节放大倍数的方法来提高。仪表灵敏度高，仪表示值读数精度可以提高。但是必须指出，仪表的性能指标主要取决于仪表的基本误差，如果想单纯地通过提高灵敏度来达到更准确的测量是不合理的。单纯增加灵敏度，反而会出现虚假的高精度现象。因此，通常规定仪表标尺刻度上的最小分格值不能小于仪表允许最大绝对误差值。

2. 分辨率

分辨率是指仪表可能检测到的被测信号最小变化的能力，也就是使仪表示值产生变化时的被测量的最小改变量。数字式仪表的分辨率是指仪表在最低量程上最末一位数字改变一个字所表示的物理量。例如：3½位数字式电压表，若在最低量程时满度值为 1 V，则该数字式电压表的分辨率为 1mV。数字仪表能稳定显示的位数越多，则分辨率越高。

分辨率又称为灵敏限，是灵敏度的一种反映。一般说仪表的灵敏度高，则其分辨率同样也高。

三、变差

在外界条件不变的情况下，使用同一仪表对同一变量进行正、反行程（被测参数由小到大和由大到小）测量时，仪表指示值之间的差值，称为变差（又称回差）。即：$e_h=|$正行程示值$-$反行程示值$|$。测量仪表的变差示意图见图 1-1。

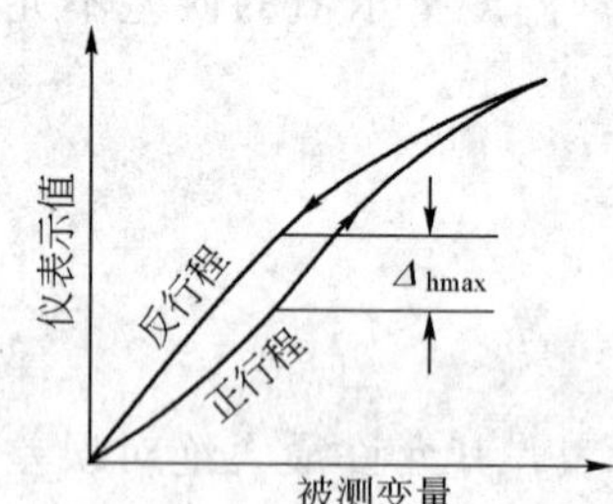

图 1-1 测量仪表的变差

不同的测量点，变差的大小也会不同。为了便于与仪表的精度比较，变差的大小一般采用最大引用误差形式表示，即

$$E_{hmax}=\frac{e_{hmax}}{S_p}\times 100\% \tag{1-7}$$

式中 E_{hmax}——最大变差；

e_{hmax}——仪表的正、反行程指示值最大偏差值。

造成变差的原因很多，例如传动机构的间隙、运动部件的摩擦、弹性元件的弹性滞后的影响等。变差的大小反映了仪表的稳定性，要求仪表的变差不能超过精度等级所限定的允许误差。

四、动态特性

仪表的动态特性是指被测量随时间变化时，仪表指示值跟随被测量随时间变化的特性。仪表的动态特性反映了仪表对测量值的速度敏感性能。

仪表的动态性能指标，一般用被测量初始值为零，并作满量程阶跃变化时仪表示值的时间反应参数来描述。

被测量作满量程阶跃变化时，仪表的动态特性如图 1-2 所示。仪表指示值在稳定值上下振荡波动，称之为欠阻尼特性，如图 1-2（a）所示。仪表指示值慢慢增加，逐渐达到稳定值，称为过阻尼特性，如图 1-2（b）所示。

对于欠阻尼特性，仪表的动态特性用上升时间 t_{rs}、稳定时间 t_{st} 及过冲量 y_{os} 表示。图 1-2 (a)中，A 一般为 5%或 10%，B 一般为 90%或 95%，C 一般为 2%～5%。

对于过阻尼特性，仪表的动态特征用时间常数 T_{tc} 表示。T_{tc} 等于被测量作满量程阶跃变化时，仪表指示值达到满量程的 63.2%时所需时间。

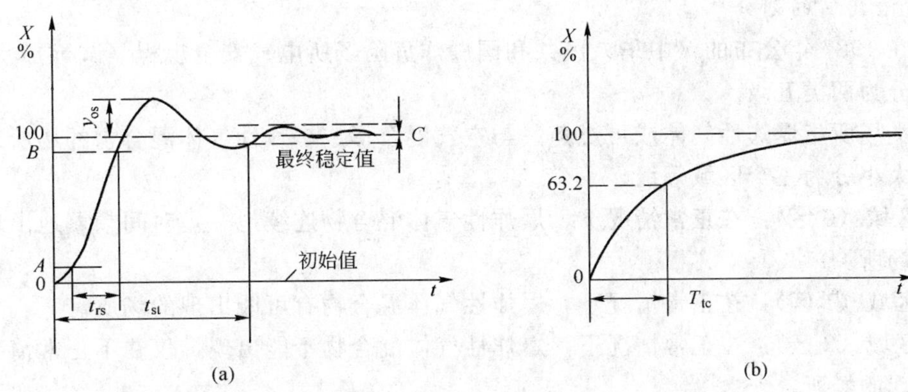

图 1－2　仪表的动态特性

第三节　测量仪表的分类与组成

一、测量仪表的分类

在石油化工生产中使用的测量仪表种类很多，分类方法也不尽相同，这里介绍几种常见的分类方法。

按所测参数的不同，可分成压力测量仪表、流量测量仪表、液位测量仪表、温度测量仪表和成分分析仪表等。

按仪表示数方式的不同，可分为指示型仪表、记录型仪表、远传型仪表等。

按仪表能源的不同，可分为电动仪表、气动仪表、自力式仪表等。

二、测量仪表的基本构成

测量仪表一般均由检测部分、变换部分和显示部分三部分组成。检测部分一般与被测介质直接接触，并将被测参数加以转换；变换部分大多仅起到信号能量的变换作用；显示部分用于将被测参数的测量值指示、记录下来。

如果检测部分将被测量转换成与之对应的便于传送的信号，如电压、电流、电阻、频率等，一般称之为传感器。由于传感器的输出信号种类很多，而且信号往往很微弱，一般都需要变换环节的进一步处理，把传感器的输出信号转换成如 0～10mA、4～20mA 等标准统一的模拟量信号或者满足特定标准的数字量信号，这种检测仪表称变送器。变送器的输出信号送到显示装置以指针、数字、曲线等形式把被测量显示出来，或者送到控制器对其实现控制。

检测、变换和显示部分可以是三个独立的部分，也可以有机地结合在一起成为一体。有一点需要指出的是：在目前的检测和控制系统中，传统的显示仪表更多地被数码显示仪表、光柱显示仪表、无纸记录仪、计算机监控系统所替代。

三、安全防爆基本知识

在石油、化工生产企业广泛存在着各种易燃、易爆气体或蒸气，在这些场所安装的仪表需要具有防爆性能，因此了解仪表和自动控制系统的安全防爆知识具有重大的现实意义。

1．危险场所的划分

我国在1987年公布的《中华人民共和国爆炸危险场所电气安全规程（试行）》将爆炸危险场所划分为两类五级。

第一类场所指爆炸性气体或可燃蒸气与空气混合形成爆炸性气体混合物的场所。按其危险程度的大小分为三个区域等级。

0级区域（0区）：在正常情况下，爆炸性气体混合物连续地、短时间频繁地出现或长时间存在的场所。

1级区域（1区）：在正常情况下，爆炸性气体混合物有可能出现的场所。

2级区域（2区）：在正常情况下，爆炸性气体混合物不能出现，仅在不正常情况下偶尔短时间出现的场所。

注：正常情况是指设备的正常起动、停止、正常运行和维修；不正常情况是指可能发生设备故障或误操作。

第二类场所指爆炸性粉尘或易燃纤维与空气混合形成爆炸性混合物的场所。按其危险程度的大小分为两个区域等级。

10级区域（10区）：在正常情况下，爆炸性粉尘或可燃纤维与空气的混合物可能连续地、短时间频繁地出现或长时间存在的场所。

11级区域（11区）：在正常情况下，爆炸性粉尘或可燃纤维与空气的混合物不能出现，仅在不正常情况下偶尔短时间出现的场所。

2．爆炸性物质的分类、分级与分组

（1）分类。爆炸性物质可分为三类：

Ⅰ类——矿井甲烷；

Ⅱ类——爆炸性气体、蒸气；

Ⅲ类——爆炸性粉尘、纤维。

（2）分级与分组。爆炸性气体在标准试验条件下，按其最大试验安全间隙和最小点燃电流比分级。Ⅰ级：甲烷；ⅡA级：汽油等；ⅡB级：环氧乙烷等；ⅡC级：氢气、乙炔等。其中ⅡC级最危险。

按其引燃温度分成六组，单位为℃。T1组：$T>450$；T2组：$450>T>300$；T3组：$300>T>200$；T4组：$200>T>135$；T5组：$135>T>100$；T6组：$100>T>85$。其中T6组最易引燃。

3．仪表及系统的防爆措施

（1）仪表防爆措施。

自动化仪表属于低压电气设备，因此在危险场所使用的自动化仪表要按电气设备防爆规程管理。规程规定，防爆电气设备可制成隔爆型、本质安全型等10种结构类型。其设备的分类、分级、分组与爆炸性物质的分类、分级、分组方法相同，其等级参数及符号也相同，其中温度等级是按最高表面温度确定，对隔爆型指外壳表面温度，其余各类型指可能与爆炸性混合物接触的表面的温度。

自动化仪表防爆结构主要有两种类型：

隔爆型——标志“d”。在结构上把仪表电路和接线端子全部放在防爆表壳内，使表壳有足够的强度和良好的密封性；即使仪表内部产生火花，也不会引起仪表外部的爆炸性混合物爆炸。

本质安全型——标志“i”。仪表在正常工作状态和事故状态下所产生的火花及达到的温度，均不足以引燃、引爆周围的危险混合物。

例如：安装在汽油泵房的仪表的防爆措施，已知汽油属于ⅡA级，温度组别属 T3 组。仪表的防爆措施为：可选具有 ExdⅡAT3 防爆性能的仪表或高于其防爆性能的仪表。Ex 为防爆标志。

(2) 系统的防爆措施。

安全防爆系统如图 1-3 所示。它不仅在危险场所使用本质安全型仪表，而且在控制室仪表与危险场所仪表之间设置了安全栅，这样构成的系统就实现了本质安全防爆的要求。

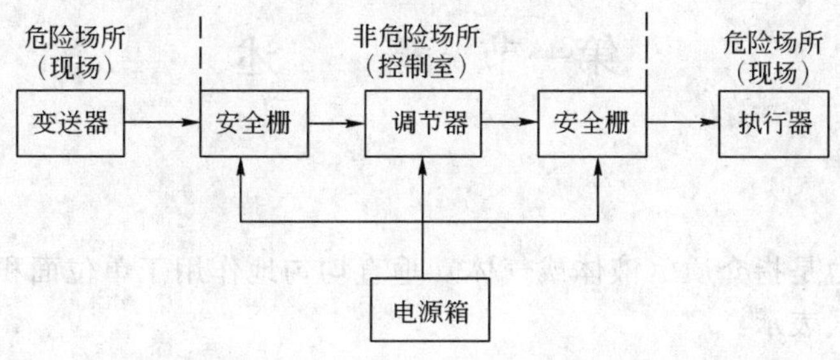

图 1-3　安全防爆系统

安全栅的作用是作为控制室非本质安全仪表与现场本质安全仪表之间的隔离设备，一方面传输信号，另一方面控制流入危险场所的能量（电压、电流）在爆炸性混合物的点火能量以下，以确保系统的安全火花性能。

如果上述系统中不采用安全栅，而由分电盘代替，分电盘只能起信号隔离作用，不能限压、限流，故该系统已不再是本质安全型防爆系统了。

◇ 习题与思考题 ◇

1-1　什么是测量？测量仪表由哪几部分组成？

1-2　仪表的精度和灵敏度之间有何联系与区别？

1-3　按误差出现的规律，误差可分为哪几种？各有什么特点？产生的原因是什么？

1-4　测量仪表有哪些品质指标？各反映仪表的什么性能？

1-5　某检测系统根据工艺设计要求，需要选择一个量程为 0～100 m^3/h 的流量计，流量测量误差要求小于±0.95m^3/h，试问选择何种精度等级的流量计才能满足要求？

1-6　有一个量程为 20～100kPa、精度等级为 0.5 级的差压变送器，在定期校验时发现该仪表在整个量程范围内的绝对误差在－0.5～＋0.4kPa 范围内变化，试问该变送器能否继续使用？如果降级使用时，应定为精度多少级？

1-7　危险场所和爆炸物是如何划分的？用什么样的方法解决系统的安全防爆问题？

第二章 压力测量

在石油化工生产中，压力往往是决定安全生产、产品质量和生产效率的重要因素。如分离器、锅炉等承压设备必须在一定的压力下工作，其压力超过额定值时便有可能发生爆炸；高压聚乙烯要在150MPa或更高的压力下才能完成聚合；炼油厂减压蒸馏则要在比大气压力低很多的负压条件下才能进行。可见，压力的测量与控制在生产过程中是十分重要的。

第一节 概 述

一、压力

工程上说的压力是指介质（液体或气体）垂直均匀地作用于单位面积上的力，即物理学中的压强。可由下式表示：

$$p = \frac{F}{S} \tag{2-1}$$

式中 p——压力；
F——垂直作用力；
S——受力面积。

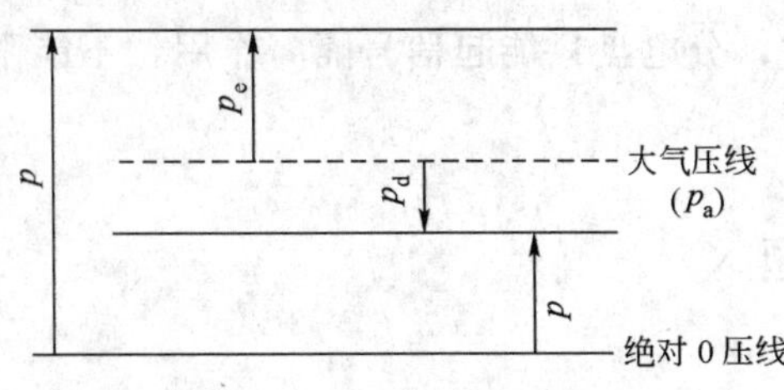

图2-1 绝对压力、表压力与负压力的关系

压力的形式包括绝对压力、正压力（习惯上称表压力）、负压力（习惯上称真空度）和差压。绝对压力与表压力、负压力之间的关系见图2-1。

表压力是绝对压力和大气压力之差，即：

$$p_e = p - p_a \tag{2-2}$$

式中 p_e——表压力；
p——绝对压力；
p_a——大气压力。

当被测压力低于大气压时，常用负压力来表示，它是大气压力和绝对压力之差，即：

$$p_d = p_a - p \tag{2-3}$$

式中 p_d——负压力。

需要说明的是，由于各种工艺设备和测量仪表通常是处于大气之中，本身就承受着大气压力，所以工程上经常用表压或负压力表示压力的大小。如无特殊说明，以后提到的压力均指表压或负压力。

二、压力的单位

根据国际单位制（代号为SI）规定，压力的单位是帕斯卡，简称帕（Pa）。当F的单位取牛顿（N），S的单位取平方米（m^2）时，$1Pa=1N/m^2$。帕所表示的单位较小，工程上使用更多的是兆帕（MPa）。它们之间的换算关系为

$$1MPa = 10^6 Pa \tag{2-4}$$

除国际单位制以外，一些旧的压力单位，例如，标准大气压（或称物理大气压）、工程大气压（即 kg/cm^2）、巴等现在仍然在使用。有时还用汞、水等液体制成液柱压力计，压力大小以液柱的高度来表示。表 2-1 给出了常用压力单位之间的换算关系。

表 2-1　常用压力单位换算表

压力单位	帕 Pa	工程大气压 kg/cm^2	标准大气压 atm	巴 bar	毫米水柱① mmH_2O	毫米汞柱② mmHg
帕	1	1.01972×10^{-5}	9.869236×10^{-6}	1×10^{-5}	0.101972	7.5006×10^{-3}
工程大气压	9.80665×10^{4}	1	0.967841	0.980665	1×10^{4}	735.562
标准大气压	1.01325×10^{5}	1.03323	1	1.01325	1.03323×10^{4}	760.0
巴	1×10^{5}	1.019716	0.986923	1	1.01972×10^{4}	750.062
毫米水柱	9.80665	1×10^{-4}	9.67841×10^{-5}	9.80665×10^{-5}	1	7.35562×10^{-2}
毫米汞柱	133.3224	1.35951×10^{-3}	1.31579×10^{-3}	1.33322×10^{-3}	13.5951	1

①用水柱表示的压力，是以纯水在 4℃时的密度值为标准。

②用汞柱表示的压力，是以汞在 0℃时的密度值为标准。

三、压力测量仪表的分类

压力测量仪表又称压力表或压力计。压力表可以指示、记录压力值，并可附加报警或控制装置。

压力测量仪表的类型很多，按照其转换原理的不同，大致可分为以下四类：

(1) 液柱式压力计。根据流体静力平衡的原理工作。一般由 U 形玻璃管，内充工作液制成。受玻璃管强度的限制，所测压力不高。液柱式压力计较为突出的特点是灵敏度较高，因此主要用作实验室中的低压测量仪表。

(2) 弹性式压力计。利用各种弹性元件在压力作用下产生变形的原理制成。这类压力仪表结构简单，结实耐用，测量范围宽，是压力测量仪表中应用最多的一种。

(3) 电气式压力计。利用弹性元件与应变元件结合，将弹性元件的形变转换为电压、电流或频率等电信号输出，或利用金属及半导体的压变特性，直接将压力转换为电信号输出。其种类有压电式、压阻式、振频式、电容式和应变式压力传感器。

(4) 活塞式压力计。利用直接作用在已知面积上的重力来平衡被测压力的方法来测量。这类压力计的误差很小，但它的结构较复杂、价格较贵，主要作为压力基准仪表使用。

第二节　弹性式压力计

弹性式压力计利用各种型式的弹性元件，在被测介质的压力作用下产生弹性变形的程度来衡量被测压力的大小。这种仪表具有结构简单、使用可靠、价格低廉、测量范围广、精度较高等优点。若增加附加装置，如记录机构、电气变换装置、控制元件等，则可以实现压力的记录、远传、信号报警、自动控制等。弹性式压力计可以用来测量几百帕到数千兆帕范围内的压力，因此在工业上是应用最为广泛的一种测压仪表。

一、弹性元件

弹性元件是一种简单可靠的测压敏感元件。它不仅是弹性式压力计的感测元件，也经常用来作为气动单元组合仪表的基本组成元件，应用较广。常用的弹性元件有下列几种：

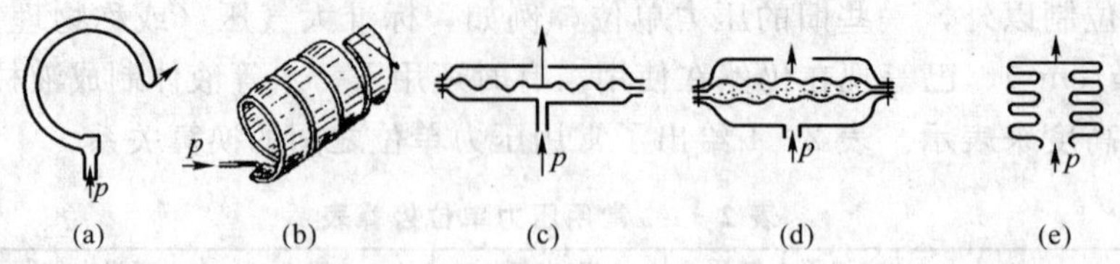

图 2-2　弹性元件示意图

1. 弹簧管式弹性元件

弹簧管式弹性元件的测压范围较宽，可测量高达 1000MPa 的压力。单圈弹簧管是弯成圆弧形的金属管，它的截面为扁圆形或椭圆形，如图 2-2（a）所示。当通入压力后，它的自由端就会产生位移。这种单圈弹簧管自由端位移较小，能测量较高的压力。为了增加自由端的位移，可以制成多圈弹簧管，如图 2-2（b）所示。

2. 薄膜式弹性元件

薄膜式弹性元件根据其结构不同还可以分为膜片与膜盒两种。它的测压范围比弹簧管式低。如图 2-2（c）所示为膜片式弹性元件，它是由金属或非金属材料做成的具有一定弹性的圆形薄片，在压力作用下能产生变形。有时也可以由两片金属膜片和一硬芯沿周边对焊起来，成一薄壁盒子，内充液体（例如硅油），称为膜盒，如图 2-2（d）所示。

3. 波纹管式弹性元件

波纹管式弹性元件是一个周围为波纹状的薄壁金属筒体，如图 2-2（e）所示。这种弹性元件易于变形，而且位移可以很大，常用于微压与低压的测量。

二、弹簧管压力表

弹簧管压力表的测量范围极广，品种规格繁多。按其所使用的测压元件不同，可有单圈弹簧管压力表与多圈弹簧管压力表。按其用途不同，除普通弹簧管压力表外，还有耐腐蚀的氨用压力表、禁油的氧气压力表等。它们的外形与结构基本上是相同的，只是所用的材料有所不同。弹簧管压力表的结构如图 2-3 所示。

单圈弹簧管压力表的测量元件——弹簧管，是一根弯成 270°圆弧的椭圆形截面的空心金属管。管子的自由端 B 封闭，管子的另一端固定在接头 9 上。通入被测的压力 p 后，由于椭圆形截面在压力的作用下，将趋向圆形，弯成圆弧形的弹簧管随之产生向外挺直的扩张变形，从而使弹簧管的自由端产生位移。输入压力越大，产生的变形也越大。由于输入压力与弹簧管自由端的位移成正比，所以只要测得 B 点的位移量，就能确定压力的大小，这就是弹簧管压力表的基本测量原理。

弹簧管自由端 B 的位移一般较小，直接显示有困难，必须通过放大机构才能指示出来。放大的具体过程是这样的：弹簧管自由端的位移通过拉杆 2 使扇形齿轮 3 作逆时针偏转，与扇形齿轮啮合的中心齿轮 4 作顺时针旋转。于是指针 5 通过同轴的中心齿轮 4 的带动而作顺时针偏转，在面板 6 的刻度标尺上显示出被测压力的数值。由于弹簧管自由端位移与被测压力之间具有正比例关系，因此，弹簧管压力表的刻度标尺是线性的。

游丝 7 用来克服因扇形齿轮和中心齿轮间的传动间隙而产生的仪表变差。改变调整螺钉 8 的位置（即改变机械传动的放大系数），可以实现压力表量程的调整。

在石油、化工生产过程中，当压力低于或高于给定范围时，就会破坏正常工艺条件，甚至可能发生危险。常常需要把压力控制在某一范围内。这时就应采用带有报警或控制触点的压力表。将普通弹簧管压力表稍加变化，便可成为电接点信号压力表，它能在压力偏离给定范围时，及时发出信号，以提醒操作人员注意或通过中间继电器实现压力的自动控制。

图 2-4 是电接点信号压力表的结构和工作原理示意图。压力表指针上有动触点 2，表盘上另有两个可调节的指针，上面分别有静触点 1 和 4。当压力超过上限给定数值（此数值由静触点 4 的指针位置确定）时，动触点 2 和静触点 4 接触，红色信号灯 5 的电路被接通，使红灯发亮；若压力低到下限给定数值时，动触点 2 与静触点 1 接触，接通了绿色信号灯 3 的电路。静触点 1、4 的位置可根据需要灵活调节。

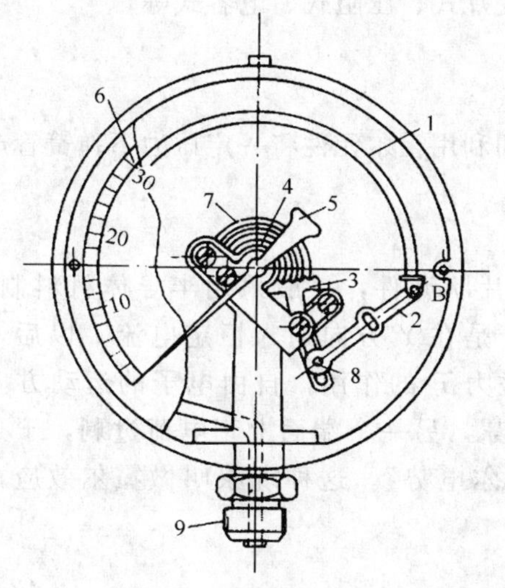

图 2-3　弹簧管压力表

1—弹簧管；2—拉杆；3—扇形齿轮；4—中心齿轮；5—指针；6—面板；7—游丝；8—调整螺钉；9—接头

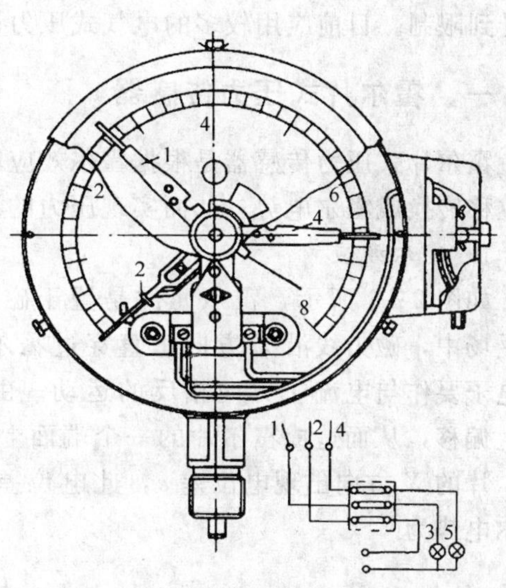

图 2-4　电接点信号压力表

1、4—静触点；2—动触点；3—绿灯；5—红灯

第三节　电气式压力计

把被测压力转换成电信号输出的压力测量仪表叫电气式压力计。电气式压力计的测量范围较宽，精度可达 0.2 级。由于能够进行信号的远距离传送，便于实现压力的自动控制和报警，而且与计算机等工业控制机连接比较方便，所以它在石油、化工、炼油、冶金等领域获得了极大的应用。

电气式压力计一般由压力传感器、测量电路和显示装置等部分组成。图 2-5 是其组成方框图。

压力传感器能将被测压力检测出来，并转换成电信号输出（当输出的电信号被进一步转换为标准信号时，压力传感器又称为压力变送器）；测量线路对已转换好的电信号进行测量；最后由显示器、记录仪等完成相应的显示、记录功能。

实际上，如果我们在弹簧管压力表中附加一些变换装置，将弹簧管自由端的机械位移转换成某些电量的变化，就可以构成各种弹簧管式的电气压力计，如电阻式、电感式和霍尔片式等。但这种压力计需要用弹簧管先将被测压力转换成位移，然后才能作电量转换，应用场

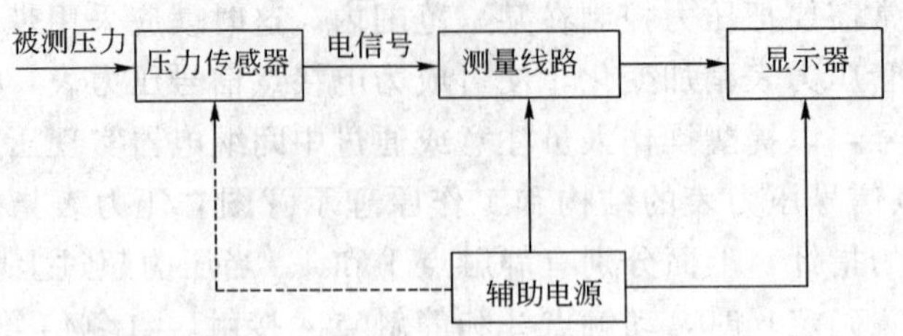

图 2-5　电气式压力计的组成方框图

合受到限制。目前应用较多的电气式压力计还有应变片式、压阻式、电容式等。

一、霍尔片式压力传感器

霍尔片式压力传感器是根据霍尔效应制成的，即利用霍尔元件将一定压力下弹簧管产生的位移转换成霍尔电势，从而实现压力的测量。

1. *霍尔效应*

如图 2-6 所示，霍尔元件是置于磁场中的一片状元件，一般采用半导体材料制作。在磁场中，磁力线沿 Z 方向垂直穿过霍尔元件，于是在 Y 方向通入恒定电流 I 以后，自由电子要作与电流 I 方向相反的运动。由于受电磁力 F 的作用，自由电子的运动方向会发生偏移，从而造成霍尔片的一个端面上有电子积累，另一个端面上正电荷过剩，于是在霍尔片的 X 方向出现电位差 e，此电位差就是“霍尔电势”。这种现象叫做霍尔效应，其霍尔电势为

$$E_{\mathrm{h}} = k_{\mathrm{h}} B I \tag{2-5}$$

式中　k_{h}——灵敏系数，与半导体材料、尺寸和温度有关；

B——磁感应强度；

I——电流。

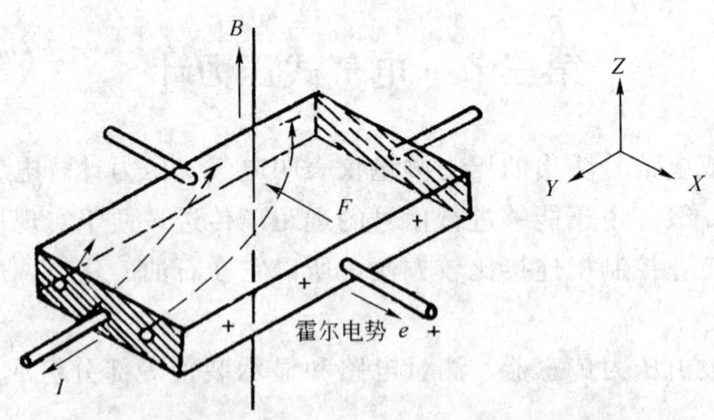

图 2-6　霍尔效应原理

霍尔电势仅与磁感应强度 B 和电流 I 有关。在电流 I 恒定的情况下，若压力的变化改变了 B 的大小，则霍尔电势也随之改变，据此可以测出压力的大小。

目前常用的霍尔材料有锗（Ge）、硅（Si）、锑化铟（InSb）、砷化铟（InAs）等。利用霍尔效应还可以制成测量电流、磁场、位移、转速、转角等物理量的传感器。

2. 霍尔片式压力传感器

将霍尔元件与弹簧管配合，就可以构成霍尔片式弹簧管压力传感器，结构如图 2－7 所示。

在霍尔元件的四个端面引出四条导线，其中与磁钢相平行的两条导线与直流稳压电源相连，另两条导线用来输出信号。将弹簧管的自由端与霍尔元件相连，在霍尔元件的上下端垂直安放两对磁极，使霍尔元件处于两对磁极形成的非均匀磁场中。

引入被测压力后，在被测压力作用下，弹簧管的自由端会发生位移，从而改变了霍尔元件在非均匀磁场中的位置。这样，霍尔元件所受的磁感应强度随之改变。当流过霍尔元件的电流恒定时（由直流稳压电源保证），于是就可以得到与位移成比例的霍尔电势。此霍尔电势与被测压力成比例。利用该电势即可实现压力信号的远传。

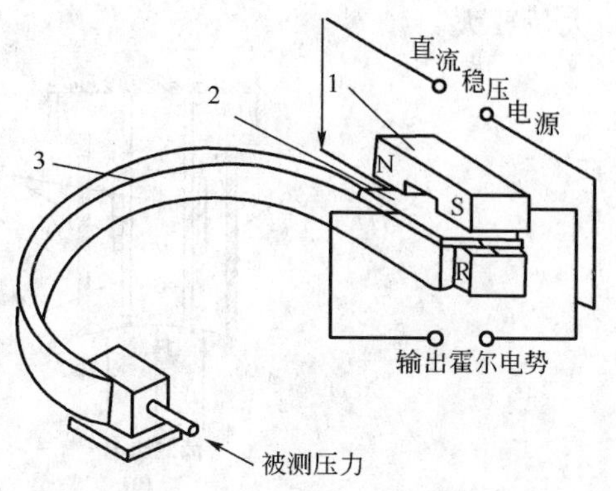

图 2－7 霍尔片式压力传感器

1—弹簧管；2—霍尔片；3—磁钢

二、应变式压力传感器

应变式压力传感器利用导体或半导体的“应变效应”来测量压力，即通过应变片将被测压力转换成电阻值的变化，通过桥式测量电路，获得相应的毫伏级电压信号作为输出。如果配上相应的显示仪表就可显示出被测介质的压力。应变式压力传感器适用于测量快速变化的压力和高压力。

应变式压力传感器的检测元件是应变片。它是由金属导体或半导体材料制成的电阻体，其电阻值随被测压力所产生的应变而变化。常用应变片的类型如图 2－8 所示。

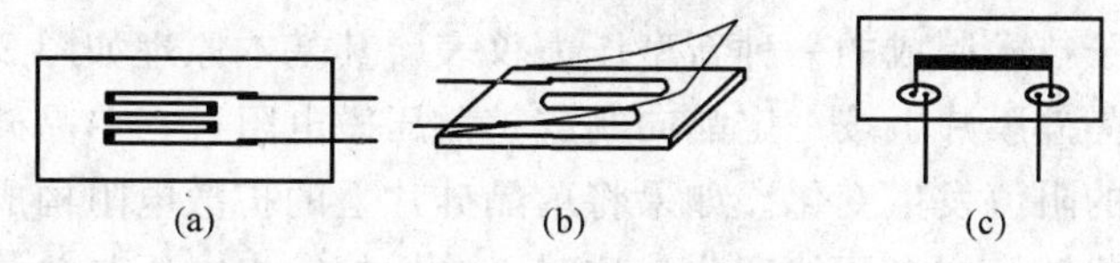

图 2－8 常用应变片的类型

(a) 箔式应变片；(b) 丝式应变片；(c) 半导体应变片

丝式应变片用电阻丝绕制在绝缘基片上制成，粘贴性能好，能有效地传递变形，性能稳定，而且能够制成满足高温、强磁场、核辐射等特殊条件使用的应变片。箔式应变片由敷电阻箔板蚀刻制成，粘合性能好、灵敏度高、散热能力较强，在工艺上能根据不同的需要制成任意形状，便于大批量生产，且成本低廉，因此获得了广泛的应用；尤其在常温条件下，箔式应变片已逐渐取代了丝式应变片。半导体应变片以硅或锗等半导体材料制作，其优点是灵敏系数大、频率响应快、机械滞后小、阻值范围宽，容易做成小型或超小型；但此类应变片的热稳定性能较差，测量误差较大。

图 2－9 是 BPR－2 型应变式压力传感器的原理图。传感器主要由粘贴在应变筒外壁上的两个应变片 2、壳体 3 和不锈钢密封膜片 4 所组成。一般测量应变片 R_1 沿轴向贴放，温度补偿应变片 R_2 沿径向贴放，应变片与应变筒之间不会发生相对滑动并保持电气

绝缘。当外力作用于应变筒下端的密封膜片上时，应变筒因压缩而变形，沿轴向贴放的测量应变片 R_1 产生压缩应变 ε_1，导致其阻值 R_1 变小；沿径向贴放的测量应变片 R_2 产生拉伸应变 ε_2，于是其阻值 R_2 变大。但是由于 ε_2 比 ε_1 要小，故实际上 R_1 的减小量比 R_2 的增大量要大。

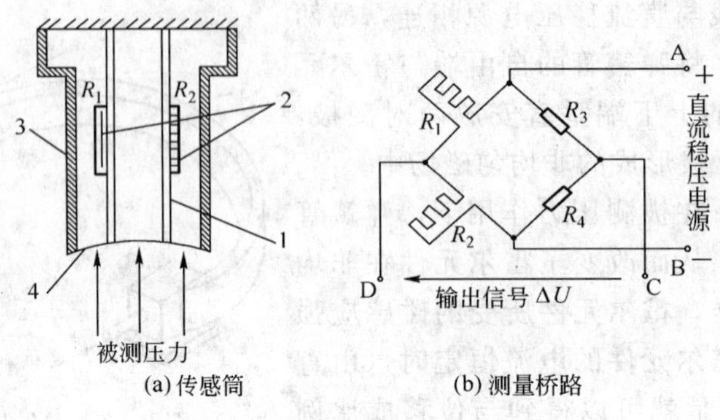

图 2-9　应变片式压力传感器示意图

1—应变筒；2—应变片；3—壳体；4—密封膜片

测量电桥可以把应变片电阻的变化转变成电压或电流输出，电路如图2-9 (b)所示。当桥路中的电阻 R_1 和 R_2 变化时，会在 C、D 端产生一个不平衡电压 ΔU，作为传感器的输出信号。在传感器采用 10V 稳压电源供电，被测压力达到 25MPa 的情况下，桥路最大输出信号 ΔU 可达 5mV。

利用电阻应变原理还可以制成位移传感器和加速度传感器。

三、压阻式压力变送器

固体受力后电阻率发生变化的现象称为压阻效应。压阻式压力变送器就是利用单晶硅材料的压阻效应和微电子技术制成的一种新型压力仪表。其基本原理如图 2-10 所示。利用集成电路工艺直接在单晶硅膜片上按一定晶向制成扩散压敏电阻，当单晶硅膜片受压时，膜片的变形将使扩散电阻的阻值发生变化。如果将单晶硅片上的扩散电阻构成桥式测量电路，我们就可以将电阻的变化转换成电压的变化。这时，电桥的输出电压与单晶硅片所受压力成对应关系，并通过信号处理电路处理，转换为 4～20mA 标准信号输出。

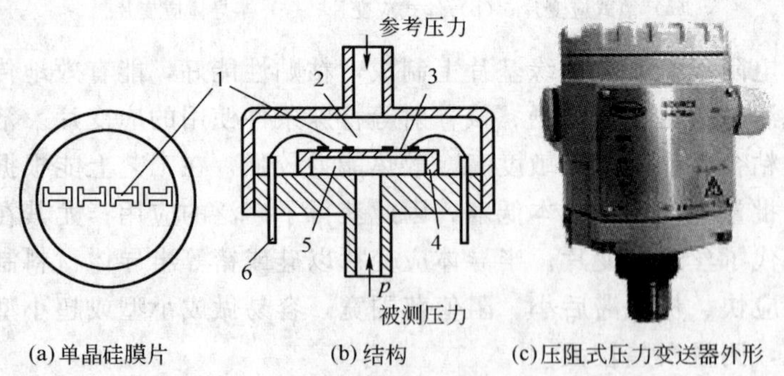

图 2-10　压阻式压力传感器

1—扩散电阻；2—低压腔；3—膜片；4—硅杯；5—高压腔；6—引线

图 2-10（b）为一种压阻式压力传感器的结构示意图。硅膜片在圆形硅杯的底部，其两边形成两个压力腔。高压腔接被测压力，低压腔与大气连通或接参考压力。膜片上的两对电阻中，一对位于受压应力区，另一对位于受拉应力区，当压力差使膜片变形，膜片上的两对电阻阻值发生变化，使电桥输出相应压力变化的信号。为了补偿温度效应的影响，一般还可在膜片上沿对压力不敏感的晶向生成一个电阻，这个电阻只感受温度变化，可接入桥路作为温度补偿电阻，以提高测量精度。

压阻式压力传感器的特点是灵敏度高，频率响应快；测量范围宽，可测低至 10Pa 的微压到高至 60MPa 的高压；精度高，工作可靠，其精度可达±0.2%～0.02%；易于微小型化，目前国内已生产出直径 1.8～2mm 的压阻式压力传感器。

四、电容式差压变送器

电容式差压变送器利用弹性膜片作为敏感元件，利用弹性膜片在压力作用下的变形，改变膜片与电容固定电极之间的距离，由此改变电容式变送器的电容量。图 2-11（b）为电容差压变送器的测量部件结构图。由图可知，变送器测量部分主要由正、负压室压盖 13、9，差动电容膜盒基座 4 连接而成。其核心元件差动电容膜盒 5 两侧焊接隔离膜片 8、14，系统封闭，充满硅油。一个动电极（中心感压膜片 11）、两个固定电极（弧形电极 10、12）形成两个电容，经导线引出电容膜盒。中心感压膜片为一圆形薄金属膜片，它既是动电极，又是压力的敏感元件，将电容膜盒的正、负压侧隔开。弧形固定电极为中凹的镀金玻璃体。

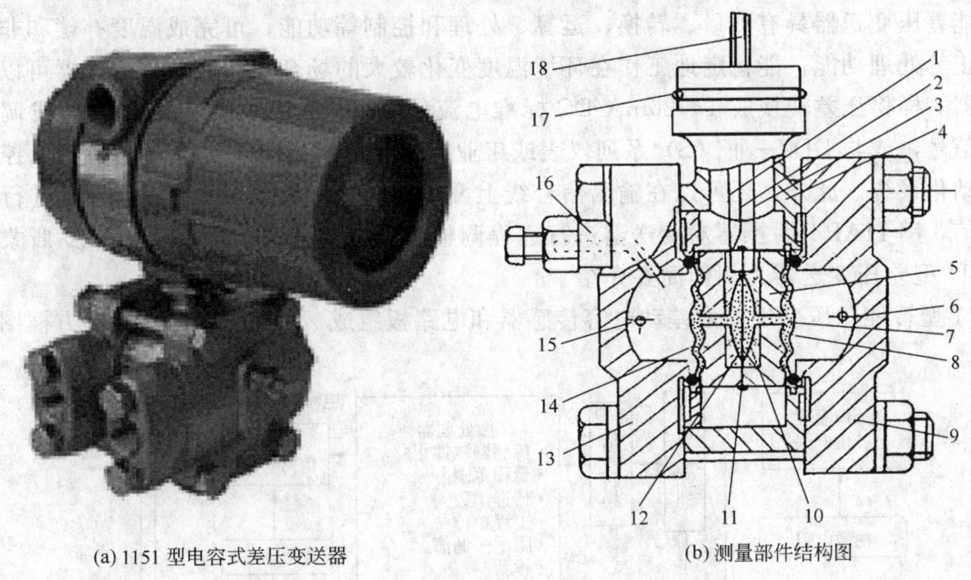

(a) 1151 型电容式差压变送器　　(b) 测量部件结构图

图 2-11　电容式差压变送器

1、2、3—电极引线；4—差动电容膜盒基座；5—差动电容膜盒；6—负压侧导压孔；7—硅油；8—负压侧隔离膜片；9—负压室压盖；10—负压侧弧形电极；11—中心感压膜片；12—正压侧弧形电极；13—正压室压盖；14—正压侧隔离膜片；15—正压侧导压口；16—放气排液螺钉；17—O 形密封圈；18—插头

动电极和固定电极构成的两个电容器的电容量可以近似表示为：

$$C \approx \frac{\varepsilon A}{\delta} \tag{2-6}$$

式中　A——极板截面积；

ε——极板间介质（硅油）的介电常数；

δ——极板间距离。

当动电极随被测压差变化而移动时，动电极与两个固定电极间的距离一侧减小、另一侧增大，使两侧电容发生相反的变化。

当被测压力 p_1、p_2 分别进入左右两侧正负压室空腔时，经正负压侧隔离膜片传压，压力差（$\Delta p=p_1-p_2$）使中心感压膜片凸向右侧。这一位移使两个固定电极与中心感压膜片之间的电容量发生变化。当中心感压膜片的位移很小时，压力差和电容的变化之间呈线性关系。此电容量的变化经过适当的变换电路，可以转换成反映被测差压的标准电信号输出。

电容式差压变送器的特点是结构坚实，灵敏度高，过载能力大，寿命长，动态响应快，精度高，可以测量压力和差压，也可以测量微压。

五、智能型差压变送器

随着半导体集成电路工艺的迅速发展，大规模集成电路的性能不断提高，成本大幅度降低，使得微处理器得以在各个领域广泛应用。将微处理器应用于工业仪器仪表，就成为智能仪表。智能差压变送器就是其中最重要的一种。它在普通压力变送器的基础上增加了微处理电路，具有许多传统变送器所不具备的功能和良好的性能，一经出现，就获得了广泛的应用。

智能差压变送器具有测量、转换、运算、处理和控制等功能，可完成温度补偿和非线性误差修正等处理功能，能稳定地工作在环境温度变化较大的场合。智能差压变送器可以像普通变送器一样将压差转换成 4～20mA DC 标准电流信号输出，作为指示记录仪表或调节器的输入信号，或与 DDZ－Ⅲ（S）系列仪表或工业控制计算机配合，组成自动检测、控制等工业自动化系统。此外，还可以在输出信号线上叠加输出 HART 协议通信信号，进行数字信号通信，用 HART 手操器对变送器进行远程调整、设置与故障诊断。下面以罗斯蒙特公司的 1511 型差压变送器为例作简要介绍。

1511 型智能差压变送器由差动电容传感器和电路板组成。图 2－12 为其原理方框图。

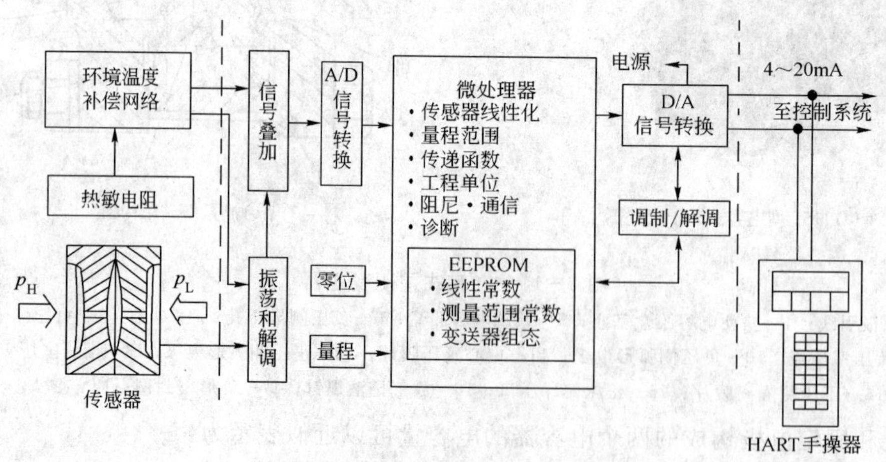

图 2－12　智能电容差压变送器的工作原理示意图

被测介质压力差通过电容传感器转换为与之成正比的差动电容信号。传感器内的热敏电阻还同时感受被测介质的温度，由环境温度补偿网络转换为补偿电压信号。上述电容和温度信号送入电路板以后，先通过 A/D 转换器转换为数字信号，然后再通过微处理器进行数据的处理（线性化、量程转换、温度补偿、通信）。线路板的输出部分将数字信号转换成 4～20mA DC电流信号，并叠加 HART 数字信号输出。

电路板内部的 EEPROM 存储器中存有变送器的组态数据，当遇到意外停电，其中数据仍然保存，所以恢复供电以后，变送器能立即工作。

1511 型智能压力/差压变送器的数字通信格式符合 HART 协议，它能在不影响回路完整性的情况下，同时实现通信和输出。1511 型智能差压变送器可以用 275 型手持通信器与变送器通信。275 型手持通信器实际上是一台具有 HART 通信协议的调制解调器，其上带有键盘和液晶显示器。需要时可以将手持通信器挂接到变送器信号回路上，与变送器进行数据交换。它既可接在现场变送器的信号端子上，进行就地设定或检测；也可以在远离现场的控制室中，通过挂接在某个变送器的信号线上来作远程设定或检测。其连接形式如图 2－13 所示。手持通信器可以完成如下功能：

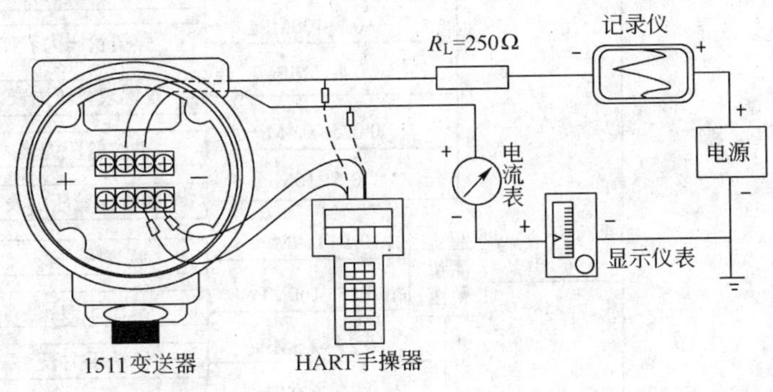

图 2－13　1151 变送器连接示意图

（1）测量范围的变更。变送器应用于不同的场合时，测量范围要作相应调整，这可由 275 型手持通信器直接完成。

（2）变送器的校准，包括零点和量程的校准。

（3）自诊断。1511 型变送器可以进行连续自诊断。当出现问题时，变送器将激活用户选定的模拟输出报警；用手持通信器询问变送器，以确定问题所在；最后由变送器向手持通信器输出特定的信息，以识别问题，从而可以快速地进行维修。

智能型差压变送器测量精度高，功能强大，性能稳定。当与手持通信器结合使用时，可以对远离生产现场，尤其是危险或不易到达场所的变送器进行运行和调整，给用户带来了极大的方便。

第四节　压力计的选择、校验和安装

一、压力计的选用

压力计的选用应根据工艺生产过程对压力测量的要求，结合其他各方面的情况，加以全面的考虑和具体的分析。选用压力计和选用其他仪表一样，应该考虑以下几个方面的问题。

1. 类型的选择

压力计类型的选用必须满足工艺生产的要求。例如是否需要远传变送、自动记录或报警等；被测介质的物理化学性质（诸如腐蚀性、温度高低、粘度大小、污脏程度、易燃易爆等）是否对仪表提出特殊要求；现场环境条件（诸如高温、电磁场、振动及现场安装条件等）对仪表类型有否特殊要求等。总之，根据工艺要求正确选用仪表类型，是保证仪表正常工作及安全生产的重要前提。

例如普通压力表的弹簧管材料多采用铜合金，高压的也有采用碳钢的。而氨用压力表的弹簧管材料不允许采用铜合金，因为氨气对铜的腐蚀很强。测量乙炔压力也不能用铜材料弹簧管。氧气压力表与普通压力表在结构和材质上完全相同，只是氧气压力表禁油。因为浓氧气对油脂有强氧化作用，容易引发燃烧、爆炸。所以氧气压力表在校验时，不能像普通压力表那样采用变压器油作工作介质。

压力检测仪表的选型可以参照图 2－14 进行。

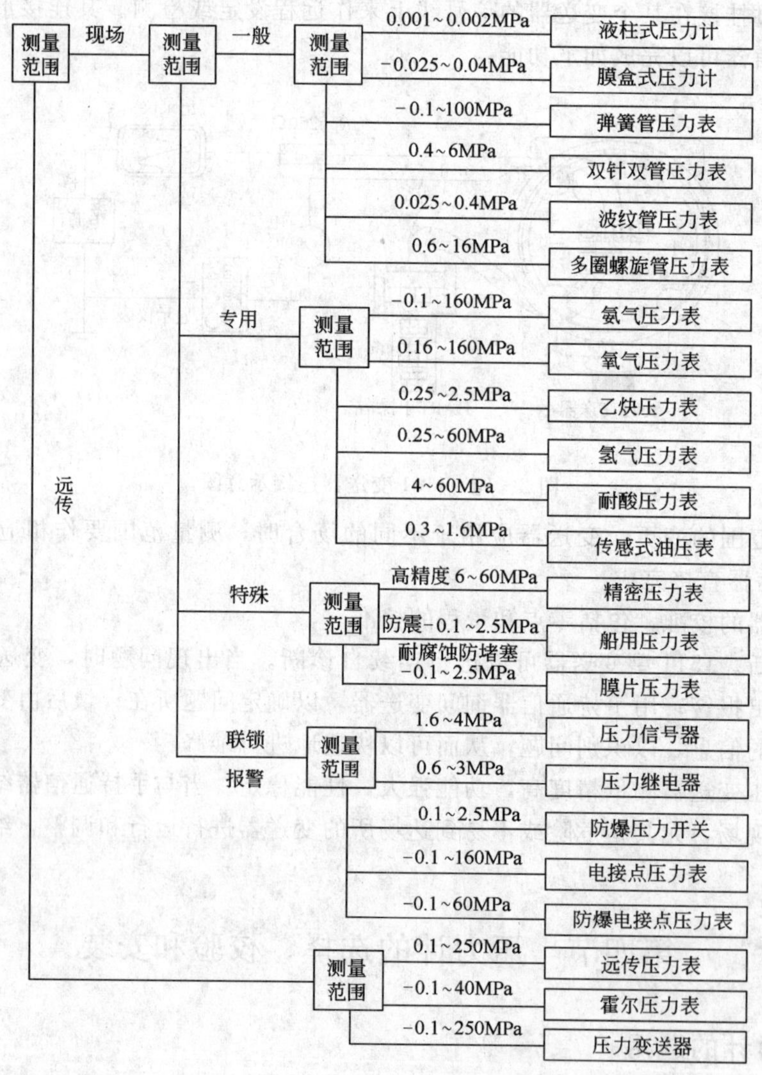

图 2－14　压力检测仪表选型

2. 量程范围的确定

压力计的量程范围是根据需要测量的压力大小来确定的。一方面，为了避免压力计超压而遭到破坏，压力计的上限值应该高于工艺生产中可能的最大压力值，并留有波动余地。另一方面，为了保证测量值的准确度，所测压力不能接近于压力计的下限。综合考虑，对于弹性式压力计，在被测压力比较平稳的情况下，最大工作压力不应超过量程的 2/3，即所选压力表在测量波动较大的压力时，最大工作压力不应超过量程的 1/2；测量高压压力时，最大工作压力不应超过量程的 3/5。同时，被测压力的最小值以不低于仪表全量程的 1/3 为宜，即所选压力计的量程 S_p 可以分别按以下三式计算：

被测压力比较平稳时 $$\frac{3}{2}p'_{max} \leqslant S_p \leqslant 3p'_{min} \tag{2-7}$$

被测压力波动较大时 $$2p'_{max} \leqslant S_p \leqslant 3p'_{min} \tag{2-8}$$

测量高压压力时 $$\frac{5}{3}p'_{max} \leqslant S_p \leqslant 3p'_{min} \tag{2-9}$$

式中 p'_{max}——被测压力的最大值；

p'_{min}——被测压力的最小值。

根据以上量程计算数值选用压力计的上、下限压力（普通压力表测量下限一般为零）。因为压力计的量程不是任意取一个数字就可以的，必须符合国家标准。压力计的测量范围，常用的有 0～（1.0、1.6、2.5、4.0、6.0）$\times 10^n$ 几个系列，一般可在相应的产品目录中查到。

3. 精度等级的选取

仪表精度等级是根据工艺生产上所允许的最大测量误差来确定的。一般地说，仪表的精度愈高，测量结果愈准确、可靠，而仪表的价格就会越贵，操作和维护要求越高。因此，在满足工艺要求的前提下，必须本着节约的原则，正确选择仪表的精度等级。

压力计的精度等级值，应小于等于根据工艺允许的最大测量误差计算出的精度值，即：

$$A_c \leqslant \frac{e'_{max}}{S_p} \times 100 \tag{2-10}$$

式中 e'_{max}——工艺允许的最大误差；

S_p——所选压力计量程。

例 某台往复式压缩机出口压力范围为 2.5～2.8MPa，测量误差不得大于 0.1MPa，工艺要求就地观察。试正确选用一台压力表，指出型号、精度等级和测量范围。

解：由于往复式压缩机的出口压力脉动较大，所以选用压力计的量程为：

$$2 \times 2.8 \leqslant S_p \leqslant 3 \times 2.5$$

即 $$5.6 \leqslant S_p \leqslant 7.5$$

选取压力表量程为 6MPa，测量范围 0～6MPa。

所选压力计的精度等级为：

$$A_c \leqslant \frac{0.1}{6} \times 100 \approx 1.667$$

选取压力表精度等级为 1.5 级。用于就地显示，可选用 Y150 型普通弹簧管压力表。

二、压力计的校验

弹性式压力计经过长期使用，会由于弹性元件的弹性衰退而产生缓变误差；或是因弹性元件的弹性滞后和传动机构的磨损而产生变差。所以必须定期对压力计进行校验，以保证测量的可靠性。

所谓校验，就是将被校压力计与标准压力计通以相同的压力，用标准表的示值作为真值，比较被校表的示值，即可确定被校表的误差、精度、变差等性能。

校验时，所选标准表的允许最大绝对误差起码应小于被校表允许最大绝对误差的三分之一，这样标准表的示值误差相对于被校表来说可以忽略不计。

根据校验结果，如果被校表引用误差、变差的值均不大于精度值，则该被校表合格。如果压力表校验不合格时，可根据实际情况调整其零点、量程，或维修更换部分元件后重新校验，直至合格。对无法调整的压力表可根据校验情况降级使用。

常用压力计校验仪器是活塞式压力计（如图 2－15 所示），它由压力发生部分和测量部分组成。

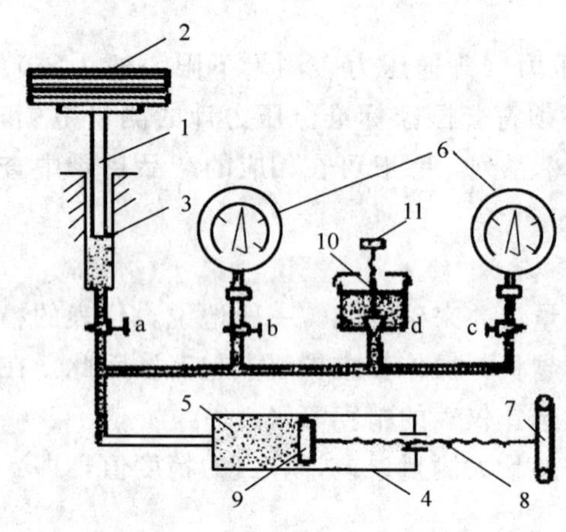

图 2－15 活塞式压力计

1—测量活塞；2—砝码；3—测量活塞筒；4—工作活塞筒；5—工作液；6—压力表；7—手轮；8—丝杠；9—工作活塞；10—油杯；11—进油阀；a、b、c、d—锥阀

压力发生部分是一种螺旋液压泵，由工作活塞筒 4、工作活塞 9、丝杠 8、手轮 7 等组成。当拧动手轮旋转丝杠使活塞左移时，压缩工作液，使工作液压力升高，并由工作液将此压力向各压力表接头及测量部分传递。工作液一般用变压器油或蓖麻油。

测量部分包括测量活塞 1、砝码 2 和测量活塞筒 3。测量活塞下端承受压力发生器所产生的工作液压力。当工作液压力在测量活塞底面积 A 上产生的向上作用力，与测量活塞和砝码的重力相等时，测量活塞及砝码将被顶起而稳定在某一平衡位置上。这时，可由砝码确定压力的大小。实际应用时，一般使各个砝码的质量满足 mg/A 为单位值（如 1kPa、0.1MPa 等），就可以根据平衡时所加砝码的个数方便地确定校验压力了。

用活塞式压力计校验普通压力表时的具体操作步骤如下：

校验前，装好被校压力表，打开油杯阀门，反旋手轮使工作活塞右移，将油杯内的工作液吸入活塞筒中，关闭油杯阀门 d，即可进行校验。

校验时，逐步向测量活塞托盘上叠放砝码，同时旋转手轮，缓慢增加压力，直到测量活塞被顶起，顶部标记处于指示窗口的标线处。轻轻转动测量活塞及砝码，以克服活塞对活塞筒的静摩擦力，同时读出被校压力表指示值。

依此步骤，使压力逐渐从零增加到各校验点压力（正行程），记下各校验压力下被校表示值。然后逐渐减少砝码，降低压力（反行程），一直降压到零点为止。同时记下被校表示值，并由此计算压力表的精度、变差等指标。

活塞式压力计也可以作为压力发生器使用。此时，只要关死测量活塞上的锥阀 a，在两个压力表接头上分别接上被校表和标准表，就可以用标准压力表校验工业用普通压力表。

为了方便读数，提高校验准确性，通常使被校表指示整数值（校验点压力），用标准表读数作为分析依据。

三、压力计的安装

压力计的安装正确与否，直接影响到测量结果的准确性和压力计的使用寿命。

1. 测压点的选择

压力计的取压点必须选在能正确反映被测压力实际大小的地方。

（1）要选在介质直线流动、平稳的部位，不应选在太靠近有局部阻力如管路拐弯、分叉、死角或有其他干扰的地方。

（2）测量流动介质的压力时，应使取压点与流动方向垂直，取压管内端面与生产设备连接处的内壁应保持平齐，不应有凸出物或毛刺，以避免影响流体的平稳流动。

（3）测量液体压力时，取压点应在管道下部，使导压管内不积存气体；测量气体压力时，取压点应在管道上方，使导压管内不积存液体。

2. 导压管铺设

（1）导压管粗细要合适，一般内径为6～10mm，长度应尽可能短，最长不得超过50m，以减少压力指示的迟缓。如超过50m，应选用能远距离传送的压力计。

（2）导压管水平安装时应保证有1∶10～1∶20的倾斜度，以利于积存于管内的液体（或气体）的排出。

（3）当被测介质易冷凝或冻结时，必须加保温伴热管线。

（4）取压口到压力计之间应装有切断阀门，以备检修压力计时使用。切断阀门应装设在靠近取压口的地方。

3. 压力计的安装

（1）压力计应安装在易观察和检修的地方。

（2）安装地点应力求避免振动和高温的影响。

（3）测量蒸气压力时，应加装凝液管，以防止高温蒸气与测压元件直接接触，见图2-16（a）；对于有腐蚀性的介质，应加装有中性介质的隔离罐，见图2-16（b）。

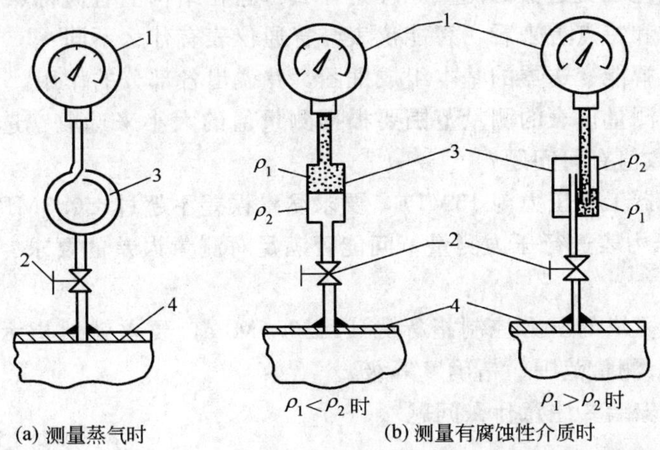

图2-16　压力计安装示意图

1—压力计；2—切断阀门；3—凝液管；4—取压容器

总之，针对被测介质的不同性质（高温、低温、腐蚀、污脏、结晶、沉淀、粘稠等），应采取相应的防温、防腐、防冻、防堵等措施。

(4) 压力计的连接处，应根据被测压力的高低和介质性质，选择合适材料的密封垫片，以防泄漏。一般低于80℃及2MPa时，用牛皮或橡胶垫片；350～450℃及5 MPa以下，用石棉或铝垫片；温度及压力更高（50 MPa以上）用退火紫铜或铅垫片。但测量氧气压力时，不能使用浸油垫片及有机化合物垫片；测量乙炔压力时，不能使用铜垫片，因它们均有发生爆炸的危险。

(5) 需要进行现场校验和经常冲洗引压管的情况下，切断阀门可改用三通阀门。

(6) 压力计的位置与被测压力的取压点不在同一个水平位置时，应该考虑静压对压力指示值的影响。

(7) 为安全起见，测量高压的仪表除选用表壳有通气孔的外，安装时表壳应朝向墙壁或无人通过之处，以防发生意外。

◇ 习题与思考题 ◇

2-1 什么叫压力？压力的国际单位是什么？工程上还有哪些常用的压力单位？

2-2 绝对压力、表压力、负压力之间有什么关系？

2-3 测压仪表按转换原理不同可以分成哪几类？各基于什么原理？

2-4 为什么一般工业上的压力计做成测表压而不做成测绝对压力的形式？

2-5 测压弹性元件有哪些？各有何特点？

2-6 简述弹簧管压力表的基本组成及工作原理。

2-7 电气式压力计一般由哪几部分组成？请画出其组成方框图，并说出各部分的作用。

2-8 什么是霍尔效应？霍尔片式压力传感器的测量原理是什么？

2-9 常用应变片有哪几种？应变式压力传感器的测量原理是什么？

2-10 什么是压阻效应？压阻式压力变送器的测量原理是什么？

2-11 电容式差压变送器的测量原理是什么？它在结构上有何特点？

2-12 从结构和特点上来看，智能仪表与普通仪表有什么不同？

2-13 请画出智能变送器的基本组成框图，并说出各部分的作用。

2-14 为什么测量仪表的测量范围要根据测量值的大小来选取？选一台量程很大的仪表来测量很小的参数值有何问题？

2-15 某反应器工况压力为15MPa，要求测量误差不超过±0.3MPa，现选用一只1.5级、0～25MPa的压力表进行压力测量，问能否满足对测量误差的要求？应选用几级的压力表？

2-16 某合成氨塔的压力控制指标为14±0.4MPa，要求就地指示塔内压力，试选用压力表（给出类型、测量范围、精确度等级）。

2-17 压力计安装要注意什么问题？

第三章　流量测量

第一节　概　　述

石油开采、集输、炼制加工生产过程中，所处理的油、气、水等流体，在设备和管道中都处于不断流动的状态。生产过程中，经常需要测量、控制各种介质的流量，以便正确地指导生产操作，监控设备运行，确保安全、优质生产。流量的测量也是进行石油贸易、完成经济核算的重要参数。随着自动化水平的不断提高，流量的测量和控制已由原来的保证稳定运行朝着最优化控制过渡。流量仪表已成为不可缺少的检测仪表之一。

原油及石油产品的计量一般以测量总量为主，其计量方法有两类：一是质量法，二是体积法。我国和俄罗斯及独联体、东欧一些国家采用质量法，计量以吨为单位。英国、美国、日本及西欧一些国家采用体积法，计量单位为桶或加仑。

由于油品的体积、密度都是随温度、压力而变化的，所以各国都规定了计量的标准条件。我国规定的标准条件是温度为 20℃，压力为 101.325kPa。实际计量时，应将工作状态下的体积换算为标准条件下的体积值。

一、流量的概念和单位

流量是指流经管道（或设备）某一截面的流体数量。随着工艺要求不同，又可分为瞬时流量和累积流量的测量。

1. 瞬时流量

单位时间内流经某一有效截面的流体数量称为瞬时流量。它可以分别用体积流量和质量流量来表示。

体积流量是单位时间内流过某一截面的流体体积。当截面上的流速均匀相等或已知平均流速 v 时，体积流量可以表示为：

$$q_v = vA \tag{3-1}$$

式中　q_v——体积流量；

A——流体通过的有效截面积；

v——截面 A 上的平均流速。

根据国际单位导出的体积流量单位为 m^3/s。流量计常用单位还有 m^3/h、L/h 等。

质量流量是指单位时间内流经某一有效截面的流体质量。若流体的密度是 ρ，则质量流量可由体积流量导出，表示为：

$$q_m = q_v\rho = vA\rho \tag{3-2}$$

式中　q_m——质量流量；

ρ——介质密度。

质量流量的单位，除了国际单位导出单位 kg/s 外，还常用 t/h、kg/h 等。

2. 累积流量

累积流量是指一段时间内流经某截面的流体数量的总和，有时称为总量。它可以用体积和质量来表示，即：

$$V=\int_{t_1}^{t_2} q_{\mathrm{v}}\mathrm{d}t \tag{3-3}$$

$$M=\int_{t_1}^{t_2} q_{\mathrm{m}}\mathrm{d}t \tag{3-4}$$

采用的单位相应分别为 m^3、L，t、kg 等。

测量瞬时流量的仪表称为流量计，一般用于生产过程的流量监控和设备状态监测；而测量累积流量的仪表称为计量表，一般用于计量物质消耗、产量核定和贸易结算。但流量计和计量表两者并不是截然分开的，在流量计上配以累积机构，也可以得到累积流量。

二、流量测量仪表的分类

流量测量的方法很多，其测量原理和所采用的仪表结构型式各不相同。按流量测量原理分为如下三类。

1. 速度式流量计

主要是以测量流体在管道内的流动速度作为测量依据，根据 $q_{\mathrm{v}}=vA$ 原理测量流量。例如：差压式流量计、转子流量计、靶式流量计、电磁流量计、涡轮流量计等均属此类。

2. 容积式流量计

主要利用流体在流量计内连续通过的标准体积 V_0 的数目 N 作为测量依据，根据 $V=NV_0$ 进行累积流量测量的流量仪表。例如：椭圆齿轮流量计、腰轮（罗茨）流量计、刮板流量计等。

3. 质量式流量计

主要利用测量流过流体的质量流量 q_{m} 为测量依据的流量仪表。它的优点是精确度不受流体的温度、压力、粘度等变化的影响，是一种发展中的流量测量仪表。例如：热式质量流量计、补偿式质量流量计、振动式质量流量计等。

第二节　差压式流量计

差压式流量计也叫节流式流量计，是利用测量流体流经节流装置所产生的静压差来显示流量大小的一种流量计。差压式流量计使用历史长久，已经积累了丰富的实践经验和完整的实验资料。国内外已将孔板、喷嘴、文丘里管等最常用的节流装置进行了标准化。采用标准节流装置，按统一标准设计的差压式流量计，不必进行实验标定，即可直接投入使用。因此差压式流量计目前已成为工业上应用最为广泛的流量计。

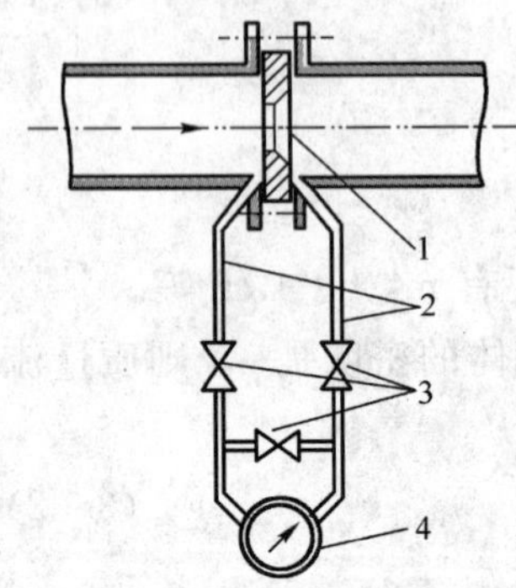

图 3-1　差压式流量计的组成
1—节流元件；2—引压管路；3—三阀组；4—差压计

差压式流量计由节流装置、引压管路和差压计三部分组成，如图 3-1 所示。

节流装置是使流体产生收缩节流的节流元件和压力引出的取压装置的总称，用于将流体的流量转化为压力差。节流元件的形式很多，但以孔板应用最为广泛。

导压管路是连接节流装置与差压计的管线，是传输差压信号的通道。通常，导压管上安装有平衡阀组及其他附属器件。

差压计用来测量压差信号，并把此压差转换成流量指示记录下来。常用差压计有双波纹管差压计及差压变送器等。

一、节流装置的流量测量原理

流体所以能够在管道内形成流动，是由于它具有能量。流体所具有的能量有动压能和静压能两种形式。流体由于有压力而具有静压能，又由于流体有一定的速度而具有动压能。这两种形式的能量在一定的条件下，可以互相转化。但是根据能量守恒定律，流体所具有的静压能和动压能，连同克服流动阻力的能量损失，在无外加能量的情况下，总和是不变的，其能量守恒。对于水平管路，可以用伯努利方程表示：

$$\frac{p_1}{\rho}+\frac{v_1^2}{2}=\frac{p_2}{\rho}+\frac{v_2^2}{2}+\xi\frac{v_2^2}{2} \tag{3-5}$$

式中，p_1、v_1，p_2、v_2 分别是流体流经两个不同截面时的压力和流速；ρ 是流体密度；$\frac{p}{\rho}$、$\frac{v^2}{2}$、$\xi\frac{v^2}{2}$分别是单位质量流体所具有的静压能、动压能和流动阻力能量损失。因此，当流体流速增加、动压能增加时，其静压能必然下降，静压力降低。节流装置正是应用了流体的动压能和静压能转换的原理实现流量测量的。

下面我们以图 3-2 所示同心圆孔板为例来说明节流装置的节流原理。

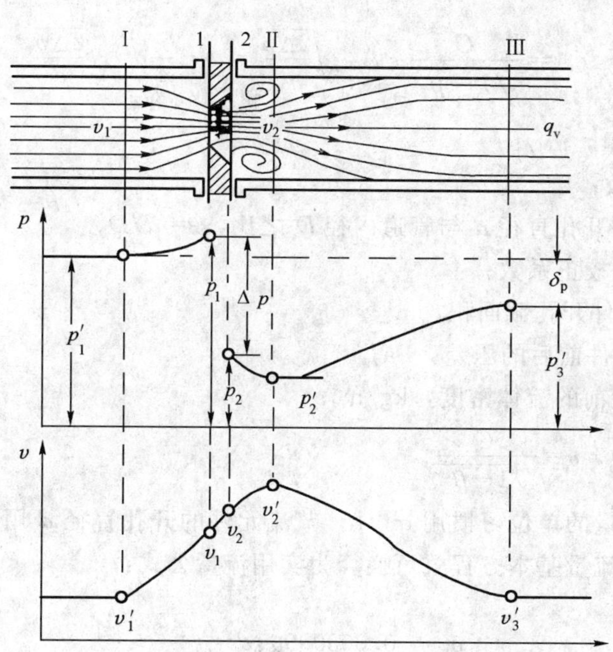

图 3-2 流体流经孔板时的压力和速度变化

流体在管道截面Ⅰ以前，以一定的流速 v_1 流动，管内静压力为 p_1'。在接近节流装置时，由于遇到节流元件孔板的阻挡，靠近管壁处流体的有效流速降低，一部分动压能转换成静压能，则孔板前近管壁处的流体静压力升高至 p_1，并且大于管中心处的压力，从而在孔板入口端面处产生径向压差，使流体产生收缩运动。此时管中心处流速加快，静压力减小。由于流体运动的惯性，流过孔板后，流体会继续收缩一段距离。随后流束又逐渐扩大，流速减小，直到截面Ⅲ后又充满全管，恢复到原来的流动状态。

由于节流元件造成的流束局部收缩，使管中心流体流速发生变化，其静压力随之变化，如图 3-2 所示。实际上，由于孔板前后流通截面的突然缩小或扩大，使流体流经孔板时，产生局部涡流损耗和摩擦阻力损失。因此在流束充分恢复后，静压力不能恢复到原来的数值 p_1'。这一压力降 $p_1'-p_3'=\delta_p$，即为流体流经节流元件后的压力损失。

由图 3-2 可见，节流元件前端静压力大于后端静压力，节流元件前后产生了静压差。此压差的大小与流量有关。流量愈大，流束的收缩和动、静压能的转换也愈显著，则产生的压差也愈大。我们只要测得节流元件前后的静压差大小，即可确定流量，这就是节流装置测量流量的基本原理。

需要说明的是：要准确地测量管中心截面Ⅱ处的压力 p_2' 是有困难的，因为 p_2' 的位置将随流量而变，事先无法确定。因此，实际测量时，是在节流元件前后的管壁上选择两个固定取压位置来测量节流元件前后的压差。例如从孔板前后端面处取出压力 p_1、p_2。

二、基本流量方程式

流量基本方程式是流量与压差之间的定量关系式。它是根据流体力学中的伯努利方程和流动连续性方程推导得来的。

节流装置流量与差压的关系可表示为：

$$q_v=\frac{C}{\sqrt{1-\beta^4}}\varepsilon A_2\sqrt{\frac{2\Delta p}{\rho}}=\alpha\varepsilon\frac{\pi}{4}d^2\sqrt{\frac{2\Delta p}{\rho}} \tag{3-6}$$

式中 q_v——体积流量，m^3/s；

C——流出系数；

β——节流元件开孔直径 d 与管道内径 D 之比，$\beta=d/D$；

ε——流速膨胀校正系数；

A_2——节流元件开孔截面积，m^2；

Δp——节流元件前后的压差，Pa；

ρ——节流装置前的流体密度，kg/m^3；

α——流量系数，$\alpha=\frac{C}{\sqrt{1-\beta^4}}$。

实际工作中，流量的单位习惯用 m^3/h，节流元件的开孔直径 d 用 mm 为单位，其他参数单位不变。则上述流量基本方程式可换算为实用流量公式：

$$q_v=0.003999\alpha\varepsilon d^2\sqrt{\frac{\Delta p}{\rho}} \tag{3-7}$$

式中，$0.003999=3600\times10^{-6}\times\sqrt{2}\times\pi/4$。

公式中流速膨胀校正系数 ε 值取决于节流元件前后的差压值、节流元件前的压力、气体的性质（等熵指数）。流速膨胀校正系数可查有关手册得到。

流量系数 α 取决于流出系数 C 的取值，直接影响到流量测量的精度。而 C 是一个受多种因素影响的综合性参数，它与直径比β、节流装置结构、取压方式、雷诺数Re、孔口边缘锐度、管壁粗糙度等因素有关。对于确定的节流装置，C只与雷诺数Re有关。只有当测量流量较大，使Re大于某界限值（临界雷诺数Re_k）的条件下，C维持不变，α才能视为常数。

由流量公式可见，流量与差压的平方根成正比。流量标尺刻度是非均匀的。起始部分的刻度很密，不易读数。所以，一般要求流量计所测流量在测量范围的30%以上。

节流装置在进行设计计算时，是针对特定的工艺条件进行的。一旦节流装置结构尺寸、取压方式、工艺参数等条件改变时，必须另行计算或重新标定，不能随意套用。例如按大流量设计计算的孔板，用来测量小流量时，就会引起α的变化，从而引入较大的测量误差，因此必须加以必要的修正。有关节流装置的设计计算请参阅有关资料。对于流量计使用者而言，α、ε在流量计设计时确定，工艺状态不变时可以视为常数。

三、标准节流装置

节流装置包括节流元件、取压装置。标准节流装置是国家标准化的节流装置。差压式流量计由于使用历史长久，已经积累了丰富的实践经验和完整的实验资料，并把最常用的节流元件如孔板、喷嘴、文丘里管等进行了标准化，称为“标准节流元件”。即它们的结构、尺寸和技术条件都有统一标准，有关计算数据都经过大量的系统实验而有统一的图表，需要时可查阅有关的手册或资料。按标准制造的节流元件，不必经过单独标定即可投入使用。

1. 标准节流元件

国家标准 GB/T 2624—1993 中规定的标准节流元件有孔板、喷嘴、文丘里管等。

（1）标准孔板：是一块具有圆形开孔并与管道同心的环形平板。见图 3-3（a），迎流方向的一侧是一个具有锐利直角入口边缘的圆柱部分，顺着流向的是一段扩大的圆锥体。通常孔板厚度小于或等于$0.1D$（D为管道直径），但考虑到机械强度可适当加厚。用于不同管径的标准孔板，其结构型式基本上是几何相似的。孔板对流体造成的压力损失较大，而且一般只适用于洁净流体介质的测量。

（2）标准喷嘴：由圆弧收缩部分和圆筒形喉部所组成。有 ISA1932 喷嘴和长径喷嘴两种型式，见图 3-3（b）、（c）。标准喷嘴的测量精度较孔板要高，压力损失略小于孔板。对带有污垢的流体介质测量较为适宜。

（3）标准文丘里管：由入口圆筒段、圆锥收缩段、圆筒形喉部、圆锥扩散段组成，见图 3-3（d）。压力损失较孔板和喷嘴都小得多，可测量有悬浮固体颗粒的液体，较适用于大流量气体流量测量。但制造困难、价格昂贵，不适用于 200mm 以下管径的流量测量，工业应用较少。

天然气输气管路计量流程中常用的可换孔板节流装置如图 3-4 所示，为断流取出型可换孔板节流装置。在需要检查孔板或更换孔板时，可无需拆开管道，短时间暂停管道内被测介质的流动，这时就可打开上盖，取出孔板及密封件予以检查或更换。

2. 取压方式

由图 3-2 可知，取压位置不同，即使是用同一节流元件、在同一流量下所得到的差压大小也是不同的，故流量与差压之间的关系也将随之变化。标准节流装置规定的取压方式有角接取压、法兰取压、径距取压三种，如图 3-5 所示。

角接取压方式是最常用的一种取压方式，紧贴节流元件上、下游两侧端面取压，适用于

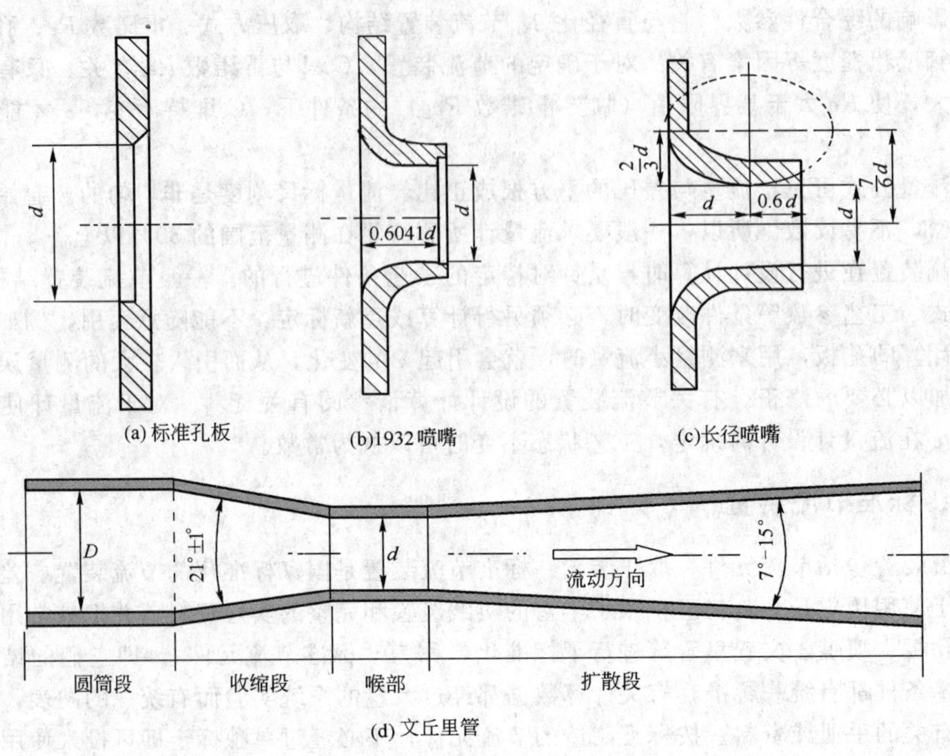

图 3-3　标准节流元件

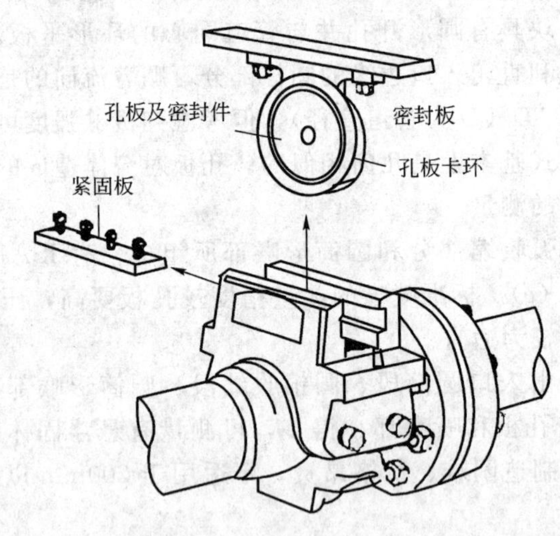

图 3-4　可换孔板节流装置

孔板和喷嘴两种节流装置。它又分为环室取压［如图 3-5（a）上部］和单独钻孔取压［如图 3-5（a）下部］两种方法。

单独钻孔取压是在孔板两侧的法兰上钻孔取出压力，这种方法加工简单，适用于管径大于 200mm 的流量测量；环室取压是在孔板两侧的取压环的环状槽（环室）取出，这种方法取压均匀，测量误差小，对直管段长度要求较短，但加工和安装复杂，一般用于 400mm 以下管径的流量测量。

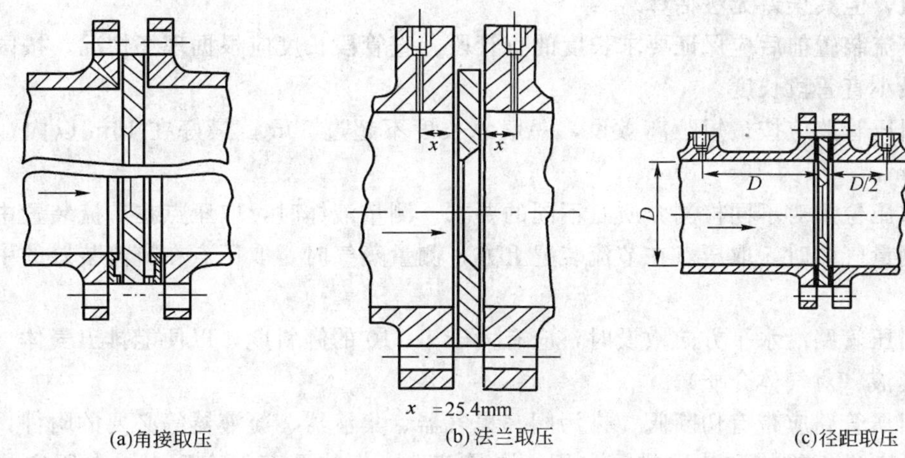

图 3-5 标准孔板取压方式

四、差压计

一般差压仪表均可作为差压式流量计中的差压计使用。目前工业生产中大多数采用差压变送器，它可将压差转换为标准信号。有关差压变送器的原理，请参见第二章第三节的内容，此处不再重复。

一体式差压流量计将节流装置、引压管、三阀组、差压变送器直接组装成一体，省却引压管线，减少故障率，改善动态特性，现场安装简单方便，可有效减小安装原因带来的误差。有的仪表将温度、压力变送器整合到一起，可以测量孔板前的流体压力、温度，实现温度压力补偿；可显示瞬时流量、累积流量，直接指示流体的质量流量。一体式差压流量计如图 3-6 所示。

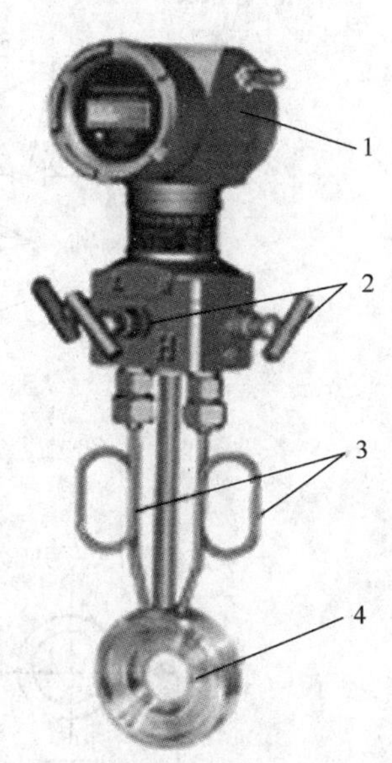

图 3-6 一体式差压流量计

1—差压变送器；2—三阀组；3—引压管；4—节流装置

五、差压式流量计的安装及应用

必须引起注意的是，差压式流量计不仅需要合理的选型、准确的设计和精密的加工制造，更要注意正确的安装与维护。符合要求的使用条件，才能保证流量计有较高的测量精度。差压式流量计如果设计、安装、使用等各环节均符合规定的技术要求，则其测量误差应在1%～2%范围以内。然而在实际工作中，往往由于安装质量、使用条件等不符合技术要求，因而造成附加误差，使得实际测量误差远远超出此范围。因此正确安装和应用是保证其测量精度的重要因素。

1. 差压式流量计的安装要求

(1) 应保证节流元件前端面与管道轴线垂直，不垂直度不得超过±1°。

(2) 应保证节流元件的开孔与管道同心，不同心度不得超过 $0.015D\ (D/d-1)$。

(3) 节流元件与法兰、夹紧环之间的密封垫片，在夹紧后不得突入管道内壁。

(4) 节流元件的安装方向不得装反。节流元件前后常以“+”、“-”标记。装反后虽然也有差压值，但其误差无法估算。

(5) 节流装置前后应保证要求长度的直管段。直管段长度应根据现场情况，按国家标准规定确定最小直管段长度。

(6) 引压管路应按最短距离敷设，一般总长度不超过 50m，最好在 16m 以内；管径不得小于 6mm，一般为 10～18mm。

(7) 取压位置对不同检测介质有不同的要求。测量液体时，取压点在节流装置中心水平线下方；测量气体时，取压点在节流装置上方；测量蒸气时，取压点在节流装置的中心水平位置引出。

(8) 引压管路沿水平方向敷设时，应有大于 1∶10 的倾斜度，以便能排出气体（对液体介质）或凝液（对气体介质）。

(9) 引压管路应带有切断阀、排污阀、集气器、集液器、凝液器等必要的附件，以备与被测管路隔离进行维修和冲洗排污之用。测量液体、气体及蒸气介质时，常用安装方案如图 3-7～图 3-9 所示。如被测介质有腐蚀性时应在引压管路上加隔离罐，如图 3-10 所示。

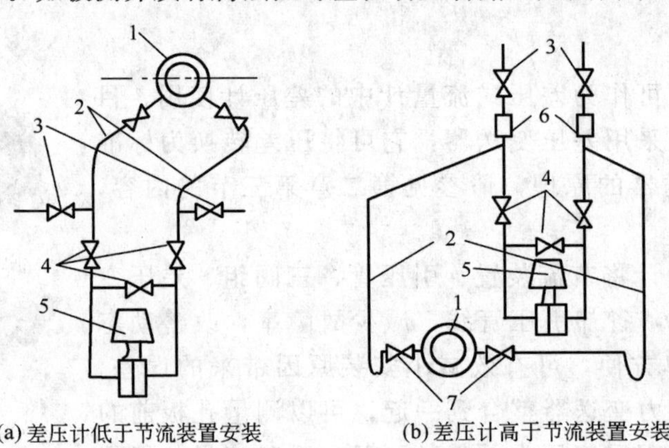

图 3-7　测量液体流量时的连接图

1—节流装置；2—引压管路；3—放空阀；4—三阀组；5—差压变送器；6—储气器；7—切断阀

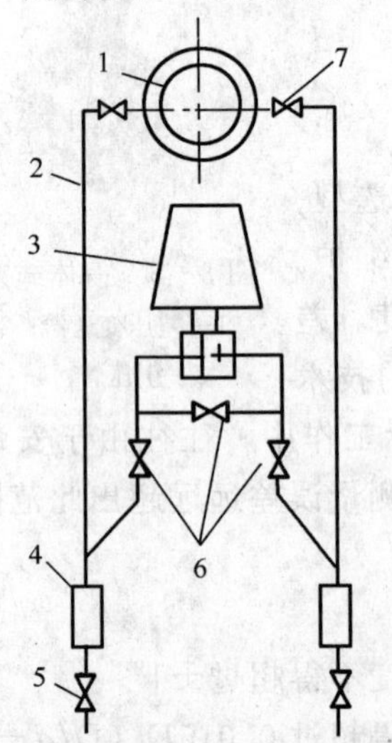

图 3-8　测量气体流量时的连接图

1—节流装置；2—引压管路；3—差压变送器；4—储液器；5—排放阀；6—三阀组；7—切断阀

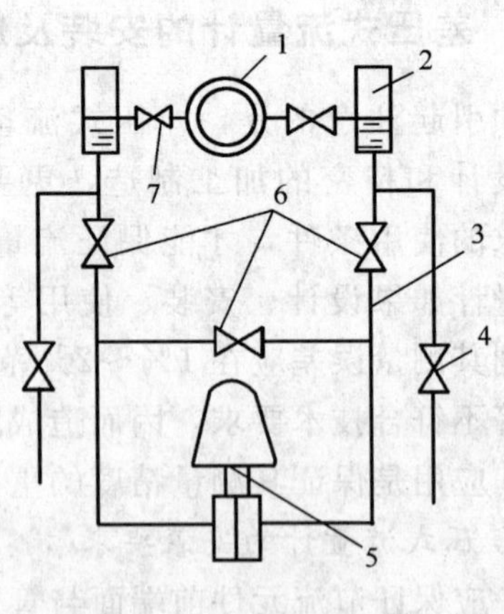

图 3-9　测量蒸气流量时的连接图

1—节流装置；2—凝液器；3—引压管路；4—排放阀；5—差压变送器；6—三阀组；7—切断阀

(10) 如果引压管路中介质有凝固或冻结的可能，则应沿引压管路进行保温或增加伴热。

2. *差压式流量计的应用*

差压式流量计具有结构简单、工作可靠、使用寿命长、适应性强、测量范围广的特点，适用于 50～1000mm 管径的流体测量。只要严格遵循加工安装要求，不需单独标定，即能达到规定精度。不足之处是压力损失较大，刻度为非线性，某些情况下（如测量高粘度或有腐蚀性介质等）使用维护工作量较大。

流量计应用不当，容易造成测量误差，使用时应注意以下问题：

(1) 应考虑流量计使用范围，如角接取压孔板，$50 \leqslant D \leqslant 1000$，$Re_D \geqslant 4000$ $(0.1 \leqslant \beta \leqslant 0.5)$ ～ $Re_D \geqslant 16000\beta^2$ $(\beta > 0.5)$。安装地点周围环境使其能满足正常工作条件（环境温度、湿度、腐蚀性、振动等），并且便于操作和维修。

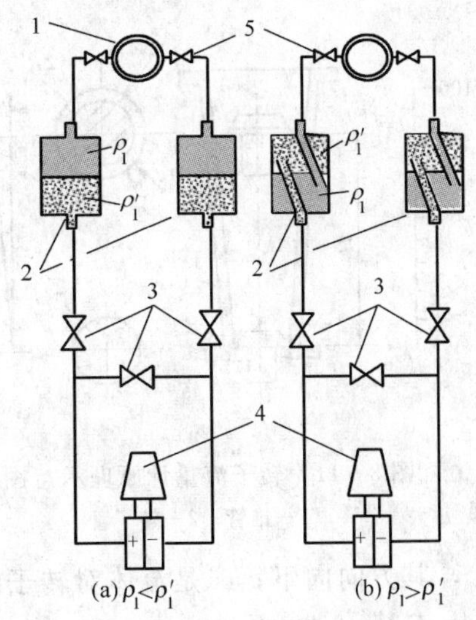

图 3-10 测量有腐蚀性液体时的连接图
1—节流装置；2—隔离器；3—三阀组；4—差压变送器；5—切断阀

(2) 被测流体的实际工作状态（温度、压力）和流体的性质（密度、粘度、雷诺数等）应与设计时一致，否则会造成实际流量值与设计计算出的流量值之间的误差。欲消除此误差，必须按新的工艺条件重新进行设计计算，或者将所测的数值加以必要的修正。

(3) 在使用中要保持节流装置的清洁。如在节流装置处有沉淀、结焦、堵塞等现象，也会引起较大的测量误差，必须及时清洗。

(4) 节流装置由于受流体的化学腐蚀或被流体夹杂的固体颗粒磨损，都会造成节流元件形状和尺寸的变化。尤其是孔板，它的入口边缘会由于磨损和腐蚀而变钝。这样，在相同的流量下，所产生的压差变小，从而引起仪表示值偏低。故应注意检查，必要时应换用新的孔板。

(5) 引压管路接至差压计之前，必须安装三阀组（如上述各图所示），以防差压计单向受压，方便差压计的回零检查及引压管路冲洗排污之用。其中接高压侧的叫正压阀；接低压侧的叫负压阀；中间的阀叫平衡阀。一般三个阀做成一体，便于安装。

对于带有凝液器（图 3-9 所示）或隔离器（图 3-10 所示）的测量管路，不可有正压阀、负压阀和平衡阀三阀同时打开的状态，即使时间很短也是不允许的，否则如图所示凝结水或隔离液将会流失，需重新充灌才可使用。三阀组的起动顺序是：①打开正压阀；②关闭平衡阀；③打开负压阀。停运的顺序是：①关闭负压阀；②关闭正压阀；③打开平衡阀。

第三节　转子流量计

在工业生产中，经常遇到小管径低流速的小流量测量。这就要求测量仪表具有简单的结构和较高的灵敏度。大部分流量计对于小管径、低雷诺数流体的测量精度不高。而转子流量计则特别适合于测量管径 50mm 以下管道的流量，最小口径可以做到 1.5～4mm。

一、工作原理

转子流量计基本上由两个部分组成，一个是一根自下而上逐渐扩大的垂直锥形管（通常

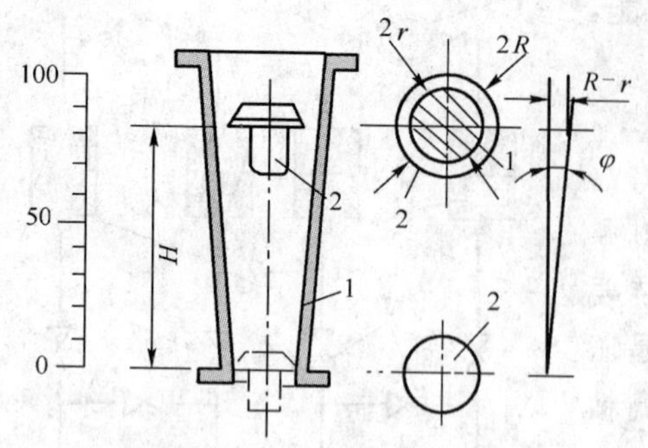

图 3-11　转子流量计原理示意图
1—锥管；2—转子

用玻璃制成，锥度为40′至3°)；另一个是由一只放在锥形管内随流体流量大小可以上、下移动的转子所组成，如图 3-11 所示。由于转子在流体中随流量变化而上、下浮动，这种流量计又被称为浮子流量计。

被测流体由锥形管下部进入，沿锥形管由下而上运动，再从锥形管上部流出。当某一定流量的流体稳定地流过转子与锥形管之间的环隙时，位于锥形管中的转子会稳定在某一高度上，转子会处于力平衡状态。

分析转子受到的作用力，一是转子自身的重力 F_w，其方向向下；二是流体对转子的浮力 F_f，其方向向上；三是流体对转子产生的向上冲击力 F_p：

$$F_p = A_r C \cdot \frac{\rho v^2}{2} \tag{3-8}$$

式中　A_r——转子迎流面的最大横截面积；

C——流体作用力系数；

ρ——被测流体的密度；

v——锥管与转子环隙上的平均流速。

当转子上所受到的浮力与流体向上冲击力之和，恰好等于转子重力时，转子受力平衡，就会稳定地悬停在某一高度上。

如果被测流体的流量增大，即流体的流速 v 增大，作用在转子上的流体向上冲击力随之增大，使得转子受力失去平衡，有向上的合力使转子上升。随着转子的位置升高，转子与锥形管间的环形流通面积增大，其环隙上流速减小，转子受到的流体作用力减小。当转子升高到某一新的高度、作用在转子上的作用力再次平衡时，转子会在新的位置稳定下来。流量减小时情况相反，转子位置降低。

这样，流体的流量大小与转子在锥形管中平衡位置的高度相对应。如果在锥形管外表面沿其高度刻上对应的流量值，那么根据转子平衡位置的高低就可以直接读出流量的大小。流量计玻璃外壳上的流量刻度一般是以转子的上端面作为读数基准。

流体的流量与转子高度的关系可以通过转子受力分析导出。如果忽略流体对转子的摩擦力，可导出流体的流量为：

$$q_v = A_0 \sqrt{\frac{2V_r(\rho_r - \rho)g}{\rho A_r C}} \tag{3-9}$$

式中　V_r——转子的体积；

ρ_r——转子材料的密度；

g——重力加速度；

A_0——环隙流通面积。

由图 3-11 可知，环隙流通面积满足下式：

$$A_0 = \pi(R^2 - r^2) = \pi h^2 \mathrm{tg}^2\varphi + 2\pi r h \,\mathrm{tg}\varphi \tag{3-10}$$

式中　h——转子的高度；

R——锥管的内侧半径；

r——转子的最大外半径；

φ——锥管母线与轴线的夹角。

当锥管的锥度 φ 很小时，$\pi h^2 \mathrm{tg}^2 \varphi$ 可以忽略。这时式（3—9）简化为：

$$q_v = 2\pi r \mathrm{tg}\varphi\alpha \sqrt{\frac{2V_r(\rho_r - \rho)g}{\rho A_r}} \cdot h \tag{3-11}$$

式中，$\alpha = \sqrt{1/C}$，为流量系数，取决于转子形状和雷诺数，一般由实验确定。实际应用时，必使流体的雷诺数高于临界值，流量系数就可保证为一常数值，从而使流量与转子高度近似为线性关系。

二、转子流量计的类型与结构

转子流量计按照锥形管材料的不同可分为玻璃管转子流量计和金属管转子流量计两种。其外形结构示意图见图 3－12。

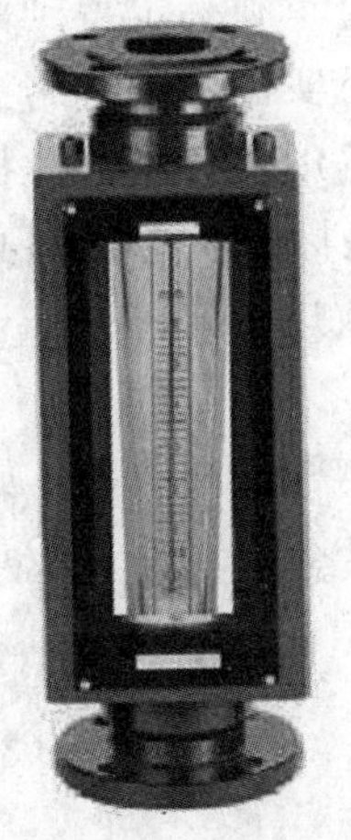

(a)LZB－50玻璃转子流量计

(b) LZD－50M7金属管转子流量计

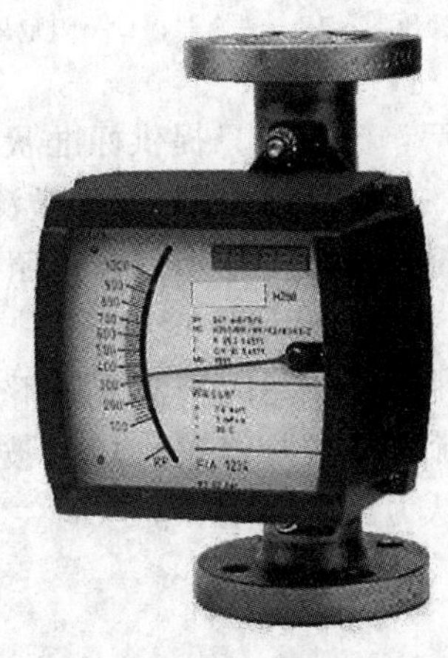

(c)LZZ－50N型金属管转子流量计

图 3－12　转子流量计外形结构图

1. 玻璃转子流量计

透明锥形管转子流量计见图 3－12（a）。透明锥形管多由硼硅玻璃制成，所以习惯上称之为玻璃转子流量计。有些小口径转子流量计，锥管有的也用透明工程塑料制造。流量分度有直接刻在锥管外壁上的，也有在锥管旁另装分度标尺的。小口径（DN4～15mm）流量计有螺纹连接、软管连接方式。较大口径（DN15～100mm）的流量计有的转子采用导杆导向，连接方式一般用法兰连接。玻璃转子流量计虽然结构简单，使用方便，但耐压力低，玻璃管易碎，且只适用于就地指示。

2. 金属管转子流量计

图 3－13（b）、（c）所示金属管转子流量计，公称直径一般为 DN15～150mm，连接方式一般为法兰连接。指示部分采用磁性耦合传动，驱动指示器指针偏转，也可以通过转换电路转换成电信号输出。金属管转子流量计与玻璃转子流量计相比，具有耐高压、高温、安

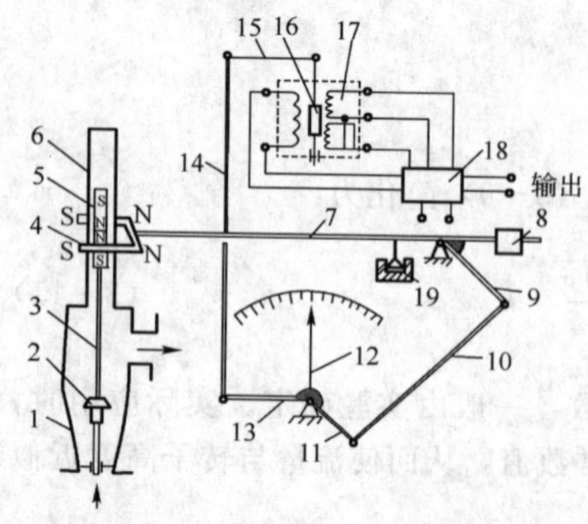

图 3-13 金属管转子流量计传动原理

1—锥管；2—转子；3—导杆；4—外磁钢；5—内磁钢；6—不导磁隔离管；7—杠杆；8—平衡锤；9、10、11、12—四连杆机构；13、14、15—四连杆机构；16—铁芯；17—差动变压器；18—转换器；19—阻尼器

全，读数明晰等特点，并可适用于不透明介质和腐蚀性介质的流量测量。

金属管转子流量计传动原理如图 3-13 所示。锥管和转子组成流量检测元件。转子 2 通过内磁钢 5—外磁钢 4 磁性耦合方式，将浮子的位移传给转换部分，使杠杆 7 偏转。通过四连杆机构 9、10、11、12 带动指针偏转相应角度，指示流量大小。

电远传型转子流量计普遍采用差动变压器结构，在指针现场指示的同时，把转子位移通过另一个四连杆机构 13、14、15 转换为差动变压器铁芯 16 的位移。由差动变压器转换为电信号输出至转换器，变成标准电流信号输出，由其他仪表进行显示、记录或控制。

三、转子流量计示值的修正

转子流量计的流量刻度是经过单独标定得到的。但仪表厂不可能对所有被测介质进行实流标定。为了方便成批生产，流量计只提供标准状态（20℃，101.33kPa）下，水或空气介质的标定数据（刻度值）。在实际使用中，如果被测介质不是水或空气，或工作状态不是标准状态，则必须对转子流量计的流量指示值，按照实际被测流体的密度、工作状态等参数进行修正。

1. 液体流量的修正

如果实际测量时被测液体不是水，而是其他液体，则由于被测液体密度的不同，必须对读出的流量值进行修正。如果被测液体的粘度与水的粘度相差不大（不超过 0.03Pa·s），可近似认为流量系数和测水时一样，可用下式修正：

$$q_v = q_{v0}\sqrt{\frac{(\rho_r-\rho)\rho_{w0}}{(\rho_r-\rho_{w0})\rho}} \tag{3-12}$$

式中 q_{v0}——标准状况下用水标定时的流量（指示流量）；

ρ_{w0}——标准状况下水的密度，$\rho_{w0}=998.2\text{kg/m}^3$；

q_v——被测液体的实际流量；

ρ——被测液体在被测条件下的密度。

例 1 有一台转子流量计，其转子材料是不锈钢（密度为 7900kg/m^3），用来测量密度为 791kg/m^3 的甲醇，当流量计示值为 500L/h 时，被测甲醇的实际流量为多少？

解：因为甲醇与水的粘度相差不大，所以

$$q_v = \sqrt{\frac{(7900-791)\times 998.2}{(7900-998.2)\times 791}}\times 500 = 570(\text{L/h})$$

答：被测流体甲醇的实际流量为 570L/h。

2. 气体流量的修正

测量气体的转子流量计，制造厂是在工业标准状况下用空气标定的。对于非空气介质在不同的工作状态下测量时，可按下式进行修正。

$$q_v = q_{v0}\sqrt{\frac{Tp_0}{T_0 p}\cdot\frac{\rho_{a0}}{\rho_0}} \tag{3-13}$$

$$q_{vn} = q_{v0}\sqrt{\frac{T_0 p}{T p_0}\cdot\frac{\rho_{a0}}{\rho_0}} \tag{3-14}$$

式中　q_v、q_{vn}——被测气体在实际工作状态下的流量和换算到标准状态后的流量值；

ρ_0、ρ_{a0}——被测气体和空气在标准状态下的密度（$\rho_{a0}=1.205\text{kg/m}^3$）；

p_0、T_0——标准状态下的绝对压力（101.325kPa）、绝对温度（293.15K）；

p、T——被测气体在工作状态下的绝对压力、绝对温度。

例 2　有一台气体转子流量计用来测量天然气的流量，工作压力为 0.6MPa（表压），工作温度为 55℃。当流量计的读数为 $100\text{m}^3/\text{h}$ 时，天然气的实际流量和换算后的标准流量分别是多少？（此天然气在标准状态下的密度为 0.755kg/m^3）

解：根据公式

$$q_v = \sqrt{\frac{(55+273.15)\times 101.325\times 1.205}{293.15\times(600+101.325)\times 0.755}}\times 100 = 50.805(\text{m}^3/\text{h})$$

$$q_{vn} = \sqrt{\frac{293.15\times(600+101.325)\times 1.205}{(55+273.15)\times 101.325\times 0.755}}\times 100 = 314.145(\text{m}^3/\text{h})$$

答：被测天然气的实际流量为 $50.805\text{m}^3/\text{h}$,，将其换算为标准状态下的流量为 $314.145\text{m}^3/\text{h}$。

四、转子流量计的安装与使用

1. 转子流量计的特点

（1）转子流量计主要适合于检测中小管径、较低雷诺数、低流速的中小流量。

（2）流量计结构简单，使用方便，工作可靠，显示直观。

（3）流量计的量程比较宽，一般可达 10∶1。刻度近似线性，压力损失较低且恒定。

（4）流量计的测量精度受被测介质密度、粘度、温度、压力、安装质量等因素的影响，其精度较低（一般在 1.5～2.5 级），主要用作直观流动指示或测量精度要求不高的现场指示仪表。

2. 转子流量计的安装

（1）转子流量计必须垂直安装，流量计中心线与铅垂线间夹角一般不超过 5°。流体自下而上流过仪表。仪表对上游直管段长度无严格要求。

（2）要保持转子和锥形管的清洁，特别是对小口径流量计，锥管、转子沾污结垢，会明显影响测量精度。必要时，需在流量计前加装滤清器。

（3）金属转子流量计，如果被测介质中含有铁磁性物质时，为防止铁磁性颗粒粘附内磁钢影响测量，应在流量计前安装磁性过滤器。

（4）为了便于维护和清洗，又不影响生产，安装时应加装旁路管。

3. 转子流量计的使用

（1）流量计的正常流量值最好选在仪表的上限刻度的 1/3～2/3 范围内。

（2）搬动仪表时，应将浮子顶住，以免浮子将玻璃管打碎。

（3）流量计开启时，应缓慢打开流量计前、后的切断阀，防止急开、急关造成水击，损坏玻璃锥管。

（4）被测流体的状态参数与流量计标定时的状态不同时，必须对刻度示值进行修正。

第四节　容积式流量计

容积式流量计是利用标准容积累积法测量原理的一类流量计。它包括腰轮流量计、椭圆齿轮流量计、刮板流量计、旋转活塞流量计等多种。它们主要是用于流体累积流量，即总量的计量。

容积式流量计内一般都有一个或一对转动部件，在流量计进、出口压力差的作用下转动。这时，转子和壳体内壁之间形成一固定容积的空间（称为“计量室”），其内封隔被测介质。随着转子的转动，流体一次次地充满流量计的“计量室”，然后又不断地被送往出口。由于“计量室”的容积是一定的，因而由转动部件的转数就可以确定通过流量计的流体体积。各种形式的容积式流量计工作原理基本相似，只是转子形状不同而已

容积式流量计具有如下特点：测量精度高，积算精度可达0.1%～0.5%；测量精度受流体密度、粘度、温度、压力和流态的影响较小，适宜于测量高粘度流体。流量计对其前后直管段无要求，安装较方便。但是，容积式流量计制造装配精度要求高。用于大流量、大口径时，流量计体积庞大、笨重，价格较高。并且，流量计对被测流体的洁净度要求严格，不能测量含气液体，流体携带的固体颗粒也会严重影响流量计的工作。

容积式流量计是用于原油计量的首选仪表。由于对高粘度原油的测量具有很高的计量精度，可显示累积流量，因而在油田各计量站、联合站、油库和炼厂等场合得到了广泛的应用。容积式流量计与原油含水分析仪、密度计、微型计算机配合，可实现对原油总量、净油量等指标的自动测试与计量，为提高油田集输系统的管理水平提供了先进的手段。

一、腰轮流量计

1. 工作原理

腰轮流量计由测量主体和表头两部分组成。测量主体如图3-14所示，壳体内有一对截面呈“8”字形的柱状转子——腰轮，腰轮上下盖以隔板。腰轮与壳体及两侧隔板间形成的封闭空间就是“计量室”。与腰轮同轴的两个驱动齿轮在隔板外面相互啮合，以保持两腰轮反向转动。腰轮在转动过程中，腰轮之间、腰轮与壳体和隔板之间，始终保持准接触状态。腰轮把进出口流体分隔开来，所形成的计量室随腰轮转动而移动。因而，只有腰轮转动时，才能把流体从进口排到出口去。腰轮流量计的工作过程如图3-15所示。

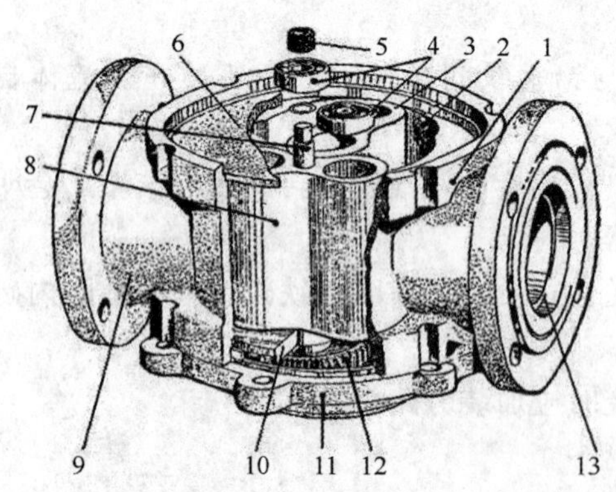

图3-14　腰轮流量计测量主体结构示意图

1—壳体；2—计量室；3—腰轮；4—轴承；5—输出齿轮；6—上隔板；7—输出轴；8—腰轮；9—入口；10—下隔板；11—下端盖（上端盖未画出）；12—驱动齿轮；13—出口

图中 p_1 为流量计进口流体压力，p_2 为出口流体压力。当流体流过流量计时，将会引起阻力损失，从而使进口压力大于出口压力（$p_1>p_2$）。由于A、B两腰轮接触点两侧分别受 p_1、p_2 作用，压力差能够在腰轮上产生不平衡作用力矩，使腰轮转动。具体来说，在图（a）所示的位置时，A腰轮 p_1、p_2 作用面积对称，所受合力矩为零；B腰轮由于左下侧所受力矩大于右下侧所受力矩，所产

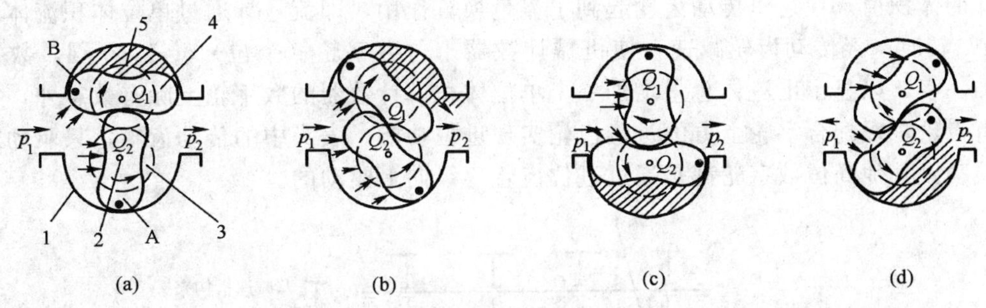

图 3-15 腰轮流量计工作过程示意图

1—壳体；2—转轴；3—驱动齿轮；4—腰轮；5—计量室

生的合力矩将使B腰轮顺时针转动。由于A、B两个腰轮通过驱动齿轮啮合而带动A腰轮作逆时针转动。同时，B腰轮和壳体间形成的计量室内的液体开始排出。转至图（b）所示的位置时，根据力的分析可知，A腰轮与B腰轮所受的合力矩均不为零，此时A腰轮与B腰轮均为主动轮，按照B顺时针、A逆时针的方向转动。当继续转至图（c）所示位置时，B腰轮结束排出液体，并且在A腰轮一侧又吸入一个完整的计量室的流体。图（c）腰轮位置与图（a）相反，A腰轮为主动轮，作逆时针旋转，通过外驱动齿轮带动B腰轮顺时针转动。至图（d）位置，与图（b)情况相似，A、B互相带动。如此往复循环，A、B两腰轮在进出口压差的作用下，交替产生力矩、相互通过外驱动齿轮反向连续转动。随着腰轮转动，把被测流体以计量室为单位逐次吸入—隔离—排出。由图（a）至图（d）再到图（a）循环，腰轮转动半周，流量计平均排出两个计量室的体积V_0，故通过腰轮流量计的体积流量为：

$$Q=4NV_0 \tag{3-15}$$

$$q_v=4nV_0 \tag{3-16}$$

式中 N——腰轮的转数；

n——腰轮的转速；

V_0——计量室容积；

q_v——体积流量；

Q——累积流量。

由上式可知，计量室的容积V_0一定，只要测出腰轮的转数N和转速n，就可以计算出被测流体的累积流量和瞬时流量。

2. 显示部分

腰轮流量计的流量显示，有就地显示和远传显示两种。就地显示是将腰轮的转动通过磁性密封联轴器和一套传动减速机构传递给机械计数器，直接指示出流经流量计的总量。远传显示是附加发信装置后，再配以显示仪表，就可实现远传指示瞬时流量或累积流量。

腰轮流量计的显示部分（表头），主要用来显示流体总量。在大型腰轮流量计中，有的还具有瞬时流量显示、定量计量、容差调整、温度补偿、信号远传等装置。

1）总量积算结构

在腰轮流量计中，腰轮转数N通过磁性联轴器传递到表头。在表头内，具有一系列传动齿轮、调整齿轮与机械计数器。流量积算机构中的机械计数器原理如图3-16所示。腰轮转数通过传动齿轮，取得一个恰当的传动比后，使机械计数器的末位数字轮转动，显示流过流量计的体积值。在这里传动齿轮起到了流量换算作用，即流量计通过单位体积流体，使腰轮转 N_c 转时，经传动齿轮减速，使机械计数器末位数字轮（个位）转 1/10 圈，数字轮示数增加一字，以显示出流体总量增加一个单位体积。计数器的数字轮上除有数字外，字轮两侧均有齿轮，以配合字轮上方的进位齿轮实现进位功能。表头中的传动齿轮，只驱动末位数字轮转动。其他高位数字轮都是通过进位齿轮逐级向上驱动的。

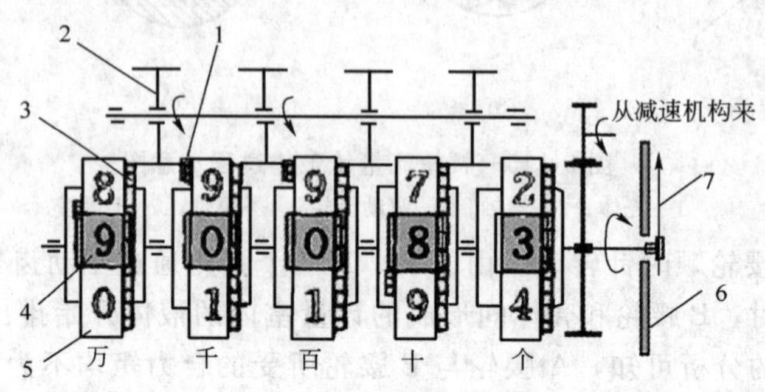

图 3-16　计数器原理示意图

1—进位齿（2 齿）；2—进位齿轮；3—进位齿（20 齿）；4—读数窗口；5—数字轮；6—指针；7—刻度盘

一般腰轮流量计的累加计数器有 5～7 位，有的流量计有一与末位数字轮同步的指针和刻度盘，读数分辨率更高一些。

2）瞬时流量显示与信号远传

瞬时流量可以通过两种途径得到：一是从指针转一圈所代表的流量及所用时间去推算，二是用瞬时流量显示器直接指示瞬时流量值。瞬时流量显示器是在表头传动齿轮中装上一个小型测速发电机，根据腰轮转速与流量成正比的关系，将流量的大小变为电流，由电流表指示出来。

为了实现流量的远距集中显示和流量计标定需要，可以在表头内设置发讯装置，将腰轮转数转换成相应的电脉冲数，远传后由显示仪表对脉冲信号进行累积、计数处理，以显示流体的流量与总量。

发讯器有电磁式、光电式两种。光电式发讯器比较简单，它利用带孔的发讯盘间隔性避开光源和光电管，从而产生电脉冲信号。发讯盘通过减速齿轮由腰轮带动。有的用光栅发讯盘，输出分辨率更高。电磁式发讯器，发讯盘上有许多金属齿条，发讯器中高频振荡器的振荡线圈置于发讯盘两侧。当发讯盘齿端金属片进入振荡线圈之间时，振荡器停振。当发讯盘转动时，把振荡信号调制成幅值不同调制波，经放大器检波、放大后变成方波脉冲输出。

3. 结构特点

从结构型式上来看，腰轮式流量计有立式和卧式两种。根据腰轮的数目不同，又可分为单（对）腰轮式流量计和双（对）腰轮式流量计。双腰轮组合式转子（如图 3-17 所示）在运转时比较平稳，振动较小，常用于公称直径大于 50mm 的流量计中。用于原油总量计量的腰轮流量计体积较大。比较常用的立式腰轮流量计如图 3-18 所示。腰轮主轴垂直安装，下端有硬质耐磨合金制成的平面滑动止推轴承，承受腰轮重量。中间隔板将腔体计量室分隔成两段，使之相互隔离。卧式腰轮流量计如图 3-19 所示。主轴按水平工作状态设计，不用止推轴承，占地面积较大，其主体结构与立式腰轮流量计相似。

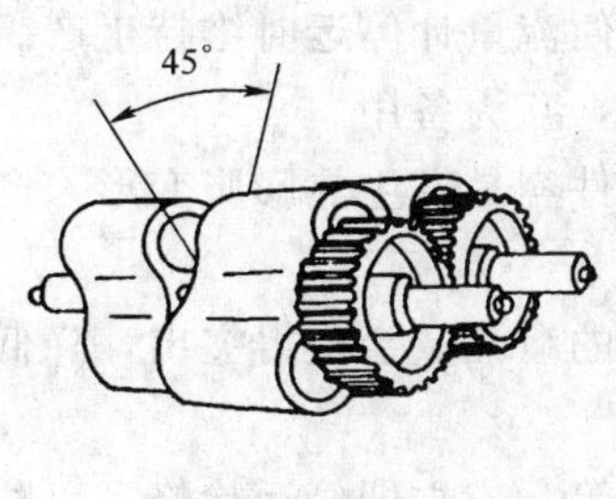

图 3-17　双腰轮组合式转子

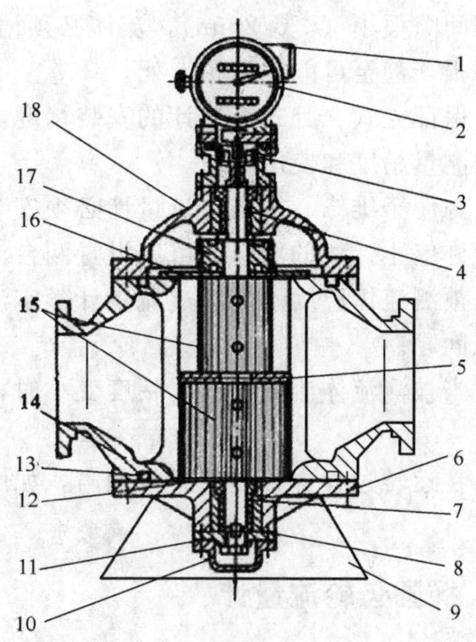

图 3-18　立式腰轮流量计结构

1—发讯器；2—指示部分；3—磁性耦合联轴器；4—轴承；5—中间隔板；6—下盖；7—石墨轴承；8—止推轴承；9—底座；10—轴承盖；11—轴承座；12—垫片；13—“O”形密封圈；14—壳体；15—腰轮；16—隔板；17—驱动齿轮；18—上盖

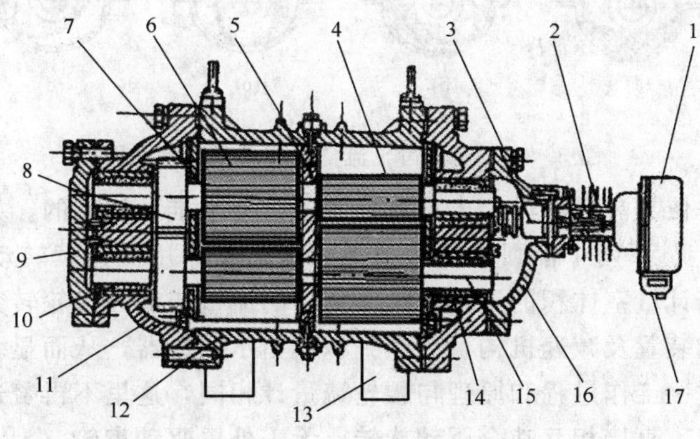

图 3-19　卧式腰轮流量计结构

1—指示部分；2—散热片；3—磁性耦合联轴器；4—腰轮；5—中间隔板；6—腰轮；7—隔板；8—驱动齿轮；9—轴承盖；10—石墨轴承；11—端盖；12—壳体；13—底座；14—石墨轴承；15—主轴；16—端盖；17—发讯器

4. 安装及应用

腰轮流量计由于两个腰轮并不直接接触，腰轮表面为光滑面，故可允许测量含有微小颗粒的流体，并可用于气体和液体的测量。该流量计精度高（可达 0.1 级），可靠性好，测量范围为 0.1～2500m^3/h，口径为 16～500mm。使用时要想保证足够的精度，还必须按照要求正确地安装和使用。

(1) 腰轮流量计前应安装消气器和过滤器，并定期清洗。由于腰轮流量计腰轮与腰轮及外壳之间间隙很小（≤0.2mm），流体必须洁净。不能测量含有固体颗粒的流体，否则会引起表面磨损，甚至可能使腰轮卡死。

（2）保证立式、卧式流量计的安装精度，以减小腰轮和外壳及盖板的磨损，降低轴承受力，保证测量精度和使用寿命。

（3）为便于维修、校验，流量计必须安装旁通管路，以便流量计停运时维持生产。对于要求不允许停止计量的场合，可以设置两台流量计并联安装，互为备用。

（4）被测流体温度不能超过流量计额定温度，否则零部件容易发生热膨胀变形，产生卡死、断流问题。

（5）当被测流体流量偏小、粘度变小时，腰轮与壳体间的泄漏量会变得突出，降低测量精度。

（6）在运转过程中如发现异常响声，如摩擦声、碰撞声等，应立即停运检修，以防损坏流量计。

二、椭圆齿轮流量计

1. 工作原理

椭圆齿轮流量计的测量部分是由两个装在轴上相互啮合的椭圆形齿轮及壳体构成。椭圆齿轮与壳体之间形成月牙形体积的计量室，如图 3－20 所示。

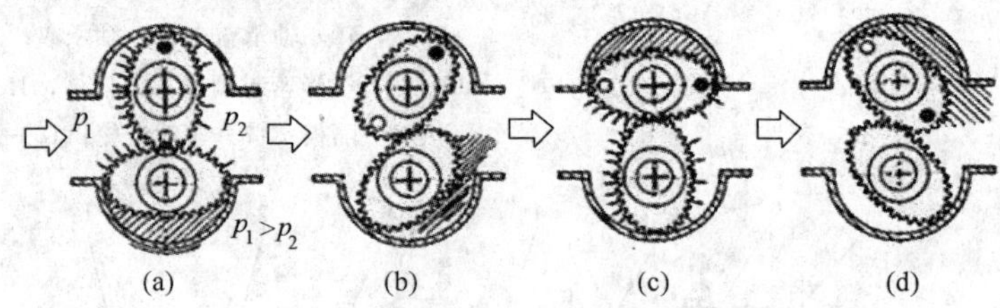

图 3－20　椭圆齿轮流量计测量原理示意图

椭圆齿轮同样是依靠流量计进、出口流体的压力差来推动旋转的。如图 3－20 所示，在 $p_1>p_2$ 的条件下，上、下两个椭圆齿轮交替地承受力矩作用而连续转动，椭圆齿轮每转一周，流量计输出四倍计量室体积的流体；被测流体的流量与椭圆齿轮转数成正比，转子的转数通过磁性密封联轴装置及减速机构，传递到积算指示计数器，从而显示在某段时间内输出的累积体积流量。这一工作过程和原理与腰轮流量计相同，这里不再赘述。不同之处是两个椭圆齿轮上表面有齿，直接相互啮合驱动旋转，无需外置驱动齿轮。

2. 特点及应用

椭圆齿轮流量计由于无外置驱动齿轮，其结构相对简单一些。但对流体中的固体颗粒更为敏感，因此只能测量清洁的流体。从原理示意图可以看出，椭圆齿轮流量计与同尺寸腰轮流量计相比，其计量室体积较小，测量大流量时体积更大。因此椭圆齿轮流量计一般用来测量中小流量，一般为 3L/h～540m^3/h，口径 10～250mm 之间。

椭圆齿轮流量计的安装、使用注意事项与腰轮流量计基本相同。

三、刮板流量计

刮板流量计也是一种较常见的容积式流量计，适用于含有机械杂质的流体。按其结构特点来分，有凸轮式和凹线式两种。

1. 凸轮式刮板流量计

凸轮式刮板流量计主要由转子、凸轮、刮板、滚柱及壳体组成，见图 3－21。

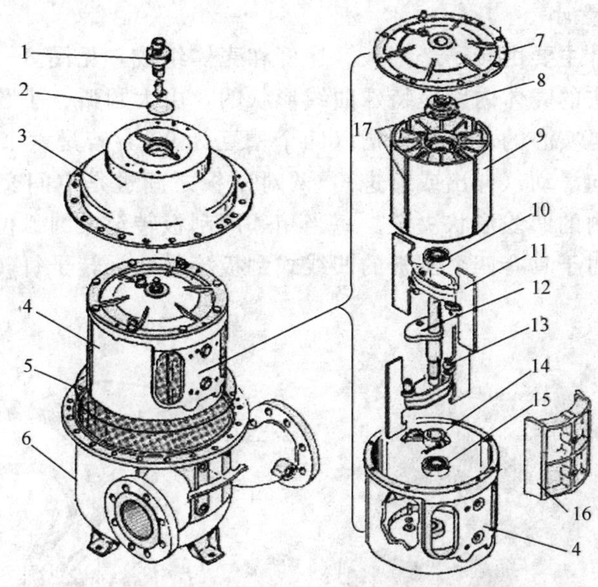

图 3－21　凸轮刮板式流量计结构图

1—出轴密封；2、5—“O”形密封圈；3—上盖；4—内壳；6—外壳体；7—内盖；8—轴承座；9—转子筒；10、15—轴承；11—刮板；12—凸轮及轴；13—滚子；14—定位臂；16—挡块；17—槽

壳体的内腔是一个圆形空筒。转子也是一个空心圆筒形物体，在筒壁上径向互为 90°的位置开了四个槽。四块刮板分别由两根连杆连接，相互垂直，在空间交叉，互不干扰。每块刮板的内侧各装有一个小滚柱，这四个小滚柱都紧靠在一个固定不动的凸轮上并沿凸轮边缘滚动，从而使刮板可以在槽内沿径向方向内外自由地滑动（伸出或缩进）。凸轮刮板式流量计的工作原理可以用图 3－22 简单说明。

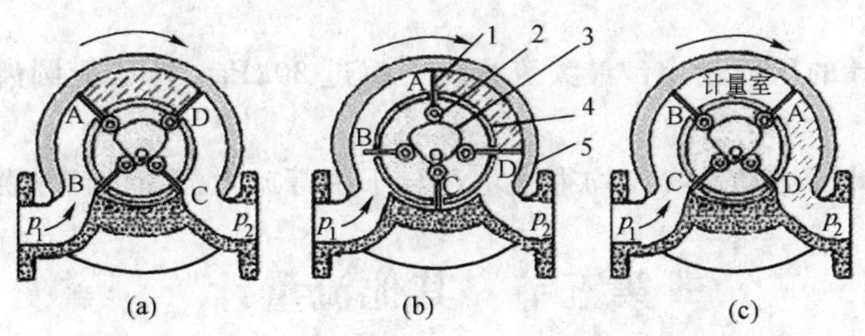

图 3－22　凸轮式刮板流量计工作原理示意图

1—刮板；2—滚柱；3—凸轮（固定）；4—筒型转子（转筒）；5—壳体

当流体通过时，在流量计进、出口压差（$p_1 > p_2$）的作用下，推动刮板并带动转筒转动。图 3－22（a）位置时，与凸轮 90°大圆弧相对应。两对刮板所在位置处的壳体内腔较短，相邻两刮板 A 和 D 在滚子导引下，伸出转筒，并压向壳体内壁，形成一密封空间——计量室。当刮板和转筒向图（b）所示位置旋转时，由于刮板 A 沿着凸轮的大圆弧转动，因此刮板 A 并不滑动收缩，但刮板 D 会逐渐缩入槽内，流体开始流出。当刮板和转筒转到图（c)位置时，刮板 A 和转筒转了 90°，正好排出一个计量室的液体，并且在刮板 A 和后一相邻刮板 B 之间又封住一个计量室的流体体积。由此可见，转子每转一周，将排出四倍计

量室体积的流体。与前述腰轮流量计相同，只要测出转动次数，就可以计算出排出流体的体积。刮板流量计将转子的转动传给表头，就可以进行指示、累计或远传。

2. 凹线式刮板流量计

凹线式刮板流量计主要由转子、刮板、连杆和壳体组成，见图 3-23。动作原理和凸轮式刮板流量计相似。它的壳体内腔是特殊曲线形状的，由大圆弧、小圆弧和两条互相对称的凹线组成。它的转子是实心的，中间有槽（四个槽互为 90°，若是六个槽则互为 60°）。连杆带动刮板在槽内沿径向滑动（伸出或缩进），两对刮板之间也是空间交叉，但互不干扰。刮板的滑动完全由壳体内的凹线形状决定。每当相邻两刮板转至大圆弧位置时，正好封住一个测量室体积的流体。对于具有四个刮板的凹线式刮板流量计，转子每转一周排出四倍测量室体积的流体。

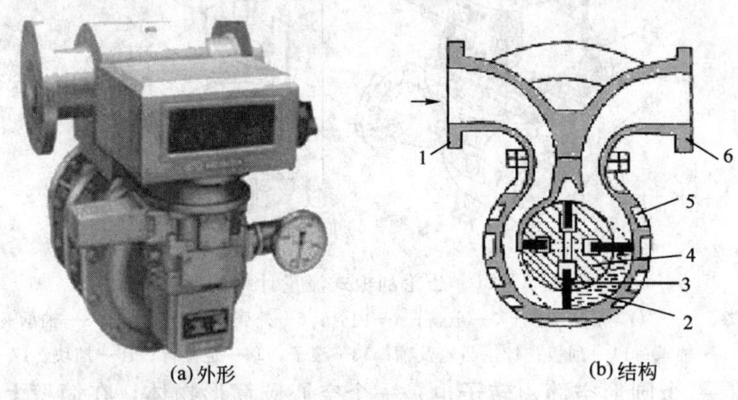

图 3-23　凹线式刮板流量计

1—进口管；2—计量室；3—刮板；4—转轮；5—壳体；6—出口管

3. 刮板流量计的特点

(1) 刮板结构使得测量不同粘度和带有固体颗粒的液体时，均能保证计量精度，且不易发生转子卡住现象。

(2) 刮板流量计的压损较小，最大流量时不超过 30kPa，小于椭圆齿轮和腰轮流量计的压力损失。

(3) 刮板流量计的振动及噪声均很小，适合于中等或大流量的流量测量。

第五节　其他流量计

一、质量流量计

目前在油田、化工和炼油生产过程中所用的流量仪表，所能直接测得的都是单位时间内所流过被测介质的体积流量。但是，在工业生产中，用于产量计量交接、经济核算或贸易等目的所需要的却往往不是体积流量，而是质量流量。所以，在测量工作中，往往需要将已测出的体积流量，乘以介质的密度换算成质量流量。由于介质密度受工作压力、温度、粘度、成分等许多因素的影响，所换算得到的质量流量往往是不可靠的，存在较大误差。因此，在很多场合下要求给出质量流量结果。如在原油贸易中，就要求计量原油的质量，或折算成标准状态下的体积量。

质量流量计可直接测量质量流量，因而可以有效克服被测介质的状态、性质变化的影响，能从根本上提高质量流量测量的精度，省去了繁琐的换算和修正。

质量流量计可分为三大类：

(1) 直接式：即流量计的输出信号直接反映质量流量。

(2) 推导式：分别检测流体体积流量和密度，通过乘法器的运算得到反映质量流量的信号。

(3) 温度、压力补偿式：即检测流体体积流量、温度、压力，并根据流体密度和温度、压力的关系，通过计算求得流体密度，然后与体积流量相乘得到反映质量流量的信号。

直接式质量流量计类型较多，这里仅介绍比较成熟的科里奥利力质量流量计的基本原理。这种流量计是目前应用比较广泛的一种质量流量计。

1. 科里奥利力

如图 3-24 所示，一根直管，置于以角速度 ω 旋转的系统中。如果管内通入流体，并在管内以速度 v 流动，对于管内流体微元 $\mathrm{d}m$，在相对于直管以速度 v、相对于固定坐标系以角速度 ω 运动时，流体微元在逐渐离开旋转轴时，做切向加速运动。$\mathrm{d}m$ 除了受到一个径向的离心力外，流体还对管道产生一个切向力 $\mathrm{d}F_c$。这个力为科里奥利力（简称科氏力），力的方向可用右手螺旋法则确定；流向相反时，$\mathrm{d}F_c$ 方向相反。其大小为：

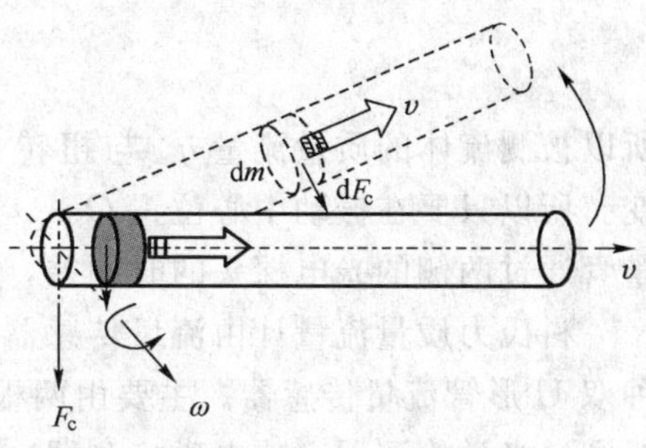

图 3-24 科里奥利力

$$\mathrm{d}F_c = 2\omega v \cdot \mathrm{d}m \tag{3-17}$$

当密度为 ρ 的流体在旋转管道中以恒定速度 v 流动时，管道内的流体的科氏力为：

$$F_c = \int \mathrm{d}F_c = \int_0^L 2\omega v \cdot \rho A \,\mathrm{d}L = 2\omega v \rho A L = 2\omega L \cdot q_m \tag{3-18}$$

式中 A——管道的流通内截面积；

L——管道长度；

q_m——质量流量，$q_m=\rho v A$。

因此，测量在旋转管道中流体产生的科氏力就可以测出质量流量，这就是其基本测量原理。然而通过旋转管产生科氏力是困难的，目前均以管道振动方法产生。

2. 科氏力流量计

利用科氏力构成的质量流量计有直管、弯曲管、单管、双管等多种型式。我们以单 U 形管结构为例（如图 3-25 所示），分析它的工作原理。

测量管在外力驱动下，以固有振动频率做周期性上、下振动，频率约为 80Hz 左右，振幅接近 1mm。当流体流过振动管时，管内流体一边沿管子轴向流动，一边随管绕固定梁正反交替“转动”，对管子产生科里奥利力。进、出口管内流体的流向相反，将分别产生大小相等、方向相反的科氏力的作用。在管子向上振动的半个周期内，流入侧管路的流体对管子施加一个向下的力；而流出侧管路的流体对管子施加一个向上的力，导致了 U 形测量管产生扭曲。在振动的另外半个周期，测量管向下振动，扭曲方向则相反。如图 3-25 (c) 所示，U 形测量管受到一方向和大小都随时间变化的扭矩 M_c，使测量管绕 $O-O$ 轴作周期性的扭曲变形。扭转角 θ 与扭矩 M_c 及刚度 k 有关。其关系为：

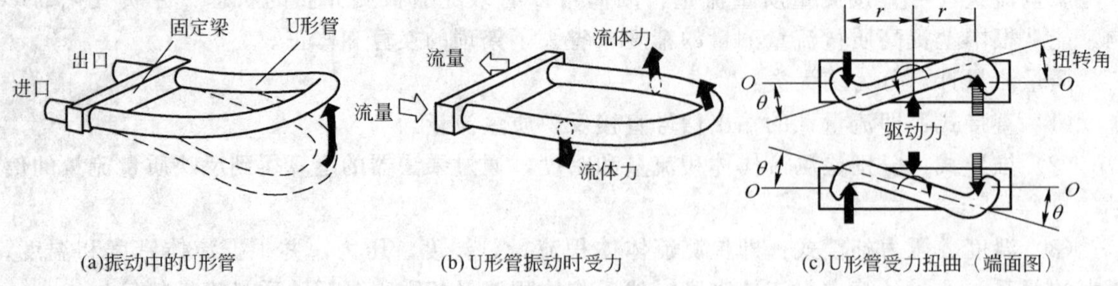

(a)振动中的U形管　(b) U形管振动时受力　(c) U形管受力扭曲（端面图）

图 3-25　单 U 形管科里奥利力作用原理

$$M_c = 2F_c r = 4\omega L r \cdot q_m = k \cdot \theta \tag{3-19}$$

$$q_m = \frac{k}{4\omega L r} \cdot \theta \tag{3-20}$$

所以被测流体的质量流量 q_m 与扭转角 θ 成正比。如果 U 形管振动频率一定，则 ω 恒定不变。所以只要在振动中心位置 $O-O$ 上安装两个光电检测器，测出 U 形管在振动过程中测量管通过两侧的光电探头的时间差，就能间接确定 θ，即质量流量 q_m。

科氏力质量流量计由流量传感器和转换器（或流量计算机）两部分组成。图 3-26 为一种双 U 形管流量传感器。主要由两根完全相同的 U 形测量管及其支撑架、测量管振动激励线圈、光学检测器（或电磁检测器）等组成。

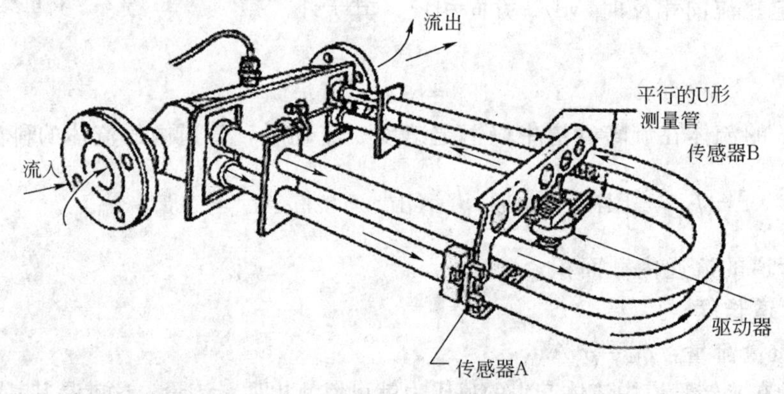

图 3-26　双 U 形管质量流量计结构

采用双管结构，振动的激励和振幅的检测容易，灵敏度高。振动管形状各异，除了 U 形管以外，现在已开发的测量管有 Ω 形、B 形、S 形、圆环形等多种。

3. 特点及应用

科氏力质量流量计有如下特点：

(1) 直接测量质量流量，有很高的测量精确度，精度可达到 0.5%，甚至为 0.2% 或 0.1%。但实际使用时在低流量范围上的精度一般达不到上述精度值。

(2) 可测量流体范围广泛，包括高粘度液体、含有固形物的浆液、含有微量气体的液体、有足够密度的中高压气体。可作多参数测量，如同时测量温度、密度，由此可以测量含水原油的净油量、含水率以及测量油气两相流体的质量流量。

(3) 测量管的振动幅度小，测量管路内无阻碍件和活动件，无上下游直管段要求。压力损失较大，与容积式仪表相当。

(4) 测量值对流体粘度不敏感，流体密度变化对测量值的影响微小。

(5) 对外界振动干扰较为敏感。为防止管道振动影响，流量传感器安装固定要求较高。

(6) 体积较大，不能用于较大管径，目前尚局限于200mm以下。

(7) 价格昂贵，约为同口径电磁流量计的2～8倍。

实际应用时，必须根据流量计结构类型，严格按产品安装使用要求进行，才能够保证测量精度。流量传感器零点漂移往往对测量影响较大，最后调零必须在安装现场进行。调零时，将流量传感器内气体排尽，充满待测流体后关闭传感器上下游阀门，在接近工作温度的条件下调零。安装方面变动或温度大幅度变化时需要重新调整。

二、旋涡流量计

旋涡流量计是基于流体振荡原理工作的一种流量计。其工作原理分为流体自然振荡的涡街流量计和强迫振荡的漩进旋涡流量计两种。

1. 涡街流量计

1) 原理与结构

涡街流量计是基于流体力学中的卡门涡街原理工作的一种流量计。在流体中垂直于流向插入一根非流线型柱状物体（如圆柱、三角柱或T形柱等）作为旋涡发生体，当流体流速大于一定值时，流体绕过旋涡发生体时会在柱状物的下游两侧交替产生旋涡，形成涡列，且左右两侧旋涡的旋转方向相反。像这样两列平行的旋涡列就被称为卡门涡街，如图3-27所示。

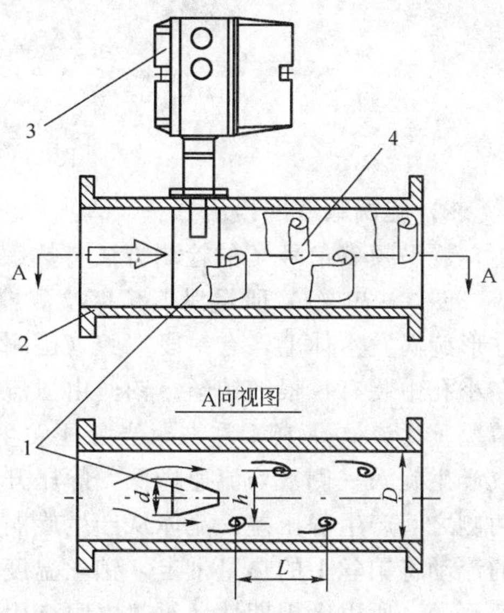

图3-27 涡街流量计结构、原理示意图

1—旋涡发生体；2—测量管；3—转换部分；4—卡门涡街

由于旋涡之间相互影响，旋涡列一般是不稳定的。实验证明，当两列旋涡之间的距离 h 与同列的两个旋涡之间的距离 l 满足关系 $h/l=0.281$ 时，卡门涡街才是稳定的。此时所产生的单列旋涡的频率 f 和旋涡发生体两侧处流体的平均速度 v_1 及旋涡发生体的宽度 d 之间存在如下关系：

$$f = S_t \frac{v_1}{d} \tag{3-21}$$

式中 f——单位时间内单列旋涡产生的个数，Hz；

v_1——旋涡发生体两侧流体的平均流速，m/s；

d——旋涡发生体的迎流面最大宽度，m；

S_t——斯特罗哈尔数。

斯特罗哈尔数 S_t 是一个无量纲系数。当旋涡发生体几何形状确定时，只要管道内流体的雷诺数 Re 保持在 2×10^4 至 7×10^6 范围内，斯特罗哈尔数 S_t 便保持为一个常数。例如：三角柱 $S_t=0.16$，圆柱体 $S_t=0.20$。这样，就可以认为在一定条件下，卡门旋涡的产生频率 f 与旋涡发生体处流体的平均流速 v_1 成正比。所以，测得旋涡的频率 f 即可求得旋涡发生体处流体的流速 v_1，进而计算出流体的体积流量。

假设管道内旋涡发生体处的流通截面积为 A_1，根据式（3－21），则有：

$$q_v = A_1 v_1 = A_1 \frac{d}{S_t} \cdot f = \frac{f}{K_w} \tag{3-22}$$

式中，K_w 为流量计的流量系数，其物理意义是单位体积的脉冲数。当管道尺寸和旋涡发生体尺寸一定、且流体雷诺数 Re 在规定范围内时，K_w 为常数。

值得注意的是，旋涡分离的稳定性受管道内流速分布及旋转流的影响，因此必须保证流量计的前后有足够的直管段长度，或是安装流体导流器。

涡街流量计通常由检测器和转换器组成，其外形如图 3－28 所示。通常下部为检测器，上部为转换器。涡街流量计的流量可直接以数字量输出，也可通过数/模转换器转换为标准统一的电流信号输出。

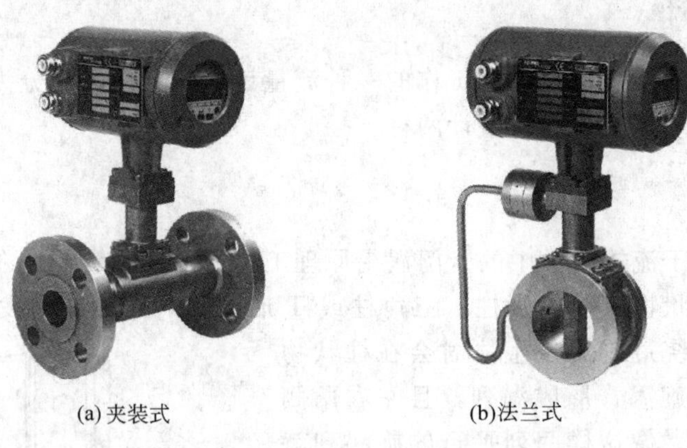

(a)夹装式　　(b)法兰式

图 3－28　涡街流量计外形图

2）旋涡频率的检出方法

旋涡频率信号 f 的检测方法有热敏式、差压式、超声波式、应变式等多种。

图 3－29（a）所示涡街频率检测器，它采用铂电阻丝作为旋涡频率的转换元件。在圆柱形旋涡发生体上，有一段空腔（检测器），被隔墙分成两部分。在隔墙中央部分有一小孔，在小孔中装有一根细铂丝。铂丝由恒流源提供的电流对其进行加热，使其温度在流体静止的情况下比流体高 10℃左右。当圆柱发生体后形成旋涡时，由于旋涡导致的反向回环流，造成产生旋涡一侧平均流速降低，静压升高；另一侧流速增高，静压降低，于是在旋涡发生体两侧之间产生静压差。流体从产生旋涡的一侧的导压孔进入，向另一侧流出。流体在空腔内的流动将铂丝上的热量带走，铂丝温度下降，电阻值减小。由于旋涡是交替地出现在发生体两侧的，所以会周期性地对热电阻产生冷却作用，使铂热电阻丝的阻值也发生交替的变化，且阻值变化的频率是旋涡产生的频率的 2 倍。铂电阻的变化在检测电路中转换成的电脉冲信号，并送入频率检测电路，经放大、整形后得到与流量相应的脉冲信号输出，或用数/模转换电路转换为 4～20mA 直流电流信号输出，送至积算器和指示器进行指示和累计流量。

三角柱旋涡发生体［见图 3－29（b）］，可以得到更稳定、更强烈的旋涡。在三角柱的迎流面中间对称地嵌入两只热敏电阻，组成电桥桥路的两个相邻桥臂。其测量原理与圆柱检测器相似。

3）涡街流量计的特点

（1）在一定雷诺数范围内，输出频率信号不受流体状态（压力、温度）、物性（密度、

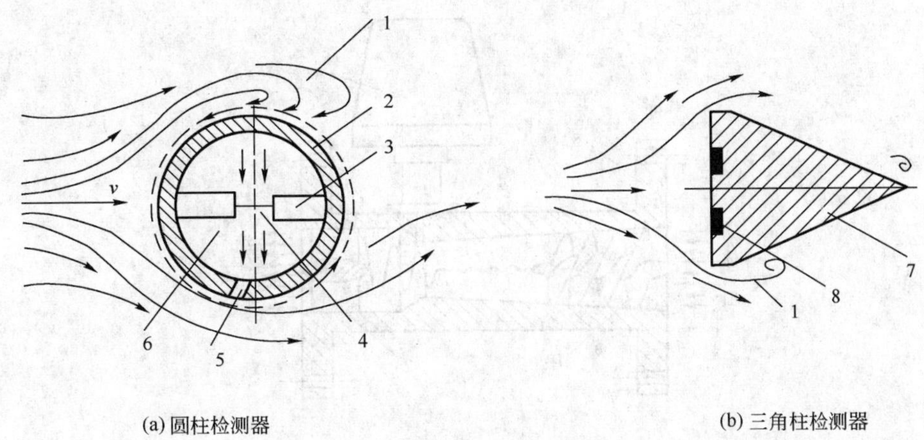

图 3-29 涡街检测传感器

1—旋涡；2—圆柱检测器；3—隔墙；4—铂电阻丝；5—导压孔；6—空腔；7—三角柱检测器；8—热敏电阻

粘度）和成分变化的影响。只需用一种流体校验后，即能适用于其他各种介质。

(2) 管道内没有运动部件，结构简单，安装维护方便，可靠性高，压力损失小（约为孔板流量计 1/4～1/2）。

(3) 直接输出与流量成正比的脉冲频率信号，适用于总量计量。

(4) 测量精度中等，精度一般在 1～2 级左右；测量范围宽，量程比大（液体 1∶15，气体 1∶30）。

(5) 流体中的固体颗粒对旋涡发生体的冲刷会产生噪声，磨损旋涡发生体。旋涡发生体结垢或介质中纤维缠绕，将改变仪表系数，所以不适合测量脏污流体。

(6) 流量计对管道的机械振动比较敏感，对旋涡的形成产生较大的影响，从而使仪表产生附加误差，降低仪表精度。

4) 流量计的安装与应用

涡街式流量计安装与使用过程中应注意如下问题：

(1) 安装时必须保证流量计的前后有足够的直管段长度，以确保产生旋涡的必要流动条件。一般规定在涡街流量计前面至少要有 $15D$、后面要有 $5D$ 长的直管段长度（D 为管道内径）。如现场无法满足直管段的要求，则必须在流量计安装点的上游加装整流器。

(2) 涡街流量计不能用于强振动场所，如现场不能避免有振动，则需采取安装管道固定墩等减振措施。

(3) 流量计允许安装在水平或垂直的管道上，但必须保证管道为满管流动。垂直安装时流体必须自下而上流动。

(4) 在高粘度、低流速、小口径情况下，应注意检验雷诺数是否满足 $Re_D \leqslant 2\times10^4$ 条件。否则测量误差、非线性都很大，且无法估计。

(5) 流体的流速必须在规定范围。测量气体时流速范围为 4～60m/s，测量液体时流速范围是 0.38～7m/s，测量蒸气时流速范围不超过 70m/s。

2. *旋进旋涡流量计*

旋进旋涡流量计是利用流体强迫振荡原理而制成的一种旋涡进动型流量计。它的工作原理如图 3-30 所示。

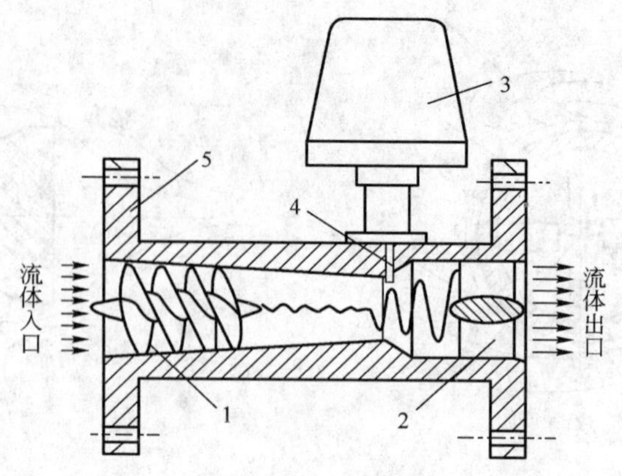

图 3-30 漩进旋涡流量计

1—旋涡发生器；2—除旋整流器；3—变送器；4—检测元件；5—壳体

当流体进入测量管后，通过螺旋叶片组成的旋涡发生器后，被强制旋转，形成一股围绕轴心向前旋转着的涡流——漩进旋涡。随后随着测量管内腔的收缩，使涡流的前进速度和涡旋速度都逐渐加强。到检测元件时，由于测量管内腔突然扩大，流速急剧减小，于是流体不再沿着测量管内腔中心线运动，而是贴近管壁围绕中心线旋转前进，即所谓漩进。漩进频率与流速成正比，因而测得旋涡流的漩进频率即可得知被测流量值。

实验证明，在一定的雷诺数范围内，有以下关系式成立：

$$q_v = \frac{f}{K} \tag{3-23}$$

式中 K——流量计仪表系数，脉冲数/m^3；

f——涡流的漩进频率。

流量计的出口装有除旋整流器，其作用是减弱流体的旋涡状况，使其比较平顺地流出去。

漩进旋涡流量计强制旋涡，人为制造紊流流态，可以改善小流量下的雷诺数的制约。从原理上讲，它能用于气体和液体的测量，但因它的压损较大，是涡街的 3～5 倍，一般仅用于中小口径管道气体流量的测量。近几年在天然气工业中得到了广泛的应用。

漩进旋涡流量计的特点、安装与应用，与涡街流量计相似，此处不再赘述。

三、超声波流量计

频率在 16kHz 以上的声波叫超声波。超声波流量计是通过检测流体流动时对超声波的作用来测量流体流量的一种速度式流量仪表。近十几年来，随着集成电路技术的进步，超声波流量计得到快速发展，尤其是对大口径天然气管道的流量测量应用较多。

1. 工作原理

超声波流量计测量流量的方法有多种，现在用得最多的是时差式和多普勒式。

1）时差式超声波流量计

声波在流体中传播，顺流方向声波的传播速度会增大，逆流方向声波的传播速度则会减小。利用传播速度之差与被测流体流速之间的关系，即可确定被测流体的流量。其原理如图 3-31 所示。

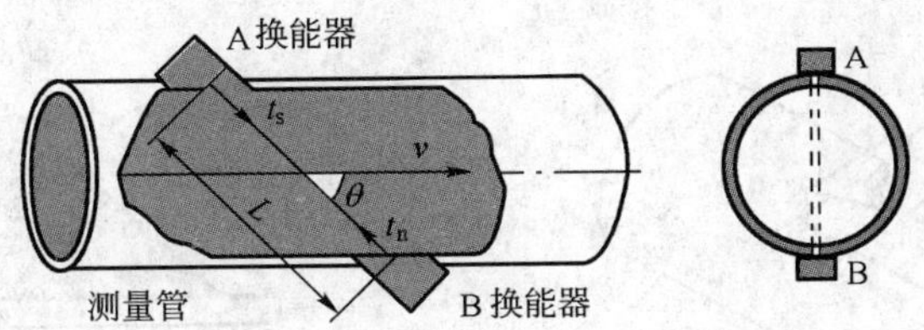

图 3-31　时差式超声波流量计测量原理

在管道中斜装的一对超声波换能器，超声波的传播声程为A、B换能器之间的距离L。换能器A向换能器B（顺流方向）发射的超声波，传播时间为：

$$t_s = \frac{L}{c + v\cos\theta} \tag{3-24}$$

反之，换能器B向换能器A（逆流方向）发射的超声波的传播时间为：

$$t_n = \frac{L}{c - v\cos\theta} \tag{3-25}$$

式中　c——超声波在静止介质中的传播速度，其值随介质不同而不同；

v——流体的线平均流速；

θ——超声波传播方向与流体流动方向之间的夹角；

L——超声波的传播声程。

根据t_s和t_n的表达式，传播时间差为：

$$\Delta t = t_n - t_s = \frac{2Lv\cos\theta}{c^2 - v^2\cos^2\theta} \tag{3-26}$$

通常$v \ll c$，$v^2\cos^2\theta$项可以忽略，所以有：

$$v = \frac{c^2}{2L\cos\theta}\Delta t \tag{3-27}$$

显然测得时间差Δt即可求出流体流速v，进而求得流体流量。但声速c随介质温度的变化而变化，介质温度的波动会对流量的测量造成误差。

2）多普勒式超声波流量计

当声源和观察者之间有相对运动时，观察者所感受到的声频率将不同于声源所发出的频率。频率的变化与两物体的相对速度成正比，这就是声学上的多普勒效应。

多普勒式超声波流量计的测量原理如图3-32所示。发射换能器向流体发出频率为f_0的连续超声波，受到悬浮在流体中随流体移动的固体粒子或气泡散射时，使接收换能器接收到的超声波频率为f_r，产生多普勒频移f_d，其值为：

$$f_d = f_r - f_0 = f_0\,\frac{2v\cos\theta}{c - v\cos\theta} \approx f_0\,\frac{2v\cos\theta}{c} \tag{3-28}$$

式中　θ——发射（或接收）声波与流体流动方向的夹角；

v——散射体（也可看作流体）的速度；

c——超声波在静止介质中的传播速度，即声速。

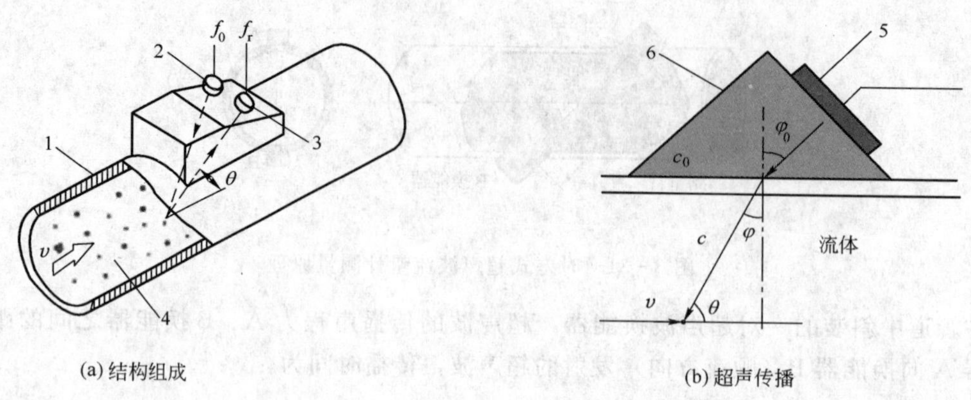

图 3-32　多普勒式超声波流量计测量原理图

1—测量管；2—发射器；3—接收器；4—反射气泡或颗粒；5—换能元件；6—声楔

故流体流量为：

$$q_v = \frac{A \cdot c}{2f_0 \cos\theta} f_d \tag{3-29}$$

式中　A——管道内横截面积。

由于所测得的多普勒照射域内散射体的流速与管道内流体的平均速度在数值上实际上是有差别的，并且也未能反映出管道雷诺数变化对流速分布的影响，所以需在流量方程中引入流速分布修正系数进行修正。

2. 结构特点与应用

1）结构

超声波流量计主要由安装在测量管道上的超声波换能器和转换器组成，换能器和转换器之间由专用信号传输电缆连接。图 3-33 是超声波流量计系统组成图。

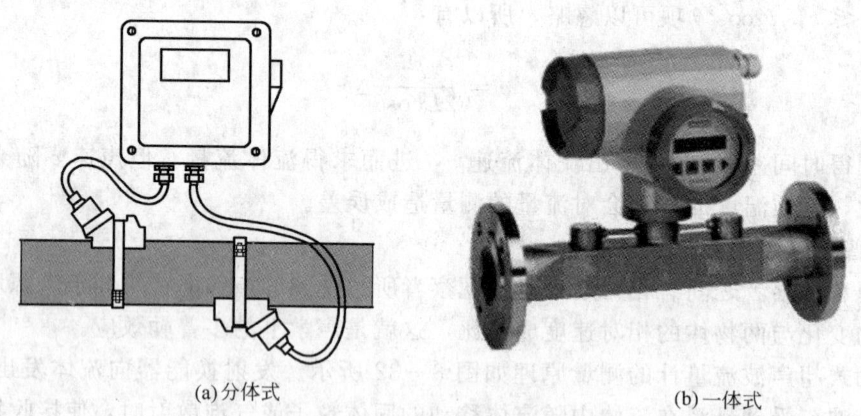

图 3-33　超声波流量计结构外型

2）特点

(1) 测量管内无任何阻流元件，无额外压力损失，可有效降低能耗，所以特别适用于大管径、大流量测量，适合在天然气长距输送、气体分配和控制方面使用。

(2) 夹装式换能器管外安装，非接触测量，不影响生产。检测器与被测流体不接触，可用于其他类型仪表难以测量的强腐蚀性、放射性、高压、易燃易爆介质的流量测量。

(3) 测量精度偏低，一般为 1.0 级左右（一体式精度可提高为 0.5 级）。夹装式安装，由于管道条件的不确知性，误差可能还要大一些。

(4) 受换能器及耦合剂耐温限制，目前我国超声波流量计只能用于 200℃以下流体的流量测量。

3）应用

(1) 时差法超声波流量计只能用于测量清洁、满管、单相流体；而多普勒式超声波流量计适于测量含有一定数量的颗粒或气泡的流体，否则声波无法散射。

(2) 安装时，换能器前后要有足够长的直管段。一般要保证上游 $10D$、下游 $5D$ 直管段。安装流量计时，应使测量管始终能充满流体。

(3) 要注意换能器尽量避开有变频器、电焊机等电气设备和开关柜的场合。

(4) 对在线运行的超声波流量计，应定期校核，检查换能器是否松动，与管道之间的耦合是否良好。对于插入式超声波流量计，要定期清理探头上沉积的杂质、水垢等。

四、靶式流量计

在石油生产、加工过程中，常常会遇到某些粘度较高的介质或含有悬浮物及颗粒介质的流量测量，如原油、渣油、沥青等。靶式流量计就是 20 世纪 70 年代随着工业生产迫切需要解决高粘度、低雷诺数流体的流量测量而发展起来的一种流量计。

1. 工作原理

如图 3-34 所示，在测量管中垂直于流体的流动方向，安装一块圆形“靶”片。当流体流过管道时，流动冲击于靶上，便对靶板有一个冲击力，力的大小和流体流速有关。因此，测出靶上所受的力，便可以求出流体的流量。

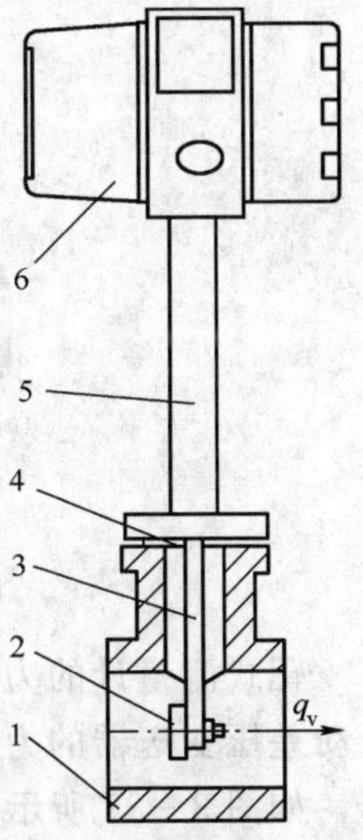

流体对靶的作用力有流体冲击力（动压力）、靶前后静压差作用力和流体在靶周边的粘滞摩擦力。设流体通过靶和管道间环隙处的流速为 v、圆靶的横截面积为 A_d，靶上受力为：

$$F = A_d K_b \frac{1}{2}\rho v^2 \tag{3-30}$$

根据流量的定义，流过靶与管道间环形面积 A_0 的体积流量为：

$$q_v = A_0\sqrt{\frac{2F}{\rho K_b A_d}} = A_0 K_a\sqrt{\frac{2F}{\rho A_d}} \tag{3-31}$$

图 3-34 靶式流量计示意图
1—测量管；2—靶；3—杠杆；4—轴封膜片；5—连接管；6—转换指示部分

其中 $A_d=\frac{\pi d^2}{4}$　$A_0=\frac{\pi}{4}(D^2-d^2)$

式中 F——流体作用于靶上的力；
K_a——流量系数，$K_a=\sqrt{1/K_b}$；
d——靶直径；
D——管道内径；
ρ——流体的密度。

实验结果表明，流量系数 K_a 与靶直径比 $\beta=d/D$ 及雷诺数 Re_D 等因素有关。由图 3-35 实验曲线可见，当雷诺数值大于某临界值后，流量系数趋于不变，且临界雷诺数较小，所以这种流量计对于高粘度、低流速流体的流量测量更具有其优越性。

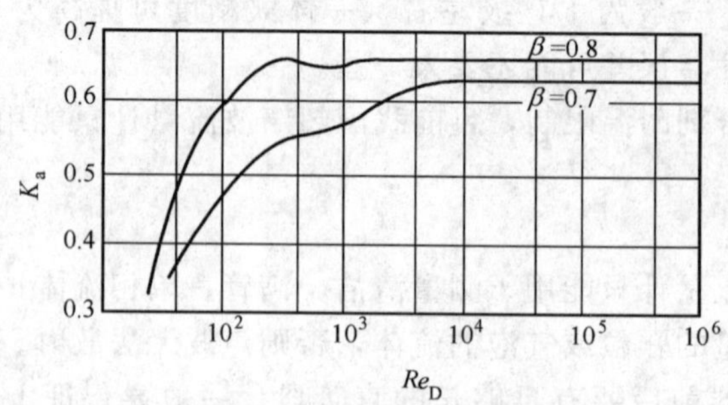

图 3-35 靶式流量计流量系数实验曲线

2. 结构型式

靶式流量计通常由测量部分和转换部分组成。检测部分包括测量管、靶板、主杠杆和轴封膜片，其作用是将被测流量转换成作用于主杠杆上的测量力矩。转换部分由力转换器、信号处理电路和显示仪表组成。靶一般由不锈钢材料制成，靶的入口侧边缘必须锐利、无钝口。靶直径比 β 一般为 0.35～0.8。

靶式流量计的结构型式有夹装式、法兰式和插入式三种，其外形如图 3-36 所示。

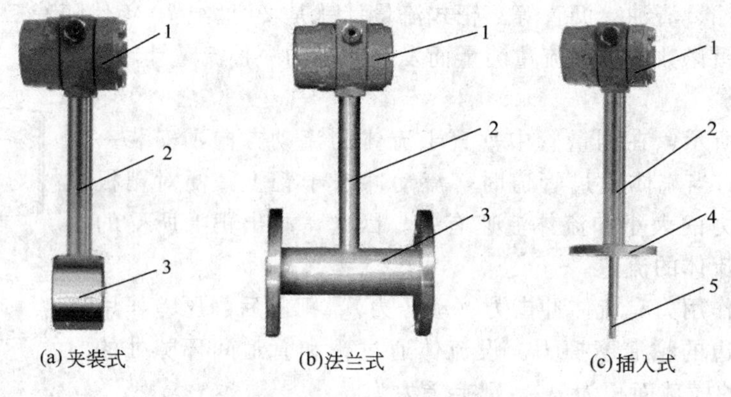

(a) 夹装式　(b) 法兰式　(c) 插入式

图 3-36 靶式流量计外形图

1—转换指示部分；2—连接管；3—测量部分；4—连接法兰；5—靶

靶式流量计的力转换器可分为两种结构：一种是力矩平衡杠杆式力转换器，它直接采用电动差压变送器的力矩平衡式转换机构，只是用靶取代了膜盒。另一种是应变片式力转换器，如图 3-37 所示。

半导体应变片 R_1、R_3 粘贴在悬臂片 7 的正面，R_2、R_4 粘贴在悬臂片的反面。靶 8 受力作用，以轴封膜片 2 为支点，经杠杆 3、推杆 6 使悬臂片产生微弯弹性变形。应变片 R_1 和 R_3 受拉伸，其电阻值增大；R_2 和 R_4 受压缩而电阻值减小。于是电桥失去平衡，输出与流体对靶的作用力 F 成正比的电信号 U_{ab}，可以反映被测流体流量的大小。U_{ab} 经放大转换，转变为标准信号输出，也可由毫安表就地显示流量。但因 U_{ab} 与被测流量的平方成正比关系，所以变送器信号处理电路中，一般采取开方器运算，能使输出信号与被测流量成正比例关系。

3. 特点及应用

1）特点

(1) 结构简单，安装方便，仪表的安装维护工作量小。抗振动、抗干扰能力强。

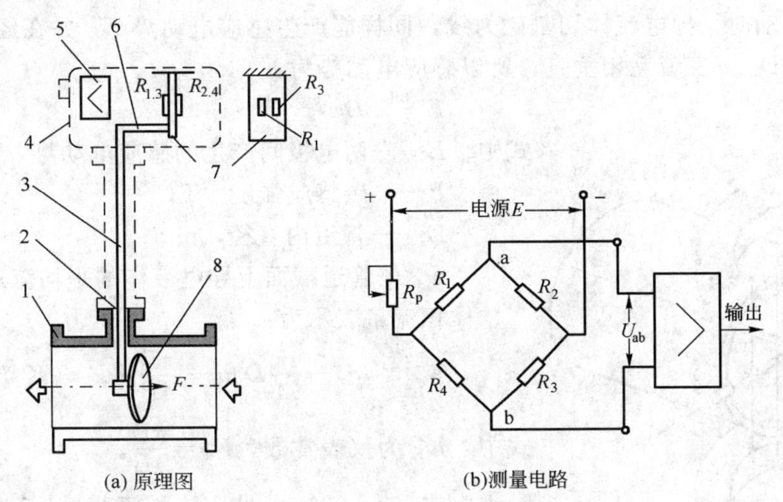

图 3-37　应变片式靶式流量计

1—测量部分；2—轴封膜片；3—杠杆；4—转换指示部分；5—信号处理电路；6—推杆；7—悬臂片；8—靶

(2) 能测高粘度、低流速流体的流量，也可测带有悬浮颗粒的流体流量。

(3) 压力损失较小，在相同流量范围的条件下，其压力损失约为标准孔板的 1/2。

2) 安装与应用

(1) 流量计前后应有一定长度的直管段，一般为前面 $8D$、后面 $5D$。流量计前后不应有垫片等凸入管道中。

(2) 流量计前后应加装截止阀和旁路阀（见图 3-38)，以便于校对流量计的零点和方便检修。流量计可水平或垂直安装，但当流体中含有颗粒状物质时，流量计必须水平安装。垂直安装时，流体的流动方向应由下而上。

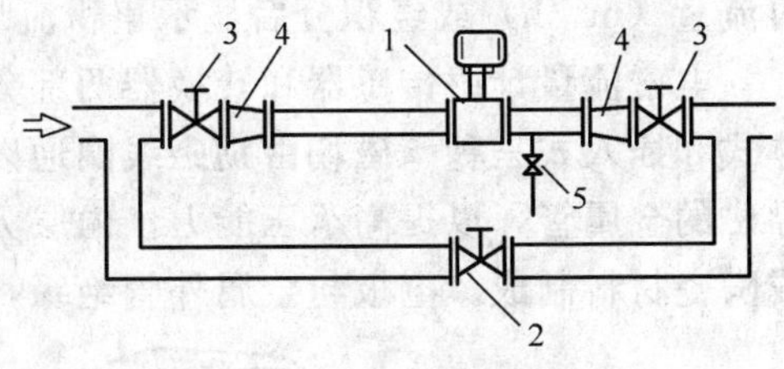

图 3-38　靶式流量计的安装

1—流量计；2—旁通阀；3—截止阀；4—缩径管；5—放空阀

(3) 因靶的输出力 F 受到被测介质密度的影响，所以在工作条件（温度、压力）变化时，要进行适当的修正。

五、电磁流量计

电磁流量计是在 20 世纪 50～60 年代随着电子技术的发展而迅速发展起来的一种流量测量仪表。

电磁流量计是根据电磁感应定律工作的，主要用于测量导电液体（如工业水、污水，各种酸、碱、盐等腐蚀性介质）的流量，广泛应用于给排水、污水处理、石油化工、煤炭、炼钢、造纸、食品、印染等领域。

1. 测量原理及结构

根据电磁感应定律，当一导体在磁场中作切割磁力线运动时，就会在导体两端产生一感生电势 E，其方向由右手定则确定。

与此相仿，在磁感应强度为 B 的均匀磁场中，垂直于磁场方向放一个内径为 D 的不导磁绝缘管道，并在垂直于磁场的管道两边安装一对电极（见图 3-39)。当导电液体在管道

中以流速 v 流动时，导电流体切割磁力线，同样能产生感应电动势 E，并在经过两电极时传出。因为 B、D、v 三者互相垂直，所以感应电动势为：

$$E = BDv \tag{3-32}$$

式中　E——两电极间产生的感应电动势，V；

B——磁感应强度，T；

D——管道内直径，mm；

v——管道截面上导电液体的平均流速，m/s。

体积流量表示为：

$$q_v = \frac{\pi}{4}D^2 v = \frac{\pi D}{4B} \cdot E = K_E E \tag{3-33}$$

式中　K_E 为仪表常数，$K_E = \frac{\pi D}{4B}$。

由式（3－33）可见，体积流量 q_v 与感应电动势 E、管道内径 D、磁场的磁感应强度 B 有关。当磁场强度 B 与两电极间距离 D 一定时，感应电动势 E 与体积流量 q_v 的大小成正比关系。

图 3－39　电磁流量计原理示意图

1—励磁线圈；2—检测电极；

3—测量管（非金属不导磁）

感应电动势经信号电缆传送到转换器，经放大、处理转换成标准 4～20mA 电流信号或 0～2kHz 频率信号输出，最终经显示仪表显示为流体的瞬时流量（m^3/h）或经积分后显示累积流量（m^3）。

电磁流量计由传感器和转换器两部分组成，如图 3－40 所示。电磁流量计有一体式、分体式和插入式三种。磁场由励磁线圈通以交流励磁电流产生。测量管一般有两层，外层为不导磁的金属管，以提高承压能力；内层为绝缘内衬管，防止感应电动势被短路，一般由塑料或陶瓷材料制成。电极与金属外管绝缘，但露出内衬管。

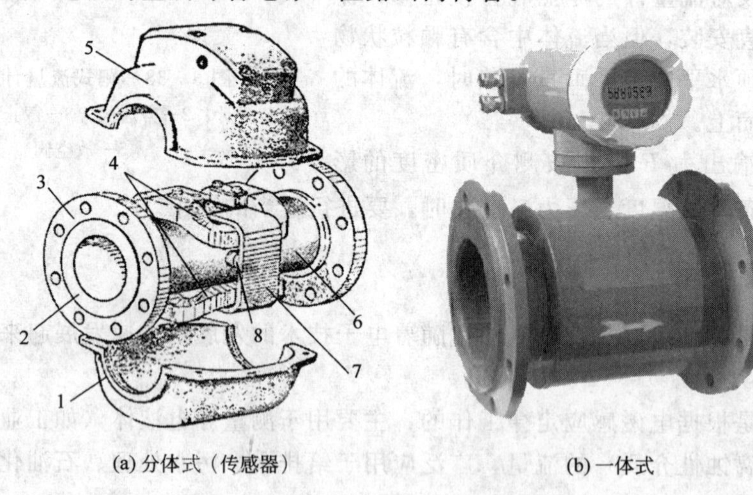

(a) 分体式（传感器）　　(b) 一体式

图 3－40　电磁式流量计外形与结构

1—下盖；2—内衬管；3—连接法兰；4—励磁线圈；5—上盖；6—测量管；7—磁轭；8—电极

2. 特点

(1) 感应电压信号与流体平均流速成正比关系，不受液体的物理性质和状态（如密度、粘度、温度、压力等）变化的影响，因此流量测量的精度较高，精度可达 0.5 级至 1 级。流量计反应灵敏，可测脉动流量。

(2) 量程比宽，通常为 1∶20；测量管径可从 6mm 到 2m，流速 0.3～10 m/s 的导电液体都可测量。

(3) 测量管是一段光滑直管，结构简单，无活动阻流部件，所以测量中几乎没有附加压力损失，对于要求低阻力损失的大管径供水管道最为适合。并且流量计不易堵塞，可测量含有纤维、固体颗粒和悬浮物的液固二相流体流量。

(4) 传感器部分只有内衬和电极与被测流体接触，只要合理选择内衬和电极的材料，可获得优良的耐腐蚀、耐磨损效果。

3. 安装与使用

传感器安装应用过程中，应注意如下事项：

(1) 安装对直管段要求不高，传感器的上游直管段长度不小于 $5D$，下游直管段长度不小于 $3D$。

(2) 传感器测量管内必须始终充满液体，否则不能正常工作。水平安装时要使两电极平行于水平面，否则处于底部的电极易结垢沉积、顶部电极被气泡隔离，使输出信号波动。垂直安装时液体应自下而上流动，保证工作时充满液体，管内不易存气。

(3) 感应电动势很小，容易受外界电磁场干扰的影响。流量计要远离一些大的电磁设备(例如大功率电机、变压器等电器设备)。

(4) 传感器的测量管、外壳、屏蔽线以及传感器两端的管道都必须可靠接地，接地电阻应小于 10Ω，并要单独设置接地点，绝不能连接电机、电器等公共地线或上、下水管道上。

(5) 尽可能避免电磁流量计在负压下使用。若测量管内处于负压状态，衬里很容易剥落，尤其是聚四氟乙烯衬里更为严重。

(6) 电磁流量计只能用来测量导电液体的流量，要求被测液体电导率不小于 20μS/cm，因而不能测量气体、蒸气、石油制品、有机溶剂等非导电性流体及含有较多、较大气泡的液体流量。通用型电磁流量计由于衬里材料和电气绝缘材料的限制，不能用于测量较高温度的液体，一般不超过 120℃。

六、涡轮流量计

1. 原理与结构

涡轮流量计由变送器和显示仪表两部分组成。一体式涡轮流量计如图 3-41 所示。涡轮用高导磁的不锈钢材料制成，置于摩擦力很小的轴承 2 上。涡轮芯上装有螺旋形涡轮叶片 5，流体作用于叶片使之转动。后导流器 9 起到支承涡轮轴和稳定流体流向的作用，使流体到达涡轮前先导直流向，以避免因流体的自旋而改变对涡轮叶片的作用角度，从而影响测量精确度。

涡轮流量计的工作过程是这样的：当流体沿轴线方向冲击涡轮叶片时，螺旋形叶片上产生的作用力的切向分力，推动叶片使涡轮旋转。涡轮的转速与流体的体积流量和密度成正比。涡轮转动时，高导磁性叶片依次地扫过磁钢 11 的磁场，使磁路的磁阻发生周期性的变化（叶片在永久磁钢正下方时磁阻最小，两叶片空隙在磁钢下方时磁阻最大）。感应线圈 10 中的磁通量也就跟着发生周期性的变化，使线圈中产生周期性变化的感应电动势，送入放大转换电路 7，经放大整形处理后，变成电脉冲信号。该电脉冲信号的频率与涡轮的转速成正比，与流量成正比。再经显示仪表测量和积算，即可得到被测流体的流量及总量值。

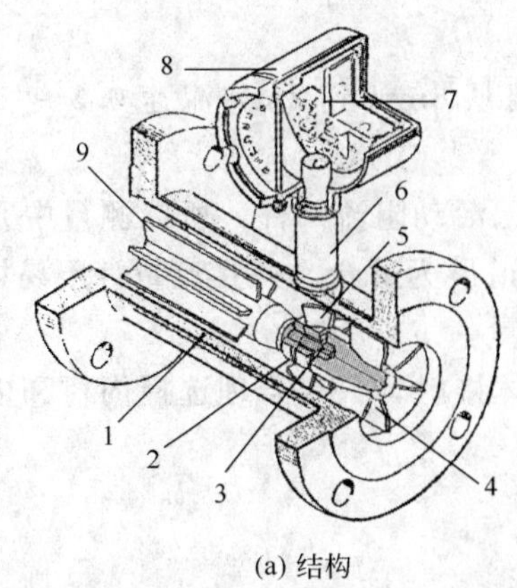

(a) 结构

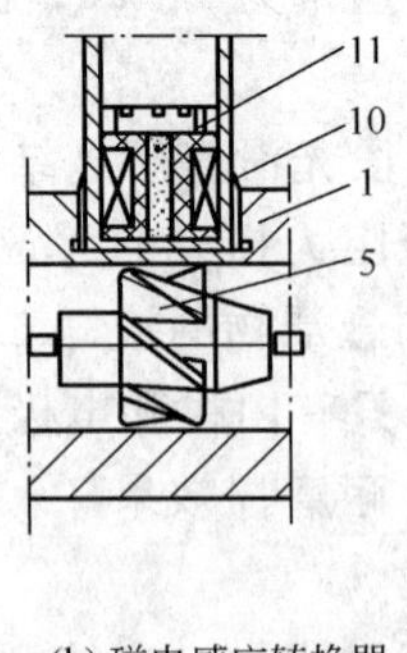

(b) 磁电感应转换器

图 3-41 涡轮流量变送器结构

1—壳体；2—轴承；3—涡轮轴；4—后导流器；5—涡轮叶片；6—磁电转换器；7—放大转换电路；8—表头；9—前导流器；10—感应线圈；11—永久磁钢

$$q_v = \xi \cdot f \tag{3-34}$$

$$V = \frac{N}{\xi} \tag{3-35}$$

式中 q_v——被测流体的瞬时流量，m^3/s；

V——被测流体的体积总量，m^3；

ξ——仪表系数；

f——流量计输出脉冲信号的频率；

N——流量计输出脉冲数。

仪表系数 ξ 定义为单位体积流量（$1m^3$）流体通过流量计时，输出的脉冲数，单位为脉冲数/m^3。ξ 与仪表的结构、被测介质的流动状态、粘度等因素有关。仪表出厂时，一般给出用水标定时测量范围内 ξ 的平均值。如果实测流体的密度和粘度与水差别较大，则需重新标定或采取补偿措施。对于气体介质，由于密度受温度和压力变化的影响较大，必须对密度进行补偿。

2. 特点及应用

(1) 涡轮流量计反应速度快，测量精度高，通常有 0.5 级和 0.2 级两种，可作为流量的准确计量仪表。

(2) 涡轮流量计流量与输出信号之间成线性关系。输出信号为电脉冲频率信号，抗干扰能力强，便于远传和数字信号处理。

(3) 流量计结构紧凑，体积小，安装维修方便。

(4) 涡轮轴承容易磨损，降低了长期运转的稳定性。介质的密度、粘度的变化对仪表的流量指示值有一定的影响。

(5) 涡轮流量计适用于洁净介质的测量，如成品油、洁净水、液化气、天然气等；被测流体中若含有机械杂质，应在变送器前加装过滤器。

(6) 安装时必须保证流量计前后有一定的直管段长度。流量计前、后直管段长度应分别在 15D、5D 以上。

我国定型生产的用于测量液体流量的涡轮流量变送器的型号为 LW 型，用于测量气体的为 LWQ 型。

第六节　流量计的校验

一、流量计的校验

要正确使用流量计，必须充分了解流量计的构造和特性，采用与其相适应的方法进行测量。同时也要注意使用中的维护管理，每隔一定时间校验一次。有些流量计，在流体的性质和状态发生变化时，如果不能用计算的方法求出修正值，也需要在工作状态下进行实流校验。

校验流量计时，一般采用直接校验法：让试验流体流过被校流量计，同时用标准表测出标准流量，然后比较示值，得到测量误差。

实流校验非常麻烦，特别是校验大型流量计。因此，一般是委托有条件的研究机构或流量计制造厂进行。但是，由于原油生产的特殊性，在进行原油贸易或交接时，计量精度要求很高。所以各油田、大型油港、油库都配备了实流校验用的标准体积管校验装置，成立了专门进行实流校验流量计的检定部门。

目前，用来校验液体流量计的方法一般有标准容积法、标准质量法、标准仪表校验法、标准体积管校验法等。用来检定气体流量计的方法有标准容积校准法、标准仪表校验法、置换法、声速喷嘴校准法等。

这里只介绍原油计量比较常用的标准体积管式校验装置。

二、标准体积管

标准体积管是校验流量计的一种标定装置。它与流量计一起安装在管路上，在流量计工作的条件下，对流量计进行实流检定。

1. 标准体积管的结构

标准体积管按安装方式可分为固定式和活动式（车载）两种。有以下三种结构型式：三球无阀式单向标准体积管、一球无阀式单向标准体积管（见图 3－42）、一球一阀式标准体积管。前两种多适用于固定式、大流量的情况，后一种多适用于活动式、小流量的情况。这几种不同的标准体积管，结构上都有基准管、收发球机构、标定球、检测开关等部件，各体积管还有自己的特殊结构。

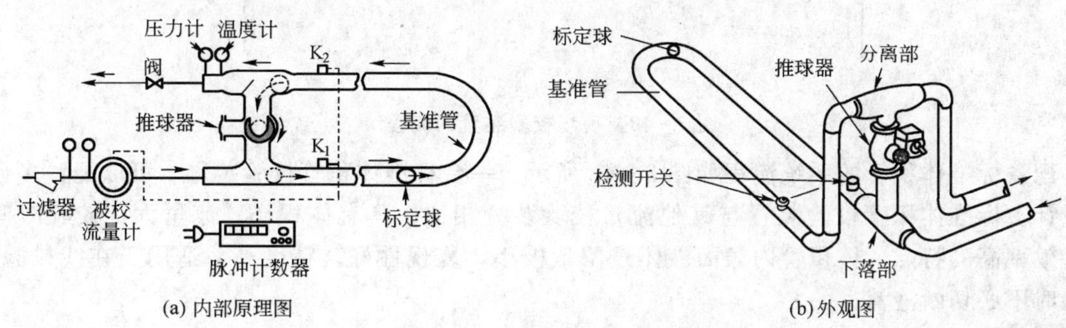

图 3－42　一球无阀式单向标准体积管

基准管是两个检测开关之间的管段。基准管的容积就是标准体积管的标准容积。基准管经过精密加工，保证一定的圆度和内壁粗糙度，并进行防腐处理，以使内壁光滑、防腐、防蜡。

标定球是用耐油橡胶或软塑料做成的实心球或空心球。标定球在工作过程中起隔离、密封、发讯和清管作用。标定球要有一定的弹性、圆度、耐磨性和适量的过盈量，要保证标定球前后液体不漏。

收发球机构，对于不同的标准体积管有不同的结构型式，一般由快速盲板、推球器、收发球三通或四通组成。其作用是在检定流量计时，将标定球发送出去和接收回来，使标定球按照规定的程序工作。

检测开关是标准体积管的发讯机构，安装在基准管的进、出口端。检定流量计时，标定球通过检测开关时，触发微动开关，发出控制信号，控制电子脉冲计数器的启停。

2. 标准体积管的工作原理

检定流量计时，流量计与标准体积管串联。让经过流量计的液体同时通过标准体积管，推动标定球在标准体积管内向前运动。到达第一个检测开关时，检测开关 K_1 发出信号，启动电子脉冲计数器，开始记录流量计发出的脉冲信号。当标定球到达第二个检测开关时，检测开关 K_2 又发出信号，使电子脉冲计数器停止计数。由于流量计与标准体积管系统内都充满着液体，在稳定流动状态下，任何截面内通过的液体数量都是相等的。所以，比较流量计发出的脉冲数所代表的液体体积与标准容积，就可以确定流量计的测量误差，完成对流量计的检定。

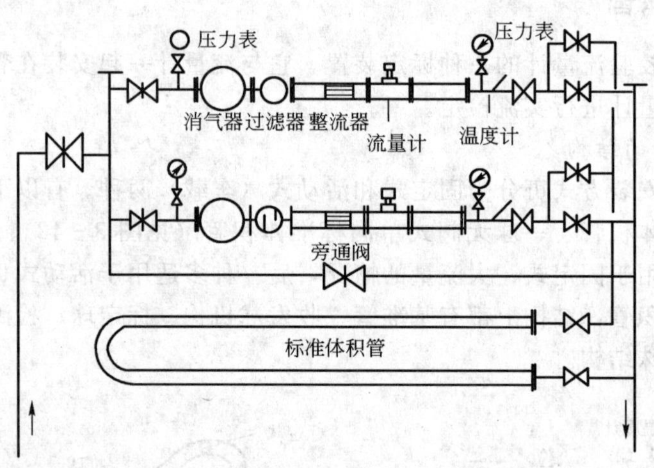

图 3-43　现场校验装置的流程

配备标准体积管的系统流程如图 3-43 所示。一台标准体积管校验装置，可以配置多台流量计。标准体积管校验装置与其他流量校验装置相比，具有体积小、流量大、校验时间短、效率高的特点。体积管内表面液体残留量极小，复现性好，精度高，适用于在线校验，校验时不必切断液流。

目前国产标准体积管的有效容积为 1～5m^3，其瞬时流量范围的上限值达 200～3000m^3/h，流量范围达 40：1。

◇ 习题与思考题 ◇

3－1　什么叫流量和总量？有哪几种表示方法？常用流量单位是什么？

3－2　试述差压式流量计测量流量的原理，并说明哪些因素对差压式流量计的流量测量有影响？

3－3　什么叫标准节流装置？有几种型式？它们分别采用哪几种取压方式？

3－4　原来测量水的差压流量计，现在用来测量密度不同的油的流量，读数是否正确？为什么？

3－5　用一台 DDZ—III 型差压变送器与节流装置配用测量流量，差压变送器的测量范围为 0～16kPa，对应流量为 0～400m^3/h，求输出为 14mA 时，差压是多少？流量是多少？

3－6　差压式流量计三阀组的作用是什么？投用时如何启动差压计？

3－7　差压式流量计的安装使用应注意哪些问题？

3－8　简述玻璃转子流量计测量原理。金属转子量流量计是如何实现转子位置显示的？

3－9　当被测介质的密度、压力或温度变化时，转子流量计的指示值应如何修正？

3－10　用转子流量计来测量表压为 31.992kPa，温度为 40℃的天然气的流量，若已知流量计读数为 10m^3/h，求天然气的实际流量是多少？（已知此处天然气在标准状态时的密度为 0.765kg/m^3）

3－11　用水标定的流量计，测量范围为 0～1000L/h，现将不锈钢转子（密度为 7.92g/cm^3）更换成相同形状的铝转子（密度 2.86g/cm^3），用来测量水的流量。试问更换转子后的测量范围应是多少？

3－12　容积式流量计的基本结构有何相似之处？测量原理是什么？

3－13　椭圆齿轮流量计和腰轮流量计有什么不同？

3－14　容积式流量计的泄漏量与哪些因素有关？安装时有哪些要求？

3－15　刮板流量计是怎样工作的？凸轮式、凹线式各有什么特点？

3－16　科氏力质量流量计通过什么方法测量质量流量？一般由哪些部分组成？

3－17　三角柱形旋涡发生体的宽度 $d=0.28D$，工艺管道的直径 $D=51.1$mm，当旋涡发生体处流体平均流速为 6.8m/s 时，产生的旋涡频率为多少？

3－18　涡街流量计是根据什么原理测量流量的？检测旋涡频率的基本依据是什么？

3－19　漩进旋涡流量计和涡街流量计相比，有什么不同？

3－20　时差式、多普勒式超声波流量计测量原理有何异同？适宜测量的介质相同吗？

3－21　超声波流量计有何特点？用于何种状况下的测量比较合适？

3－22　靶式流量计有何特点？安装时应注意哪些问题？

3－23　电磁流量计的工作原理是什么？它对被测介质有什么要求？

3－24　涡轮流量计是如何工作的？涡轮流量计适用于什么介质的流量测量？

3－25　一台口径为 50 的涡轮流量变送器，其出厂校验单上的仪表常数为 151.13 脉冲数/L，如果把它安装在现场，用频率计测得它的脉冲频率为 400Hz，则流过该变送器的瞬时流量为多少？若显示仪表在 10min 内积算得的脉冲数 $N=6000$ 次，求流体的瞬时流量和 10min 内的累积流量。

第四章 液位测量

第一节 概 述

一、液位测量的概念

容器中，液体和气体介质的分界面叫液位；两种密度不同液体介质的分界面叫界位；固体颗粒状物质的堆积高度叫料位。液位、界位、料位统称为物位。在油气生产、加工过程中，特别是在油气集输、储运系统中，石油、天然气与伴生污水要在各种生产设备和罐器中分离、存储与处理，液位、界位的测量与控制，对于计量油水罐介质容量、维持容器物料的平衡、保证正常生产和设备安全至关重要。

由于工业生产中对液位测量的要求不一，物位仪表是多种多样的。按基本工作原理，主要有下列几种类型。

1. 直读式液位计

直读式液位计是利用连通器的原理工作的。主要有玻璃管液位计、玻璃板液位计等。这类仪表最简单也最常见，但只能就地指示，用于直接观察液位的高低。

2. 浮力式液位计

这类液位计是利用浮力原理工作的。它可分为两种：一种是恒浮力式液位计，如浮标式、浮球式；另一种为变浮力式液位计，如浮筒式液位计。

3. 静压式液位计

静压式液位计利用一定高度的液柱产生的液体静压力（压差），用压力（差压）计或差压变送器进行测量。

4. 电气式物位计

根据某些物理效应，将物位的变化转换为一些电量的变化（如电阻、电容、电磁场等的变化）通过测出这些电量的变化间接测量物位。如电容式物位计等。

5. 辐射式物位计

这种物位检测仪表是依据放射线透射物料时，透射强度会随物料厚度而减弱的原理工作的。

6. 反射式物位计

利用超声波、微波在气体、液体或固体的反射、折射特性进行物位测量。如超声波式物位计、雷达式物位计等。

本章将着重介绍石油化工工业中几种常用的液位、界位测量方法及仪表。

二、大罐人工检尺液位测量

人工检尺液位测量是对各种储罐内的液体进行体积和质量测定的一种基本方法。它具有操作简单、计量准确、无需辅助设备的特点，是目前各油田原油集输过程中的一种主要计量方法。检尺测量时，先对罐内液位高度进行测定，再根据罐的横截面积或大罐容积表，计算罐内液体体积和质量。

检尺测量的工具是钢卷尺，其下端带有铜质重锤。为方便量油操作，在罐顶设有量油口。量油口下装有量油管，管子底端钻有孔眼与液体连通。设置量油管的目的是为了减小罐内液面波动对量油的影响。

人工检尺量油时，从罐顶量油口将钢卷尺下入罐中，并使量油尺末端没入油中，记下量油尺下入深度 h'，提出量油尺，根据量油尺上油迹，观察尺端没入深度 Δh，求得罐内空高 h_0 及液面高度 H，即

$$h_0 = h' - \Delta h \tag{4-1}$$

$$H = H_0 - h_0 \tag{4-2}$$

式中 h_0——罐内空高；

h'——卷尺下入深度；

Δh——尺端没入深度；

H_0——罐总高；

H——液位高度。

如果测量介质是水，则需在尺端涂上感水膏，根据感水膏颜色变化确定尺端没入深度。

根据液位高度，可以查大罐标定容积表来查出罐内液体体积，或是根据罐的直径或横截面积计算出液体体积值 V_t。

在精确确定原油库存时，通常要把实际温度下的原油体积 V_t 换算成标准温度 20℃下的体积值 V_{20}，V_{20} 可按下式换算：

$$V_{20} = V_t[1 - \beta(t - 20)] \tag{4-3}$$

式中 V_{20}——标准温度 20℃下的体积，m^3；

V_t——实际温度 t℃下的体积，m^3；

β——体积膨胀系数，1/℃；

t——量油时实测罐内温度，℃。

有时，将实际体积值扣除所含的水，得到纯油量，并用质量值来表示，即

$$M = V_{20}(1 - W)\rho_{20} \tag{4-4}$$

式中 M——罐内纯油量，kg；

V_{20}——标准温度下的含水油体积，m^3；

W——罐内原油体积含水率；

ρ_{20}——20℃下原油的密度，kg/m^3。

三、玻璃式液位计

玻璃式液位计是使用最早、结构最简单的一种直读式液位计。它是由带有刻度的玻璃管和玻璃板通过阀门与设备连接而成的。图 4-1 和图 4-2 分别为玻璃管式和玻璃板式两种液位计的简图，它是根据连通器的原理进行工作的。

工业上应用的玻璃管液位计的长度为 300～1200mm，工作压力不大于 1.6MPa；玻璃板液位计的长度为 500～1700mm，最大耐压为 5MPa，耐温 400℃，它有透光式和折射式两种形式。

玻璃管液位计中，玻璃管装在具有填料函的金属保护管中，玻璃管旁有带刻度的金属标

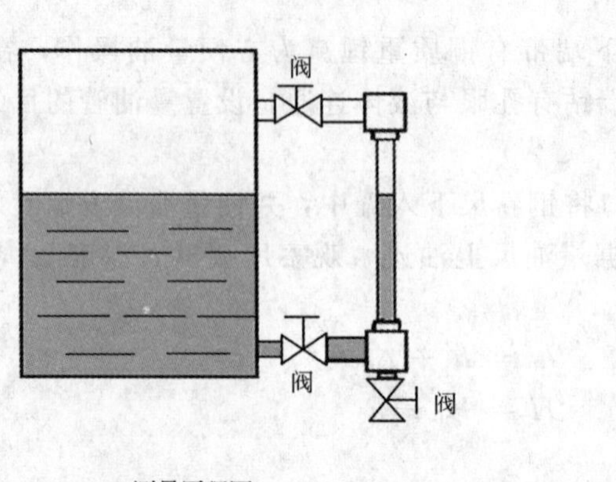

(a) 测量原理图

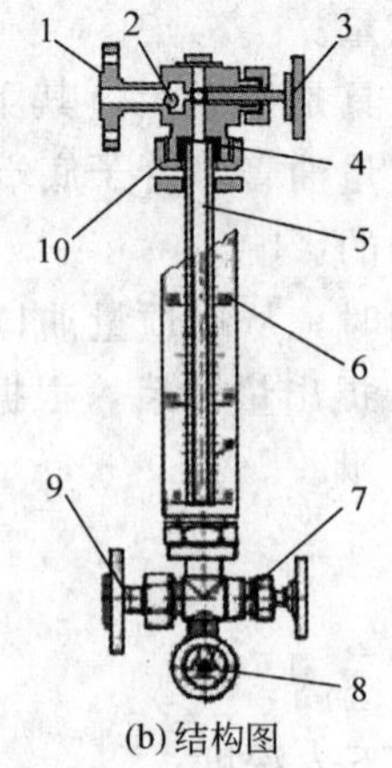

(b) 结构图

图 4－1　玻璃管液位计

1、9—连接法兰；2—防溢钢球；3、7—隔断阀；4—密封填料；
5—玻璃管；6—标尺；8—排污阀

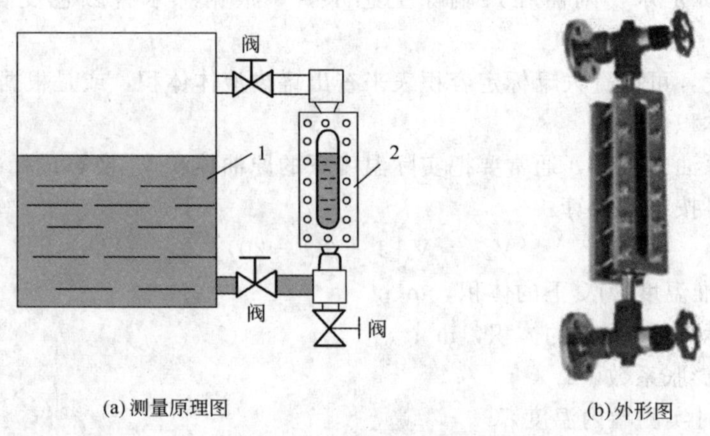

(a) 测量原理图　　(b) 外形图

图 4－2　玻璃板液位计

1—液罐；2—玻璃板

尺。玻璃管液位计与液罐连通管上有特殊隔断阀，以便在清洗更换玻璃管时将其与液罐隔开。阀内装有防溢钢球，一旦玻璃管打碎、液体迅速外溢时，钢球借助管内液体的压力迅速贴紧在阀座上，达到自动密封的目的。玻璃管上、下两隔断阀还可用以清洗玻璃管用。

玻璃板液位计由厚钢化玻璃板、金属压框和连通阀构成。

透光式玻璃板液位计，金属框前后有两块玻璃板嵌在金属框内。玻璃板用石棉垫片密封,四周用螺钉压紧。光线透过两块玻璃板，就可方便地观察玻璃板间液面的位置。它的缺点是粘度较大的液体，粘附在玻璃上时，不宜看清真实液位，一般用于低粘度清洁介质。

折光式玻璃板液位计是用一块背面刻有棱形槽的玻璃板，嵌入金属框中压紧密封而成。测量时，即使液体粘浮在玻璃板上，但由于玻璃板对气相和液相的折光率不同，液相看起来是暗的，而气相部分则是明暗相间的条纹，气液两相的分界面比较明显。

玻璃式液位计结构简单，价格便宜，一般用在温度和压力都不太高、需要就地指示液位的场合。但由于玻璃式液位计有易碎及不能远传和自动记录等缺点，因此在使用上受到了一定的限制。

第二节　浮力式液位计

浮力式液位计是应用最早的液位测量仪表。它结构简单，造价低廉，维护也比较方便，至今仍然为工业生产所广泛应用。浮力式液位计大致分为两种：一种是恒浮力式，浮力维持不变，浮标永远漂浮在液面上，浮标的位置随着液面高低而变化。这种液位计有浮标式液位计、浮球式液位计、自动跟踪式液位计等。另一种是变浮力式，浮筒浸没在液体里，浮筒所受的浮力随被浸没的高度——液位而变。

一、恒浮力式液位计

1. 浮球式液位计

对于温度、粘度较高，而压力不太高的密闭容器内的液位测量，一般采用浮球式液位计。其工作原理如图 4－3 所示。浮球 1 是一个空心圆球，一般用不锈钢制成。它通过连杆 2 与转动轴 3 相连；转动轴 3 的另一端与容器外侧的杠杆 5 相连。在杠杆 5 上加一平衡重锤 4，组成以转动轴 3 为支点的杠杆系统。一般要求浮球的一半浸没入液体时，实现系统的力矩平衡。当液位升高时，浮球被液体浸没的深度增加，浮球所受的浮力增加，破坏了原有的力矩平衡状态，平衡重物拉动杠杆 5 做顺时针方向转动，浮球上升，直到浮球的一半浸没在液体中时，恢复杠杆系统的力矩平衡，浮球停留在新的位置上。如果在转动轴的外端安装一指针和刻度标尺，便可以从输出的角位移确定液位的高低。

浮球式液位计可将浮球直接装在容器内部（即内浮球式）。当容器直径很小时，也可在容器外侧另做一浮球室（即外浮球式）与容器相连通。外浮球式便于维修，但它不适于粘稠或易结晶、易凝固的液体，内浮球式的特点则与此相反。必须指出：浮球式液位计必须用轴、轴套、密封填料等结构才能保持既密封，又能将浮球的位移传送出来，因此不适用于较高压力下的测量，它的测量范围也受到运行角限制而不能太大。

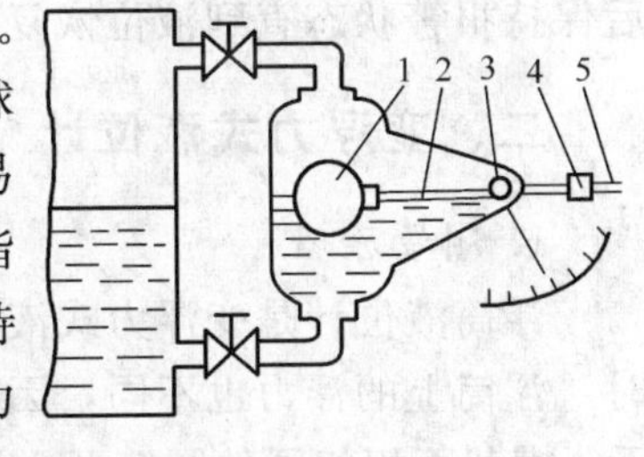

图 4－3　浮球式液位计示意图
1—浮球；2—连杆；3—转动轴；4—平衡重锤；5—杠杆

如果只用于液位的定点报警与控制，可以不用密封输出轴。只是在与浮球相连的杠杆的末端，加一个磁钢，通过磁耦合的方式，带动容器外的外磁钢，驱动电接点闭合或断开，就构成了浮球式液位发讯器。油田及炼厂常利用浮球式液位发讯器对油水罐及其他设备进行液位的上、下限报警。

在安装检修时，必须十分注意浮球、连杆与转动轴等部件连接是否结实牢固，以免日久浮球脱落，造成严重事故。在使用时，遇有液体中含有沉淀物或凝结的物质附着在浮球表面时，要重新调整平衡重物的位置，调整好零位。一经调好，就不能随便移动平衡重物，否则会引起测量误差。

2. 磁翻转式液位计

磁翻转式液位计可替代玻璃板或玻璃管液位计，用来测量有压容器或敞口容器内的液位，不仅可以就地指示，还可以附加液位越限报警及信号远传功能，实现远距离的液位报警和监控。它的结构原理如图 4-4 所示。

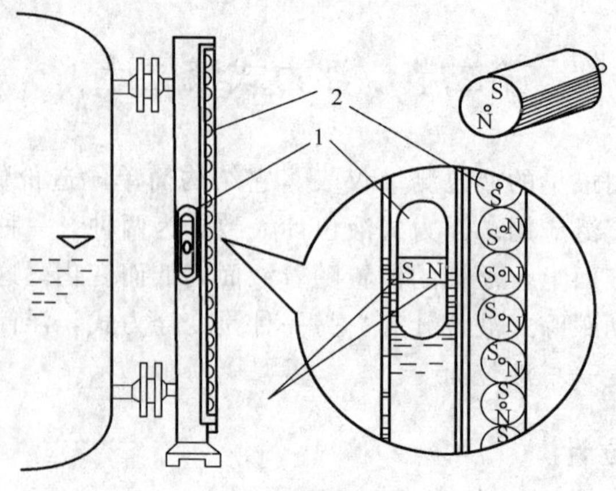

图 4-4　磁翻转式液位计

1—内装磁铁的浮子；2—翻辊

在与容器连接的非导磁（一般为不锈钢）管内，带有磁铁的浮子随管内液位的升降，利用磁性的吸引，使得带有磁铁的两面红白分明的翻辊产生翻转。有液体的位置红色朝外，无液体的位置白色朝外，根据红色指示的高度可以读到液位的具体数值，读数直观、色彩分明，效果较好。每个翻辊直径一般为 10mm。

若希望兼有上、下限报警功能，可在不锈钢管外附加报警开关，如图 4-5 所示。它的安装位置由上、下限报警值所决定。它由浮子内的磁钢驱动，并具有记忆功能，当浮子越限后保持报警状态直到液位恢复正常为止。

二、变浮力式液位计

1. 测量原理

浮筒液位计是变浮力式液位计的典型仪表。其基本原理是当浮筒被液体浸没的高度不同时，浮筒上的浮力也不同，因此通过检测浮筒所受的浮力，便可以确定液位。如图 4-6 所示，横截面积相同的圆筒形金属浮筒，悬挂在弹簧上。浮筒的重力 W、浮力 F 的合力被弹簧力所平衡。

浮筒在其平衡时存在如下关系：

$$\Delta X=\frac{A\rho g}{C+A\rho g}H=K_{\mathrm{t}}H \tag{4-5}$$

式中　ΔX——弹簧压缩的位移量；

C——弹簧的刚度；

A——浮筒截面积；

ρ——液体密度；

g——重力加速度；

K_{t}——系数；

H——浮筒被液体浸没的深度，即液位高度。

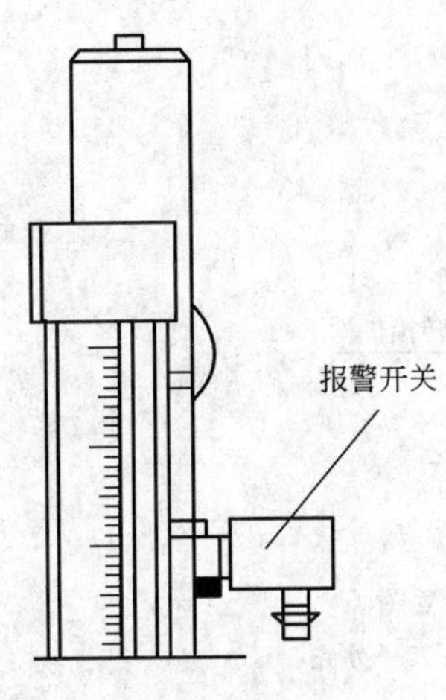

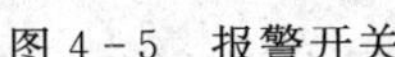

图 4－5　报警开关

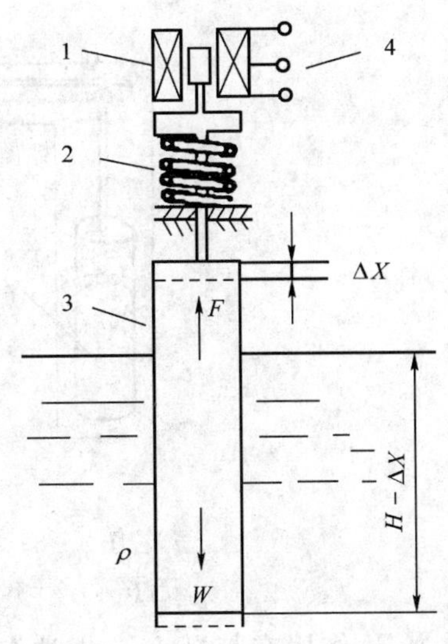

图 4－6　变浮力式液位计原理

1—差动变压器；2—弹簧；3—浮筒；4—输出

由式（4－5）可知，弹簧位移量 ΔX 与液位变化 H 成比例关系。如果在浮筒的连杆上安装一铁芯（图 4－6），通过差动变压器便可以输出相应的电信号，指示出液位的数值。

差动变压器由原边线圈、两个副边线圈和铁芯组成。原理图如图 4－7 所示。在原边线圈加一交流励磁电源后，在线圈上产生交变磁通，并在两副边线圈上分别感应出交流电压 V_1、V_2。但因两线圈反向串联，它们所产生的电压互相抵消。输出电压 $V_o=V_1-V_2$。

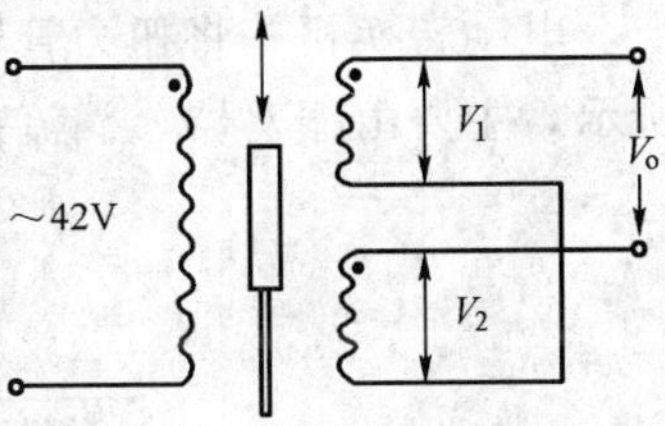

图 4－7　差动变压器原理图

由于因两副边线圈的磁路对称、匝数相等，当铁芯处于两副边线圈中心平衡位置时，在任一瞬间穿过两副边线圈的磁通都相等，因而感应电压 $V_1=V_2$，输出电压 $V_o=0$。而当铁芯随浮筒运动时，输出电压 V_o 的大小将取决于铁芯的位置。

当铁芯自中间位置有一向上的位移时，磁路对两线圈不再对称，这时上边线圈中交变磁通的幅值将大于下面线圈中交变磁通的幅值，两线圈中的感应电压不同，$V_1>V_2$，因而有输出电压 $V_o>0$。反之，当铁芯下移时，两电压的关系将是 $V_2>V_1$，此时输出电压的相位与上述相反。

信号 V_o 经过整流、滤波电路可以得到直流电流信号，大小与铁芯位移相对应，与被测液位成正比。

2. 扭力管式变送器

扭力管式浮筒液位变送器，由测量部分、转换部分两部分组成。其测量部分如图 4－8 所示。

作为液位检测元件的浮筒垂直地悬挂在杠杆的一端，杠杆的另一端与扭力管 3、芯轴 4 的一端垂直地固结在一起，并由固定在外壳上的支点所支撑。扭力管的另一端通过法兰固定在仪表的外壳 5 上。芯轴的另一端为自由端，用来输出角位移。

浮筒 1 上的力，通过杠杆 2 被扭力管 3 的弹性力所平衡。当液位低于浮筒下端时，浮筒

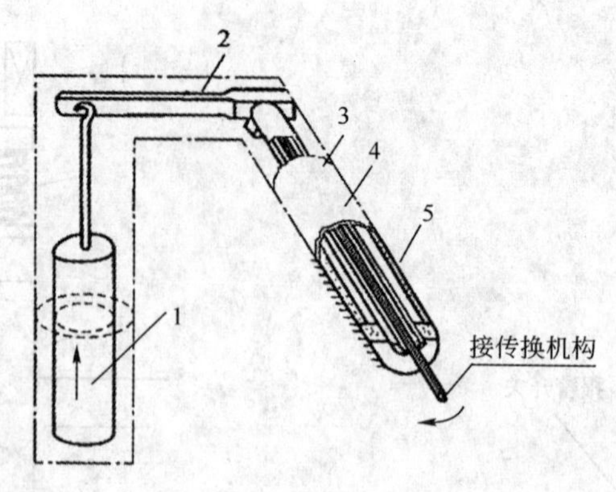

图 4-8　扭力管式浮筒液位计示意图

1—浮筒；2—杠杆；3—扭力管；4—芯轴；5—外壳

的全部重力 W 作用在杠杆上。此时作用在扭力管上的扭力最大，扭力管产生的扭角最大（一般约为 7℃）。

当液位上升为 H 时，浮筒的浮力抵消掉一部分重力，作用在扭力管上的扭力矩减小，扭力管的弹力使浮筒上升，则扭力管扭转角减小 θ。与扭力管 3 底端固定的芯轴 4 顺时针偏转相同的角度 θ。芯轴输出角位移量 θ，通过机械传动放大机构带动指针，便可以就地指示出液位数值，并通过转换元件将此角位移转换为电动信号输出，以适应远传和控制的需要。

电动转换机构将扭力管输出的角位移转换成 4～20mA 的电流输出。电路框图如图 4-9 所示，主要由振荡器、涡流差动变压器、解调器、直流放大器组成。

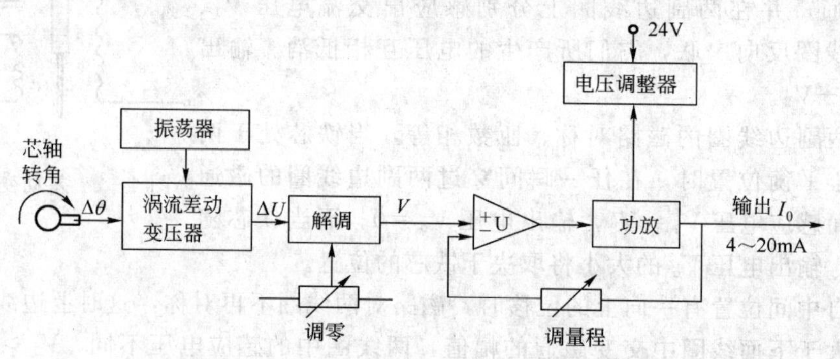

图 4-9　转换器电路框图

多谐振荡器产生 6kHz 正弦电压，作为涡流差动变压器初级线圈的激励电压。当芯轴带动差动变压器动臂传动时，输出线圈上的感应电压 ΔU 变化与 $\Delta\theta$ 成正比。

解调器将差动变压器的输出信号 ΔU 变为直流电压 V，送入差分放大器 U 放大，其输出电压经功率放大器放大转换为 4～20mA 电流 I_0 输出。I_0 经反馈网络送回到差分放大器的反相输入端，实现负反馈。可通过改变负反馈量的大小实现量程调整。

浮筒式液位变送器的量程取决于浮筒的长度。国产液位变送器的量程范围为 300mm，500mm，800mm，1200mm，1600mm，2000mm。所适用的密度范围为 0.5～1.5kg/m^3。变送器的输出信号不仅与液位高度有关，并且与被测液体的密度有关。因此密度发生变化时，必须进行密度修正。浮筒式液位计还可用于两种液体分界面的测量。

第三节　静压式液位计

一、测量原理

静压式液位计，是利用容器内的液位改变时，由液柱产生的静压也相应变化的原理而工作的。如图 4-10 所示，容器内 A、B 两点压力分别为 p_A、p_B，根据流体静力学原理我们知道：

$$p_B = p_A + H\rho g \tag{4-6}$$

即

$$\Delta p = p_B - p_A = H\rho g \tag{4-7}$$

式中　Δp——A、B 两点的静压差；

H——液位高度；

ρ——介质密度；

g——重力加速度。

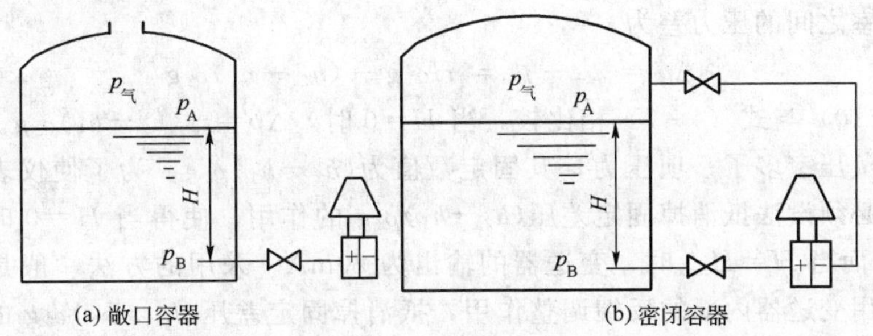

图 4-10　静压式液位测量原理

通常被测介质的密度是确定的，由式（4-7）可知，A、B 两点之间的压差与液位高度成正比，这样就把测量液位高度的问题转换为测量差压的问题了。因此，各种压力计、差压计和差压变送器都可以测量液位高度。

测量敞口容器液位的情况如图 4-10（a）所示，因为气相压力为大气压力 p_a，所以差压变送器的负压室通大气即可，这时作用在正压室的压力就是液位高度所产生的静压力 $H\rho g$。但必须注意，在使用前应调整好变送器的零点和量程。

测量密闭容器的液位如图 4-10（b）所示，需要将差压变送器的负压室与容器的气相空间相连，以平衡气相压力的静压作用。

二、零点迁移问题

图 4-10（b）所示，用差压变送器测量液位高度，是一种最基本的状况。当 $H=0$ 时，作用在正、负压室的压力是相等的，称为“无迁移”。假定我们采用的是电动差压变送器，其输出信号为 4～20mA。$H=0$ 时，$\Delta p=0$，这时变送器输出为 4mA，$H=H_{max}$ 时变送器的输出为 20mA。

但是在实际应用中，往往 H 与 Δp 之间的对应关系不那么简单。例如图 4-11 中，为了防止容器内液体和气体进入变送器而造成管线堵塞或腐蚀，在变送器正、负压室与取压点之

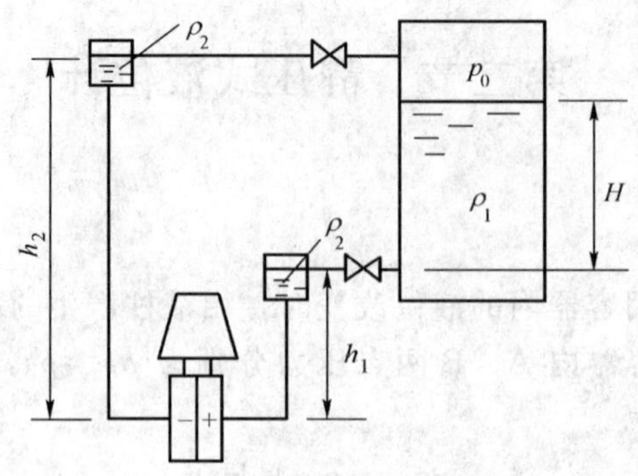

图 4-11　负迁移示意图

间分别装有隔离罐，并充以隔离液。若被测介质的密度为 ρ_1，隔离液密度为 ρ_2，这时，正、负压室的压力分别为：

$$p_+ = h_1\rho_2 g + H\rho_1 g + p_0 \tag{4-8}$$

$$p_- = h_2\rho_2 g + p_0 \tag{4-9}$$

正、负压室之间的压力差为

$$\Delta p = p_+ - p_- = H\rho_1 g - (h_2 - h_1)\rho_2 g \tag{4-10}$$

将式（4-10）与式（4-7）相比较，当 $H=0$ 时，$\Delta p=-(h_2-h_1)\rho_2 g$。对比无迁移情况，相当于在负压室多了一项压力，其固定数值为 $(h_2-h_1)\rho_2 g$。为了使仪表能正常反映出液位的数值，必须设法抵消掉固定差压 $(h_2-h_1)\rho_2 g$ 的作用，使得当 $H=0$ 时变送器的输出仍然为 4mA，而当 $H=H_{max}$ 时，变送器的输出为 20mA。采用的方法一般是在仪表上加一迁移装置，利用变送器内部的反馈调整作用，抵消掉固定差压 $(h_2-h_1)\rho_2 g$ 的作用，我们称这种方法为“零点迁移”。由于 $H=0$ 时，$\Delta p<0$，这种情况叫负迁移。

假定固定差压为 $(h_2-h_1)\rho_2 g=2000$Pa，满量程时，差压由 0 变化到 5000Pa。迁移原理如图 4-12 中曲线 b 所示。

由于工作条件不同，有时会出现正迁移的情况。图 4-13 所示为正迁移的情况。如果 $p_0=0$，差压变送器的测量范围仍为 0～5000Pa，经分析可知，当 $H=0$ 时，正压室多了一项附加压力 $h\rho g$，假设 $H=0$ 时，$\Delta p=h\rho g=2000$Pa。此时变送器作出正迁移后，其输出与输入压差之间的关系，如图 4-12 中曲线 c 所示。

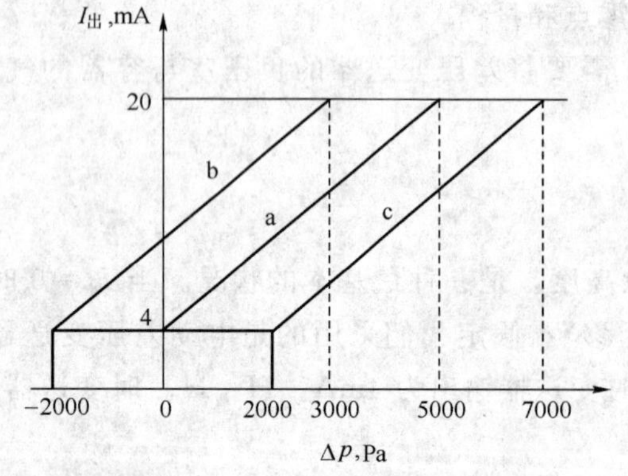

图 4-12　正负迁移示意图

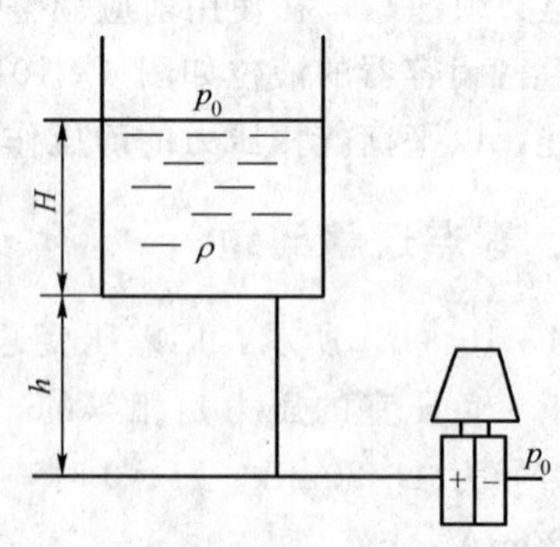

图 4-13　正迁移示意图

由上述分析可见，无论是正迁移还是负迁移，均是同时改变了差压变送器测量范围的上、下限，但它的量程不变。

三、静压式液位计的应用

1. 法兰式差压变送器测液位

测量具有腐蚀性、易结晶以及粘度大、易凝固等介质的液位时，引压管线易被腐蚀或被堵，为了解决这个问题，可以采用法兰式差压变送器。变送器的感压法兰直接与容器上的法兰连接，如图 4-14 所示。

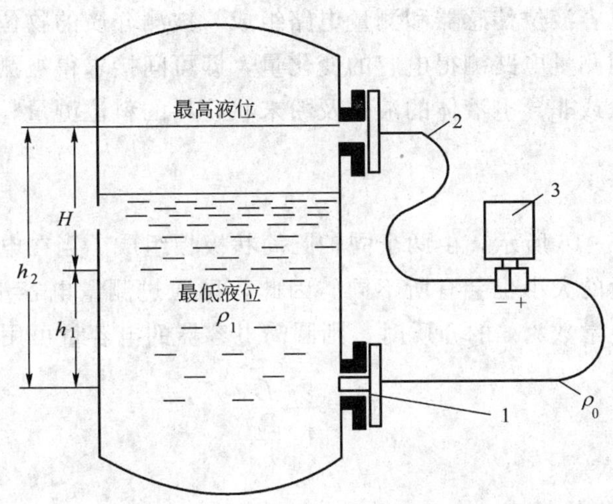

图 4-14　法兰式差压变送器测量液位示意图

1—感压法兰；2—毛细管；3—变送器

作为敏感元件的感压法兰上有金属膜盒，经毛细管与变送器的测量室相通。在膜盒、毛细管和测量室所组成的封闭系统内充有硅油，作为传压介质，起到隔离被测介质的作用。法兰式差压变送器的原理与普通差压变送器相同。所以在测量密闭容器的液位时，同样存在“迁移”问题。图 4-14 中迁移量为：

$$\Delta P = h_2\rho_0 g - h_1\rho_1 g \qquad (4-11)$$

式中　h_2——两法兰垂直高度差；

h_1——最低液位到取压点高度差；

ρ_0——变送器硅油密度；

ρ_1——被测介质密度。

图 4-15　投入式液位变送器外形图

法兰式差压变送器按其结构型式可分为单法兰式及双法兰式两种。法兰的结构又有平法兰和插入法兰之分。

2. 投入式液位变送器

投入式液位变送器如图 4-15 所示。扩散硅式传感器位于导气电缆的底端，被安置到罐底，将承受的液相压力、气相压力通过中空的导气电缆，传递到传感器上。代表液位的压力差由变送器转换成4～20mA DC标准电流信号输出。投入式液位变送器具有便利安装和使用方便等优点，适用于水、油、酸、碱、盐及粘稠性液体。

第四节　其他物位测量仪表

一、电容式物位计

电容式物位计由电容液位传感器和测量电路组成。被测介质的物位通过电容传感器转换成相应的电容量，利用测量电路测得电容的变化量，即可间接求得被测介质物位的变化。电容式物位计适用于导电或非导电液体的液位及粉末状物料的料位测量，也可用于液—液和液—固分界面的测量。

1. 测量原理

电容传感器如图4-16所示，由两个同轴圆筒状极板组成。当在电容的两极板之间充以不同的介质时，电容量的大小也会有所不同。因此，可通过测量电容量的变化来检测物位。如果两圆筒间充以介电常数为ε的介质时，则圆筒电容器的电容量可用下式表达：

$$C=\frac{2\pi\varepsilon L}{\ln\frac{R}{r}} \tag{4-12}$$

式中　L——内、外电极的长度；

ε——内、外电极间介质的介电常数；

R——圆筒形外电极的内径；

r——圆筒形内电极的外径。

由式（4-12）可知，当R、r和ε一定时，电容量C的大小与极板的长度L成正比例关系。这样，将电容传感器浸入被测介质中，电极浸入物料的深度随物位高低变化，必然引起电容量的变化，从而可以测得物位。

2. 非导电介质液位的测量

电容式物位计既可用于导电介质的测量，也可用于非导电介质的测量。测量非导电介质液位的电容传感器原理如图4-17所示，它由内电极和一个与它绝缘的同轴金属圆筒制作的外电极组成。外电极上开有槽孔，以便被测液体自由地流进或流出。内、外电极之间采用绝缘子进行绝缘固定。

这种情况下，当被测液位为H时，电容器上部气体、下部液体的介电常数分别为ε_0、ε_x，则电容器的总电容量为上下两部分电容之和：

$$\begin{aligned}C_x&=\frac{2\pi(\varepsilon_x-\varepsilon_0)H}{\ln\frac{R}{r}}+\frac{2\pi\varepsilon_0 L}{\ln\frac{R}{r}}\\&=\Delta C+C_0\end{aligned} \tag{4-13}$$

式中　H——电极被液体介质浸没的高度；

ε_x——被测液体的介电常数；

ε_0——气相介质的介电常数。

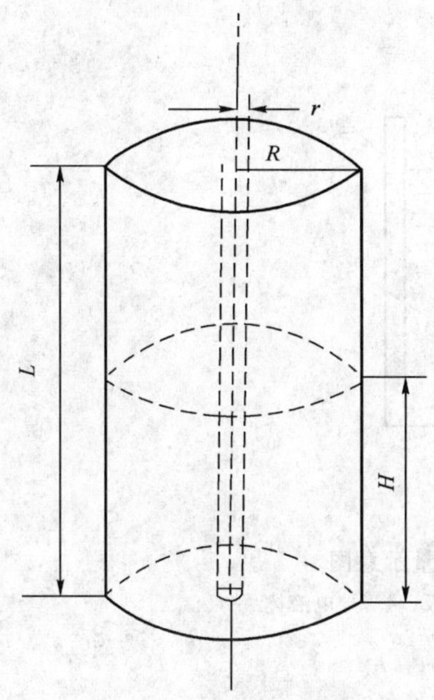

图 4-16　电容器的组成

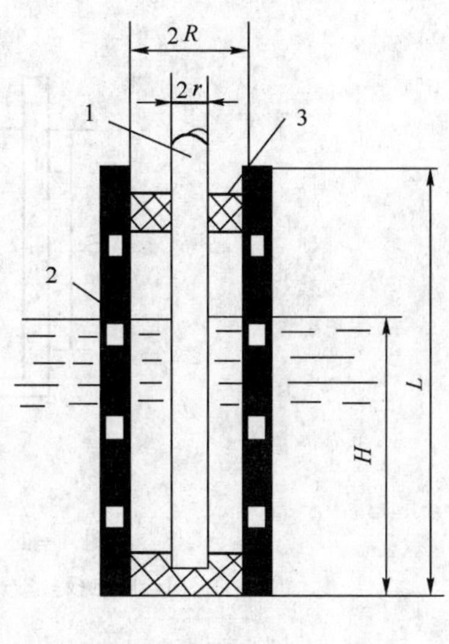

图 4-17　非导电液体液位测量

1—内电极；2—外电极；3—绝缘子

当液位变化时，引起的电容增量应为：

$$\Delta C=\frac{2\pi(\varepsilon_x-\varepsilon_0)}{\ln\dfrac{R}{r}}H=k_c H \tag{4-14}$$

由此可见，只要 ε_0、ε_x、R 和 r 不改变，系数 k_c 在一定条件下为常数，电容增量 ΔC 与被测液位 H 成正比，因此，测出电容增量的变化便可知道液位的高度。

3. 导电介质液位的测量

如果被测介质为导电液体，内电极要用绝缘套作为中间介质，导电液体与金属容器壁一起作为外电极，如图 4-18 所示。若中间绝缘介质的介电常数为 ε，电极被导电液体浸没的高度为 H，则该电容器的电容量与液位的关系可近似表示为：

$$C_x\approx\frac{2\pi\varepsilon_x H}{\ln\dfrac{R}{r}} \tag{4-15}$$

式中　R——绝缘套管的外半径；

r——内电极的外半径。

应用电容式物位计测量液位或料位时，其电容的变化量 ΔC 的数值是很小的（约为 pF 即 10^{-12}F 的数量级），一般难以准确地进行测量。因此，在测量电路中应采取相应的措施。此外，还应注意，当介质的浓度和温度发生变化时，其介电常数也要发生变化，应及时进行修正。

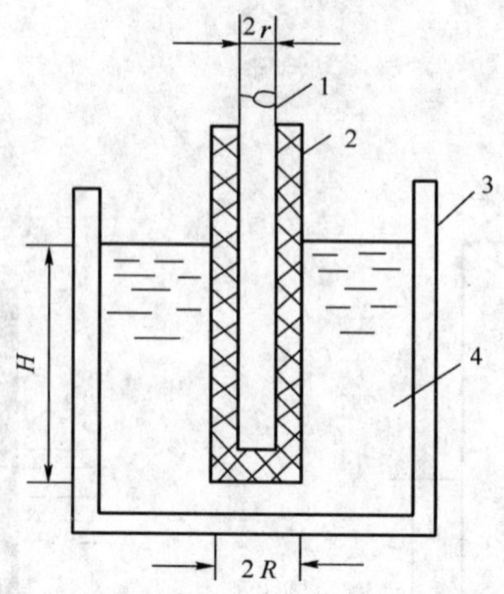

图 4-18　导电液体液位测量示意图

1—内电极；2—绝缘套管；3—外电极；4—导电液体

二、超声波式液位计

1. 基本原理

超声波式液位计是利用超声波在液面上反射和透射传播特性测量液位的。因此，它有两类液位测量方法，即透射式和反射式。

透射式测量方式，一般是利用有液位或无液位时声阻抗的显著差别作为超声液位开关，产生开关量信号，作为液位高、低限报警信号或联锁信号使用。

反射式测量方式是测量入射波和反射波的时间差，从而计算出液位高度。如图 4-19 所示，探头到液位的高度 h 可用下式来表示：

$$h=\frac{1}{2}v_c t \tag{4-16}$$

式中　v_c——超声波在被测介质中的传播速度，即声速；

　　t——超声波从探头到液面的往返时间。

对于一定的介质，v_c 是已知的，因此，只要测得时间 t，即可确定被测液位高度 h。

无论透射式还是反射式，产生超声波和接收超声波的探头（换能器）都是利用压电元件构成的。发射超声波是利用了逆压电效应，接收超声波是利用了正压电效应。反射探头和接收探头的结构是相同的，只是工作任务不同。

2. 反射式超声波液位计

反射式超声波液位计，根据超声波传播的介质不同有气介式和液介式两类。下面主要介绍应用较为广泛的气介式超声波液位计。

气介式超声波液位计的探头安装在液面以上的气体介质中，是一种非接触的测量方法，比较适用于腐蚀性介质、高粘度及含有颗粒杂质的液位测量。

图 4-20（b）所示为双探头结构的液位计原理框图，分别采用了发射换能器和接收换能器，时钟电路定时触发振荡输出电路，向发射换能器输出超声电脉冲，同时触发计时电路开始计时。当发射换能器发出的声波经液面反射回来时，被接收换能器收到并变成电信号，经放大整形后，再次触发控制计时电路，停止计时。计时电路测得的时间差，经运算得到换能器到液面之间的距离 h（即空高 $h=ct/2$，c 为气体中的声速）。已知换能器的安装高度 L（从液位的零基准面算起），便可求得被测液位的高度 H（$H=L-h$），最后在指示仪表上显示出来。

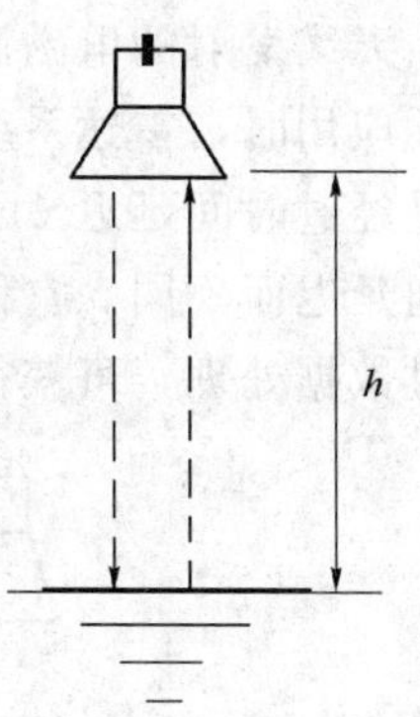

图 4-19　超声波液位计测量原理

这种气介质液位测量方式，声速受温度压力的影响较大，因此需要采取相应的修正补偿措施，以避免声速变化所引起的误差。气介式液位计也可用于料位测量，但颗粒尺寸和堆积坡度应尽量小，否则表

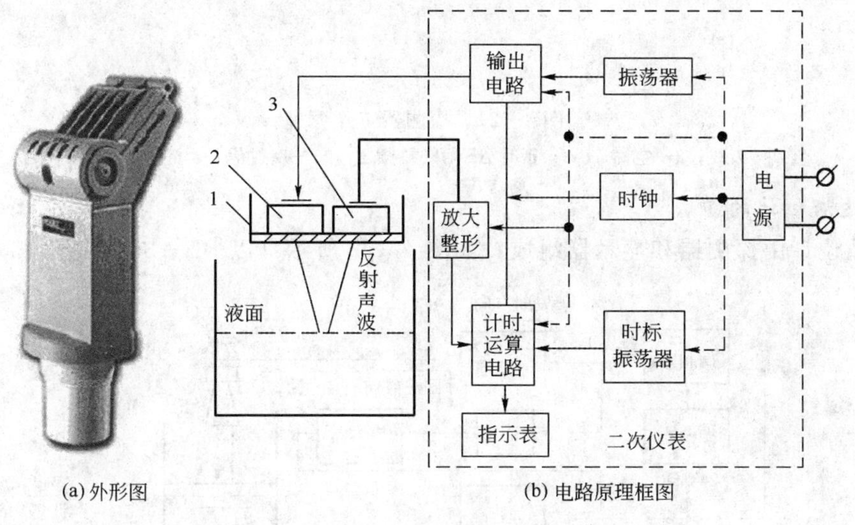

图 4-20　超声波液位计原理图

1—探头固定装置；2—发射换能器；3—接收换能器

面不平整，使得声速散射严重，不能有效接收回波。

三、雷达式液位计

1. 工作原理

雷达液位计的工作原理类似于超声波式的测量方法，如图 4-21 所示。以光速 c 传播的超高频电磁波（微波），经天线向被探测容器的液面发射，当电磁波碰到液面后反射回来，雷达液位计是通过测量发射波到反射波之间的延时 Δt 来确定天线与反射面之间的高度（空高 h）。

$$\Delta t=\frac{2h}{c} \tag{4-17}$$

由于光速 c 不受介质环境的影响，传播速度稳定，测得延迟时间 Δt 则可获得高度 h。

但经天线发射的电磁波的传播速度 c 太快，延迟时间 Δt 极其微小，直接测量 Δt 非常困难。实际应用时，雷达系统不断地发射线性调频（频率与时间成线性关系）信号，得到的反射信号是经过时间延迟 Δt 的线性调频信号。发射信号频率与反射信号在同一时刻上的频率，因时间延迟而不同。它们之间的差频率 Δf，正比于延迟时间 Δt，即正比于空高 h。差频信号经过数据处理，可获得空高值 h。罐高值与空高值之差即为液位高度值。

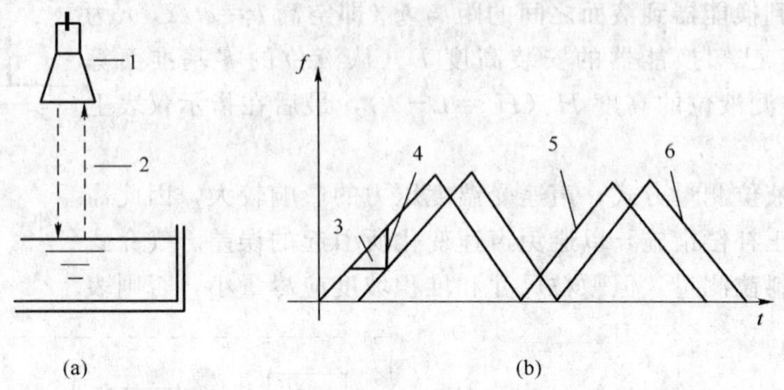

图 4-21　探测器工作原理

1—天线；2—空高 h；3—延时 Δt；4—差频 Δf；5—反射信号；6—发射信号

2. 雷达液位计的组成

雷达液位计由探测器和显示器组成，如图 4-22 所示（以 BL—30 为例）。

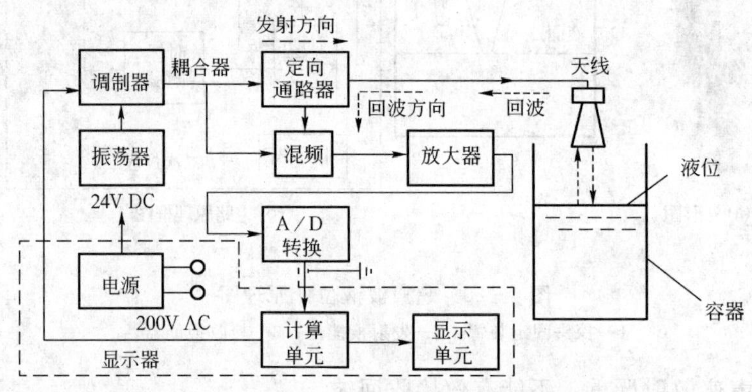

图 4-22　雷达液位计原理框图

探测器安装在设备顶部，由电子部件、波导连接器、安装法兰及喇叭口型天线组成。电子部件包括振荡器、调频器、混频电路、差频放大器、A/D 转换器等。

显示器为盘装型，由计算单元、显示单元及电源部分组成。

探测器与显示器之间用一根多芯屏蔽专用电缆连接，其作用是向探测器提供 24V DC 电源，并将 A/D 转换信号送至显示器。由振荡器产生 10GHz 的高频振荡，经线性调制电压调制成线性调频信号后，以等幅振荡的形式，通过耦合器及定向通路器，由喇叭口型天线向被测液面发射电磁波，经液面反射回来又被天线接收。回波通过定向通路器送入混频电路，混频电路接受到发射波回波信号后产生差频信号。差频信号通过差频放大器放大，经 A/D 转换后送到计算装置进行频谱分析，即通过频差和时差计算出液位高度，并由显示单元显示出来。

3. 特点及应用

雷达液位计是通过计算电磁波到达液体表面并反射回接收天线的时间来进行液位测量的。与超声波液位计相比，电磁波的传播速度受气体的性质及状态的影响较小。

雷达液位计采用了非接触测量的方式，没有活动部件，可靠性高，平均无故障时间长，安装方便。适用于高粘度、易结晶、强腐蚀及易爆易燃介质，特别适用于大型立罐和球罐等液位的测量。

雷达液位计按天线形状分为喇叭口型和导波形两类。喇叭口型天线主要用于液面波动小、介质泡沫少、介电常数高的液位测量；导波形天线是在喇叭口型的基础上增加了一根导波管（安装如图 4-23 所示），可使电磁波沿导波管传播，减少障碍物及液位波动或泡沫对电磁波的散射影响，用于波动较大、介电常数低的非导电介质（如烃类液体）的液位测量。

(a)喇叭口型天线雷达液位计

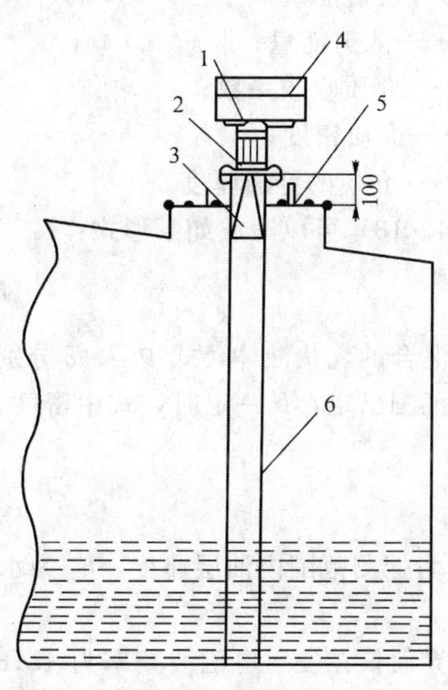

(b)导波形天线雷达液位计

图 4-23　雷达液位计外形及安装示意图

1—探测器；2—法兰盘；3—喇叭天线；4—防雨罩；5—光孔法兰盘；6—导波管

第五节　油水界面测量

在油田油气集输系统中，原油与伴生污水是相伴相生的，油水界面的测量成为影响正常生产的一个重要问题。例如三相分离器、电脱水器、缓冲沉降罐、原油储罐中，油水界面高度是保持正常生产、影响油水分离质量的重要参数。一般情况下，由于原油与伴生污水间的界面不很明显，有一层中间乳化层，而原油既不透明，油水密度差别较小，粘性又较大，因而不能用常规方法测量。下面介绍两种常用测量仪表。

一、短波式油水界面仪

短波式油水界面仪由变送器和显示仪表组成，主要用于原油脱水器、三相分离器、缓冲沉降罐等波动范围较小的油水界面检测，或储油罐底水高度测量。变送器输出标准信号 4～20mA DC，可与普通的显示、记录仪表配套，也可与 DDZ－Ⅲ型调节仪表配合，实现自动放水、自动控制油水界面的目的。

1. 测量原理

电磁波在介质中传播时，由于电磁波与介质的相互作用，使介质的原子吸收部分电磁波能量。当同一频率的电磁波通过不同的介质时，介质所吸收的能量不同。透射能量的变化服从郎伯—贝尔定律：

$$I = I_0 e^{-\mu\rho L} \tag{4-18}$$

式中 I——透射能量；

I_0——入射能量；

μ——介质吸收系数；

ρ——介质密度；

L——介质的穿透厚度。

式（4－18）可以写成如下形式：

$$I_0 = I e^{\mu\rho L} \tag{4-19}$$

对于油水混合的乳状液体，式中 μ、ρ 分别为油水混合物的平均吸收系数和平均密度。当电磁波辐射范围已定，L 一定时，式中密度 ρ 与油水界面高度有关，即

$$\rho = \frac{h_1\rho_1 + h_2\rho_2}{h_1 + h_2} \tag{4-20}$$

其中，h_1 为探测范围内油层厚度，h_2 为水层厚度，油与水的密度分别为 ρ_1、ρ_2，ρ 为油水平均密度。

油水界面仪在发射电磁波频率为 4MHz 的短磁波时，油对这种电磁波的能量吸收系数很小，介质对电磁波的吸收主要是乳化层中水的吸收，因而

$$I_0 \approx I e^{\mu'\rho L} \tag{4-21}$$

式中 μ'——水对电磁波的能量吸收系数。

在发射天线固定在罐体上以后，其透射能量 I 被罐体吸收。这一能量较小且变化不大(因短波在液体中辐射范围较小)，因而，由式（4－21）可以知道天线发射能量 I_0 和发射功率随油水界面高度而变。

发射功率的变化，将引起射频发生器中振荡源输入电流的变化。经检测电路检测，即可在信号转换电路中变换放大成 4～20mA 标准信号输出，如图 4－24 所示。

2. 油水界面变送器的结构

油水界面变送器的结构由发射天线、密封室及转换器组成，如图 4－25 所示。

球阀 3 和设备上的接头 2 是由用户自备，天线导杆穿过密封室、连接管和球阀伸进设备里，插入深度可调，但要求与金属容器壁或其他金属物的距离不小于 300mm。天线导杆与

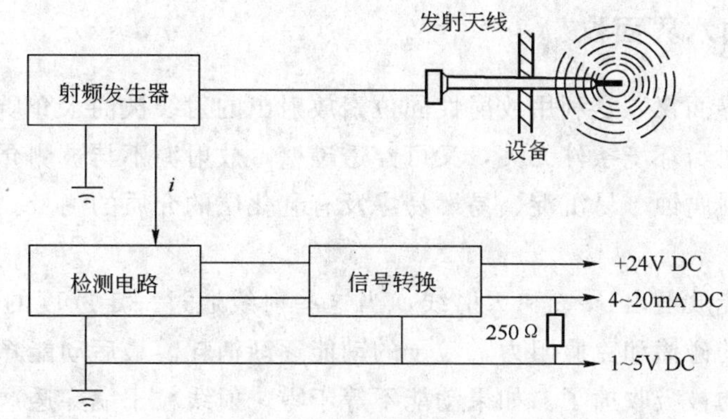

图 4-24　变送器原理方框图

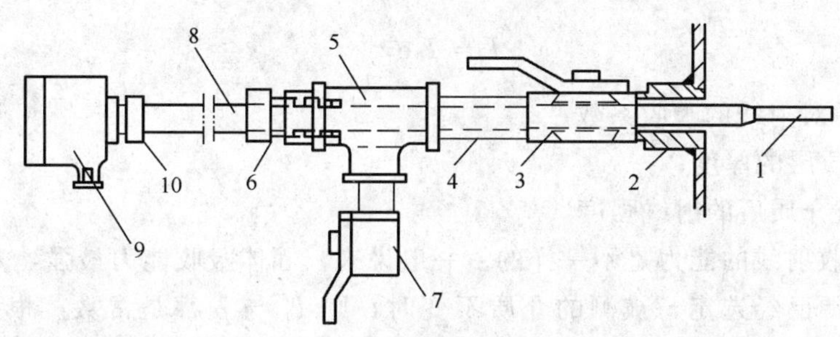

图 4-25　油水界面变送器

1—发射天线；2—接头；3—球阀；4—连接管；5—密封室；6—密封压紧螺母；
7—取样阀；8—导杆；9—转换器；10—固定螺母

密封室间有聚四氟乙烯密封圈密封。拧紧密封螺母、压缩U形截面密封圈，使其涨开，即可将导杆定位、密封于密封室内。

取样阀与连接管和导杆的环隙连通，可以随时取出天线附近的液样进行化验（含水量），以校验、标定变送器。

安装球阀的目的，是为了在不停产、设备不泄压的情况下可随时抽出发射天线进行保养与检查。若需要抽出天线时，可以稍稍松动密封室上的密封压紧螺母，使导杆活动但又不使罐内液体向外喷漏的情况下，慢慢往外抽出导杆。当天线头抽到球阀以外时（可从导杆的标记上看出），即可关闭球阀，随后将导杆、天线全部抽出。

3. 油水界面仪的使用

油水界面变送器实际上是通过测量油水之间乳化层厚度和含水量测量油水界面高度的。由于界面仪输出特性曲线是非线性的，乳化层含水率与油水界面高度也不是简单的线性关系，因此，其测量精度不是很高，只宜做范围指示或控制之用。

有时变送器输出电流变化很快，甚至在4～20mA间摆动。造成这种现象的原因一是乳化层太薄，含水率变化梯度太大；二是乳化层乳化形式变化，“水包油”型乳化液会使变送器输出为最大值；三是由于天线与导杆绝缘不好，形成渗水造成的。实际使用时，一般变送器在设备上倾斜安装，以增大乳化层有效厚度，同时，可以对输出信号进行平滑滤波措施，减缓输出摆动的影响。

二、核辐射油水界面仪

核辐射式油水界面仪，是利用放射性同位素放射出的射线被油水介质的吸收情况测量油水界面的。由于辐射与环境条件无关，又可穿透罐壁，放射源不与被测介质接触。因而，可用于高温、高压、强腐蚀、易沉淀、易燃易爆及有乳化层的介质的测量。

1. 测量原理

放射性同位素能放射出α、β和γ射线，当这些射线通过一定厚度的物体（如固体或液体）时，由于粒子的碰撞和克服阻力，粒子的动能逐渐消耗。最后动能降为零时，粒子就留在物体中，即所谓的被吸收掉了。如果动能不等于零，射线粒子就穿透这个厚度的物体。射线的透射强度随着通过介质层厚度的增加而减弱。入射强度为I_0的放射源，随介质厚度增加，其强度按指数规律衰减，关系为：

$$I = I_0 e^{-\mu H} \tag{4-22}$$

式中 μ——介质对射线的吸收系数；

H——介质层的厚度；

I——穿过介质后的射线强度。

不同介质吸收射线的能力是不一样的。一般说来，固体吸收能力最强，液体次之，气体则最弱。当放射源已经选定，被测的介质不变时，则I_0与μ都是常数。根据式（4－22），只要测定通过介质后的射线的强度I，就可知介质的厚度H，即液位或料位的高度。

2. 使用注意事项

(1) 接收器一般在50℃就不能正常工作，因此在高温环境下使用，必须进行冷却；

(2) 放射源在半衰期以后，必须更换，否则会影响测量精度；

(3) 必须采用严格的防护措施，确保人身和生产的安全。

◇ 习题与思考题 ◇

4－1 按工作原理，物位测量仪表可分哪些类型？它们的工作原理各是什么？

4－2 玻璃式直读液位计有哪两种？其区别是什么？

4－3 试分别说明浮球式、浮筒式液位计的基本测量原理。

4－4 磁翻板式液位计是如何实现液位指示的？

4－5 简述差压式液位计的工作原理。

4－6 什么是零点迁移？为什么会产生零点迁移？如何进行迁移？

4－7 什么情况下采用法兰式差压变送器测量液位？

4－8 图4－26和图4－27的安装方法，有无迁移？何种迁移？迁移量应如何考虑？

4－9 电容式液位计测量导电液体和非导电液体时，所用传感器相同吗？表达式有什么区别？

4－10 超声波液位计与雷达式液位计测量原理与结构有何异同之处？

4－11 试述短波式油水界面仪的特点及应用场合。

4－12　辐射式油水界面仪的工作原理是什么？试根据其辐射原理分析如何用来测量原油密度及含水率？

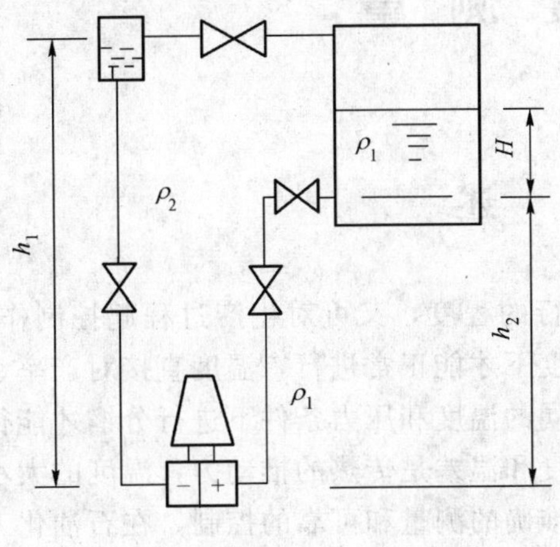

图 4－26

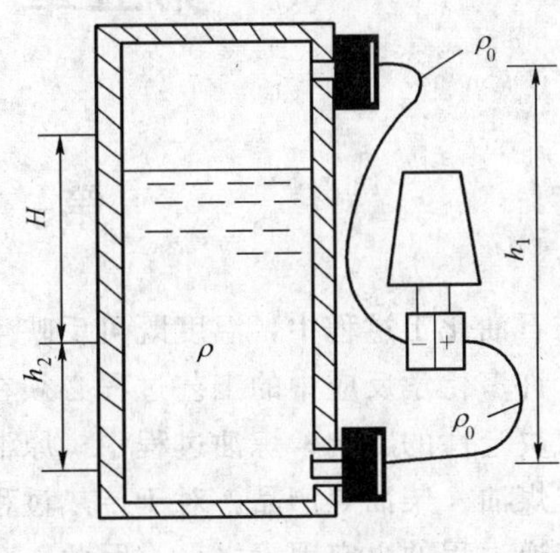

图 4－27

第五章 温度测量

第一节 概 述

在石油化工过程中，温度既可反映生产过程进行的程度，又可对生产过程起控制作用。例如，许多化学反应中的工艺过程必须在适当的温度下才能正常进行，温度直接对产率、收率起着决定性的影响；炼油过程中，原油必须在不同的温度和压力条件下进行分馏才能得到汽油、煤油、柴油等产品。对于传热过程来说，温度和温差是传热的推动力，温度的大小是热量传递过程的决定因素之一。因此，对温度进行准确的测量和可靠的控制，在石油化工生产中具有重要意义。

一、温度及温度测量

温度是一个重要的物理量，它是国际单位制（SI）7个基本物理量之一，也是工业生产过程中的主要工艺参数之一。简单地说，温度是衡量物体冷热程度的物理量，是物体内部分子热运动程度的标志。两个温度不同的物体接触，经过一段时间的热交换，达到平衡状态后，会具有相同的温度，这一点是温度测量的基础。

温度测量仪表有接触式测温和非接触式测温两类测温方式。主要温度检测方法见表5-1。本章将介绍几种自动化系统中常用的测温方法及仪表。

表5-1 温度检测方法的分类

测温方式	类 别	原 理	典型仪表	测温范围,℃
接触式测温	膨胀类	利用液体、气体的热膨胀及物质的蒸气压变化	玻璃液体温度计	-100～600
			压力式温度计	-100～500
		利用两种金属的热膨胀差	双金属温度计	-80～600
	热电类	利用热电效应	热电偶	-200～1800
	电阻类	固体材料的电阻随温度而变化	铂热电阻	-260～850
			铜热电阻	-50～150
			热敏电阻	-50～300
	其他电学类	半导体器件的温度效应	集成温度传感器	-50～150
		晶体的固有频率随温度而变化	石英晶体温度计	-50～120
	光纤类	利用光纤的温度特性或作为传光介质	光纤温度传感器	-50～400
			光纤辐射温度计	200～4000
非接触式测温	辐射类	利用普朗克定律	光电高温计	800～3200
			辐射传感器	400～2000
			比色温度计	500～3200

二、温标

为了客观地测量物体的温度，必须建立一个衡量温度的标尺，简称温标。建立温标就是规定温度的起点及其基本单位。早期建立的华氏温标和摄氏温标都是根据物体体积的热胀冷缩现象制定的。摄氏温标规定，水的冰点为 0℃，沸点为 100℃。华氏温标规定，水的冰点为 32℉，沸点为 212℉。华氏温标 t_F 与摄氏温标 t_C 的换算关系是：

$$t_F = 32 + \frac{9}{5}t_C \tag{5-1}$$

这两种温标又称为经验温标，其温度特性依赖于所用测温物质的性质。例如所用水银的纯度不同，就不能保证测温量值的一致性。

1. 国际实用温标

世界上各国通用的温标是国际实用温标，由其来统一各国之间的温度计量，这是一种协议温标，用来复现热力学温标。热力学温标是建立在热力学基础上的一种理论温标，与测温物质的性质无关。它规定分子运动停止（即没有热存在时）的温度为绝对零度，取水的三相点（冰、水、蒸汽共存的状态）为参考点，定义该点温度为 273.16K。热力学温标是一种科学的理论温标，但实际上是不可能实现的，必须由其他温标来复现。第一个国际实用温标自 1927 年开始采用。随着科学技术的发展，国际实用温标也在不断地改进和修订，使之更符合热力学温标。目前推行的国际实用温标为 1990 年国际温标 ITS—90。

ITS—90 国际温标中规定，热力学温度用符号 T 表示，单位为开尔文，符号为 K。开尔文的大小定义为水三相点热力学温度的 1/273.15。ITS—90 定义热力学温度 T 和摄氏温度 t 之间的关系是：

$$t = T - 273.15 \tag{5-2}$$

ITS—90 国际温标由三部分组成，它们分别定义了一些温度固定点、标准仪器和内插公式。

2. 温标的传递

国际实用温标由各国计量部门按规定分别保持和传递，由定义的温度固定点及一整套基准仪表复现温度标准，再通过基准和标准测温仪表逐级传递。各类温度计在使用前均要按要求进行检定。

第二节　膨胀式温度计

一、膨胀式温度计

膨胀式温度计是根据物体受热膨胀的原理制成的，如双金属片式温度计和玻璃液体温度计。

1. 固体膨胀式温度计

固体膨胀式温度计有杆式和双金属片式两类。双金属片是由 A、B 两片具有不同热膨胀系数的金属片紧固结合在一起构成的。图 5－1 所示的为这种双金属片温度传感器的示意图。

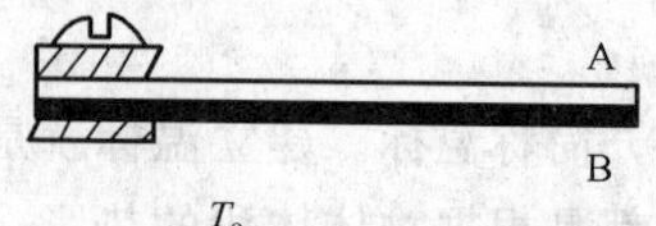

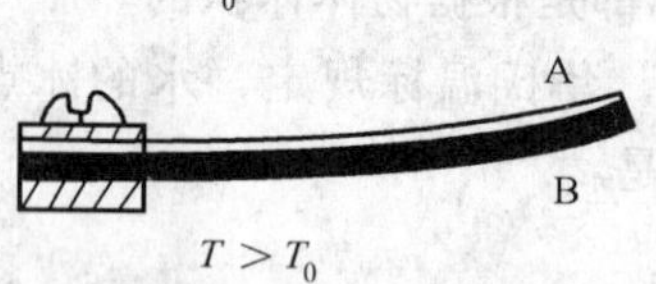

图 5-1　双金属片

金属片在温度 T_0 时的长度为 L_0，温度为 T 时的长度 L_t 则为：

$$L_t = L_0[1 + \alpha_B(T - T_0)] \tag{5-3}$$

如果双金属片 A、B 的线膨胀系数分别为 α_A、α_B，且 $\alpha_A < \alpha_B$，双金属片受热温度升高时，两金属片膨胀量不同，$L_{At} < L_{Bt}$，而向膨胀系数小的一侧弯曲。

双金属片的曲率半径将因温度的不同而发生变化，据此可以实现温度的测量。为了提高灵敏度，也可将双金属片制成图 5-2 所示的螺旋状。螺旋型双金属片一端固定，一端跟指针轴相连。当温度变化时，双金属片自由端带动指针作相应偏转，在刻度盘上指示出温度的变化。

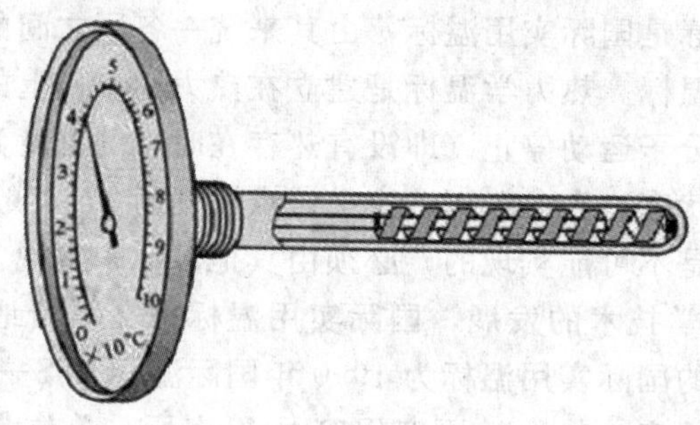

图 5-2　双金属温度计结构示意图

应用上述原理做成的测温仪表结构简单、成本低廉且比较耐用。缺点是精度不高，量程不能做得很小，使用范围受到限制。在工程上可用来作为温度指示，也常用来做温度继电控制器或做仪表的温度补偿部件。

2. *液体膨胀式温度计*

液体体积一般随温度的升高而膨胀。一定量液体的体积随温度变化的关系为：

$$V = V_0[1 + \beta(T - T_0)] \tag{5-4}$$

式中　V_0——膨胀前的液体体积；

V——膨胀后的液体体积；

β——液体的体积膨胀系数。

最常见的酒精温度计、水银温度计等玻璃液体温度计就是应用这一原理制造的，如图 5-3 所示。它是在有刻度的玻璃棒内的毛细管中充入工作液体制成。当温度计下方的玻璃温包内的工作液体因温度上升、体积膨胀时，膨胀出的工作液在毛细管内液柱升高，指示出刻度标尺上对应的温度值。水银玻璃液体温度计的测量范围为－80～＋600℃，线性较好，精度较高。用酒精等有机液体作工作液时，一般用于测量低温。

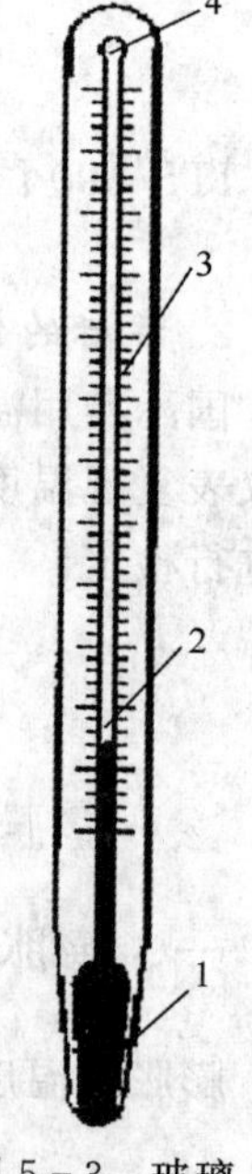

图 5-3　玻璃液体温度计

1—温包；2—毛细管；3—刻度标尺；4—玻璃管

二、压力式温度计

压力式温度计也是一种膨胀式温度计。主要由温包、毛细管和压力表组成，如图 5－4 所示。温包、毛细管和压力表弹簧管内腔充满工作介质，构成一封闭系统。温包处被测温度升高时，其内工作介质膨胀受限，系统压力升高，通过与之连通的压力表，检测压力，间接指示温度高低。根据所充介质不同，有液体压力温度计、气体压力温度计、蒸气压力温度计三种类型。液体压力温度计不太常用，此处只介绍后两种。

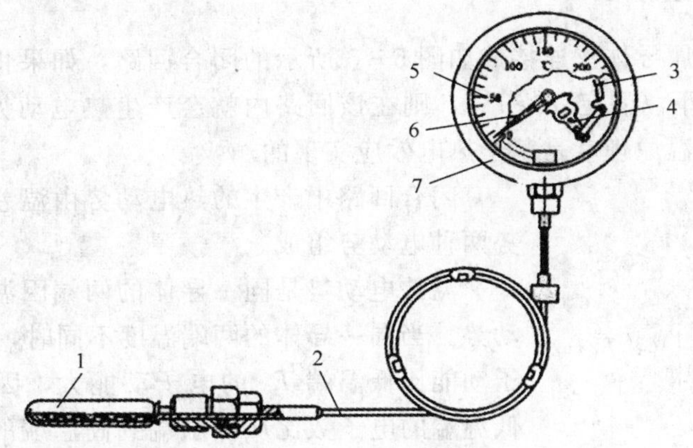

图 5－4　常用压力式温度计外形

1—温包；2—毛细管；3—单圈弹簧管；4—齿轮传动机构；5—标度盘；6—指针；7—表壳

1. 气体压力温度计

气体压力温度计，是在温包、毛细管及弹簧管内充以一定压力的气体。若忽略容器管壁的弹性膨胀，则可将此封闭系统视为定容系统。当温度变化时，密闭系统的压力随之变化。气体的压力与温度间的关系为：

$$p = p_0 + k_V(T - T_0) \tag{5-5}$$

式中　p——温度变化后的气体压力；

p_0——温度变化前的气体压力；

k_V——气体压力温升系数。

因此，系统压力与温度之间呈线性关系。视工作介质的不同，气体压力温度计的最高工作范围在 500～550℃之间。

2. 蒸气压力温度计

在一定温度下，气、液两相处于饱和平衡状态时，液体的饱和蒸气压仅与温度有关，而与液体的数量、容器的形状无关。因此，可以利用该性质进行温度测量。蒸气压力温度计结构与气体压力温度计相同，差别在于温包内注入的液体不完全充满，在温包上部、毛细管及弹簧管空间内为工作液的饱和蒸气。液体的饱和蒸气压与温度的函数关系是非线性的，在读数时应注意非线性刻度。

饱和蒸气压力温度计的最高工作范围为 250～300 ℃。为了校正环境温度的影响，在压力弹簧管的输出端，有时也加上双金属片之类的补偿装置。

第三节　热电偶温度计

热电偶温度计是目前应用最普遍的温度测量仪表。它的特点是测温范围宽，性能稳定，结构简单，动态响应好，测量精度较高，能够满足工业过程温度测量的需要。热电偶输出为电信号，可以远传，便于集中检测和自动控制。

一、热电偶测量原理

把两种不同的金属导体丝连接成如图 5－5 所示的闭合回路，如果将它们的两个接点分别置于温度 T 及 T_0 下（假定 $T>T_0$），则在该回路内就会产生热电动势，这种现象称为热电效应。热电偶的测温原理就是基于热电效应实现的。

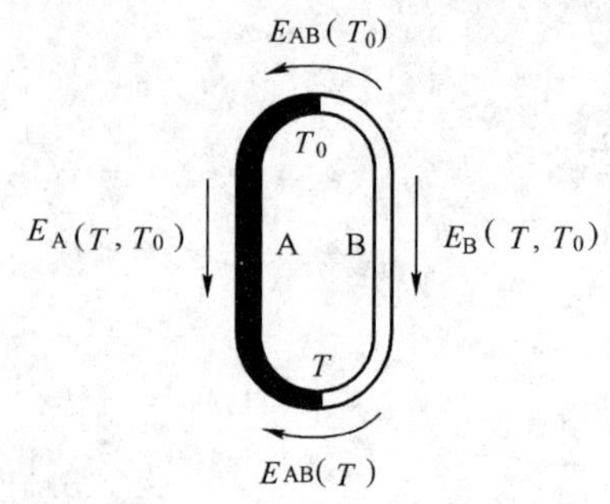

图 5－5　热电效应原理

闭合回路中产生的热电动势由温差电动势和接触电动势两种电动势组成。

温差电动势是同一导体的两端因温度不同而产生的电动势。当同一导体的两端温度不同时，由于高温端 T 的电子动能比低温端 T_0 的电子动能大，因而从高温端扩散到低温端的电子数比从低温端到高温端的多。结果高温端因失去电子而带正电荷，低温端因得到电子而带负电荷，从而在高、低温端之间便形成一个从高温端指向低温端的静电场 E_s（如图 5－6 所示）。此时，在导体的两端便产生一个电位差，该电位差就是温差电势 E_A（T，T_0）。不同的导体具有不同的电子密度，所以它们的温差电动势也不一样。

接触电动势是在两种不同的导体接触面上产生的电动势。由于两种导体有不同的电子密度（如 $N_A>N_B$），因此在两个方向上电子扩散的速率就不同，从 A 到 B 的电子数要比从 B 到 A 的多，结果 A 因失去电子而带正电荷，B 因得到电子而带负电荷，在 A、B 的接触面上便形成了一个从 A 到 B 的静电场，如图 5－7 所示。这个电场将阻碍扩散作用的进行，最后达到动态平衡状态时，A、B 之间形成一电位差，这个电位差称为接触电动势 E_{AB}（T）。接触电动势的大小取决于两种不同导体的性质和接触点的温度。

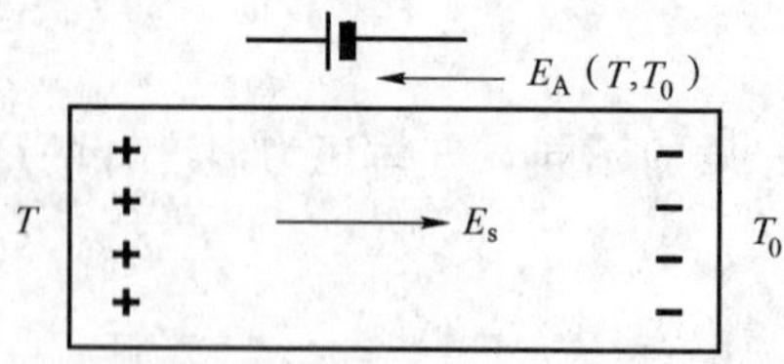

图 5－6　温差电动势的形成

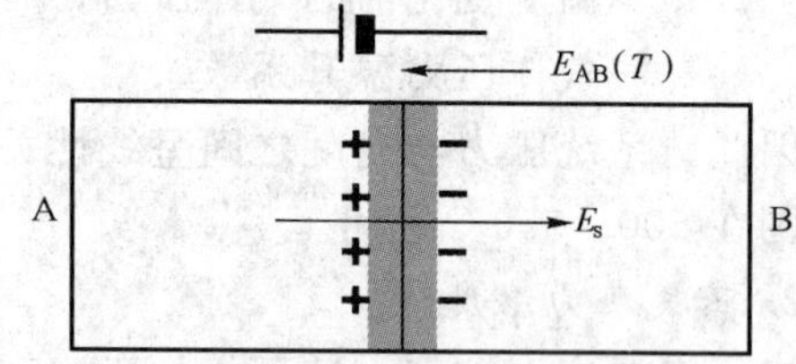

图 5－7　接触电动势的形成

温差电动势小于接触电动势，常常忽略不计。在闭合回路中产生的总热电动势为：

$$E_{AB}(T,T_0)=\int_{T_0}^{T}S_{AB}\mathrm{d}T=E_{AB}(T)-E_{AB}(T_0) \tag{5-6}$$

式中　S_{AB}——称为塞贝克系数，其值随热电极材料和接点温度而定。

当 T_0 维持一定时，E_{AB}（T_0）等于常数 C。则对于确定的热电偶，其热电动势只与温

度 T 成单值函数关系，即：

$$E_{AB}(T,T_0)=E_{AB}(T)-C \tag{5-7}$$

根据以上分析，可得到以下几个结论：

(1) 热电偶产生热电动势的条件是两种不同的导体材料构成回路，两端接点处的温度不同。

(2) 热电动势大小只与热电极材料及两端温度有关，与热偶丝的粗细和长短无关。

(3) 热电极材料确定以后，热电动势的大小只与温度有关。

在 $T_0=0$ 的条件下，用实验的方法，测出各种热电偶在不同热端温度下所产生的热电动势值，构成所谓的"分度表"，方便查用。

(4) 中间导体不影响热电偶回路的总热电动势值。在热电偶回路中接入第三种材料的导体后，只要中间导体两端的温度相同，对热电偶回路的总热电动势值没有影响。根据这一性质，可以在热电偶回路中引入各种仪表和连接导线等。这一性质还表明，可以以任意焊接方式制成热电偶的测温接点，只需保证焊接点的温度均匀即可。

二、常用热电偶种类及结构

1. 常用热电偶种类

组成热电偶的两根热偶丝称作热电极。根据热电偶的基本原理，任意两种不同性质的导体或半导体都可作为热电极组成热电偶。但在实际应用中，必须考虑热电极材料的热电特性、物理化学性能、耐氧化耐腐蚀性、热电灵敏度、可加工性、价格等因素。在目前采用的热电极材料中，并非所有材料都能满足以上性能要求，所以在不同的温度条件下要用不同的热电极材料。目前国际电工委员会（IEC）推荐了 8 种类型的热电偶作为标准化工业热电偶。表 5-2 列出这 8 种标准化热电偶的分类及性能，其中所列各种型号的热电极材料前者为正极，后者为负极。这些热电偶的热电极材料都是被精选过的，测量效果良好。

表 5-2　工业热电偶分类及性能

名　称	分 度 号	测量范围,℃	适用气氛①	性　能
铂铑$_{30}$—铂铑$_6$	B	200～1800	O、N	<1500℃，优；>1500℃，良
铂铑$_{13}$—铂	R	−40～1600	O、N	<1400℃，优；>1400℃，良
铂铑$_{10}$—铂	S			
镍铬—镍硅（铝）	K	−270～1300	O、N	中等
镍铬硅—镍硅	N	−270～1260	O、N、R	良
镍铬—康铜	E	−270～1000	O、N	中等
铁—康铜	J	−40～760	O、N、R、V	<500℃，良；>500℃，差
铜—康铜	T	−270～350	O、N、R、V	−170～200℃，优

①表中 O 为氧化气氛，N 为中性气氛，R 为还原气氛，V 为真空。

下面介绍几种工业中常用的热电偶。

1) 铂铑—铂类热电偶

由铂铑合金丝及纯铂丝构成，属贵金属热电偶。这类热电偶使用温区宽，特性稳定，可以测量较高温度。由于可以得到高纯度材质，所以它们的测量精度较高，一般用于精密温度测量。但是所产生的热电势小，热电特性非线性较大，且价格较贵。

铂铑$_{10}$—铂热电偶（S型）、铂铑$_{13}$—铂热电偶（R型），在1300℃以下可长时间使用，短时间可测1600℃。

铂铑$_{30}$—铂铑$_{6}$热电偶（B型），可长期测量1600℃的高温，短期可测1800℃，600℃以下灵敏度低。热电性能稳定，精度高，适于在氧化性和中性介质中使用。

2）廉价金属热电偶

由于铂铑—铂类热电偶价格较贵，为了降低成本，在实际生产中经常用由价廉的合金或纯金属材料构成的热电偶。

镍铬—镍硅（铝）热电偶，化学稳定性较高，可在氧化性或中性介质中长时间地测量900℃以下的温度，短期测温可达1200℃；如果用于还原性介质中，则会很快地受到腐蚀，此情况下只能用于测量500℃以下的温度。热电偶产生的热电势大，热电特性线性好，复现性好，价格便宜。虽然测量精度稍低，但完全能满足工业测温的要求，是工业生产中最常用的一种热电偶。

镍铬—康铜热电偶（康铜是镍、铜合金），其长期使用温度不超过600℃，短期测温可达800℃。热电偶热电势大，灵敏度最高，但是重复性较差。适用于还原性或中性介质。缺点是测量范围低，康铜合金易受氧化而变质，材料质地坚硬，不易加工。

铜—康铜、铁—康铜热电偶，稳定性较好，测温精度较高，是在低温区应用广泛的热电偶。铁—康铜热电偶有较高灵敏度，在700℃以下热电特性基本为线性。

标准化热电偶已列入工业化标准文件，具有统一的分度表（常用热电偶的分度表见附录一）。同一型号的标准化热电偶具有良好的互换性。

2. 热电偶结构型式

工业热电偶的典型结构有普通型和铠装型两种型式。

1）普通型热电偶

普通型热电偶为装配式结构，一般由热电极、绝缘套管、保护套管和接线盒等部分组成，如图5-8所示。贵金属热电极直径不大于0.5mm，廉金属热电极直径一般为0.5～3.2mm；绝缘管一般为单孔或双孔瓷管，套在热电极上；保护套管要求气密性好，有足够的机械强度，导热性能好和物理化学特性稳定，最常用的材料是钢和不锈钢以及陶瓷材料等。整支热电偶长度由安装条件和插入深度决定，一般为350～2000mm。这种结构的热电偶热容量大，因而热惯性大，对温度变化的响应慢。

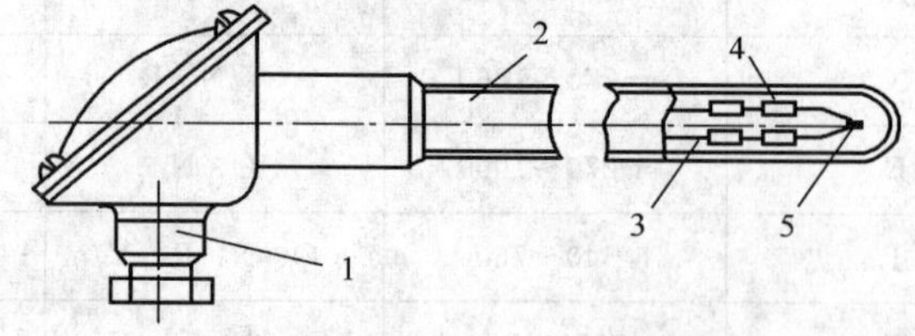

图5-8 普通型热电偶典型结构图

1—接线盒；2—保护套管；3—热电极；4—绝缘套管；5—热端

2）铠装型热电偶

它是将热电偶丝、绝缘材料和金属保护套管三者组合装配后，经拉伸加工而成的一种坚实的组合体，如图 5－9 所示。采用的绝缘材料一般是氧化镁或氧化铝粉末，套管材料多为不锈钢。铠装热电偶的外径一般为 0.5～8mm，其长度可以根据需要截取，最长可达 100m。铠装热电偶的测量端热容量小，因而热惯性小，对温度变化响应快；挠性好，可弯曲，可以安装在狭窄或结构复杂的测量场合。各种铠装热电偶也已得到较广泛的应用。

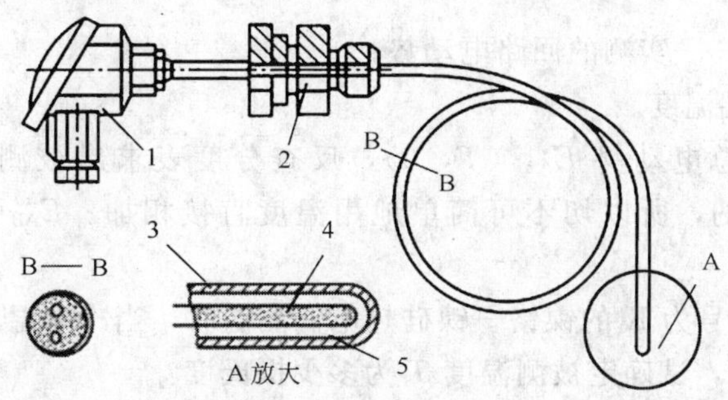

图 5－9　铠装型热电偶结构图

1—接线盒；2—固定装置；3—金属套管；4—热电极；5—绝缘材料

三、热电偶的冷端补偿

在实际测温过程中，热电偶冷端温度一般不能保持在 0℃，也不易保持恒定，这会给测量带来误差，因此，在热电偶测温时要对冷端温度进行处理。常用的处理方法有四种。

1. 补偿导线法

补偿导线是一对与热电偶配用的导线，在工作范围内与被补偿的热电偶具有相同的热电特性。补偿导线与热电偶连接，使热电偶的冷端远离热源，从而使冷端温度稳定。补偿导线分延长型和补偿型两种。延长型导线的化学成分与被补偿的热电偶相同，补偿型导线的化学成分与被补偿的热电偶不同。表 5－3 列出了几种补偿导线。使用补偿导线时要注意型号及极性不能接反，还要注意补偿导线和热电偶相连的两个接点温度要相同，以免造成不必要的误差。

表 5－3　常用补偿导线

<table>
<tr><th rowspan="3">配用热电偶类型</th><th rowspan="3">代号①</th><th colspan="2">色　标</th><th colspan="4">允　差</th></tr>
<tr><th rowspan="2">正</th><th rowspan="2">负</th><th colspan="2">100℃</th><th colspan="2">200℃</th></tr>
<tr><th>B级</th><th>A级</th><th>B级</th><th>A级</th></tr>
<tr><td>S，R</td><td>SC</td><td rowspan="8">红</td><td>绿</td><td>5</td><td>3</td><td>5</td><td>5</td></tr>
<tr><td rowspan="2">K</td><td>KC</td><td>蓝</td><td>2.5</td><td>1.5</td><td></td><td></td></tr>
<tr><td>KX</td><td>黑</td><td>2.5</td><td>1.5</td><td>2.5</td><td>1.5</td></tr>
<tr><td rowspan="2">N</td><td>NC</td><td>浅灰</td><td>2.5</td><td>1.5</td><td></td><td></td></tr>
<tr><td>NX</td><td>深灰</td><td>2.5</td><td>1.5</td><td>2.5</td><td>1.5</td></tr>
<tr><td>E</td><td>EX</td><td>棕</td><td>2.5</td><td>1.5</td><td>2.5</td><td>1.5</td></tr>
<tr><td>J</td><td>JX</td><td>紫</td><td>2.5</td><td>1.5</td><td>2.5</td><td>1.5</td></tr>
<tr><td>T</td><td>TX</td><td>白</td><td>1.0</td><td>0.5</td><td>1.0</td><td>0.5</td></tr>
</table>

①代号第二个字母的含义是：C 表示补偿型，X 表示延长型。

2. 冷端温度修正法

采用补偿导线将热电偶冷端温度移到 T_0 处，但是 T_0 通常为环境温度而不是 0℃，此时需要测量冷端温度，再根据如下关系式进行计算修正：

$$E_{AB}(T,0)=E_{AB}(T,T_0)+E_{AB}(T_0,0) \tag{5-8}$$

式中 E_{AB}（T，T_0）——实测的回路电动势；

T_0——已知冷端温度。

可以由上式求出总电动势 E_{AB}（T，0），反查分度表求出被测温度 T。由于热电偶的热电特性是非线性的，所以切不可简单地用温度直接相加。E_{AB}（T_0，0）可查分度表求得。

例 1 用一支分度号为 K 的镍铬—镍硅热电偶测温时，当冷端温度 T_0 为 25℃，测得热电偶电势为 33.277mV，试确定被测温度 T 为多少摄氏度？

解：由题意可知 E_{AB}（T，25）=33.277mV

查分度表得 E_{AB}（25，0）=1.000mV

由式（5-8）得 E_{AB}（T，0）$=E_{AB}$（T，T_0）$+E_{AB}$（T_0，0）

$=E_{AB}$（T，25）$+E_{AB}$（25，0）

=33.277+1.000=34.277（mV）

再反查分度表得 T=824.5℃

3. 冷端恒温法

冷端温度恒温法需要保持冷端温度恒定。在实验室及精密测量中，是把冷端置于能保持恒温的冰点槽中，冷端温度为 0℃，测得热电势后，直接查分度表得知被测温度。工业应用时，一般把冷端放在电加热的恒温器中，使其维持在某一恒定的温度。

4. 补偿电桥法

补偿电桥法利用不平衡电桥产生相应的电动势，以补偿热电偶由于冷端温度变化而引起的热电动势变化。如图 5-10 所示，补偿电桥串接在热电偶回路中，与热电偶的冷端同处于温度 T_0 下。电桥的三个桥臂电阻 R_1、R_2、R_3 为锰铜电阻，其电阻值不随温度而变化，另一个桥臂电阻由铜丝绕制。通常，补偿电桥是按 T_0=20℃时电桥平衡而设计的，在 T_0=20℃下，使 $R_1=R_2=R_3=R_{Cu}=1\Omega$，电桥平衡，无信号输出。当 T_0 变化时，R_{Cu} 的阻值改变，电桥将输出不平衡电压 U_{ab}，与热电动势 E_{AB}（T，T_0）叠加输出。选择适当的串联电阻，使电桥的输出电压 $U_{ab}=E_{AB}$（T_0，0），可以补偿因 T_0 变化而引起的热电势的波动。

现在有一种装配式热电偶，直接制成“一体化温度变送器”。这种温度变送器具有冷端温度补偿功能，并装在接线盒中，因而不需要补偿导线，输出信号为 4～20mA 或 0～10mA 标准信号，适用于－20～100℃的环境温度，精确度可达±0.2%。配用这种装置可简化测温电路设计。

四、电子电位差计

电子电位差计适合对直流电压进行自动测量，因而电子电位差计与热电偶温度计配合，可以方便地实现对被测温度的显示和记录。

电子电位差计是根据电压平衡原理工作的，即将被测热电动势 E_{AB}（T，T_0）与已知电

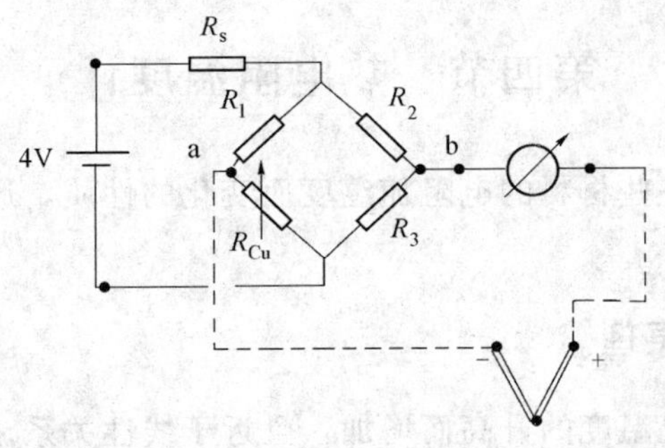

图 5-10　补偿电桥

压 U_{CD} 比较，当两者相等时，系统平衡，指针指示对应的温度数值。由于电压平衡时，回路电流为零，因此测量回路电阻大小及其变化对测量不会造成影响，从而提高检测精度。

XW 系列电子电位差计结构原理如图 5-11 所示。当被测温度 T 上升时，热电动势 E_{AB}（T，T_0）增加，E_{AB}（T，T_0）与 U_{CD} 比较，其差值 $\Delta U=E_{AB}$（T，T_0）$-U_{CD}$ 由放大器放大，驱动可逆电动机转动，经传动机构带动指示和记录机构及滑线电阻 R_p 的触点 C 移动，使 U_{CD} 增加。当 $U_{CD}=E_{AB}$（T，T_0）时，仪表处于平衡状态，指针所指位置对应着被测温度值。在检测过程中，由同步电动机带动记录纸移动，记录被测温度。

XW 系列电子电位差计配热电偶测温时，要求分度号一致，并使用补偿导线连接。仪表工作时，只要将热电偶信号接入仪表的“+”、“-”接线端，并接入 220V AC 电源，打开表内电源开关，仪表即可工作。

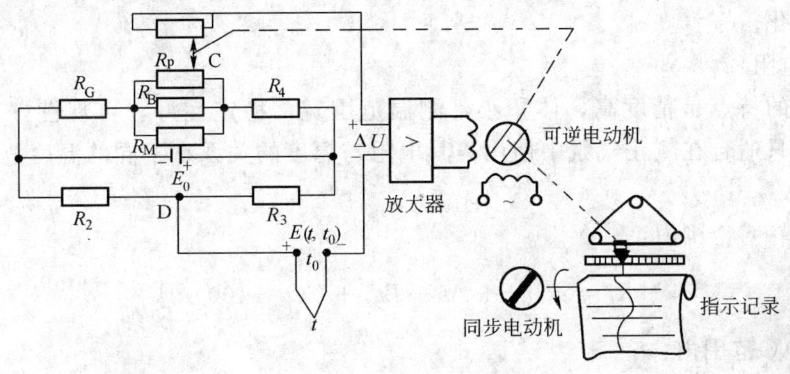

图 5-11　电子电位差计测温原理图

电子电位差计的测量桥路中，除了电阻 R_2 外，其余电阻均由锰铜丝绕制，阻值不受环境温度的影响。电桥的上支路中滑线电阻 R_p 用于调整桥路输出电压，与滑线电阻并联的电阻 R_B 是匹配电阻，R_p 与 R_B 并联阻值为 $90\Omega\pm0.1\Omega$。电阻 R_4 用于调整上支路工作电流。R_G 为起始电阻，以调整仪表的零点；R_M 为量程电阻，以调整仪表的量程。

电桥的下支路由铜电阻 R_2 和固定电阻 R_3 组成。其中铜电阻 R_2 用以自动补偿热电偶冷端温度 T_0 变化对仪表造成的影响，即用于冷端温度补偿，而固定电阻 R_3 则用于下支路工作电流的调整。

按统一设计的规定，上支路工作电流通常为 4mA，下支路工作电流为 2mA。

第四节　热电阻温度计

热电阻温度计是利用一些材料的电阻随温度而变化的性质，通过测量热电阻的电阻值来确定被测温度的。

一、热电阻的测量原理

一般金属的电阻值随着温度的升高而增加，且近于线性关系。大多数金属在温度每升高1℃时，其电阻值要增加0.4%～0.6%。热电阻温度计的测量范围一般为－200～850℃。相对于热电偶来说，由于热电阻体有一定体积，使用电阻温度计测量出的温度为感温元件所占区域的平均温度，不太适合于某个点的温度测量。

热电阻测温的优点是信号可以远传，灵敏度高，无需冷端温度补偿。金属热电阻稳定性、互换性好，准确度高，可以用作基准仪表。其缺点是需要电源激励，有自热现象，影响测量精度。

半导体热敏电阻的电阻值随着温度的升高而减小，灵敏度比金属热敏电阻大数百倍，但热电特性非线性严重。

二、常用热电阻的种类及结构

1. 常用热电阻

目前使用的金属热电阻材料有铜、铂、镍、铁等，实际应用最多的是铜、铂两种材料，并已实现标准化。

1）铂热电阻

铂热电阻的特点是精度高，体积小，测温范围宽，稳定性好，再现性好，但是价格较贵，在高温下只适合在氧化气氛中使用。其电阻与温度的关系在不同的温度范围内满足不同的公式。

在－200～0℃范围内：

$$R_t = R_0[1 + At + Bt^2 + C(t - 100)t^3] \tag{5-9}$$

在0～850℃范围内：

$$R_t = R_0(1 + At + Bt^2) \tag{5-10}$$

式中，R_0 为温度0℃时的电阻值；R_t 为温度 t ℃时的电阻值。系数 $A=3.9083\times10^{-3}$℃$^{-1}$，$B=-5.775\times10^{-7}$℃$^{-2}$，$C=-4.183\times10^{-12}$℃$^{-4}$。

目前，我国工业用铂热电阻常用的有两种。R_0 分别为10Ω和100Ω，分度号分别为Pt10和Pt100。分度表见附录二。

2）铜热电阻

铜电阻也是工业上经常使用的热电阻。铜容易提纯，价格便宜，具有较高的温度系数，热阻值与温度呈线性关系。在－50～＋150℃的范围内，具有很好的稳定性。所以在一些测量精度要求不高且温度较低的场合，多采用铜电阻。

铜电阻的缺点是电阻率低，因此体积较大，热响应慢。另外，当温度超过150℃时，铜容易氧化，因此它只能在低温及没有侵蚀性的介质中工作。其电阻与温度的关系为：

$$R_t = R_0(1 + \alpha t) \tag{5-11}$$

式中，α 为 0℃下电阻温度系数，$\alpha = 4.28 \times 10^{-3}$ ℃$^{-1}$。

目前，我国工业上用的铜电阻有两种。分度号分别为 Cu50 和 Cul00，R_0 分别为 50Ω 和 100Ω。分度表见附录二。

2. 热电阻结构型式

热电阻结构有普通型和铠装型两种型式。

1）普通型热电阻

其结构如图 5-12 所示，主要由热电阻体、内引线、绝缘套管、保护套管和接线盒等部分组成。热电阻体是由细的铂丝或铜丝绕在绝缘支架上构成。保护套管、绝缘套管、接线盒的外形、结构与热电偶相同。

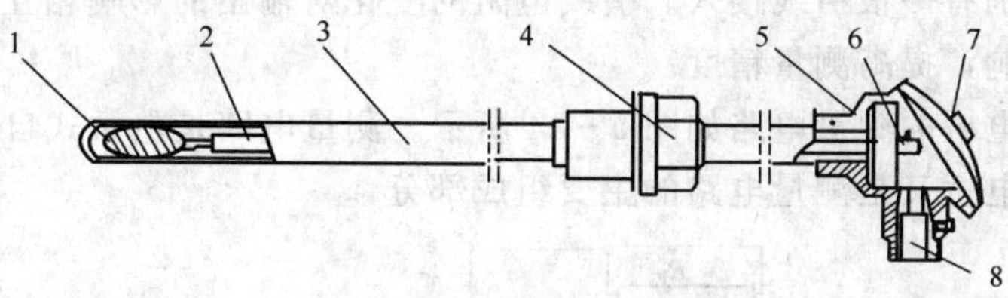

图 5-12 普通型热电阻结构

1—电阻体；2—绝缘套管；3—保护套管；4—安装固定件；
5—接线盒；6—接线端子；7—盖；8—出线口

2）铠装型热电阻

金属护管、绝缘粉末填充物和内引线组成铠装电缆，前端与微型铂电阻体连接，外部焊接短保护管，组成铠装热电阻。铠装热电阻外径一般为 2～8mm。其特点是体积小，热响应快，耐振动和冲击性能好，除感温元件部分外，其他部分可以弯曲，适合在复杂条件下安装。

三、自动平衡电桥

图 5-13 为平衡电桥工作原理图。在图中，R_t 为热电阻，R_p 为滑线电阻，R_2、R_3、R_4 为桥路电阻，E_0 为桥路供电电源。A、B 为桥路输出端，接有检流计 G。在显示仪表测温下限温度 T_{min}下，滑线电阻的滑点位于最左端，电桥达到平衡状态。即

$$(R_{min} + R_p)R_3 = R_2R_4 \tag{5-12}$$

式中 R_{min}——温度 T_{min}时的热电阻值。

桥路输出电压 $U_{AB}=0$，检流计电流为零。当被测温度升高时，R_t 增加，桥路失去平衡，检流计中就有电流流过。向右调节滑线电阻的触点，改变桥路电阻，r_1 增大，r_2 减小，使桥路重新达到平衡：

$$(R_t + r_2)R_3 = R_2(R_4 + r_1) \tag{5-13}$$

滑点的位置就与热电阻值相对应，可以指示被测温度的大小。

热电阻安装在测量现场，其引线电阻随环境温度变化，对测量结果有较大影响。实际工作时一般采用三线制连接方式，以消除环境温度对引线电阻的影响。三线制方式是在热电阻的一端连接两根导线（其中一根作为电源线），另一端连接一根导线。当热电阻接入测量电

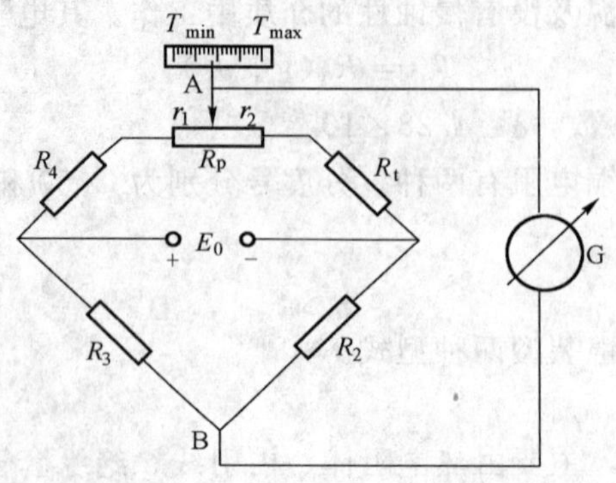

图 5-13 自动平衡电桥工作原理图

桥时，两个桥臂分别有一根引线接入。引线电阻的变化对输出的影响相互抵消，就可以较好地消除引线电阻影响，提高测量精度。

电子自动平衡电桥的测量电路如图 5-14 所示。测量电路是电桥式自动平衡显示仪表的重要组成部分，而电桥又是测量电路的主要组成部分，

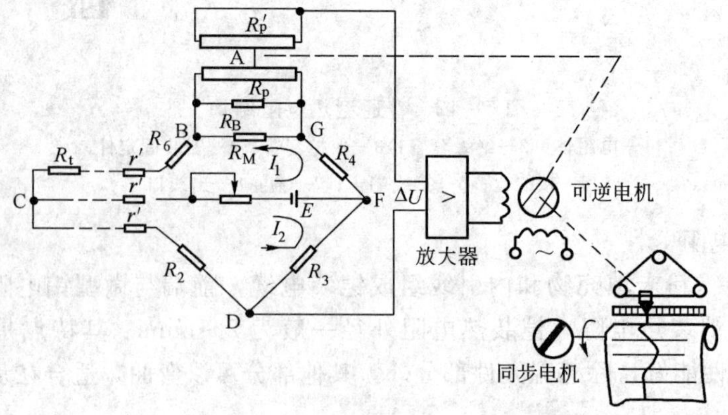

图 5-14 电桥式自动平衡显示仪表测量电路

在测量桥路中，热电阻是直接联入电桥并作为桥路的一个桥臂的。为解决减少连线电阻对测量精度的影响，在此采用三线制接法，并规定每根连线的电阻为 2.5Ω，如果不足可用锰铜电阻补偿。

测量桥路中，沿用了电子电位差计中的处理方式，用副滑线电阻 R'_P 与滑线电阻 R_P 配合，形成电桥的一个滑动输出点。而其他几个电阻如 R_M、R_B、R_3 和 R_4 具有完全相同的作用。只是电阻 R_2 不再起冷端温度补偿作用，而是一个锰铜固定电阻。

由于热电阻不同于一般电阻，当流过电流较大时，会因为自身发热而改变阻抗特性，从而影响测量精度。因此设计时规定上支路电流限制在 6mA。

第五节 数字温度显示仪表

数字温度显示仪表是一种以十进制数码形式显示被测量值的仪表，它可直接接受热电偶或热电阻信号，以实现温度测量值的数字显示。一般数字仪表也可以接受其他变送器的

0～10mA DC或 4～20mA DC 标准信号，以实现其他参数的数字显示。

一、数字显示仪表的原理及组成

数字式温度计由感温元件、测量电路、放大器、模一数转换器、线性化器、计数器、数字显示器等组成。对于多路测量的数字温度计，其输入部分有自动切换装置。测量电路把被测温度值转换为相应的电压值，此电压由放大器放大后输至线性化器，经线性化处理后的电压正比于被测温度。此电压经模一数转换器转换为脉冲数字量，最后经译码一计数一存储和数码显示器，显示出相应的温度值。下面以利用热电偶的数字式温度显示仪表为例简单介绍一下各环节的基本原理和线路。

国产数字式温度显示仪表，能接受各种热电偶所给出的热电动势，直接以四位或五位数字显示出相应的温度值来。同时能给出被测温度的 BCD 编码信号，供打印机或大屏幕显示用。此外它还可以输出 1mV/℃的模拟电压或 4～20mA DC 标准信号，供温度调节仪表使用。整个仪表的测量精度可达 0.5 级。

数字式温度显示仪表的组成如图 5－15 所示。下面分别分析各部分的功能和作用。

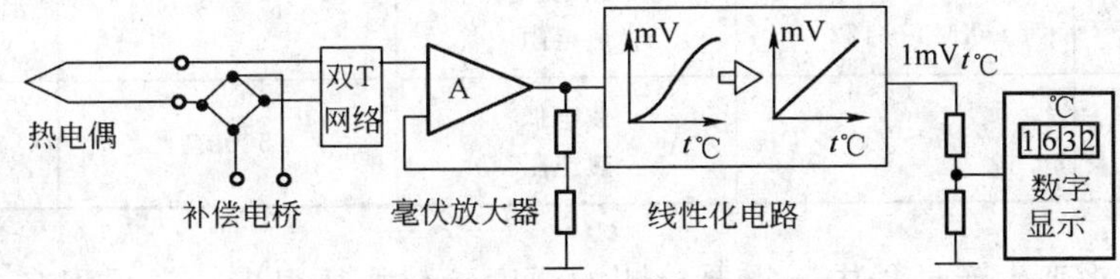

图 5－15　数字式温度显示仪表的基本组成

(1) 补偿电桥。用以补偿热电偶冷端温度不在 0℃时所造成的误差。

(2) 双 T 网络。热电动势经补偿电桥补偿后，在进入毫伏放大器之前，先经一双 T 网络进行滤波，用以对信号电动势上的工频干扰进行滤波抑制。

(3) 毫伏放大器。是一个高灵敏度的调制型直流放大器，用以放大微弱的热电动势毫伏信号，其分辨能力可达 1μV（微伏）。

(4) 线性化电路。是由多个集成运算放大器组成的放大倍数随输入电压变化的非线性补偿放大电路。非线性补偿电路与热电偶的热电特性（mV－t℃）曲线形状有关，一般用 8 段直线来近似逼近曲线，因而用 8 个放大倍数不同的运算放大器，构成了 8 个折点函数发生器，使线性化电路输出特性发生折变（见图 5－16）。

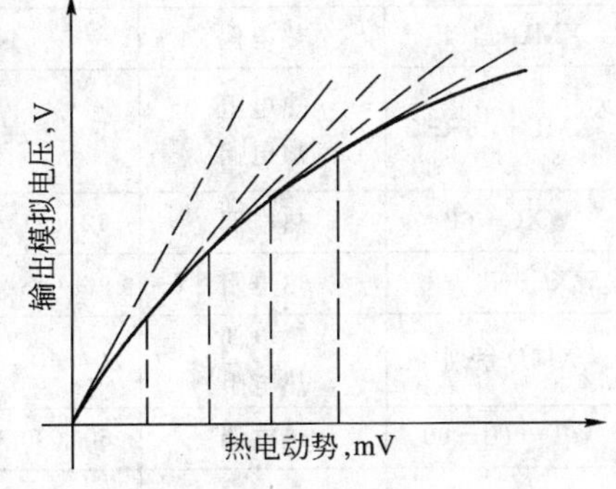

图 5－16　折点函数发生器的折线近似曲线法

线性化电路中，某段折线投入与否，将取决于输入热电势数值，而其折线斜率各不相同，以拟合热电特性曲线。这样，线性化电路将以数段折线去逼近热电偶的毫伏—温度曲线，从而获得输出电压与温度之间的线性关系。

经线性补偿电路完成线性化后的信号可达 1mV/℃的电平，因而数字式温度显示仪表其数字显示部分实际上相当于一台数字式电压表。

二、数字式温度计选择及应用

数字式温度计的优点是准确度高、读数直观、不易误读，分辨力高、反应快。能够输出模拟标准信号，或与计算机通信。有的数字温度显示仪具有越限报警功能，有的具有 PID 调节功能。输出的调节信号可以是 4～20mA 标准电流信号，驱动调节装置；有的直接输出可控硅控制信号，驱动可控硅电加热装置。因此，数字式温度计已经不仅仅是一种显示仪表，而是可以利用其复杂的功能，组成一套完整的温度测量调节系统。

数字式温度计根据不同的要求可分为单点数字式温度计和巡回检测多点数字温度计两种。常用的单点数字式温度计型号规格如表 5-4 所示。

表 5-4　常用的数字式温度计

系　列	型　号	输入信号	信号源内阻，Ω	分辨力
XM	XMZ—101 XMZ—102 XMT—101 XMT—102 XMT—121 XMT—122	热电偶 热电阻 热电偶 热电阻 热电偶 热电阻	热电偶：≤100； 热电阻：三线制 引线电阻≤5Ω	热电偶：1℃； 铜热电阻：0.1℃； 铂热电阻：1℃
JS	JSW	热电偶 热电阻	500kΩ	1 ℃

在大型石油化工生产过程中，需要检测的温度参数往往很多，常采用多点巡回检测数字温度计。巡回检测数字温度计能以很短的测量周期测量几十甚至一百多个测点的温度参数，可巡回显示，亦可定点显示，有的还具有越限报警、打印、断电数据保存等功能。常用智能温度巡回检测数字仪表见表 5-5。

表 5-5　常用智能温度巡回检测数字仪表

型　号	输入信号	检测点数	显示数字位数				精确度	微处理器
			点序	数值	单位	其他		
XMD—16R	热电阻	15	2	4	1	1	±0.5% 温差≤1℃	8031 单片机
XMD—16E	热电偶	14	2	4	1	1		
XMD—16RE	热电阻 热电偶	15（温度或温差）	2	4	1	1		
WXC—62	热电偶	62（31 对温差）	2	4	/	2	±0.5%	Z—80
WXC—R—96	热电阻	96（48 对温差）		4	/	2	±0.5%	
XMD 系列	热电偶 热电阻	20、40、60、100	2	4	/	1	±0.2% ±0.5%	8032 单片机
WT—1B—60	热电偶	60（30 对温差）	2	4		/	0.2%±1 个字	8031 单片机
SRE 系列	热电阻 热电偶	16、32、48、64、96 （温度和温差）	2	4	/	/	±0.5%	8032 单片机
JXC—61A	热电偶 热电阻	40	2	4	/	/	±0.5%	MCS—51 单片机

数字式温度仪表多种多样，在选择时要根据被测对象的特点和实际测量需要合理选择。主要应考虑以下几个方面：

(1) 测温仪表的精度等级应符合工艺参数的误差要求。

(2) 测温仪表的选择应力求操作方便、运行可靠、经济实用。

(3) 测温范围应大于工艺要求的实际测温范围。一般取被测最高温度不高于测温仪表上限的90%，而不低于30%。

(4) 热电偶、热电阻的性能优良，造价低廉，是首选的测温元件。

(5) 测温元件的保护管耐压等级应不低于所在管线或设备的耐压等级，材料应根据最高使用温度及被测介质的特性来选择。

一般工业用温度测温仪表的选型原则如图 5-17 所示。

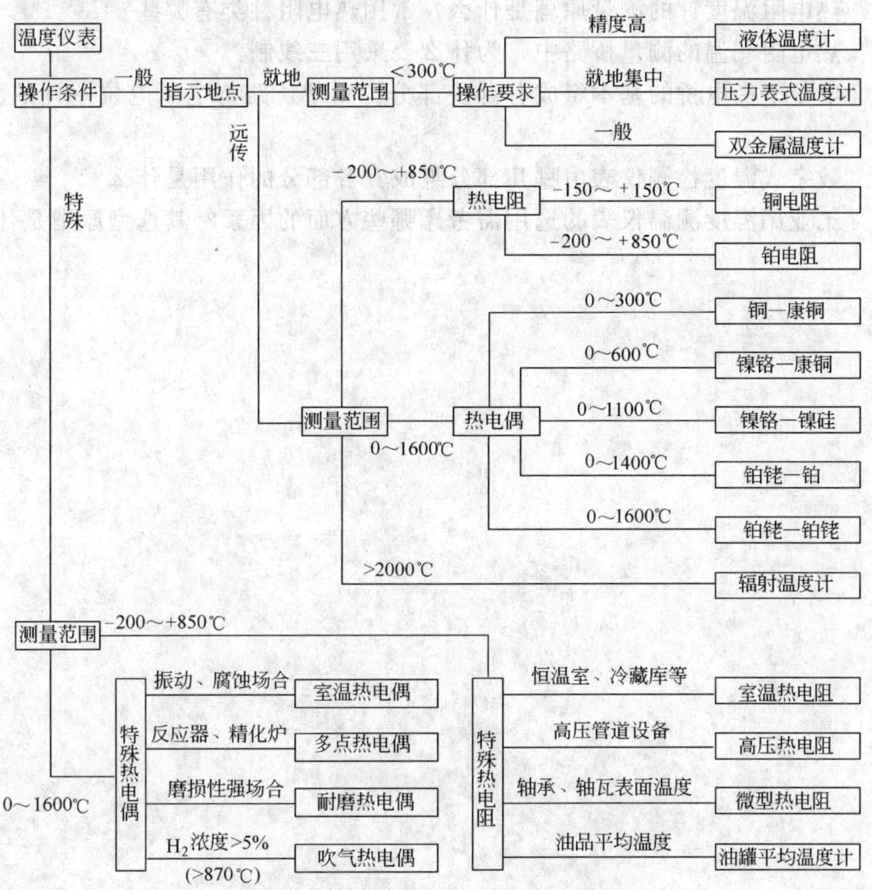

图 5-17 温度测温仪表的选型原则

◇ 习题与思考题 ◇

5-1 什么是温标？国际实用温标的作用是什么？它主要由哪几部分组成？

5-2 测温仪表有哪些分类方式？

5-3　膨胀式测温仪表基本测量原理是什么？主要有哪几种型式？

5-4　热电偶的测温原理是什么？热电偶的基本特性有哪些？工业上常用的测温热电偶有哪几种？

5-5　已知分度号为S的热电偶，冷端温度为20℃，现测得热电动势为10.754mV，试求热端温度为多少摄氏度？

5-6　已知分度号为K的热电偶，热端温度为800℃，冷端温度为25℃，试求回路产生的总热电动势为多少毫伏？

5-7　用热电偶测温时保持冷端温度恒定常采用的方法有哪些？

5-8　热电偶测温使用补偿导线时，应如何连接？使用补偿导线应注意什么？

5-9　电子电位差计的基本组成有哪些部分？试简述其工作原理。

5-10　热电阻温度计的测量原理是什么？常用热电阻种类有哪些？

5-11　热电阻测温的测量桥路中，为什么要采用三线制？

5-12　电子平衡电桥的基本组成有哪些部分？测量桥路与电子电位差计的测量桥路有什么区别？

5-13　数字式温度检测仪表由哪几部分组成？各部分的作用是什么？

5-14　工业用温度测温仪表的选用需考虑哪些方面的因素？其选型原则是什么？

第六章　分 析 仪 表

在石油生产、加工过程中，经常需要对原油、成品油、天然气、伴生污水的成分及特性进行分析。例如油气集输、炼油生产过程中，原油含水率、密度、天然气和成品油的组分、污水含油量、易燃、有毒气体的测量报警等都是必不可少的。由于生产过程分析仪表种类很多，这里我们仅就上述常用参数的测量要求，介绍一些比较典型的分析仪表。

本章所介绍的分析仪表包含两大类：一是成分分析仪表，包括原油含水分析仪、烟气含氧量分析仪、色谱分析仪、危险气体（可燃、有毒）分析报警仪、污水含油分析仪等；二是物性分析仪表，这里只介绍振动管式密度计一种。

成分分析是指在由多种物质构成的混合物中，测量某一种物质所占比率的过程。物性分析是指测量某种物质（不管是单一成分还是混合物）的物质特性（密度、粘度、酸度、电导率等）。能够完成物质成分分析和物性分析的仪表有两类，即实验室分析仪表和工业过程分析仪表。这里介绍的是典型的过程分析仪表，属于现场安装、自动取样或连续在线分析的仪表。

成分或物性分析一般有对工艺介质的取样、试样预处理、自动分析、信号处理和远传等环节，有的仪表可能只需要其中的一个或几个环节。分析仪表一般由采样系统、分析传感器、信号处理单元三部分组成。

第一节　原油含水分析仪

在油气集输、储运工程中，原油要经过分离、沉降、脱水、稳定等初步加工处理后，才能进行外输及存储。不管是油田，还是炼厂，原油的含水率都是原油质量监测的主要指标，也是作为油田、管道公司、炼油厂之间进行油品贸易、外输过程中净油量结算的重要依据。

目前，原油的含水率测量，仍然以人工取样、蒸馏化验原油含水为主。由于受到人工取样的离散性及主观因素的影响，测量结果连续性差、误差较大，远远不能满足工业测量的需要。因此，推广原油含水、密度在线自动测量已势在必行。

用于原油含水自动测量的仪表，根据其取样方式，有连续在线测量型和断续取样分析型两类。根据其测量原理可分为电导式、电容式、超声波式、核辐射式、微波（或射频）式和光子吸收式等。

一、电容式原油含水分析仪

1. 基本测量原理

电容式原油含水分析仪是根据原油和水的介电常数差异较大的性质，测量原油中微量水的含量。一般的，水的介电常数为 81，而无水原油的介电常数约为 1.8～2.3。由于介电常数的不同，会使不同含水量原油的等效介电常数发生很大变化，从而引起电极尺寸和形状一定的电容器的电容量发生变化，这就是用电容法测量原油含水率的基本原理。

含水分析仪所使用的同轴电容器如图 6－1 所示。当内外电极间的环形空间内充满介电常数为 ε 的不导电液体介质时，电容器的电容量为：

$$C = \frac{2\pi\varepsilon H}{\ln \frac{R}{r}} = k_0 H \tag{6-1}$$

式中 C——电容器的电容量；

k_0——系数；

H——同轴电容器的高；

R——同轴电容器的外电极内半径；

r——同轴电容器的内电极外半径；

ε——介质的介电常数。

当原油含水量增加时，等效介电常数 ε 增加，电容 C 增大。所以只要测出 C，就可得到原油的含水率。

目前，电容式原油含水分析仪有插入式和通过式两种型式，其结构外形如图 6-2 所示。该仪表直接将含水原油引入测量电容的内外筒电极之间，实现了在线连续监测。为了保证测量精度，在仪表中引入了微处理器。将影响测量精度的温度、油品性质等参数置入微处理器中处理，与多种校正曲线比较后进行补偿，从而保证了仪表的稳定性和测量精度。为了适应不同场合的测量需求，含水分析仪一般有低量程（0%～20%）、高量程（80%～100%）、全量程（0%～100%）等不同规格。在较小的量程范围内，可以比较容易实现补偿，达到较高的测量精度。

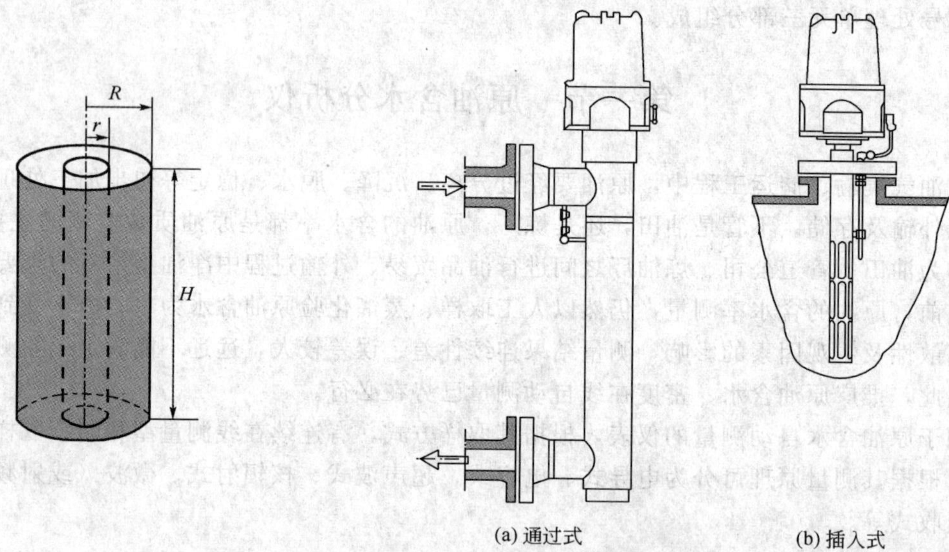

图 6-1 同轴电容器原油含水率测量

图 6-2 电容式原油含水分析仪

这种仪表采用了大规模集成电路，其结构简单，可动元件少，维护方便，在线连续测量，精度较高。缺点是需对不同油品进行个别标定。在油品组分、密度等参数发生变化时，需重新设置校正参数。

2. 蒸馏电容式低含水分析仪

1）测量原理

原油的介电常数与原油的物理性质有关。各油田原油的介电常数均不相同，采用上述测量方法需要单独对每一台仪表进行单个标定。并且，当原油性质由于油井产出层位、区块、产量的变化造成原油性质、介电常数改变时，需要重新对仪表进行标定。这在实际生产过程中是比较困难的。为了克服这个困难，原油低含水分析仪采用了蒸馏电容法，即进入电容器的油品不是原油的全部，而是将原油蒸馏后，蒸馏点在 240℃以下的轻馏分和水。由于蒸馏点在 240℃以下的轻馏分的介电常数近似为常数，所以，电容器的电容量仅与水含量有关，而与原油的物理性质无关。此类仪表一般用于含水率 10% 以下的低含水原油的测量。

2）仪表组成

YSG 型蒸馏电容法原油低含水分析仪组成框图如图 6－3 所示，属于断续取样在线含水分析仪。

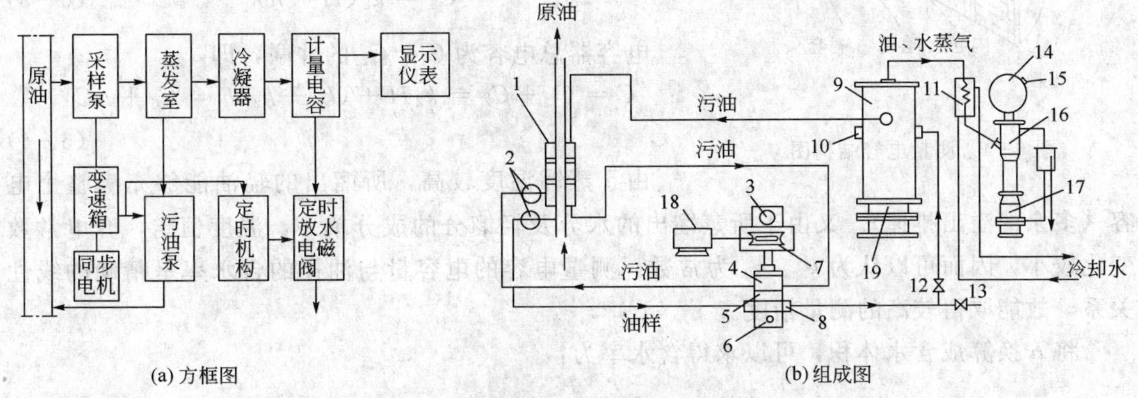

图 6－3　电容式原油低含水分析仪组成图

1—液压自封管；2—过滤器；3—电磁发讯器；4—污油泵；5—取样泵；6—泵体加热器；7—变速箱；8—泵体温控元件；9—蒸发室；10—蒸发室温控元件；11—冷凝器；12、13—阀；14—电容/频率转换器；15—信号输出插座；16—测量电容；17—电磁阀；18—电机；19—加热器

由取样泵从管道中取一定量的油样，送到蒸发室 9 进行蒸馏，蒸发室的温度控制在 240℃（水分在 180℃左右即可完全蒸发）。蒸馏点低于 240℃的轻质馏分和水变成蒸气进入冷凝器 11，冷凝后的液体进入测量电容 16，把 ε 的变化变为 ΔC 的变化，再经电容/频率转换器 14 把 ΔC 变成与含水率有关的交流信号 Δf，送到显示仪表。经过数据处理后，直接显示出含水原油中水的百分含量。

测量完成后，测量电容下部的电磁阀打开，将电容器中的轻馏分及水分放掉。同时，污油泵将蒸发室中蒸馏过的无水原油排回输油管道中。

采样、蒸发、测量、排水、排污等工作均是在同步电机的带动下，驱动定时机构控制的。

含水仪所用的计量泵为齿轮计量泵，取样量可由控制器控制。蒸发室分为上下两层，下层为 240℃恒温油浴，内有螺旋盘管及电加热器。油样在盘管中被加热至 240℃后进入上层蒸发室。水分和蒸馏点在 240℃以下的轻馏分被蒸发，无水原油排到液压自封管后被污油泵排回输油管道。

冷凝器盘管是用不锈钢管绕成。蒸发室蒸发出的蒸气在盘管中得到冷却水的冷却，冷凝成液体后流入测量电容。当仪器完成一个测量周期后，由减速机构带动发讯器控制电磁阀打开，将测量电容中的水与轻质油放掉，准备下一次测量。

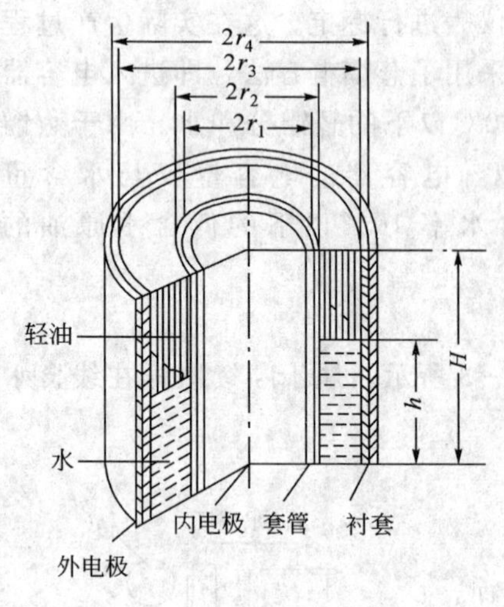

图 6-4　测量电容结构图

在测量电容中，所蒸馏出的水与轻馏分呈分层状态。为了防止水将内外电极短路，并保证排水后电极表面不挂残留的水滴，内外电极表面均有憎水型衬层。内电极外表面涂有聚三氟氯乙烯层，外电极内壁衬有聚四氟乙烯套，如图 6-4 所示。

测量电容中，水层、轻质油层所形成的电容分别为：

$$C_1 = k_1 h \tag{6-2}$$

$$C_2 = k_2(H - h) \tag{6-3}$$

电容器总电容为 C_1、C_2 的并联，即

$$C = C_1 + C_2 = k_2 H + (k_1 - k_2)h = C_0 + \Delta C \tag{6-4}$$

由于蒸馏温度较高，所馏出的轻油能够充满整个电容（多余的溢出排掉）。又由于所蒸馏出的水分及轻馏分的成分单一，温度恒定，介电常数变化较小，因而可以认为 k_1、k_2 为常数。测量电容的电容量与油样的含水率呈精确的线性关系，故能取得较高的测量精度。

将 h 换算成含水体积，可以求得含水率为：

$$w = \frac{h \cdot A_0}{V_0} \times 100\% = \frac{\Delta C \cdot A_0}{(k_1 - k_2) \cdot V_0} \times 100\% \tag{6-5}$$

式中　w——油样含水率，%；

A_0——测量电容环形截面积；

V_0——油样取样体积。

可见，电容量 ΔC 与含水率 w 成线性正比关系。这样，就完成了“含水率—电容”的转换。

电容/频率转换器的作用是把测量电容器电容量的变化转换为信号频率的变化。输出信号频率 f 与 ΔC 之间不是线性关系，但在一定的范围内，可以按折线方式进行线性化处理，由显示仪表直接显示出水的百分含量。

3）特点及应用

蒸馏电容法原油低含水分析仪，具有测量精度高（可达 0.1%）、稳定性好、适用范围广等优点，可用于各种原油含水率的测量，一般无需进行个别校正。但它在原油取样、蒸馏排污、放水过程中，要用电机、齿轮泵、电磁阀等可动部件，结构复杂，可靠性差，不便于维护，不能测量高含水原油。并且，其测量过程是间断的，测量周期长（4～8min），测量结果不能连续显示。

二、微波式原油含水分析仪

微波式含水分析仪是利用微波通过油样时，会引起微波的强度衰减，或产生相位变化，或发生频率变化这三种特征而工作的。目前用的比较多的是采用衰减法和移相法。下面我们对衰减法微波原油含水分析仪进行简要介绍。

1. 基本测量原理

微波是一种高频电磁波，频率范围约为1～1000MHz。微波含水分析仪一般使用频率为10MHz、波长约3cm的微波。微波传递方向性较好，能量集中。微波也像其他电磁波一样，在通过一些介质时，会使介质的分子极化、振动与摩擦，吸收掉一部分能量。而当微波从一种介质射入另一种介质时，将在两种介质的分界面上产生折射与反射。不同的介质，对微波的吸收不同，对微波的反射也不同。

反射微波的强弱与介质的波阻抗 Z 有关。波阻抗是表征电磁波在介质中传播时，其电场、磁场强度比值大小的参数。在自由空间中，横电磁波的波阻抗等于这种介质的磁导率 μ 与介电常数 ε 之比的平方根，即：$Z=\sqrt{\mu/\varepsilon}$。不同的介质，其波阻抗不同。当微波垂直于两种介质的分界面传播时，反射波功率与入射波功率之比——功率反射系数与两种介质的波阻抗有关，可以表示为：

$$|\gamma|=\frac{Z_1-Z_2}{Z_1+Z_2} \tag{6-6}$$

式中 γ——功率反射系数；

Z_1——入射介质的波阻抗；

Z_2——出射介质的波阻抗。

原油与水两种介质的波阻抗明显不同，原油比水的波阻抗大得多。在原油中传播的微波遇到水滴时，会产生强烈的反射。原油中含水量越高，对微波的反射越强。在入射波强度不变的条件下，通过测量原油中反射微波的强弱，便可测定原油中的含水量。

例如，水的波阻抗约为47，某原油的波阻抗为266，空气的波阻抗约为377。当微波从空气中的天线探头射入纯原油中时，功率反射系数为0.1726；而当微波从空气射入纯水中时，功率反射系数为0.7783，可见微波反射能量相差很大。当微波射入含水量不同的原油时，其功率反射系数如表6－1所示。功率反射系数随含水量增加而增加。

表6－1 原油含水率、波阻抗、功率反射系数的关系

含水率,%	0.0	10	20	30	40	50	60	70	80	90	100
介电常数 ε	2.000	2.602	2.338	4.259	5.444	7.027	9.247	12.585	18.174	29.443	64.000
波阻抗 Z	266.0	233.7	206.3	182.7	161.6	142.2	124.0	106.3	88.43	69.48	47.13
反射系数 γ	0.173	0.235	0.293	0.347	0.400	0.452	0.505	0.560	0.620	0.689	0.778

2. 组成及结构

微波含水分析仪由变送器和显示器两部分组成。

变送器装在输油管道上，用于将含水率转换为电信号送往显示部分，其组成框图如图6－5所示。

测量时，微波源产生一定强度的微波，由环形器、换向开关进入调配器，达到阻抗匹配，再由天线探头射入量油筒内的吸收筒中。在吸收筒内，微波产生一定的反射，反射微波沿相反的路径经天线探头、调配器、换向开关后进入环形器，经环形器导向进入隔离器，最后进入检波器，由检波二极管将反射波的强弱变成相应的电压信号输出。天线探头发射至原油中的微波只是部分地被反射，未被反射的透射波则进入微波吸收器被完全吸收。

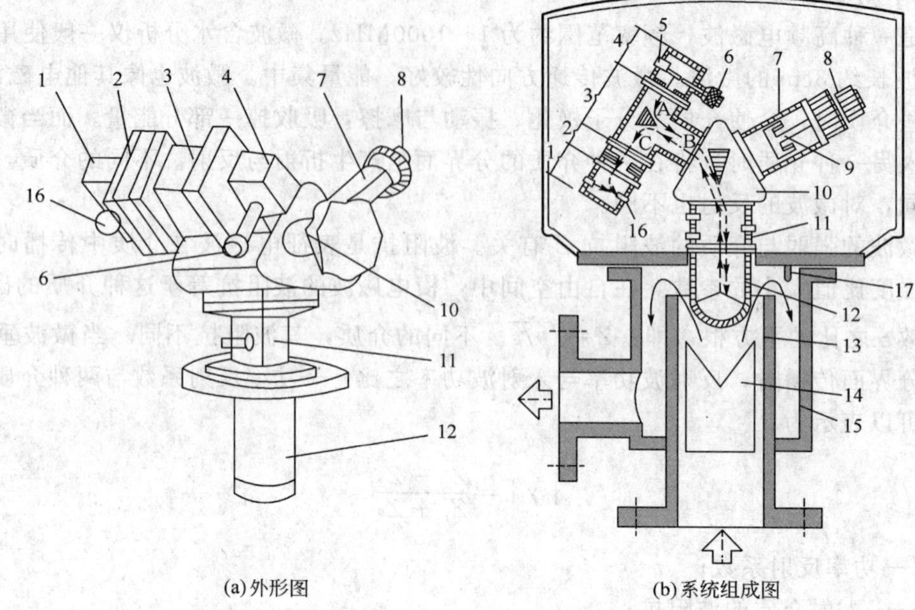

(a)外形图

(b)系统组成图

图 6-5　变送器结构示意图

1—检波器；2—隔离器；3—环形器；4—固态微波源；5—体效应二极管；6—调谐棒；7—监视臂；8—旋钮；9—活塞；10—换向开关；11—调配器；12—天线探头；13—吸收筒；14—吸收片；15—量油筒；16—检波管；17—补偿电极

各部分的作用如下所述。

(1) 微波源：是产生微波的器件，是由体效应二极管作为振荡源组成的微波波导腔振荡器。当体效应二极管外加 11V 直流偏置电压时，其内产生浪涌电流振荡，在波导腔中形成微波电磁场，由耦合窗口发射到环形器上去。

(2) 环形器：是一种对微波有引导作用的器件。从某种意义上说是一种换向器、隔离器。从微波源进入 A 口的入射信号，可以从 B 口发射到换向器进入量油筒，其间能量损失很小。但入射波却不能从 A 口直接射到 C 口进入检波器，此方向隔离很好。另一方面，从量油筒来的反射波，可以无损耗地从 B 口进入 C 口射向检波器检波，但不能反向进入 A 口到微波源。这样，入射微波与反射微波各行其道，互不影响。

(3) 调配器：是一个阻抗变换元件，使天线探头的特性阻抗与传输微波的波导管的阻抗相匹配。调配器上的螺钉可以产生与无线探头相反的额外反射波，此反射波可以与探头本身的辐射波相抵消，以达到阻抗匹配的目的，但不会阻碍入射波和油品反射波的通过。

(4) 检波器：用来检测原油对微波的反射波的强弱，并由检波二极管变换为直流电压信号。

(5) 隔离器：是一种微波铁氧体元件。其作用是利用波导管中的铁氧体元件将从检波器泄漏出来的辐射微波全部吸收掉，以防止反射波窜入微波源，影响正常测量。但由于铁氧体元件的特殊形状和位置，对从天线来的油品反射波无阻碍作用，使之顺利进入检波器检波。

(6) 换向开关和监视臂：监视臂是一个阻抗可调节的微波元件，是在波导管中安装的一个位置可调的活塞，可以部分地吸收微波辐射。利用它可以产生与已知含水量的标准油样相同的反射波，等效于已知含水量的油样，以校正仪表的显示。利用微波换向开关可迅速将监视臂接入测量系统中，以便观测仪表的显示值是否等于已知的标准值，因而起到对仪表的自校作用。

（7）补偿电极：用来检测原油的电阻率，以利用水在原油中的分布状态（油包水、水包油）对电阻率的影响，在电路中实现分布状态的自动补偿。

油水的混合状态有两种，即油包水型和水包油型。理论和实践都证明，在含水量相同的条件下，水包油型对微波的反射要比油包水型强些，电导率也要高些。仪表利用电导率的变化来自动补偿因反射波变化而引起的含水指示值的变化，从而消除了由于油水相变所造成的误差。

显示器的作用有三个：一是向变送器提供 11V 电源供微波源使用；二是将检波管输出的电压信号加以放大，并转换成含水值指示出来；三是将含水率转换成标准信号输出，以供二次仪表显示或控制之用。

3. 安装与应用

微波式原油高含水分析仪的变送器与量油筒被安装在输油管道上。被测原油从量油筒底端进入，先流过混合器，使原油与水混合均匀，再流过微波吸收筒到达天线探头附近，而后流过补偿电极，并从微波吸收筒顶端向四周溢出，最后经量油筒侧面的出口流出。

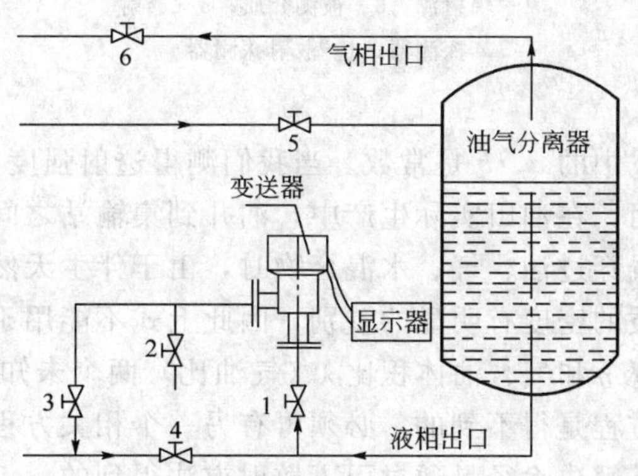

图 6-6 原油含水测定仪安装图

1—进口阀；2—取样阀；3—出口阀；4—液相出口阀；5—气液相进口阀；6—排气阀

对油井单井计量或集输站集中计量，微波含水分析仪一般安装在两相计量分离器之后出口管线的旁通管路上（见图 6-6）。这样可以避免由于被测原油含有大量气体而引起的读数波动。变送器出口端安装取样阀，便于取样化验与仪表对比测量结果。为了保证取样的真实性，取样阀应尽量靠近变送器出口端。

微波含水分析仪具有较好的适应性，其测量精度不受油品性质、水的矿化度和机械杂质含量等因素的影响。微波式原油含水分析仪，只有一个天线探头与原油接触，无任何可动元件，结构简单，可连续测量，使用安全可靠，维护工作量小，可测量高、低含水率，应用范围较广。

仪表具有零点及满刻度调整电路，当探头置于无水油中时，调整零点使含水指示为零。当探头置于净水中时，调满刻度使含水指示为 100%，则仪表含水指示值直接显示被测原油含水率。

三、辐射式原油含水分析仪

辐射式原油含水分析仪是基于油、水介质对 γ 射线的吸收不同，通过检测 γ 射线穿过油、水混合物后的透射强度，实现对原油含水率的在线测量的目的。

1. 工作原理

当一定能量的 γ 射线穿过一定厚度的某一介质时（见图 6-7），其透射后的强度符合指

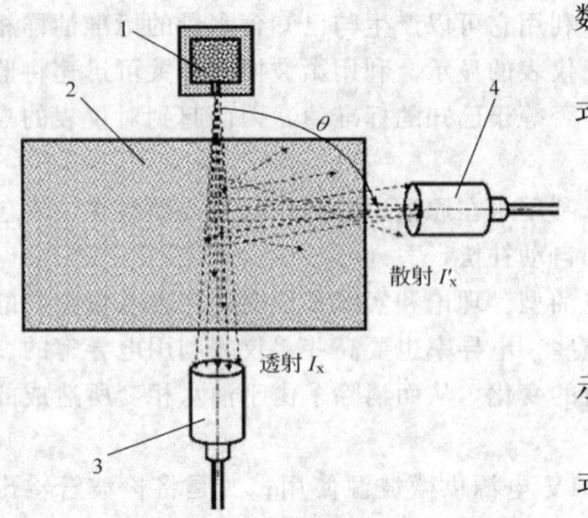

图 6-7 辐射测量原理图
1—辐射源；2—被测介质；3—透射探测器；4—散射探测器

数衰减规律，即：

$$I_x = I_0 e^{-\mu x} \tag{6-7}$$

式中 I_0——γ 辐射源强度；
I_x——透射后的强度；
x——射线穿过介质的厚度；
μ——介质对 γ 射线的吸收系数，与介质的密度有关。

当射线穿过油、水混合介质时，则上式可表示为：

$$I_x = I_0 e^{-[\mu_1 \eta + \mu_2 (1-\eta)]x} \tag{6-8}$$

式中 μ_1——原油对 γ 射线的吸收系数；
μ_2——水对 γ 射线的吸收系数；
η——原油含水率（体积分数）。

上式经整理可得：

$$\eta = a \ln I_x + b \tag{6-9}$$

式中的 a、b 是常数。当我们测得透射强度 I_x 时，根据上式就很容易得到原油含水率 η。然而，在油田实际生产中，油井到集输站之间一般是油、气、水三相混合输送的。因此，当射线穿过油、气、水混合物时，由于伴生天然气与水有不同的吸收系数，而油、气、水三种物质的密度有明显的差别，因此上式不能用于含气场合。在这种情况下，我们要得到原油含水率 η 和气、油体积比 λ（气油比）两个未知数，仅靠一个探测器得到透射强度，通过解上述方程是得不到的。必须再有另一个相关方程，通过解方程组才能同时得到含水率和气油比，其解决途径是通过引入散射方法得到的。

具有一定初始强度的 γ 射线穿过油、气、水混合介质时，另设一个探测器在 θ 方向测出其散射强度。根据 γ 射线的散射原理，γ 射线与物质作用后在一定角度的散射强度与物质的密度有关，且可以表示为：

$$I'_x = I_0 k e^{-f(\theta)\rho x} \tag{6-10}$$

式中 ρ——被测物质的密度；
x——介质的厚度；
k——与 γ 源初始能量有关的一个常数；
$f(\theta)$——夹角修正值；
θ——探测器和源的夹角。

混合液的密度是和油、气、水三种介质的比例有关，即：

$$\rho = [\rho_1 \eta + \rho_2 (1-\eta)](1-\lambda) + \rho_3 \lambda \tag{6-11}$$

式中 ρ_1、ρ_2、ρ_3 为分别为油、水、气的密度。

解上述方程组即可由透射强度 I_x 和散射强度 I'_x 求出含气率 λ 和含水率 η。而方程中的有关常数，对确定的油品而言，只需标定（人工化验）一次即可得到。

2. 结构组成

辐射式原油含气、含水率自动监测仪由测量管道、传感器（一次仪表）和微机数据处理系统（二次仪表）两大部分构成，如图 6-8 所示。

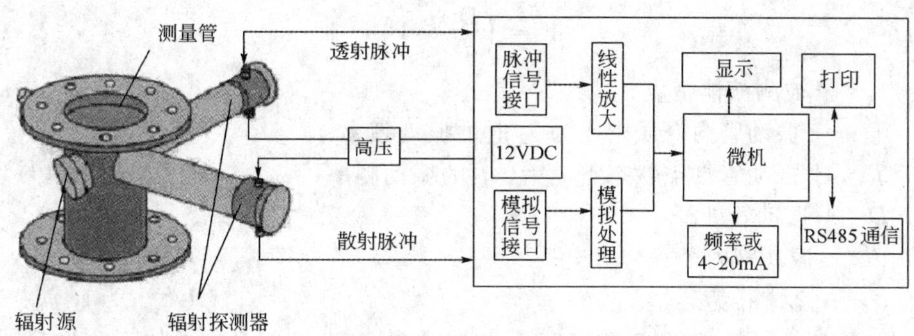

图 6-8　辐射式原油含气、含水率自动监测仪组成图

辐射式原油含气、含水率自动监测仪通过测量射线穿过被测介质后的透射和散射强度实现了原油含水率、含气率在线连续测量，消除了由于含气对含水测量带来的误差。由于射线是与介质的原子发生作用，因而测量精度不受原油流态的影响。辐射测量属于非接触式测量，避免了原油结垢、结蜡对测量造成的影响。

仪表对辐射射线采用了严密的辐射屏蔽，消除了泄漏，仪表周围射线剂量低于国家安全剂量标准。但是辐射源在使用过程中必须严格保护，防止拆卸和丢失。

第二节 振动管式密度计

原油集输过程中和油田与炼油厂的交接贸易过程中，密度是原油外输、贸易过程中净油量结算的重要依据。

振动管式密度计，是利用振动系统的固有振动频率与其内流动的被测介质的密度关系进行密度测量的。它具有结构简单、精度较高、可在线连续测量、数字信号输出等特点，用于原油及成品油的密度测量非常适合。

一、基本测量原理

两端固定的棒状弹性物体的横向自由振动频率与其质量有关。而充满流体的振动着的管子，其横向自由振动频率会随着液体的密度变化而变化。因此，测定振动管的频率，就可以测定被测液体的密度。充满流动着流体的管子如图 6-9 所示。

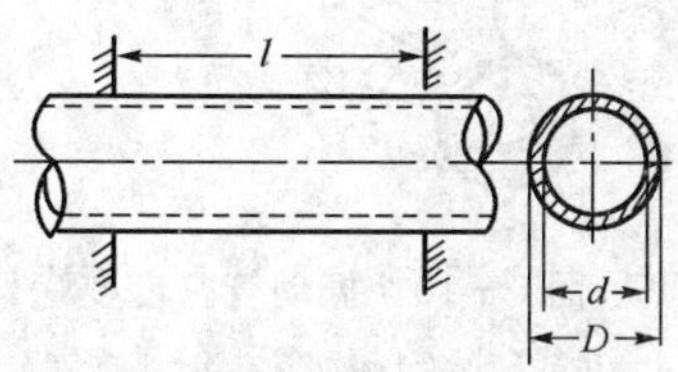

图 6-9　两端固定的振动管

假如振动管材料的密度为 ρ，被测液体的密度为 ρ_x，当管子振动时，管内的液体一起振动，因而可以把充液管的横向自由振动看作是具有总质量为 $M=\frac{\pi}{4}\left[(D^2-d^2)\rho+d^2\rho_x\right]$ 的棒状弹性体的自由振动。当被测液体流经振动管时，流体密度的变化将改变振动管的总体质量，使振动管的固有振动频率改变。若流体密度增大，则振动频率将减小；反之亦然。因此，测定振动管振动频率的变化，可以间接地测定被测流体的密度。

当振动管两端固定时，振动管横向自由振动周期与被测介质密度的关系为：

$$\rho_x=\rho_0\cdot\left(\frac{T_x^2}{T_0^2}-1\right) \tag{6-12}$$

$$\rho_0 = \left(\frac{D^2}{d^2} - 1\right)\rho \tag{6-13}$$

上二式中 ρ_x——被测液体密度；

T_x——振动管内介质密度为 ρ_x 时的振动频率；

T_0——振动管真空状态下 $\rho_x = 0$ 时的振动频率；

D——振动管外径；

d——振动管内径；

ρ——管材密度。

由式（6－14）可见，被测流体密度 ρ_x 与振动频率 T_x 之间具有单值函数关系。

二、类型与结构

振动管式密度计结构比较简单，主要由振动管和信号放大器组成，有单管振动式和双管振动式两种结构，下面分别进行介绍。

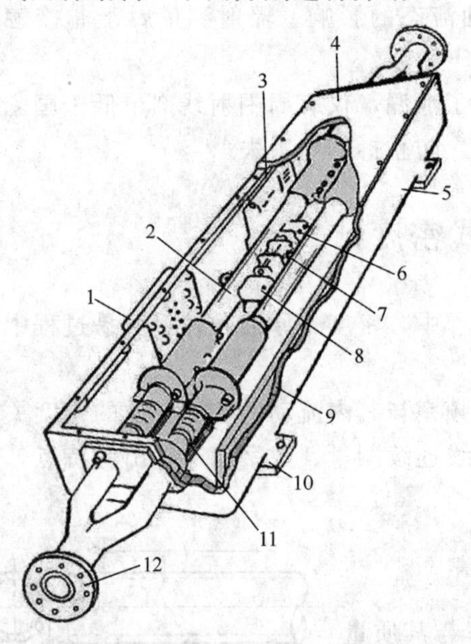

图 6－10　振动管密度变送器结构示意图

1—接线盒；2—振动管；3—放大器；4—盖板；5—外壳；6、8—检测线圈；7—激振线圈；9—吸声板；10—固定支架；11—不锈钢软管（包覆橡胶套）；12—连接法兰

1. 双管振动式密度计

双管振动式密度计由振动管密度变送器和数字密度显示仪组成。

1）振动管密度变送器

振动管密度变送器由振动管、检测线圈、激振线圈、维持放大器、减振器等组成，其结构如图 6－10 所示。

振动管是变送器的核心，采用弹性好、导磁率高、温度系数小的恒弹性合金钢 3J48 制成。振动管两端用固定座固定在底台上，振动管两边分别与不锈钢波纹软管（减振器）连接，以减小外界振动的干扰。振动管外径约为 24mm，壁厚为 lmm，长约 510mm，两管自然谐振频率完全相同而且振动方向相反，这样可抵消管端的反作用力。

振动管的振动由紧靠振动管的检测线圈感应出来。检测线圈中通有一恒定直流电流，电流在线圈内的铁芯上产生磁场。当振动管振动，改变了两管与铁芯间的间隙时，引起铁芯中磁通变化，在检测线圈中感应出同频率的交流电信号，送给维持放大器，如图 6－11 所示。

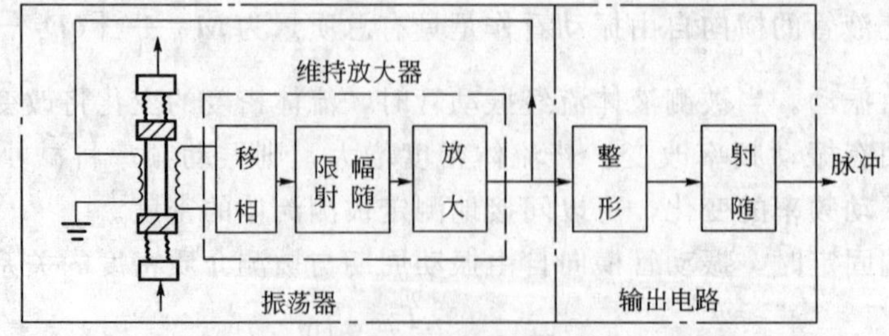

图 6－11　振动管密度变送器组成原理图

维持放大器是一个高稳定性、高放大倍数的晶体管放大器。当振动管有一微小振动，经检测线圈转换成同频率的交流电信号送到放大器后，经过放大器移相放大，信号电流又送入激振线圈，使激振线圈的铁芯合拍地吸动振动管、补充振动的能量损耗。两个振动管受到磁力作用，就像音叉一样，按其自然频率产生机械振动。

外界的扰动，使振动管起初以其自由振动频率产生微小的振动。通过电磁感应，检测线圈将振动管的振动变为电信号输送给维持放大器放大，正反馈到驱动线圈，产生断续的磁场，吸引振动管，使振动管继续维持自由振动。当被测液体密度变化时，充满液体的振动管的振动频率会随之变化，经放大器传送到输出电路，进行频率信号处理，直接以数字显示液体密度值，或转换成4～20mA标准信号输出。

2）输出信号处理

振动管密度变送器输出的脉冲信号反映了液体密度和振动周期的关系。ρ_x 与 T_x 呈二次曲线函数。实际应用时，都是在较小的密度范围内，将二次曲线进行拟合处理。即用以下方程代替式（6-12）：

$$\rho_x = K_0 + K_1 T_x + K_2 T_x^2 \qquad (6-14)$$

式中　K_0、K_1、K_2 均为常数。

大多数情况下，被测液体的密度变化范围不大，用这种拟合化处理所导致的误差是非常微小的。

实际应用中，如果用两种已知密度的标准液体分别送入变送器，然后精确测出相应的周期，代入上式，即可解出 K_1、K_2。

2. 单管振动式密度计

单管振动式密度计也称为振筒式密度计，一般用于液体密度测量。

单管振动式密度计由传感器、二次仪表组成，如图6-12所示。传感器安装生产现场，有内、外两层短管组成。

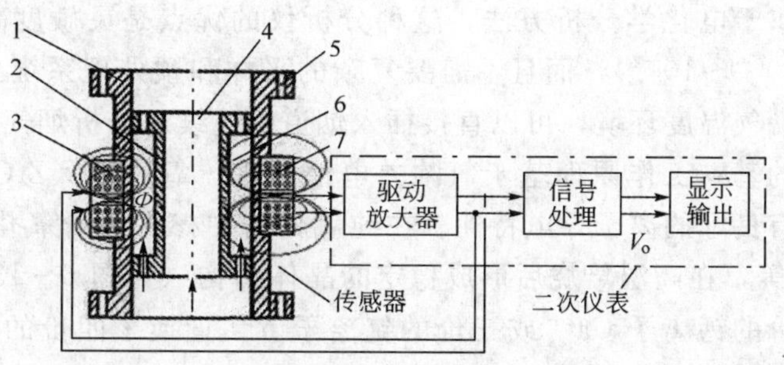

图6-12　单管振动式密度计的构成

1—外管；2—振动管；3—驱动线圈；4—内通道；5—安装法兰；
6—外通道；7—检测线圈

内管就是振动管，其两端固定在外管之内。内、外管之间的连接部分上开有通孔，被测流体由振动管的内、外侧流过振动管。振动管是用镍合金制成的磁性体。所以驱动线圈的断续的磁场对振动管产生的磁吸力，可以驱动其振动。

外管就是传感器的外壳，两端安装法兰，以便与测量管道连接。外管由不导磁的不锈钢材料制成，外管两侧分别安装检测线圈和驱动线圈。由于外管不导磁，所以驱动线圈的磁场可以透过外管，对磁性的振动管产生作用力。另外，磁性振动管振动时，其径向位置变化，改变了检测线圈上的磁通量大小，检测线圈即有与振动管振动频率相同的交变信号输出。

这种密度计的最大特点是被测液体从振动管内、外侧流过，故压力效应对它几乎没有影响。振动管镍合金材料的弹性模数 E 随温度的变化很小，有利于减少工作温度变化带来的测量误差。单振动管密度计测量精度高，灵敏度高，反应时间短，能连续在线测量。测量范围为 $0\sim3g/cm^3$，测量精度可达 $2\times10^{-4}\sim1\times10^{-3}g/cm^3$。

单管式密度计必须垂直安装，以便于液体全部充满振动管，消除含气的影响。垂直安装有助于振动管的自清洗，防止积砂积垢。

第三节　烟气分析仪

烟气分析对于油田和炼厂的锅炉、加热炉维持最佳燃烧状况，减少废气排放和环境污染具有很大的意义。实践经验证明，锅炉、加热炉要能够保证燃料燃烧充分、不浪费能源，其重要参数就是要维持燃料与空气的最佳混合比。这一比例，通常可由烟气中的燃烧过剩空气系数体现出来。过剩空气系数即供给燃料燃烧的实际空气量与燃料完全燃烧所必需的理论空气量之比。对于不同的燃料，过剩空气系数有所不同：燃煤锅炉为1.2～1.3；燃油锅炉为1.1～1.2；燃气锅炉1.05～1.1。过剩空气系数与烟气中的含氧量有一定的函数关系。通过连续测量烟气中的含氧量，就可以了解炉膛中的燃烧质量，从而控制进风量，保持最佳燃烧状态，达到降低燃料消耗、减少环境污染的目的。

目前，用于烟气含氧量在线测量的分析仪表，有热磁式、磁力机械式、氧化锆式三种。由于热磁式、磁力机械式工作温度低，结构复杂，不耐烟尘，反应时间长，分析烟气时需要有抽气、净化、降温装置，目前已被氧化锆含氧量分析仪取代。

一、氧化锆氧分析仪测量原理

氧化锆分析仪属于电化学分析方法，这种分析仪的优点是灵敏度高、稳定性好、响应快、测量范围宽（$10^{-6}\sim10^{-2}$），而且不需要复杂的采样和预处理系统。它的探头工作温度高（800℃），适合烟气温度环境，可以直接插入烟道中连续地分析烟气中的氧含量。

氧化锆分析仪的基本工作原理基于氧浓差电池原理。氧化锆（ZrO_2）是一种陶瓷固体电解质，在高温下有良好的离子导电特性。在纯氧化锆中掺入低价氧化物如氧化钙（CaO）及氧化钇（Y_2O_3）等，在高温焙烧后形成稳定的晶体结构（见图6-13）。由于钙、钇的化合价与锆不同，二价的钙离子 Ca^{2+} 或三价的钇离子 Y^{3+} 置换了四价的锆 Zr^{4+} 离子的位置，就会形成氧离子空穴。例如一个氧化钙取代一个氧化锆分子，由于一个钙离子只能与一个氧离子结合，晶体中就会留下一个氧离子空穴。这种氧离子空穴型氧化锆材料在600～800℃高温时，对氧离子有良好的传导作用。

利用氧化锆材料的上述特性，在氧化锆陶瓷体的两侧烧结一层几十微米厚的多孔铂电极，就构成了氧浓差电池，如图6-13所示。当两侧气体的含氧量不同时，在两电极间将产生电势，此电势与两侧气体中的氧浓度有关，称为浓差电势。

浓差电池的左侧为参比气体（空气，含氧量20.8%），右侧为被测气体（烟气，含氧量3%～6%）。600～800℃的高温下，在氧高浓度的左侧，渗入到铂电极中的氧分子在铂材料催化作用下，1个氧分子在铂电极上夺取4个电子，而分离成2个氧离子 O^{2-}，进入固体氧化锆电解质中。

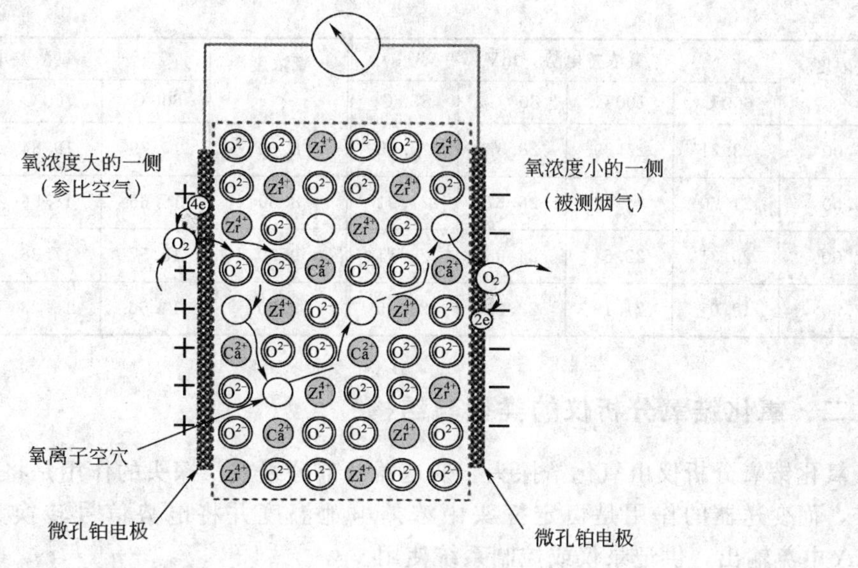

图 6-13　氧浓差电池原理

由于左右两侧氧浓度不同，氧化锆电解质中，氧离子依靠空穴导电向低浓度的右侧扩散。当到达低浓度的右侧时，1 个氧离子在微孔铂电极上释放出 2 个电子形成氧分子放出。

所以，在氧高浓度侧的铂电极上失去电子带正电，成为氧浓差电池的正极。在氧低浓度侧的铂电极上得到电子带负电，成为氧浓差电池的负极。正负极间电荷的积累形成内部静电场，阻碍氧离子的这种扩散运动。当扩散作用与电场作用达到平衡时，氧化锆电解质两侧的铂电极上形成稳定的浓差电势。

忽略高温下氧化锆的自由电子导电，氧化锆的氧浓差电势由下式确定：

$$E = \frac{RT}{4F}\ln\frac{20.8}{n_1} \tag{6-15}$$

式中　E——氧浓差电势，V；

R——理想气体常数，$R=8.3143\text{J/(mol}\cdot\text{K)}$；

F——法拉第常数，$F=9.6487\times10^4\text{C/mol}$；

T——绝对温度，K；

n_1——待测烟气中的氧浓度（体积分数）。

参比空气中的氧浓度在标准大气压下为 20.8%。

氧浓差电势与气体含氧量的关系见表 6-2。

表 6-2　氧浓差电势与气体含氧量的关系

氧浓度 %	氧浓差电势，mV				氧浓度 %	氧浓差电势，mV			
	600℃	700℃	800℃	850℃		600℃	700℃	800℃	850℃
1.00	56.89	63.42	69.89	73.20	3.50	33.34	37.17	40.96	42.87
1.50	49.28	54.92	60.57	63.39	4.00	30.83	34.37	37.88	39.66
2.00	43.85	48.89	53.88	56.41	4.50	28.62	31.91	35.11	36.81
2.50	39.415	44.23	48.775	51.045	5.00	26.63	29.69	32.73	34.26
3.00	36.23	40.39	44.51	46.62	5.50	24.85	27.71	30.54	31.96

续表

氧浓度 %	氧浓差电势，mV				氧浓度 %	氧浓差电势，mV			
	600℃	700℃	800℃	850℃		600℃	700℃	800℃	850℃
6.00	23.21	25.89	28.52	29.85	8.00	17.79	19.84	21.87	22.88
6.50	21.70	24.19	26.67	27.91	8.50	16.65	18.56	20.47	21.42
7.00	20.31	22.64	24.95	26.11	9.00	15.57	17.36	19.13	20.04
7.50	19.01	21.19	23.36	24.45	9.50	14.56	16.23	17.89	17.73

二、氧化锆氧分析仪的类型与结构

氧化锆氧分析仪由氧化锆探头、变送器两部分组成。探头的作用是将含氧量转化为电势信号，而变送器的作用是恒定探头中浓差电池温度并将电势信号转换为氧量显示和4～20mA电流输出，供记录仪或控制系统使用。

氧化锆管是氧化锆探头的核心，它由氧化锆管、铂电极和引线构成，如图6-14所示。管外径为10mm，壁厚1mm，管长约为70～160mm，在管内、外壁上各烧结层约长20～30mm的多孔铂电极，通过铂丝引线引出。管子内部通入参比气体，管子外部通入被测气体。

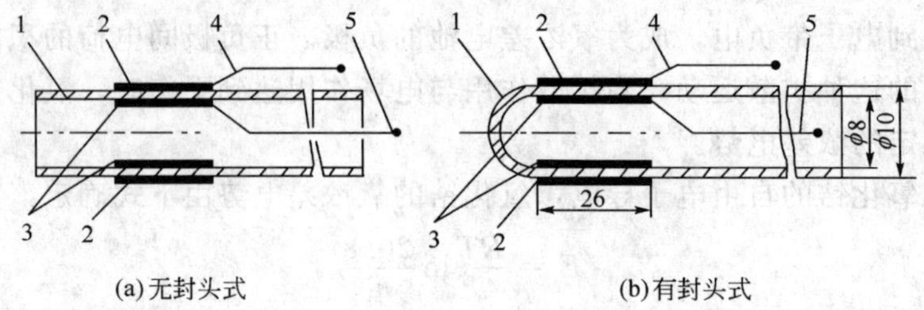

(a)无封头式　　(b)有封头式

图6-14　氧化锆管的结构

1—氧化锆管；2—外铂电极；3—内铂电极；4—外电极引出线；5—内电极引出线

1. 直插定温式氧化锆探头

直插定温式氧化锆探头结构如图6-15所示，主要由陶瓷过滤器1、氧化锆管2、热电偶7、恒温加热器4、氧化铝陶瓷管和接线盒等组成。氧化锆探头长度为600～1500mm，直径为60～100mm。

过滤器处于恒温室前端，氧化锆管置于恒温室内部，热电偶用以测量恒温室内的温度。恒温加热器上装一组均匀排列的加热电阻丝，外边是一个用绝缘材料制成的保温套。加热丝、热电偶、氧浓差电极的引线以及参比空气导管都引到外部接线盒内。

用直插定温式氧化锆探头组成的烟气含氧量测量系统，由氧化锆探头、温度控制器、毫伏变送器及显示记录仪表组成。直插定温式系统是采用控温电炉加热方式使氧化锆管维持正常工作所需的恒定温度。

温度控制器连接热电偶和加热器，用于控制氧浓差电池的温度，使之恒定在某一设定温度上。

毫伏变送器接收探头输出的氧浓差电势信号，并转换成标准电流信号，送给显示仪表进

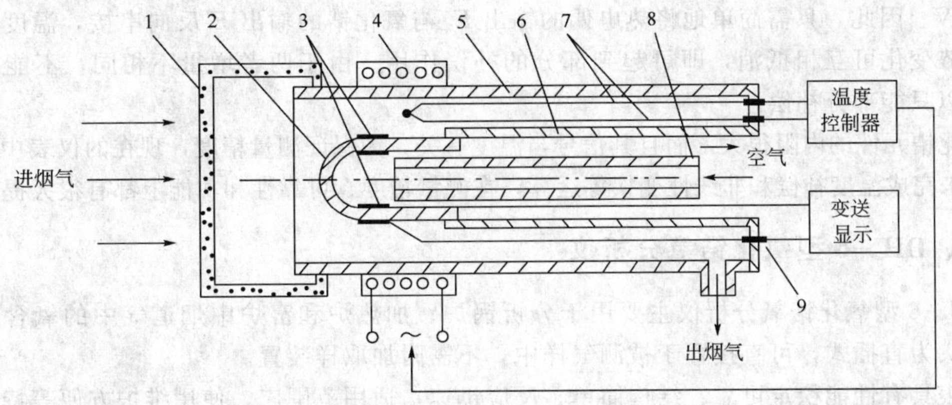

图 6-15　直插定温式氧化锆探头结构示意图

1—陶瓷过滤器；2—氧化锆管；3—内、外铂电极；4—恒温加热器（内为加热电阻丝）；5、6、8—氧化铝陶瓷管（保护管、套管、导气管）；7—热电偶；9—内、外电极引线

行显示。

2. 直插补偿式氧化锆探头

图 6-16 所示为直插补偿式氧化锆探头结构。与直插定温式相比无加热器。

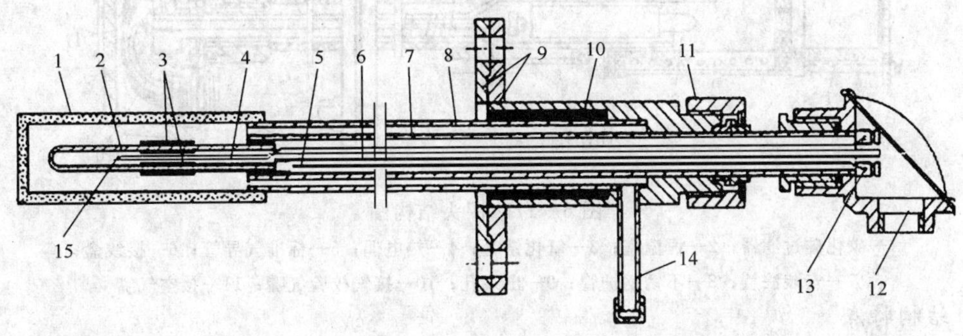

图 6-16　直插补偿式氧化锆探头结构示意图

1—陶瓷过滤器；2—氧化锆管；3—内、外铂电极；4—热电偶引线；5—内、外电极引线；6—通气陶瓷管；7—高铝支撑管；8—保护套管；9—安装法兰；10—固定筒；11—固定螺帽；12—接线盒；13—接线柱；14—标定气导管；15—热电偶

在测量烟道气中的氧含量时，烟气的温度是不稳定的，恒温控制系统不能达到要求时，可采用补偿式测量系统。

(1) 完全补偿式测量系统。由式（6-15）可知，氧浓差电势 E 与绝对温度 T 成正比。将氧化锆输出的氧浓差电势 E 和热电偶的输出的热电势 E_t 分别通过毫伏变送器转换成与绝对温度、氧含量成正比的电流信号 I_1、I_2，将电流 I_1、I_2 进行除法运算，其结果可以完全消除温度的影响。

(2) 部分补偿式测量系统。全补偿式由于所用仪表多、线路复杂，在实际应用中也可采用部分补偿式的方法来达到温度补偿的目的。

部分补偿的原理，是根据温度在 700～800℃范围内，K 型热电偶的热电特性（E_t—T），与氧化锆浓差电势的特性（E—T）变化趋势相符的原理实现的。只是热电势总是要比氧浓差电势小 20mV 左右。例如 $t=760$℃时，$E=50.89$mV，$E_t=30.80$mV，$E-E_t=$

20.09mV。因此，只需简单地将热电偶的输出 E_t 与氧化锆的输出 E 反向串接，温度变化引起的电势变化可互相抵消，即可起到部分的补偿作用。由于两者增量不相同，不能完全抵消，所以只能部分补偿。

氧化锆元件的内阻很大，而且其信号与温度有关，为保证测量精度，现在的仪表中多有微处理器来完成温度补偿和非线性变换等运算，在测量精度、可靠性和功能上都有很大提高。

三、DH－6型氧化锆氧分析仪

DH－6型氧化锆氧分析仪主要用于分析锅炉、加热炉和窑炉中烟道气中的氧含量。仪表的探头为直插式，可直接置于被测气样中，不需附加取样装置。

仪表具有性能稳定可靠、结构简单、反应迅速、适用范围广、使用维护方便等特点。仪表由探头、控制器、二次仪表、空气泵及变送器组成。探头内部结构图见图6－17。

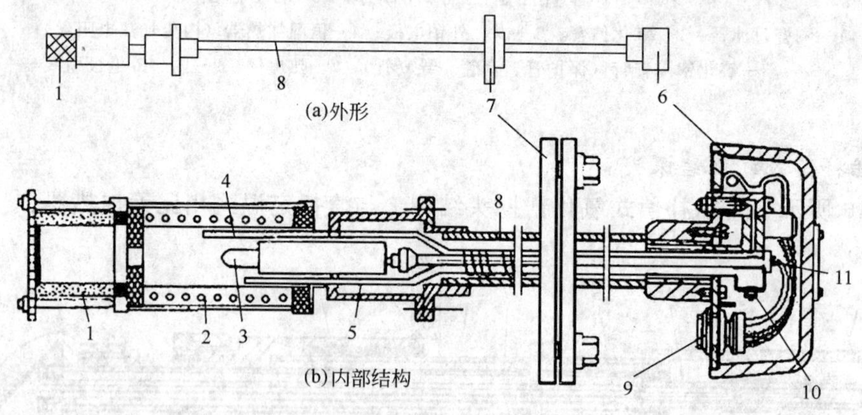

图6－17　探头结构图

1—碳化硅过滤器；2—恒温室；3—氧化锆管；4—热电偶；5—标准气导管；6—接线盒；7—安装法兰；8—不锈钢护管；9—出线孔；10—接气校验气嘴；11—接空气嘴

1. 结构特点

氧化锆探头是仪表的核心，它由碳化硅过滤器、隔爆件、氧化锆管、加热器、热电偶、气体导管（包括参比气管和校验气管）和接线盒等组成。碳化硅过滤器一是防止气样中的灰尘进入氧化锆元件内部而污染电极；二是起缓冲作用，以减少气流冲击引起的干扰。过滤器和氧化锆元件之间有隔爆件，其作用是安全隔爆。它是用网状不锈钢材料制作的，能耐高温和腐蚀。加热器由炉管、加热丝、保护套管、隔热材料及金属外壳组成。氧化锆元件置于加热器内。镍铬—镍硅热电偶用来检测氧化锆管处的温度，与加热丝、温控电路配合实现对加热器的恒温控制。在探头接线盒侧面有一个气体接嘴，是校验气进口，用来做检查和校验探头之用，此接嘴平时必须封死，以防空气进入。探头所有连接导线全部套在一根金属软管内，其中一根双芯屏蔽电缆是探头信号输出线，两根较粗的线为加热线，另两根为热电偶补偿导线。此外，在接线盒内还有一根导气管接嘴，用来与气泵相连，以提供探头所需的新鲜干净的参比空气。

2. 调校

仪表在使用过程中，应定期用标准气样对仪表进行调校。具体方法是将1%和8%的标准气体从校验气孔通入氧化锆探头，反复调节零位电位器和量程电位器，使显示仪表指在相应的位置。若将探头从烟道内取出再进行校验，会更准确一些。

第四节　色谱分析仪

气相色谱分析仪是一种多组分分析仪器。它能利用色谱分离技术对混合物中的多种组分同时进行测定。具有选择性强、灵敏度高、分析速度快、应用范围广等特点，应用非常广泛。在石油、石化行业，一般用来分析原油、天然气和成品油的成分，控制产品质量。

色谱分析仪包括分离和分析两个技术环节。在测试时，使被分析的试样通过"色谱柱"，由色谱柱将混合试样中的各个组分分离，再由检测器对分离后的各组分进行检测，以确定各组分的成分和含量。这种仪表可以一次完成对混合试样中几十种组分的定量分析。

一、气相色谱分析原理

1. 色谱分离原理

色谱分析的基本原理是根据不同物质在被称为"色谱柱"的元件中，具有不同的分配系数而进行分离的。色谱柱有两大类：一类是填充色谱柱，是将固体颗粒吸附剂或粘附有固定液的固体颗粒，填充在较粗的玻璃管或金属管内构成；另一类是空心色谱柱或空心毛细管色谱柱，是将固定液附着在细长管内壁上构成。填充柱的内径约为 4～6mm。毛细管色谱柱的内径只有 0.1～0.5mm，柱长根据分离要求而定，一般为 0.5～15m。

被分析的试样是由某种惰性气体带入色谱柱的，携带试样的气体称为"载气"。我们把色谱柱中的吸附颗粒或固定液称为"固定相"，把被分析的试样和携带试样的流体叫做"流动相"。工业气相色谱仪，流动相是气体，固定相是液体（固定液）。本节仅介绍此类工业用气—液色谱仪原理。

载气在固定液上的吸附或溶解能力要比样品组分弱得多，可以忽略不计，而试样中各组分在固定液上的溶解能力各不相同。试样在通过色谱柱时，会不断被固定液溶解、挥发，再溶解、再挥发……。由于溶解度大的组分较难挥发，向前移动的速度慢，停留在柱中的时间就长些；而溶解度小的组分易挥发，向前移动的速度快，停留在柱中的时间就短些。不溶解的组分随载气首先流出色谱柱。由于各组分流出色谱柱的先后次序不同，从而实现了各组分的分离。

图 6-18 所表示的是 A、B 两组分混合物在色谱柱中的分离过程。设 B 组分的溶解度大于 A 组分的溶解度。两个组分 A 和 B 的混合物在载气带动下，经过一定长度的色谱柱时，溶解度大的 B 组分容易溶解到固定液中。在载气推动剩余组分向前移动的过程中，经载气稀释，B 组分也较难挥发。B 组分停留在固定液中时间较长，其蒸气段会逐渐落在后面。而溶解度小的 A 组分不容易溶解到固定液中，且经载气稀释浓度降低后，A 组分液又容易挥发，较早随载气流动到前面。A、B 组分在不同的时间先后流出色谱柱，将逐渐分离，并先后进入检测器。检测器输出测量结果，由记录仪绘出色谱图。在色谱图中两组分各对应一个色谱峰。图中随时间变化的曲线表示各个组分及其浓度，称为色谱流出曲线。

2. 色谱分析原理

各组分从色谱柱流出的顺序与色谱柱固定相成分有关。从进样到某组分流出的时间与色谱柱长度、温度、载气流速等有关。在保持相同条件的情况下，对各组分流出时间标定以后，可以根据色谱峰出现的不同时间进行定性分析。色谱峰的高度或面积可以代表相应组分在样品中的含量，用已知浓度试样进行标定后，可以做定量分析。

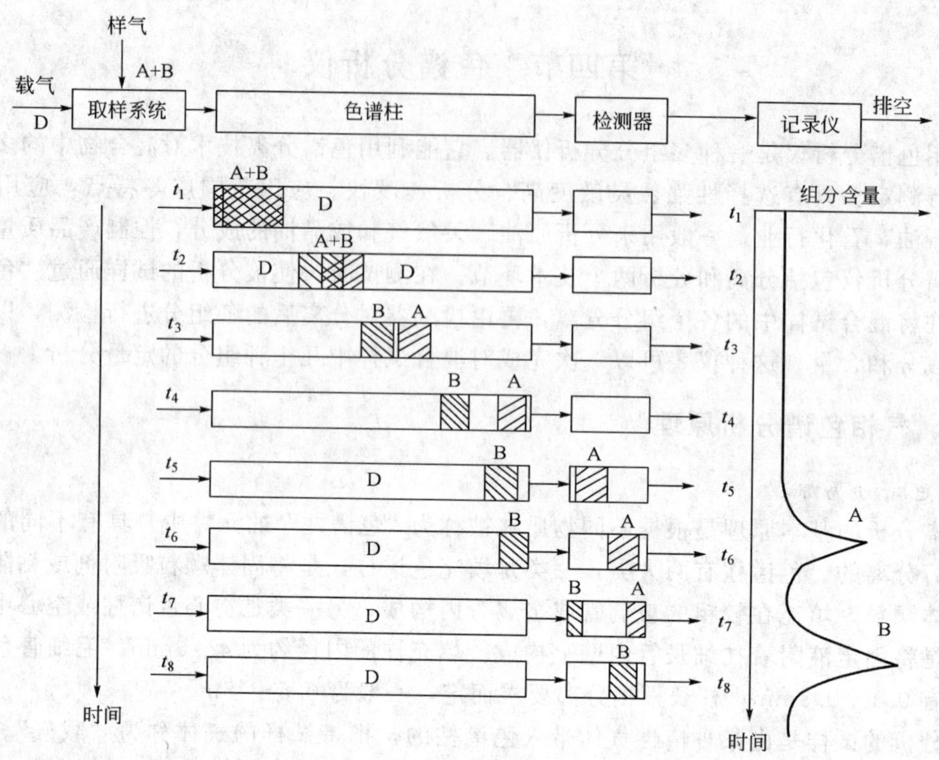

图 6-18　A、B 混合物在色谱柱中的分离过程

色谱仪的基本流程如图 6-19 所示，样气和载气分别经过预处理系统进入取样装置，再流入色谱柱，分离后的组分经检测器检测，相关信号经处理后输出。

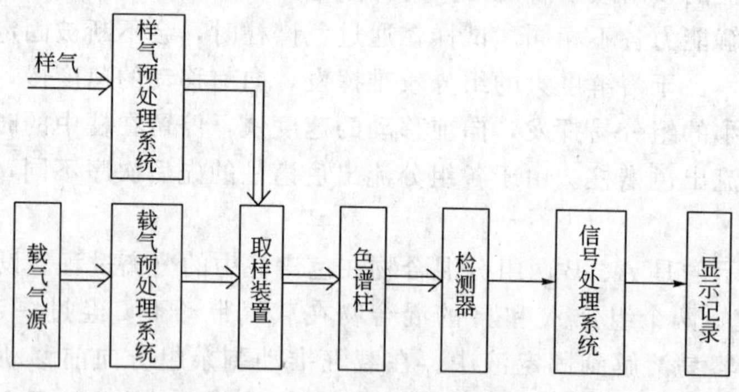

图 6-19　色谱仪的基本流程

二、检测器

气相色谱仪常用的检测器有热导式检测器、氢焰电离检测器、电子捕获及火焰光度检测器等。工业气相色谱仪中主要用热导式检测器和氢焰电离检测器。

热导式检测器的检测极限约为 10^{-6} 的样品浓度。它属于浓度型检测器，其响应值正比于组分浓度，使用较广。氢焰电离检测器是基于物质的电离特性，只能检测有机碳氢化合物等在火焰中可电离的组分，其检测极限对碳原子可达 10^{-12} 的量级。氢焰电离检测器属于质量型检测器，其响应值正比于单位时间内进入检测器的组分的质量。

1. 热导式检测器

热导式检测器是在气相色谱中使用最早、应用最广泛的一种通用性检测器。特点是结构简单、稳定性好、线性范围较宽、灵敏度适宜。

热导式检测器是通过对混合气体的导热能力的测量确定气体组分的含量的。对于混合气体，其表征导热能的导热系数为各组分导热系数的平均值，即：

$$\lambda = \sum_{i=1}^{n} \lambda_i \eta_i \tag{6-16}$$

式中 λ——混合气体导热系数；

λ_i——i 组分气体导热系数；

η_i——i 组分气体体积分数。

如果某一组分的含量发生变化，会引起混合气体导热系数改变，由此可以检测某组分含量的大小。由于气相色谱仪中，色谱柱流出的气体是某个单组分与载气的混合气，载气的浓度及导热系数一定，故可以较好地完成含量检测。

热导式检测器由测量、参比两个热导池与固定电阻组成的测量桥路组成，如图 6-20 所示。测量热导池与色谱柱相连接，参比热导池通入纯载气。

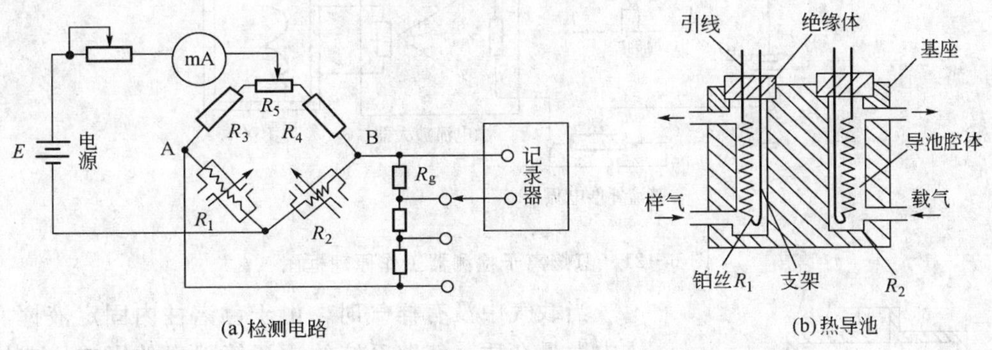

图 6-20 热导池检测器电桥线路示意图

热导池由铂或铼钨合金制成的螺旋形热丝（热敏元件）、池腔和基座组成，见图 6-20(b)。热丝既是热敏电阻，其本身又是加热元件。

检测器由测量热导池和参比热导池中的热电阻 R_1、R_2，与固定电阻 R_3、R_4 构成电桥的 4 个桥臂，调节 R_5 可使电桥处于平衡状态。电源供给电桥稳定直流电压，以加热两个热导池内的热丝，使其保持一定的温度。

当色谱柱出来的载气没有分离组分时，两个热导池流过的气体均为相同流量的载气。由于两个热敏电阻散热情况相同，温度相等，电阻也相同（$R_1=R_2$），电桥处于平衡状态，无信号输出。当测量热导池中流过样气时，导热系数改变，热导池温度发生变化，因此两个热敏电阻不同（$R_1 \neq R_2$），电桥失去平衡，有不平衡电压 V_{AB} 输出。V_{AB} 随时间的变化由记录仪记录下来。载气中组分浓度越大，输出信号就越大，记录仪上的色谱峰值就越高。

为了提高灵敏度，进一步改善热导式检测器的稳定性，目前普遍采用 4 个热导池组成的桥路，即将图 6-20 中的固定电阻 R_3 换成参比热导池电阻，R_4 换成测量热导池电阻，可使检测器输出信号提高一倍。

2. 氢焰离子检测器

氢火焰离子化检测器简称氢焰离子检测器。它对大多数有机化合物具有很高的灵敏度，比热导式检测器的灵敏度高约3～4倍，是目前色谱仪的一种常备检测器。其主要特点是结构简单、灵敏度高、线性范围宽、响应速度快、恒温要求不高等。但对无机物或在火焰中不电离以及电离很少的组分不能检测。

1）氢焰离子检测器工作原理

氢气在空气中燃烧会产生少量的带电粒子，将其置于较高电压的两个极板之间时，能产生微弱的电流，一般在10^{-12}A左右。如果在火焰中引入含碳的有机物，那么产生的电流便会急剧增加，且与火焰中有机物含量成正比。

氢焰离子检测器如图6-21所示。其主体为离子室，室内有一个喷嘴。载气、样气和氢气由此喷出燃烧，并产生电离。两电极间加一直流电压形成收集离子的静电场。与样气组分含量有关的正、负离子，在电场作用下定向运动形成微弱的离子流，经微电流放大器放大后，送入记录仪记录色谱峰。

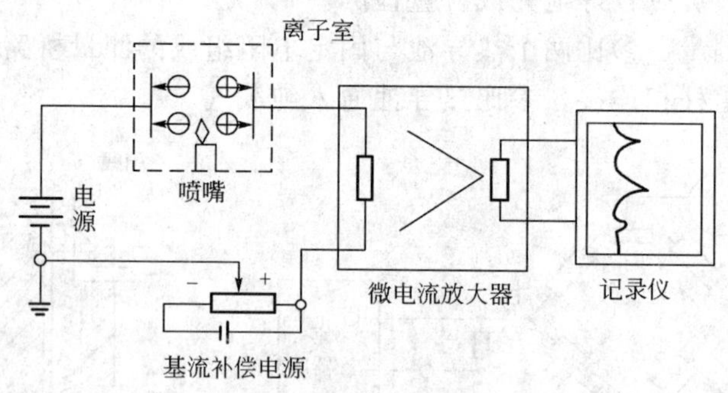

图6-21 氢焰离子检测器工作原理框图

当载气中没有样气时，由于色谱柱内固定液挥发、气体中微量杂质、气路系统的沾污等因素的影响，在检测器上仍会有一个微弱的电子流，称为基流，它会影响信号电流的测量。因此，在回路中引入了基流补偿装置，以产生一个反向电流抵消基流的影响。

2）基本结构

氢火焰离子化检测器的基本结构如图6-22所示。金属外壳和喷嘴固定在底座上，喷嘴与色谱柱流出的气体和氢气引入管直接相连。在底座上还有空气供给管，提供助燃气。点火线圈供点燃氢焰用。在喷嘴上方依次装有极化极（阳极）及收集极（阴极），分别与极化电源的正负极相连接。电离产生的正负离子分别奔向阳极和阴极而形成电子流。

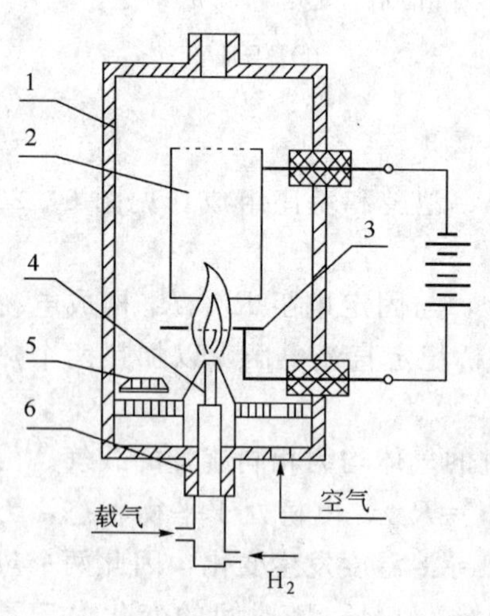

图6-22 检测器的结构示意图

1—外壳；2—收集极；3—极化极；4—喷嘴；5—点火线圈；6—底座

检测器的电场建立在阴、阳两个电极之间，极化电压一般在100～300V之间。电极常用铂、镍或不锈钢制成。极化极（阳极）多做成一个金属环，收集极（阴极）的形状一般是圆筒形、平板形或盘丝形。

通常用低压热丝点火。离子室内装有点火加热丝，通入电流只需热丝加热至发红即可点燃氢气。

三、工业气相色谱仪

气相色谱仪按使用场合可以分为实验室气相色谱仪和工业气相色谱仪两种。实验室色谱仪主要用于实验室进行离线分析，而工业气相色谱仪是一种直接装在生产线上的在线成分分析仪表。工业气相色谱仪能连续自动分析流程中气体各组分的含量，监控生产过程。对分析的精度要求不高，但对其稳定性和可靠性却有很高的要求。工业气相色谱仪的分析对象是已知的，气路流程和分离条件是固定的。分析仪本身装有多点自动切换装置，可以很方便地实现顺吹、反吹清洗切换。

1. 基本组成

图 6-23 为一种工业气相色谱仪系统框图。分析仪部分由取样阀、色谱柱、检测器、加热器和温度控制器等组成，均装在隔爆、通风充气型的箱体中。程序控制器部分的作用是控制分析仪自动进样、流路切换、组分识别等时序动作；接收从分析仪来的信号加以处理，并输出标准信号；通过记录仪或打印机给出色谱图及有关数据。

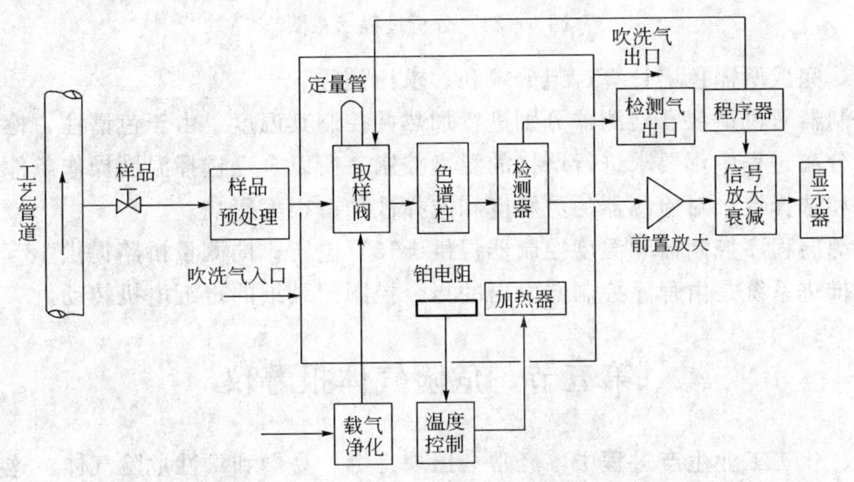

图 6-23　工业气相色谱仪系统框图

工业气相色谱仪中至关重要的气路流程见图 6-24。一般包括样气预处理器、载气预处理器、分析器、电源控制器及显示仪表几部分。

2. 各部分作用

(1) 样气预处理器：用于样气除尘、净化、干燥、稳定样气压力和调节样气的流量。由针形调节阀、稳压器、干燥器和转子流量计等组成。

(2) 载气预处理器：用于载气稳压、净化、干燥和流量调节。由干燥器、稳压阀、压力表、气阻和转子流量计组成。

(3) 分析器：分析器是仪器的主体，用于对样气取样、分离和检测。它包括十通平面切换阀取样系统、色谱柱分离系统和组分检测系统。

(4) 控制器：包括程序控制、温度控制、稳压电源、量程选择及记录纸推进系统。

程序控制器控制色谱仪的全部动作过程。程序控制器按预定程序发出取样、进样、记录

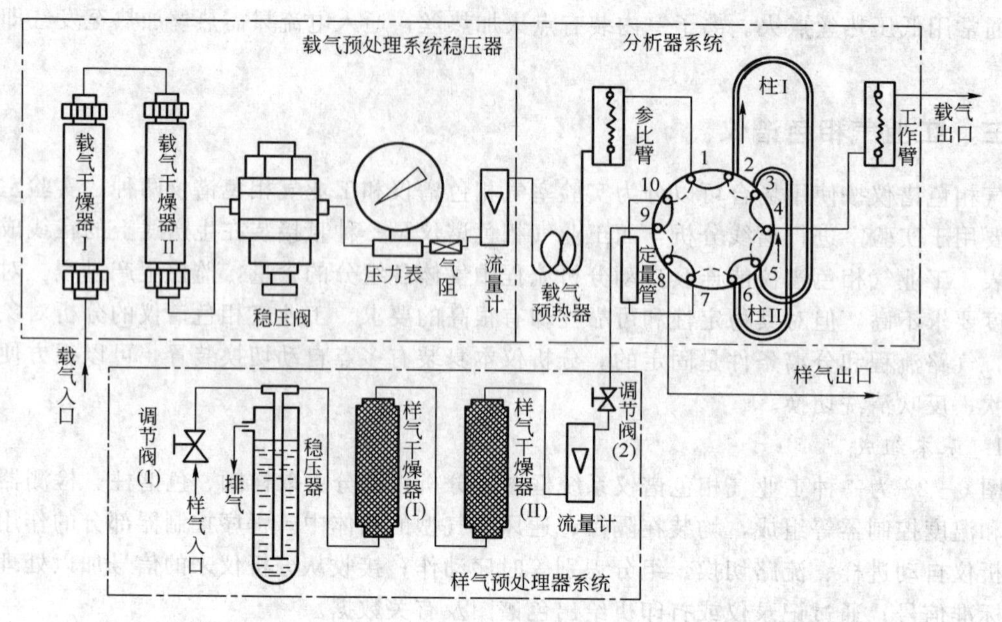

图 6-24　分析过程示意图

纸推进信号，完成所需色谱计算、组分求和、求比例等。

温度控制器对色谱仪、检测器分别进行加热并控制其温度。由于色谱柱、检测器（尤其热导池）在分离过程中都要求进行严格的温度控制，所以合理选择温度操作条件，对色谱柱的分离效果和选择性、对检测器的灵敏度和选择性均有很大影响。

稳压电源向程序控制器和温度控制器提供±15V 电压；向测量桥路提供 18V 电源。

记录纸推进系统是由程序控制器发出的指令控制记录纸的走纸电机转动。

第五节　危险气体报警仪

在石油、化工工业生产过程中，经常会出现易燃、易爆和毒性危险气体。这类气体的品种很多，危害程度和允许浓度值的差别亦很大，所以检测方法和传感器的种类也很多，有半导体气敏式、催化燃烧式、固体热导式、红外线吸收式、定电位电解式、伽伐尼电池式、隔膜离子电极式、固体电解式等等。各种传感器适于测量的气体不同，浓度测量范围亦有所不同，没有一种万能的传感器。实际应用时需根据对危险性气体的检测灵敏度、选择性、可靠性、响应时间、浓度范围和经济性等因素综合考虑。

一、可燃气体报警仪

石油、化工生产过程中，所处理的油气介质本身就是易燃、易爆介质，特别是天然气和原油、汽油的挥发成分，生产工艺设备的密封失效或事故，会造成可燃气体泄漏。为了避免爆炸、火灾事故的发生，需要用可燃气体报警仪对危险区域的环境进行检测报警，并带动联锁装置自动开启风机，排除险情。

可燃气体报警仪，目前常用催化燃烧式和半导体气敏式两种。一般由探测器和报警控制器组成。探测器的作用是把可燃气体的浓度转换成电信号。控制器由供电电源、信号处理和控制电路组成。一方面对传感器提供电源，另一方面把传感器送来的信号放大、处理、显示或报警，驱动继电器动作。控制器可以显示实时气体浓度、指示正常、故障或报警状态，也可以对探测器进行零点校准、灵敏度校准、高/低限报警值的设定。

1. 检测原理

催化燃烧式和半导体气敏式可燃气体报警仪，都是用气敏电阻作为测量元件，将其连接在如图 6-25 所示的平衡电桥中。当空气中有可燃气体时，气敏元件电阻变化，造成电桥失去平衡，电桥 A、B 间输出一个电信号，测量电信号的大小就可测知可燃气体的浓度。当检测到燃气浓度大于可燃气体的爆炸下限浓度时，驱动控制电路进行声光报警。

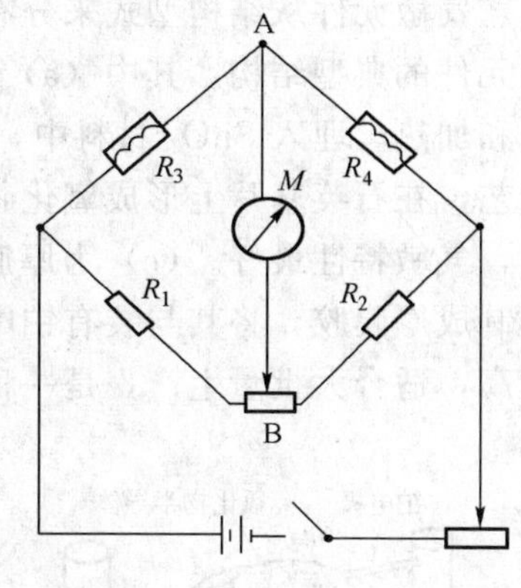

图 6-25　气敏探测器测量桥路

桥路中，电阻 R_3 为检测用气敏电阻，R_4 为补偿元件，用于补偿环境温度、电源电压变化等因素的影响。补偿元件上没有催化剂，不与可燃气体起作用。有的气敏元件将检测、补偿元件封装在一起。

1）催化燃烧式气敏元件

催化燃烧式气敏电阻（见图 6-26），是用氧化铝、氧化硅粉末与作为催化燃烧的触媒材料——金属钯盐溶液混合成膏状，涂覆在金属铂丝上后，经干燥、高温烧结制成。气敏电阻被封装在陶瓷基座上。

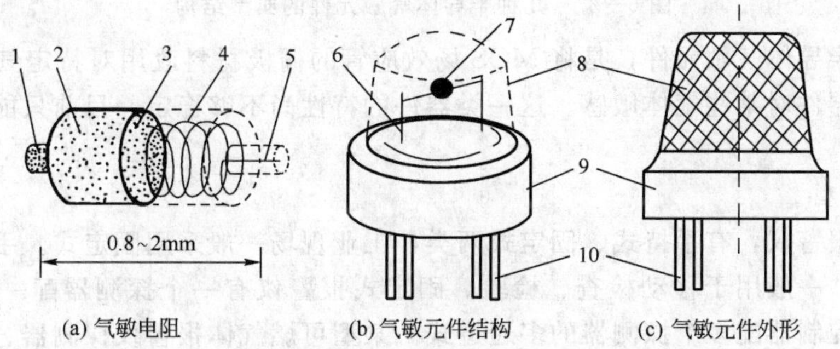

图 6-26　催化燃烧式气敏元件

1、5—引出电极；2—催化触媒层；3—氧化铝-氧化硅烧结体；4—铂丝；
6—支撑电极；7—气敏元件；8—不锈钢护网；9—陶瓷基座；10—引脚

可燃气体在较高的温度下，经钯金属触媒催化作用，与氧气发生氧化反应，产生无焰燃烧而放热。其放热量与可燃气体的浓度有关。空气中可燃气体浓度越大，所产生的燃烧热越多、温度越高，其内铂丝的电阻越大。桥路输出电势与可燃气体的浓度成正比。

实际工作中，气敏元件的铂丝上，保持 100～200mA 的加热电流，以保持催化燃烧所需的较高温度。

2）半导体气敏元件

半导体气敏元件有电阻型和非电阻型两类。这类气敏元件制造成本低，工作稳定性尚好，检测灵敏度也较高。

电阻型半导体气敏传感器，利用气体在半导体表面的氧化或还原反应，引起半导体载流子数量的增加或减少，从而使敏感元件电阻值变化。

电阻型半导体气敏元件一般由半导体、加热器和封装体等部分组成。加热器的作用是将附着在敏感元件表面上的尘埃、油雾烧掉，加速气体的吸附，提高其灵敏度和响应速度。加热器温度一般控制在200～400℃左右。

气敏元件从结构型式来分有烧结型、薄膜型和厚膜型三类。图6-27给出几种半导体气敏元件的典型结构。其中（a）为烧结型气敏元件，是以SnO_2半导体材料为基体，将铂电极和加热丝埋入SnO_2材料中，加压、加温烧结成形。（b）为薄膜型器件，采用蒸发或溅射工艺，在石英基片上形成氧化物半导体薄膜，其厚度在1μm以下。薄膜型器件制作方法简单，气敏特性最好。（c）为厚膜型器件，是将SnO_2或ZnO等材料与3%～5%的硅凝胶混合制成厚膜胶，将其与装有铂电极的氧化物基片组合烧结制成。这种器件离散性小，机械强度高，适合大批量生产，是一种有前途的器件。

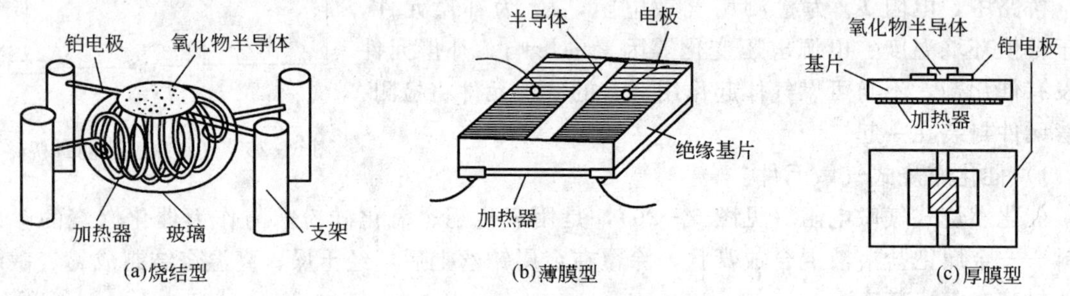

图6-27　几种半导体气敏元件的典型结构

非电阻型半导体气敏元件，是将MOS场效应管的栅极材料改用对特定气体有很强吸附性的材料，使器件对某些气体敏感。这一类器件的特性尚不够稳定，目前只能用作气体泄漏的检测。

2. 结构类型

可燃气体报警仪，有手持式、固定式两类，工业现场一般采用固定式。手持式由电池供电，便于携带，一般用于移动检查、检验。固定式报警仪有一个探测器配一个控制器的点式，也有一个控制器配多个探测器的多通道式。某型可燃气体报警仪探测器、控制器组成及结构如图6-28所示。

多通道可燃气体报警仪，多个探测器共用一个控制器，进行巡回检测、显示报警，如图6-28（c）所示。有的采用现场总线方式，每一探测器都有内置惟一的电子编号。控制器与探测器间采用总线方式连接，多个探测器共用2条信号线和2条电源线，方便安装，自动化程度高，功能多，精度高。

3. 主要技术指标

检测气体：液化石油气、天然气、酒精、甲烷等可燃气体。

测量范围：0～100%LEL。

分辨率：1%LEL。

精度：≤±5%LEL。

响应时间：≤30s。

传感器使用寿命：三年（典型值）。

使用环境：－40～＋70℃，相对湿度≤90%。

注：%LEL为可燃气体在空气中的含量与其爆炸下限的百分比。

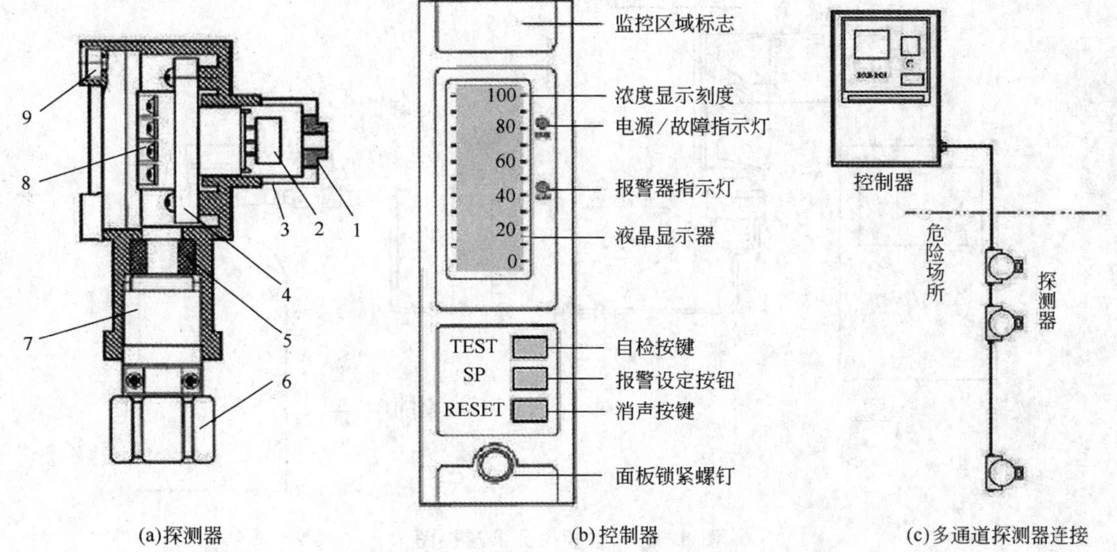

图 6-28　可燃气体报警仪组成及结构图

1—传感器保护罩；2—气敏元件；3—通气格栅；4—传感器支架；5—出线密封圈；6—电缆进线口；7—防爆接头；8—接线端子；9—固定螺孔

4. 安装与应用

探测器都是通过扩散方式采样，所以必须使气敏元件接触到目标气体才行。因而，探测器安装的原则就是安装在能最大可能探测到目标气体的位置。

以下因素是必须考虑的：

(1) 检测天然气、甲烷等比空气轻的可燃气体，其安装高度宜高出释放源 0.5～2m，且与释放源的水平距离宜小于 5m。

(2) 检测液化石油气、油制气、酒精等比空气重的可燃气体，其安装高度应距地面 0.3～0.6m，且与释放源的水平距离 5m 之内。

(3) 空气的流动会导致目标气体散失，探测器应安装在目标气体易于积聚的地方。

因此，探测器选点应选择阀门、管道接口、出气口等易泄漏处附近方圆 1m 的范围内，尽可能靠近。同时尽量避免高温、高湿环境，要避开外部影响，如溅水、油及造成机械损坏的可能性，并应考虑便于维护、标定。

5. 校准

传感器灵敏度会受到使用时间的影响，定期对探测器进行校准是十分必要的。校准必须由专业人员在有标准气体的条件下进行，连接方法如图 6-29 所示。

(1) 开启控制器电源，预热 10min，待探测器进入稳定工作状态时，在洁净空气中标定零点，调至指示 0%。

(2) 将标准气（一般用 50%LEL 甲烷气体或其他标准气体）瓶、流量计及校验罩用气管连接好后，打开气瓶开关，调流量计调节钮，使气体流速为 0.2～0.3L/min，约 2min 后，把校验罩罩在探测器传感器上，这时可燃性气体扩散进入传感器，约 1min 后调整控制器使之指示 50%LEL。

(3) 为了保证探测器的准确性，建议每半年进行灵敏度校准。

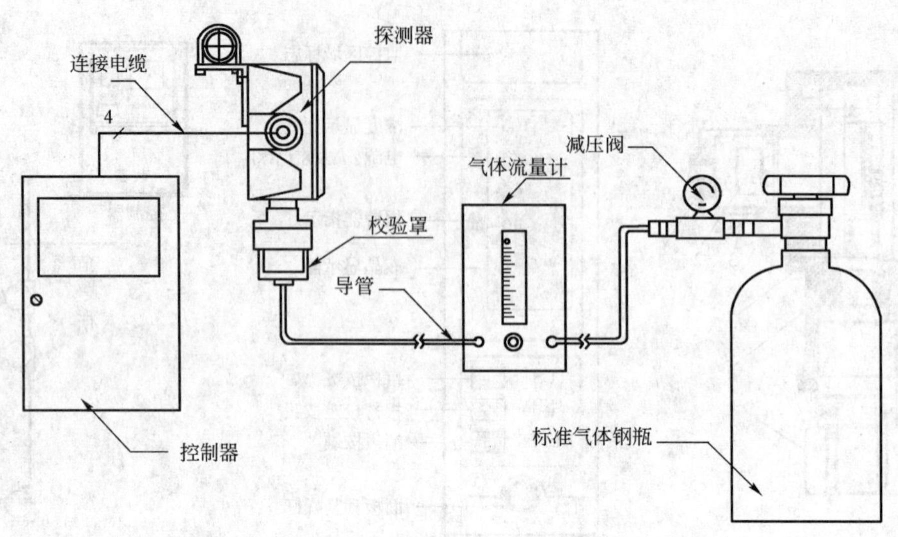

图 6-29 校验探测器连接图

二、毒性气体报警仪

1. 工作原理

前述半导体气敏元件，亦可用于有毒气体的检测，此处不再赘述。下面介绍一种定电位电解式测量方法。

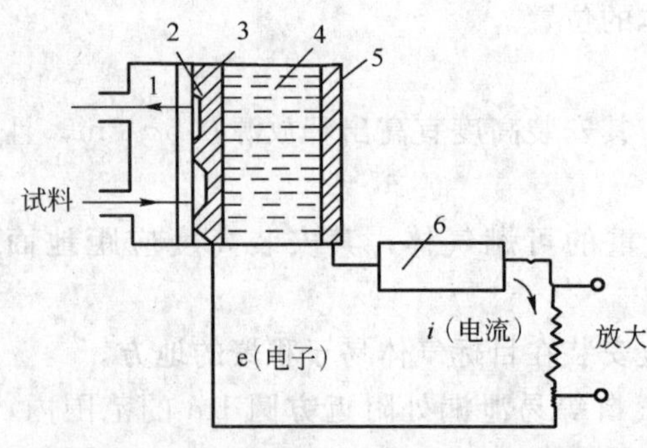

图 6-30 定电位电解式毒性气体传感器

1—气室；2—隔膜；3—作用电极；4—电解液；5—对电极；6—稳压电源

电化学方法中的定电位电解式探头，能适应 CO、NO、NO_2、H_2S、NH_3 等最常用的几种毒性有害气体的探测，其监测范围可从允许浓度直至 10^{-3} 的范围，因此实际应用较多。

这里介绍定电位电解式毒性气体传感器（图 6-30），它使电极与电解质溶液的界面保持一定的电位进行电解。由于与气体进行选择性氧化或还原时，稳定电位会发生变化，从而检测气体浓度。

检测气体时，在作用电极 3 上产生氧化（或还原）反应，同时在对电极 5 上产生还原（或氧化）反应。如果毒性气体是 CO，则它透过隔膜 2，在作用电极上按式（6-17）被氧化，而在另一侧的对电极上，氧气按式（6-18）还原，最后按式（6-19）反应。整个反应过程，实质上是一氧化碳被氧化成二氧化碳的过程。

$$CO + H_2O \rightarrow CO_2 + 2H^+ + 2e \quad (6-17)$$

$$O_2 + 4H^+ + 4e \rightarrow 2H_2O \quad (6-18)$$

$$2CO + O_2 \rightarrow 2CO_2 \quad (6-19)$$

此时，在作用电极与对电极之间流过的电流经仪表电子线路进行放大，根据该电流值可以检测 CO 的浓度。

2. 选用注意事项

(1) 不同毒性气体有不同的毒性气体报警仪，所以要根据环境气体的成分和浓度选用不同仪器。

(2) 传感器的防爆等级应符合危险区的防爆等级。

(3) 传感器应安装在毒性气源的下风处，以便检测到毒性气体。

(4) 传感器有零漂和寿命问题，应该经常校验和维护，并保持扩散口的畅通。

第六节 含油污水分析仪

油田开发中后期，采出液含水率不断增大，含油污水量也在逐年增加。有的油田后期采出液含水率已达93%以上。石油勘探开发过程中产生的含油污水不仅含油浓度高，而且含有大量的固体悬浮物和其他污染物，普遍通过污水处理技术处理后，作为注水采油的回注水，少数外排。污水水质检测关系到污水是否达到回注、排放标准，有巨大的经济、环境和社会效益。因此，对于污水所含油分、杂质及其他有害物质的检测显得十分迫切。

水中含油量检测方法主要有重量法、非色散红外法、紫外分光光度法、紫外荧光光度法、比浊度法等。前三种方法，都要用硫酸对水样酸化、石油醚萃取，脱水、定容后测定，不易实现在线实时测量。适合工业生产连续检测需要的污水含油分析仪表主要使用后两种。

一、紫外荧光污水含油分析仪

1. 测量原理

由物理学原理可知，当能量较高的紫外线照射到碳氢化合物及其他特殊分子时，这些物质的分子吸收了紫外线能量后，跃迁至高能态；当它们从高能态再跃迁回低能态时，便发出比紫外光波长更长的荧光。这种现象叫受激发射。受激发射的荧光波长取决于入射紫外线的波长和受激发射的分子结构。不同种类和结构特性的碳氢化合物都有与它结构相对应的荧光光谱。

紫外线荧光技术是用特定波长的紫外光照射到污水中，当水中化合物被紫外光激励时，包括石油成分的芳香族碳氢化合物有荧光反应。通过测量从水中散射回来的某一波长范围内荧光的强度，可以确定污水中碳氢化合物浓度。被接收的水样荧光强度和水样中含油的浓度相对应，根据碳氢化合物的荧光特性有选择地用光过滤系统，把无关的干扰光线屏蔽掉，就能识别出特定的碳氢化合物的浓度。

用来激活化合物的紫外光，通过窄带滤光装置进一步限制在波长为254nm左右的紫外线。在所有荧光化合物中，只有一部分会对这个波长作出反应。芳香族化合物散射出的荧光波长大约是350nm左右。滤光系统把350nm波长之外的光予以屏蔽，因此只有芳香族化合物散射出的荧光能被接收器拾取。在石油化工产品中，芳香族化合物在整个碳氢化合物总量中占有的比例一般都比较稳定，其含量的多少表示污水中石油含量的大小。

2. 仪表组成与性能

紫外线荧光在线污水含油分析仪（如图6-31所示），由样品池、紫外荧光检测装置、控制器、取样流程组成。

水样连续不断被导入采样室，均匀流过一片特殊玻璃片，光源几乎可以照射到所有流过玻璃片的油分子上。水样流过玻璃片后，靠自身压力流出样品池。

紫外线光源安装在样品池的上方。接收装置安装的角度，确保能完全接收水样发出的荧光。紫外线发射和接收装置都配备有精确的滤光系统，用于控制紫外线的发射波长和选择接

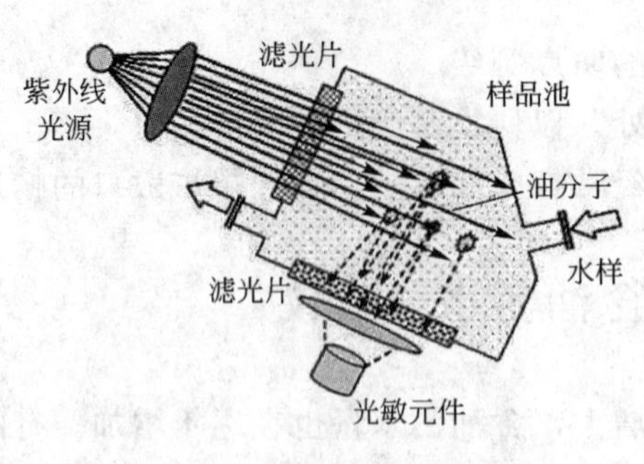

(a) 测量原理

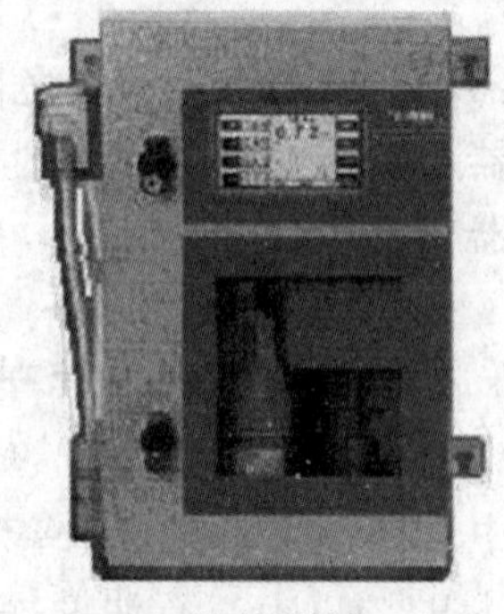
(b) 外形结构

图 6-31　某型紫外荧光分析仪结构原理示意图

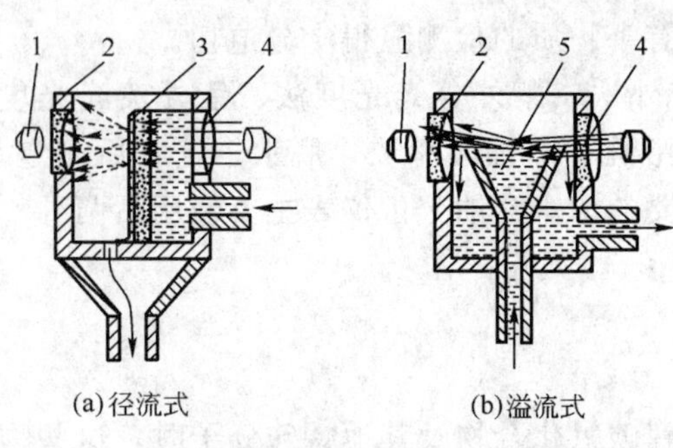

(a) 径流式　　(b) 溢流式

图 6-32　HS 2410 紫外荧光分析仪采样室示意图
1—荧光接收器；2—滤光系统；3—玻璃片；
4—紫外光源；5—漏斗样池

收水样散射回来的特定波长的荧光。

HS 2410 污水含油分析仪，是一种适合工业环境使用的水中微量碳氢化合物在线检测器。设备采用的采样结构有两种，如图 6-32 所示。

一是径流式采样结构，见图 6-32（a）。待测污水水样以 1～2L/min 的流量流入采样室。水样在一块近乎垂直放置的特殊玻璃板表面上摊布开，形成一薄水层，形同瀑布徐徐下流。由紫外线光源、滤光系统、荧光接收器组成的复合组件，安装在玻璃板前方。

二是溢流式采样结构，见图 6-32（b）。水样在漏斗下方流入，在漏斗周边溢出，在漏斗上形成一个平坦的水面。紫外光源从侧面几乎平行掠过水面，荧光接收器安装在紫外线光源对面。

此类分析仪一般技术性能如下：

测量范围：0～500mg/L；

精确度：0.1mg/L；

分辨率：0.1mg/L；

信号输出：4～20mA；

环境温度：0～50℃。

3. 影响因素及解决措施

(1) 油的种类。不同种类的油由不同的化合物组成，其荧光强度有区别。从不同油井里开采出来的原油不同，其组分结构也不同。因此在实际应用时，必须采用实际水样进行标定。

(2) 水中其他物质。污水中有些化合物，如果它们也会发出相应波长的荧光，分析仪对它们也将有所响应，影响测量精度。如果水中这些化合物浓度始终保持不变，这些干扰通过标定可以被清除掉，因此，标定时必须使用生产现场去除其中碳氢化合物的“本底水”进行标定。如果这些背景化合物的浓度变化较大，干扰正常测量，要对水样添加化学药品滤出主要干扰成分。

(3) 悬浮颗粒。水中悬浮颗粒和浑浊物阻挡了光线，使得碳氢化合物无法接收到，那么接收器也将无法收到荧光反射。如果使用“本底水”，固体浑浊物的补偿就会考虑进去，相应的影响就会减少。

二、浊度仪

1. 比浊度测量原理

液体中的油滴及固体颗粒都对光都有散射作用，测量散射光的强度就能测出浊度——单位体积液体中的油滴颗粒数。

根据雷莱公式，散射光强度在一定条件下与浊度成正比，即：

$$I = C \cdot \eta \tag{6-20}$$

式中 I——散射光强度；

C——常数；

η——浊度。

图 6-33 为散射式浊度仪工作原理图。测量散射光时，光源强度的波动对测量误差有较大的影响，因此这里设置了两个光接收器。吸收光接收器用来补偿光源强度变化。光源发出的红外光在水中碰到油滴等小颗粒后被散射到接收器上，得到的散射光强经过光接收器的光电转换，变成电信号输出。信号大小正比于浊度值，与污水中的微量油滴的体积分数（浓度）有关。

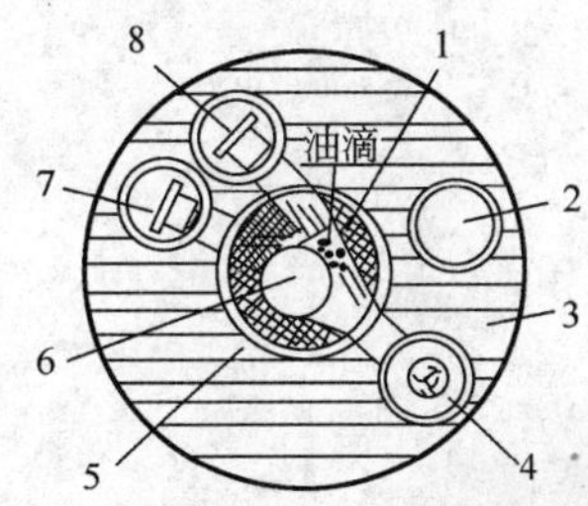

图 6-33 散射式浊度仪结构原理示意图

1—玻璃体；2—侧温热电阻；3—基座（断面）；4—红外光源；5—样品池；6—石英棒；7—散射光接收器；8—吸收光接收器

由于污水对投射光的吸收是很小的，特别是浊度值比较小的时候，接收器吸收的光强与光源的光强相差无几，吸收光接收器反映光源光强的变化。将散射、吸收接收器输出之差进行信号处理，可以消除由于光源老化、污水染色带来的影响。

2. 应用

当污水带可溶性的有颜色的物质时，会过滤光波而改变光强。波长为 860±30nm 的红外光不会受它影响，所以浊度仪一般是采用这种波长的光源。

水样中的气泡会对光的传播有影响，要求在使用中消除气泡，探头要远离器壁。

在低流速的情况下固体颗粒会附着在接收器窗口上改变透光率，应定期清洗探头。

◇ 习题与思考题 ◇

6-1 分析仪表包含哪些类仪表？一般用来测量什么参数？

6-2 电容式原油含水分析仪的基本测量原理是什么？

6-3 蒸馏电容式原油低含水分析仪的组成有哪些？恒温蒸发温度是多少？含水率与什么有关？

6-4 微波式原油含水分析仪的基本测量原理是什么？各部分的作用是什么？

6-5 辐射式原油含水分析仪的基本测量原理是什么？基本组成有哪些？

6-6 振动管式密度计是根据什么原理测量密度的？双振动管式与单振动管式有何不同？

6-7　烟气分析的目的是什么？氧化锆烟气分析仪有几种类型？两种探头结构上有何异同？

6-8　色谱分析仪中，色谱分离的实质是什么？常用检测器有哪些？

6-9　工业气相色谱仪主要由哪些部分组成？各部分的作用是什么？

6-10　简述催化燃烧气敏元件的测量原理。可燃气体报警仪的组成是什么？为什么要定期校验？

6-11　紫外荧光污水含油分析仪的测量原理是什么？影响测量的因素有哪些？

第七章　自动控制系统的基本概念

自动控制一般是指对系统的工业生产过程或是对具体的某一工艺生产流程及设备的自动控制，就是用一些自动装置与仪表等技术工具来代替人的操作，自动完成某些有规律的生产。这种用自动装置与仪表控制生产的过程也叫生产过程自动化。

对生产过程或设备的自动控制，实现了生产工艺参数从测量、显示、记录到控制以及对生产设备的操作和保护等环节都用自动装置和仪表来自动完成，从而使生产质量得以提高，并能大大地减小工人的劳动强度；同时，也能更好地保证生产安全，延长设备使用寿命，降低能量消耗和生产成本。

在石油生产及储运、加工过程中，油田联合站、长输泵站、炼油厂等生产单位，对生产工艺中的物位、流量、压力、温度和含水率等过程参数都需要进行检测调节。若是人工操作，误差较大，也不能保证多参数之间的协调与优化，会严重影响生产效率及产品质量。为了节能增效，提高产品质量和安全性，对生产工艺和设备实施自动控制是非常必要的。由仪表控制装置代替人工操作，完成生产运行参数的采集、显示、记录、调节和异常报警，并通过系统自动调节到最佳状态，操作人员只需通过监测系统就可及时了解和掌握生产装置的运行状态，因此，自动控制系统的应用，可以大大提高测量精度，消除人为误差，降低工人的劳动强度，具有良好的经济和社会效益。目前，生产过程自动化已成为油气储运、石油化工、燃气输配等生产过程中必不可少的一个重要组成部分。

第一节　自动控制系统概述

一、自动控制系统的组成与分类

自动控制系统是在人工控制的基础上产生和发展起来的，所以，在开始介绍自动控制的时候，先分析人工操作，并与自动控制比较，对了解和分析自动控制系统是非常有益的。

1. 人工调节与自动调节

图 7-1 所示是一个液体储罐，在生产中常用来作为一般的中间容器或成品罐。我们发现，储罐的流入量 Q_1 或流出量 Q_2 的波动会引起罐内液位的波动，严重时会发生溢出或抽空事故。生产要求液位控制在某一高度 h_0。解决这个问题的方法，可以通过改变出口阀门开度作为控制手段，调节储罐液位是指稳定在设定高度 h_0 上，如图 7-1 所示。

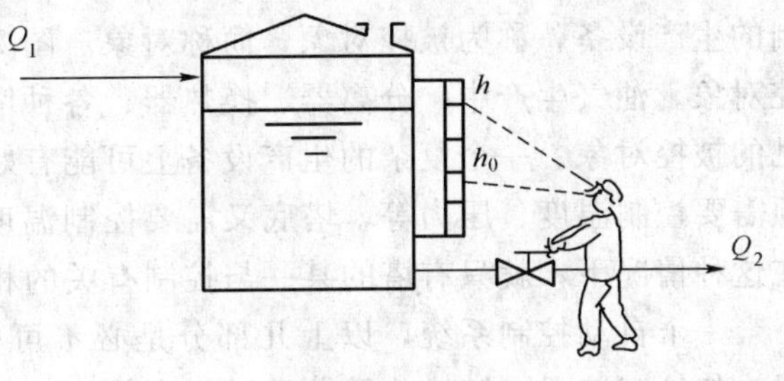

图 7-1　液位人工控制

当流入量 Q_1 等于流出量 Q_2 时，整个系统处于平衡状态，液位 $h=h_0$。当储罐受到某些外界因素的干扰，如 Q_1 突然增大时，$Q_1>Q_2$，液位 h 会随之上升，超过设定的液位值。此时，操作人员应将出口阀门开大，使 Q_2 增大，让 h 逐渐回落到设定值；并且液位上升越多，出口阀门开得越大。反之，当液位下降时，将出口阀门关小，液位下降越多，出口阀门关得越小。

上述人工控制，操作人员实施控制的步骤为：

(1) 观察：用眼睛观察玻璃液位计中液位高度，并将信息通过神经系统传递给大脑。

(2) 思考：大脑将观察到的液位与工艺规定的液位加以比较，计算出偏差；再根据此偏差的大小及变化的趋势，通过思考，给手发出操作指令。

(3) 执行：根据大脑发出的指令，通过手去改变出口阀门的开度，以改变出口流量，从而改变液位。

上述过程不断重复下去，直到液位回到所规定的高度为止。在上述人工控制过程中，控制的指标是液位，所以也叫作液位控制。

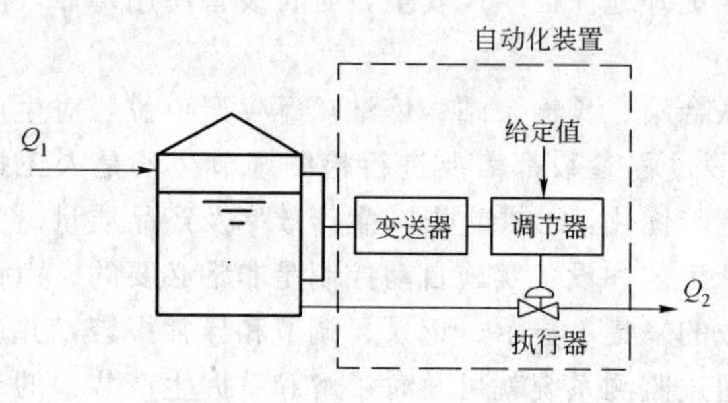

图 7-2　液位自动控制

在人工控制中，操作人员的眼、脑、手三个器官，分别担负了检测、运算和执行三个任务，完成了控制全过程。但由于受到生理上的限制，人工控制满足不了现代化生产的需要。为了减轻劳动强度和提高控制精度，可以用自动化装置来代替上述人工操作，从而使人工控制变为了自动控制。

图 7-2 是自动控制系统的示意图。其自动化装置主要包括三部分：

(1) 变送器：测量液位，并将测得的液位转化成标准信号输出。

(2) 调节器：接收变送器送来的信号，与工艺要求的液位高度（给定值）进行比较，计算出偏差的大小，并按某种运算规律算出结果，发出一调节信号（即操作指令信号）给执行器。

(3) 执行器：在这里用的是调节阀。它接收调节器传来的操作指令信号，改变阀门的开度以改变物料或能量的大小，从而完成控制作用。

在自动控制过程中，储罐液位可以在没有人的直接参与下，自动地维持在规定值。这样一来，自动化装置在一定程度上代替了人的劳动。但必须指出，在自动控制过程中，自动化装置只能按照人们的预先设定来动作。

2. 自动控制系统的组成

图 7-2 所示的储罐、液位变送器、调节器及执行器，构成了一个完整的自动控制系统。从图中可以看出，一个自动控制系统主要是由两大部分所组成：一部分是起控制作用的仪表及装置，称为自动化装置，它包括变送器、调节器、执行器等；另一部分是自动化装置所控制的生产设备，称为被控对象，简称对象。图 7-2 所示的储罐就是这个液位控制系统的被控对象。油气生产中，分离器、换热器、各种塔器、泵与压缩机以及各种容器、储罐都是常见的被控对象。一个复杂的生产设备上可能有好几个控制对象。例如，一个精馏塔，往往塔顶需要控制温度、压力等，塔底又需要控制温度、液位等，有时中部还需要控制进料流量。在这种情况下，就只有塔的某一与控制有关的相应部分才是该控制系统的被控对象。

一个自动控制系统，以上几部分是必不可少的。除此之外，还有一些附属（辅助）装置，如给定装置、转换装置、显示仪表等。

3. 自动控制系统的分类

自动控制系统有多种分类方法，可按被控变量来分类，如温度控制系统、流量控制系统、压力控制系统、液位控制系统。也可以按控制规律来分类，如比例控制系统、比例积分控制系统、比例微分控制系统、比例积分微分控制系统。在分析自动控制系统特性时，一般是按照控制的参数值（即给定值）是否变化来分类，即定值控制系统、随动控制系统和程序控制系统。

1）定值控制系统

工艺生产中，如果要求控制系统使被控制的工艺参数保持在某一固定值上不变，或者说工艺参数的给定值不变，那么这样的控制系统就是定值控制系统。图 7－2 所讨论的液位控制系统就是定值控制系统的例子。定值控制系统是最基本的自动控制系统，在油、气田生产控制中大都是此类控制系统。

2）随动控制系统

这类系统的特点是给定值不断地变化，而且这种变化不是预先规定好的，也就是说给定值是随机变化的。随动控制系统的目的就是使所控制的工艺参数准确而快速地跟随给定值的变化而变化。在油田自动化中，为了对乳化原油取得好的脱水效果，就要求所添加的原油破乳剂的流量和原油的流量保持一定的比值，当原油的流量变化时，要求破乳剂的流量能随之变化。在生产中将原油处理量作为破乳剂流量控制系统的给定值，故属于随动控制系统。

3）程序控制系统

这类系统的给定值也是变化的，但它是一个已知的时间函数，即生产技术指标需按一定的时间程序变化。这类系统在间歇生产过程中应用比较普遍，如冶金工业上金属热处理温度的控制。近年来，程序控制系统应用日益广泛，一些定型的或非定型的程序装置越来越多地被应用到生产中，微型计算机的广泛应用也为程序控制系统提供了良好的技术工具与有利条件。

二、自动控制系统的方框图

1. 自动控制系统的方框图

在研究自动控制系统时，为了能更清楚地表示出一个自动控制系统各个组成部分之间的相互影响和信号联系，便于对系统进行分析研究，一般都用方框图来表示控制系统的组成和作用。

例如图 7－2 所示的液位控制系统可以用图 7－3 所示的方框图来表示。每个方框表示组成系统的一个部分，称为“环节”。两个方框之间用一条带有箭头的线条表示其相互关系，箭头指向方框表示为这个环节的输入，箭头离开方框表示为这个环节的输出。线下的字母表示相互间的作用信号。

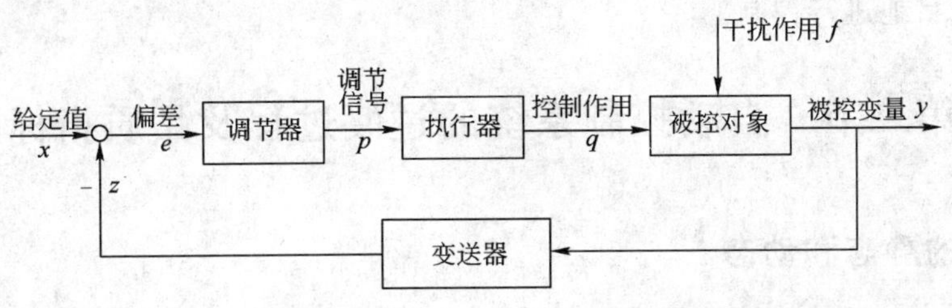

图 7－3　自动控制系统方框图

在方框图中，被控变量 y 就是对象的输出变量。影响被控变量的外来因素，在自动控制系统中称为干扰作用，用 f 表示。干扰作用是作用于对象的输入变量。与此同时，出料流量的改变是由于执行器动作所致，那么出料流量 q 即为“执行器”环节的输出量。出料流量 q 是作用于对象的另一个输入变量，它们都是影响被控变量 y 变化的因素。

变送器的输入信号是被调参数 y，而输出信号 z 送到比较机构，与给定值 x 进行比较，得到偏差信号 e（$e=x-z$）。比较机构实际上是调节器的一个组成部分，不是一个独立的元件，一般方框图中是以○或⊗表示。在图中把它单独画出来，为的是能更清楚地说明其比较作用。

调节器根据偏差信号 e 的大小，发出调节信号 p 送至执行器，从而克服干扰对被控变量的影响。执行器输出 q 的变化称为控制作用。具体实现控制作用的参数叫做操纵变量。如图 7-2中流过执行器的出口流量就是操纵变量。

必须指出的是，方框图中每一个方框都代表一个具体的实物。方框与方框之间的连线只是代表方框之间的信号联系，并不代表方框之间的物料联系。方框之间连接线的箭头也只是代表信号作用的方向，并不代表物料的流动方向，与工艺流程图上的物料线是不同的。

总之，所谓控制系统的方框图，就是从信号流的角度出发，将组成自动控制系统的各个环节用信号线相互连接起来的图形。

2. 负反馈

对于任何一个简单的自动控制系统，只要我们按照上面的原则去作它们的方框图时，就会发现不论它们在表面上有多大差别，它的各个组成部分在信号传递关系上都形成一个闭合的环路。其中任何一个信号，只要沿着箭头方向前进，通过若干个环节后，最后又会回到原来的起点。所以，自动控制系统是一个闭环系统。

再看图 7-3 中，系统的输出参数是被控变量，但是它经过测量元件和变送器后，又返回到系统的输入端，与给定值进行比较。这种把系统的输出信号重新送回到输入端的做法叫做反馈。从图 7-3 还可以看到，在反馈信号 z 旁有一个负号“－”，也就是调节器的偏差信号取 z 作被减数，$e=x-z$。因为图 7-3 中的反馈信号 z 取负值，所以叫做负反馈。在自动控制系统中都采用负反馈，因为只有负反馈，才能使当被控变量 y 受到干扰的影响而升高时，反馈信号 z 将升高，经过比较而得的偏差信号 e 将降低，因而调节器发出的调节信号 p 减小，使执行器的开度向相反的方向发生变化，从而使被控变量下降，回到给定值，这样就达到了控制的目的。如果采用正反馈的形式，那么控制作用不仅不能克服干扰的影响，反而推波助澜，使被控变量进一步上升，而且只要有一微小的偏差，控制作用就会使偏差越来越大，直至被控变量超出了安全范围而破坏生产。所以控制系统绝不能单独采用正反馈。

综上所述，自动控制系统是具有负反馈的闭环控制系统。它与自动测量、自动操纵等开环系统比较，最本质的差别就在于控制系统有负反馈。它可以随时了解被控变量的情况，有针对性而不是盲目地进行控制。

第二节　自动控制系统的过渡过程及品质指标

一、系统的静态和动态

在定值控制系统中，我们把被控变量不随时间而变化的平衡状态称为静态（或稳态），而把被控变量随时间而变化的非平衡状态称为动态。

当控制系统处于平衡状态即静态时，其输入（给定和干扰）和输出均恒定不变，系统的各个环节如变送器、调节器和执行器的状态，即它们的输入和输出都暂时保持不变。由此可知，自动控制系统中的静止是指各参数（或信号）的变化率为零，并不同于平常所谈的所有参数为零的概念。一旦给定值有了改变或干扰进入系统，这时平衡状态将被破坏，被控变量开始偏离给定值，因此调节器、执行器动作，改变原来的平衡状态，产生控制作用以克服干扰，使被控变量回到给定值，恢复到新的平衡状态。从干扰的发生，经过控制，直到系统重新建立平衡这段时间中，整个系统各个环节的输入、输出参数都处于变动状态之中，这种变动状态就是动态。

在定值控制系统中，我们希望系统的输出保持不变，但干扰是客观存在的，控制系统的任务是使输出尽快回到希望值。研究控制系统的重点是要研究其动态特性。

二、自动控制系统的过渡过程

自动控制系统在动态过程中，被控变量不断变化，它随时间变化的过程称为自动控制系统的过渡过程。也就是系统从一个平衡状态过渡到另一个平衡状态的过程。

在生产中，出现的干扰是没有固定形式的，且多属于随机性质。在分析和设计过程中，为安全和方便，常选择一些定型的干扰形式，其中最常用的是阶跃干扰，如图 7-4 所示。它在某瞬间输入量突然阶跃地加到系统上，并继续保持幅度值不变。这种形式的干扰比较突然、比较危险，对被控变量的影响也最大。如果一个控制系统能够有效地克服这种类型的干扰，那么对于其他比较缓和的干扰也一定能很好地克服；同时，由于这种干扰的形式简单，容易实现，便于分析、实验和计算。

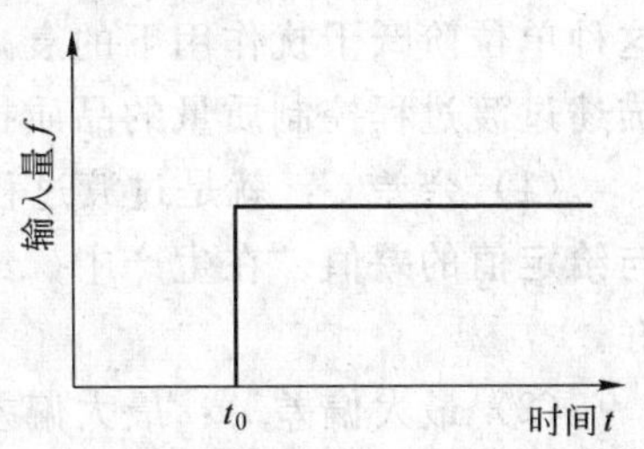

图 7-4　阶跃干扰作用

当系统的输入是阶跃干扰时，系统的过渡过程有如图 7-5 所示的四种基本形式。

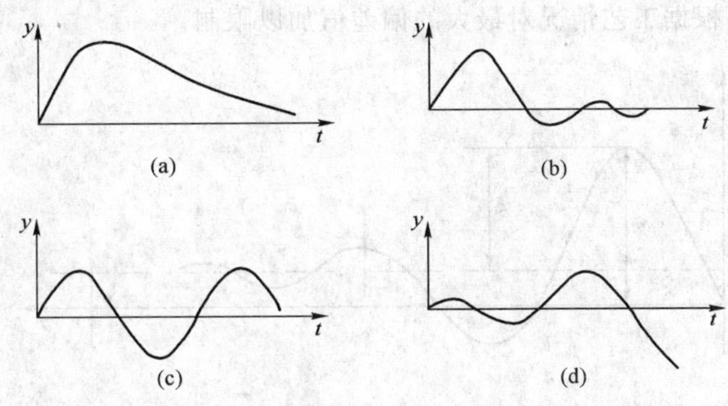

图 7-5　过渡过程的几种基本形式

(1) 非振荡单调过程：被控变量在给定值的某一侧作缓慢变化，没有来回波动，最后稳定在某一数值上，如图 7-5 (a) 所示。

(2) 衰减振荡过程：被控变量上下波动，但幅度逐渐减小，最后稳定在某一数值上，如图 7-5 (b) 所示。

(3) 等幅振荡过程：被控变量始终在某一幅值范围内上下波动，如图 7-5 (c) 所示。

(4) 发散振荡过程：被控变量上下波动，幅度逐渐变大，如图 7-5（d）所示。

非振荡单调过程（a）和衰减振荡过程（b）都是衰减的，称为稳定的过渡过程，被控变量经过一段时间后，逐渐趋向原来的或新的平衡状态，这是我们所需要的。但非振荡单调过程中，被控变量变化较慢，长时间偏离给定值，不能很快恢复平衡状态，故一般不采用。只是对于生产上被控变量不允许有波动的情况，可以采用这种过程。衰减振荡过程能使系统很快稳定下来，是经常采用的形式。

发散振荡过程（d），称为不稳定的过渡过程，其被控变量在控制过程中不但不能回到给定值，反而越来越偏离给定值，将导致被控变量超越工艺允许范围，严重时引起事故，显然这是生产所不允许的，应竭力避免。

等幅振荡过程（c）介于稳定和不稳定之间，一般认为是不稳定的过渡过程。除一些控制质量要求不高的情况（如位式控制）外，这种过程一般情况下不采用。

三、自动控制系统的品质指标

现在我们假定讨论的是定值控制系统，在 $t=0$ 时出现一个单位阶跃干扰。图 7-6 是在这种单位阶跃干扰作用下的衰减振荡过程示意图。下面我们对衰减振荡过程，给出以下几个描述过渡过程控制质量的品质指标。

(1) 余差 C：就是过渡过程终了时的残余偏差，也叫静差。也就是被控变量新的稳定值与给定值的差值。在生产中，给定值是生产要求的技术指标，所以被控变量越接近给定值越好。

(2) 最大偏差 A：最大偏差就是被控变量偏离给定值的最大值，也就是图 7-6 中的第一个波的峰值 A。最大偏差值表示工艺状态偏离给定值的程度，偏离量越大，偏离时间越长，对生产和设备的安全危害也越大。特别是对于生产中的一些设备，被控变量往往有一个安全范围，超过这个范围，则会产生生产事故。同时考虑到干扰会不断出现，当第一个干扰还未消除，第二个干扰可能又出现了，偏差有可能叠加，这就更需要限制最大偏差的允许值。所以，生产上要根据工艺情况对最大的偏差值加以限制。

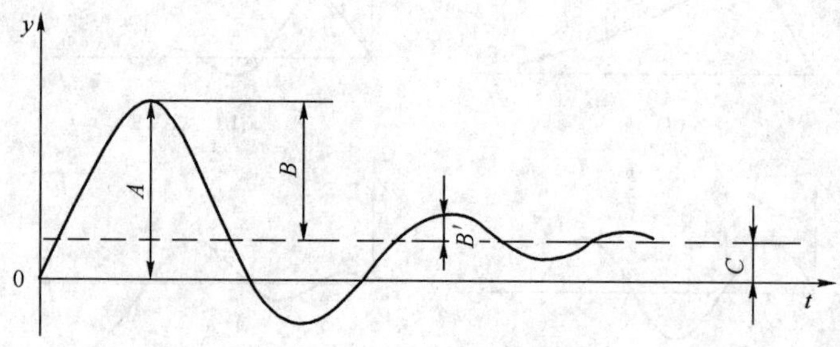

图 7-6　阶跃干扰作用时过渡过程品质指标示意图

有时也用超调量来表征被控变量的偏离程度，在图 7-6 中超调量用 B 表示，它是第一个波峰与新稳定值之差，即 $B=A-C$。

(3) 衰减比 λ：是表示衰减程度的指标，也就是曲线中前后两个相邻波的峰值之比，即：$B:B'$，习惯上用 $\lambda:1$ 表示。如果 λ 太小，稍大于 1，则过渡过程衰减慢，振荡剧烈，近似于等幅振荡，不安全；λ 太大，过渡过程缓慢，接近于非振荡的单调过程，因此 λ 取值不能太大也不能太小。在实际生产中，一般都希望自动控制系统的衰减比为 4:1。在这样的振荡过程中，大约振荡两个波以后就可以认为是稳定下来了。但是，对于一些变化很缓慢的温度调节过程，波动一次的时间有时达 1h 左右，一般采用 10∶1 衰减曲线，或以非振荡曲线作为指标，效果可能会更好。

(4) 过渡时间 T_s：从干扰作用后，系统过渡到另一个新的平衡状态所需的时间，就是过渡时间。从理论上讲，衰减振荡过渡过程要达到新的平衡需要无限长的时间，但是一般认为被控变量回复到允许范围（一般为稳态值的±5%）内就已经达到稳定。所以，过渡时间是从干扰开始作用时起到被控变量进入稳态值的±5%范围的这段时间。过渡时间短，表示过渡过程进行得比较迅速，即使干扰频繁出现，系统也能适应，系统控制质量就高；反之，过渡时间太长，被控变量长期不能稳定在给定值附近，如果几个干扰先后进入系统，可能会使干扰引起的波动叠加起来，控制系统的质量就不能满足生产的要求。

四、影响过渡过程品质的主要因素

在诸多因素中，被控对象自身和自动化装置的性能对系统的控制质量在很大程度上起着决定性的作用。以图 7-7 所示的温度自动调节系统为例，其被控对象指的是与被加热介质出口温度 T 有关的设备结构、材质等因素。自动化装置指的是变送器、调节器和执行器这三部分。在这个例子中，影响对象性质的因素主要有：换热器的负荷大小，换热器的结构尺寸、材质以及换热器结垢程度等。对已有的生产装置，对象特性一般都是基本确定了的，很难加以改变。自动化装置应按对象性质和控制要求加以选择和调整，两者要配合得当，否则会直接影响控制质量。

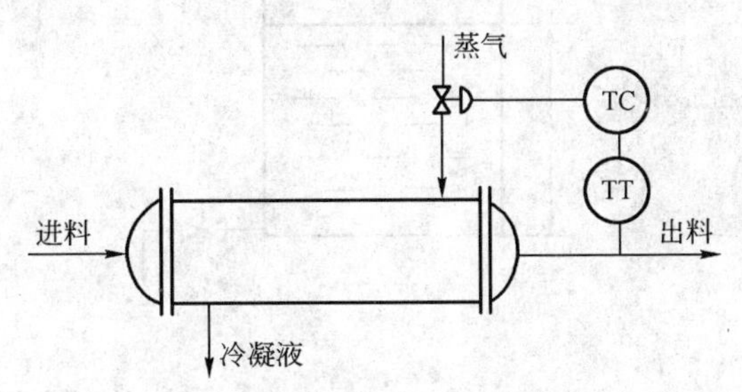

图 7-7　温度调节系统

总之，在系统设计和运行过程中，必须抓住“被控对象”特性这一主要矛盾，制订方案，采取措施。在以后的章节里，我们将对组成自动控制系统的各环节——被控对象、变送器、调节器和执行器分别加以介绍。只有充分了解这些环节的作用和特性后，才能进一步研究和分析自动控制系统，提高控制质量。

第三节　被控对象的特性

前面已经谈到，影响控制系统品质指标的主要因素是被控对象的特性，现在我们对这些对象特性进行简单介绍。

在石油生产、储运、加工自动控制系统中，常见的对象是各类换热器、塔器、流体输送设备以及辅助系统中的动力设备（如泵、压缩机、电动机等）。我们研究控制对象特性，掌握其内在规律，可以为合理地选择自动控制方案，设计最佳的控制系统，选用合适的调节器及调节器参数提供依据。但是，由于工艺过程中对象的复杂性，迄今为止，对某些对象的物理、化学变化的机理还不完全了解，影响因素多，尚不能进行理论分析。因此，本章着重通过对简单对象的数学描述法和实验求取法的学习，使我们对描述对象特性的参数有所了解，以便今后更好地分析自动化系统。

一、描述对象特性的参数

为了说明被控对象特性是如何描述的，我们来分析一个简单的对象。图 7-8 是一个水罐，水经过阀门 1 不断地流入罐内，水罐内的水又通过阀门 2 又不断地流出。工艺上要求水罐的液位 h 保持在一定数值。

现在我们假定阀门 2 的开度保持不变，把阀门 1 的开度变化引起液位 h 的变化作为干扰因素。在稳定的时候，流量 $Q_1=Q_2$，这时液位 $h=h_0$，保持不变。假定在 $t=t_0$ 时刻突然开大阀门 1，液位就要发生变化。我们会发现，液位变化有一个特点，开始变化较快，以后逐渐变慢，最后稳定在一个新的位置上，如图 7-9 所示的曲线。这条曲线就可以用来描述对象的特性。为了研究问题方便起见，常用下面三个物理量来定量地表示对象的特性。

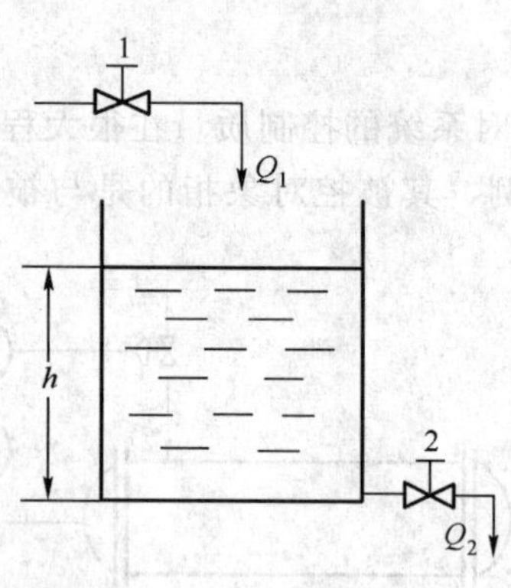

图 7-8　水罐对象

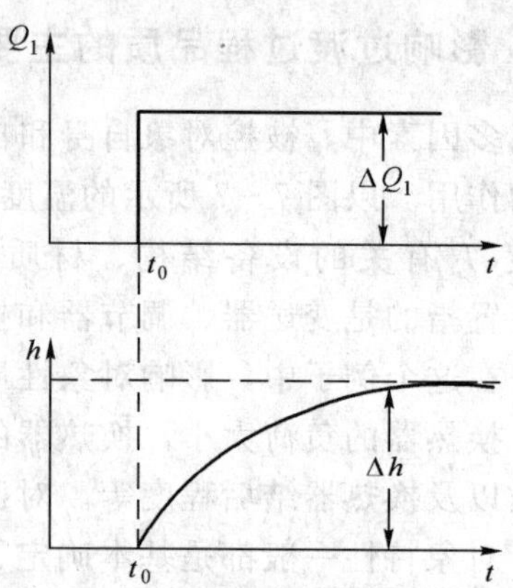

图 7-9　水罐液位的变化曲线

1. *放大系数 K*

从图 7-9 可看出，当流量 Q_1 有一定变化后，液位 h 也会有相应的变化，但最后稳定在某一数值上。如果我们将流量 Q_1 的变化量 ΔQ_1 看作对象的输入，而液位 h 的变化量 Δh 看作对象的输出，那么在稳定状态时，对象一定的输入就对应着一定的输出，这就是对象的静态特性。用数学式表示成：

$$K=\frac{\Delta h}{\Delta Q_1} \tag{7-1}$$

也就是说，对象的输出量的变化是其输入量的变化量的 K 倍，所以我们称 K 为对象的放大系数。对象的输入量变化一定时，K 值越大，则对输出量的影响越大。因此，对于控制作用而言，我们希望 K 大一些好，K 越大，控制作用越强，但是 K 太大会引起被控变量的频繁波动；对于干扰作用而言，我们希望 K 越小越好。

2. *滞后时间 τ*

在生产实践中发现，有的对象在受到输入信号的作用后，被控变量不是立即变化的，而是要经过一段时间后才开始变化。时间延迟的原因一般是由于介质的输送或热的传递需要一段时间而引起。如图 7-10 中，如果以进入的蒸汽量 q 为输入量，溶液温度 T 为输出量，而测温点又在出口管道上，与罐的距离为 L，那么，当罐内温度变化时，测温点处的温度变化还要经过时间 τ_0 后才反映出来，如图 7-11 所示。通常把这个 τ_0 称为纯滞后，又称时滞。

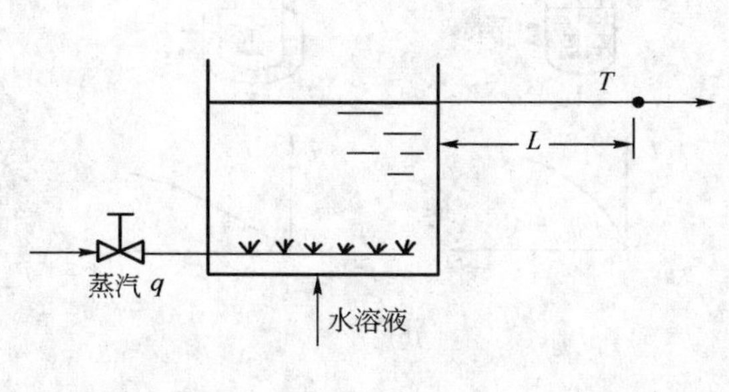

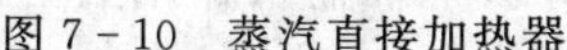

图 7－10　蒸汽直接加热器

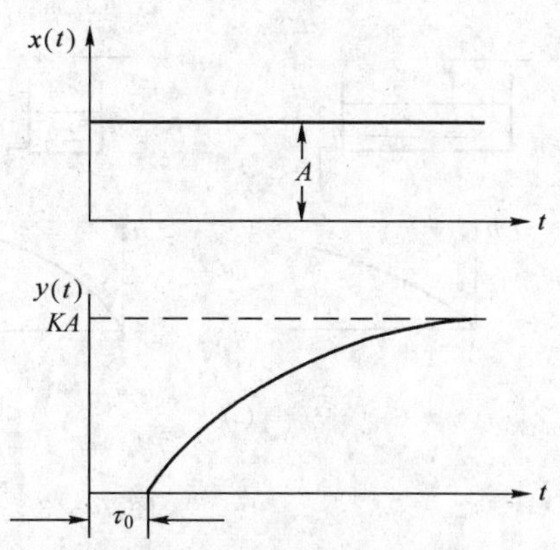

图 7－11　有纯滞后的对象特性

如果不是直接加热而采用夹套间接加热，则对象就会由一个集中容积和一个集中参数的单容特性变成多容特性，温度变化过程如图 7－12 所示。温度经过一段纯滞后 τ_0，在 O 处开始变化。但由于夹套层温度上升也要一个过程，因此，温度初始变化速度较慢，直到夹套层被加热到与溶液有较大的温差后，才有较多的热量传给溶液，使其温度较快地上升。到接近平衡时，夹套的温度逐渐与溶液温度一致，这时溶液温度上升又慢起来。

从图 7－12 的曲线上看到的 A 点是温度 T 由慢变快的转折点，我们把 A 点称为曲线的拐点，过 A 点作曲线的切线，交 t 轴于 B 点，被控变量 T 开始变化的 O 点至 B 点之间的这一段时间 τ_n 称作为容量滞后（又称过渡滞后）。容量滞后与纯滞后有本质上的不同。但是，实际上却很难严格地区别开。在近似处理问题时，用一个总的滞后时间 τ 来表示。

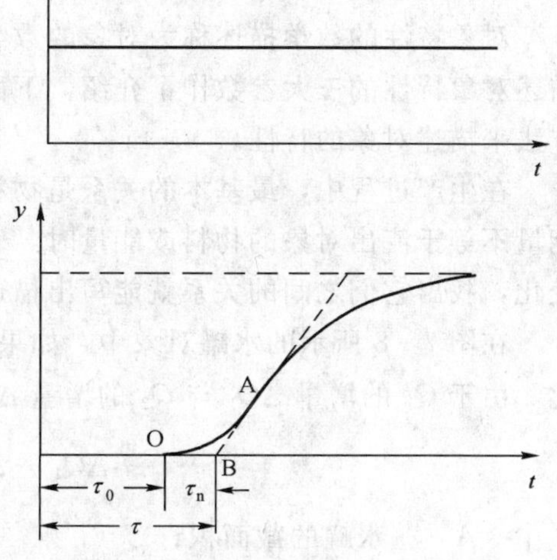

图 7－12　有容量滞后的对象特性

显而易见，滞后时间 τ 的增加往往会使调节不及时，故我们应尽量减小滞后的时间 τ。

3. 时间常数 T_c

从大量的生产实践中发现，有的对象受到输入信号作用后，被控变量变化很快，较迅速地达到稳定值；有的对象在受输入信号作用后，惯性很大，被控变量经过很长时间才达到新的稳定值。

从图 7－13（a）中可以看到，截面较大的水罐与截面较小的水罐相比，当进口流量改变同一数量时，截面小的水罐液位变化很快，并迅速稳定在新的数值，而截面大的水罐惰性大，液位变化慢，需经过很长时间才能稳定。图 7－13（b）中夹热套蒸汽加热的反应器与直接加热的反应器相比，当蒸汽流量变化同一数量，直接加热的反应器内反应物温度就比夹热套加热的反应器的温度来得快。为了定量表示对象的这种特性，我们用时间常数 T_c 来表示，其量纲是秒。

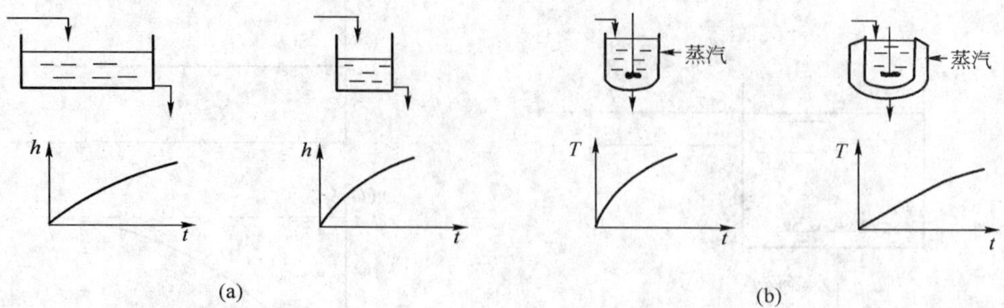

图 7-13 不同时间常数时的反应曲线

T_c 的大小可以在对象特性曲线上求得。当对象受到阶跃干扰输入作用后，被控变量达到新的稳态值的 63.2% 所需的时间，就是时间常数 T_c。显然，时间常数越大，被控变量的变化越慢，达到新的稳态值所需的时间也越长。

二、对象特性的数学描述

对象特性的数学描述称为对象的数学模型，可以用微分方程式来表示。前面我们已经对描述对象特性的三大参数作了介绍，下面我们再通过一简单的例子，进一步说明如何用数学方法来描述对象的特性。

在生产过程中，最基本的关系是物料平衡与能量平衡。当单位时间内流入对象的物料或能量不等于流出对象的物料或能量时，表示对象物料或能量储存量的一些参数就要随时间而变化，找出它们之间的关系就能写出描述它们之间的关系的微分方程式。

在图 7-8 所示的水罐对象中，如果流入流量 Q_1 有变化 ΔQ_1，致使液位 h 发生 Δh 的变化。由于 Q_1 的增量 ΔQ_1 与 Q_2 的增量 ΔQ_2 之差应等于液体储存量的变化率，即

$$\Delta Q_1 - \Delta Q_2 = \frac{\mathrm{d}V}{\mathrm{d}t} = A\,\frac{\mathrm{d}\Delta h}{\mathrm{d}t} \tag{7-2}$$

式中 A——水罐的截面积；

V——水罐内的液体储存量。

根据工程流体力学知识，流出量 Q_2 与液位 h 的关系式为：

$$\Delta Q_2 = \frac{\Delta h}{R} \tag{7-3}$$

式中，R 称为阀门的阻力系数，如果液位和流量变化很微小，在小范围内认为 R 为常数。

将式（7-3）代入式（7-2），并整理后可得：

$$T_c\frac{\mathrm{d}\Delta h}{\mathrm{d}t} + \Delta h = K\Delta Q_1 \tag{7-4}$$

其中，$T_c = RA$，为时间常数；$K = R$ 是放大系数。式（7-4）就是描述简单液位被控对象的微分方程式。它是一阶线性常系数微分方程式。当 ΔQ_1 为一阶跃干扰时，方程式的解为：

$$\Delta h = K\Delta Q_1(1 - \mathrm{e}^{-\frac{t}{T}}) \tag{7-5}$$

式（7-5）就是简单液位被控对象在受到阶跃干扰 ΔQ_1 后，被控变量 Δh 的过渡过程。

以上分析了简单水罐对象特性的数学描述，对于其他类型的简单对象也可用这种方法来进行研究。但是，对于比较复杂的对象，求解其微分方程比较困难。

三、对象特性的测取

在油气生产中，许多对象的特性很复杂，往往很难用数学的方法直接求得。因此，在实际工作中，我们常常用实验的方法来研究对象的特性。

所谓对象特性的实验测取，就是在我们所要研究的对象上，加上一个人为的干扰作用（输入量），然后记录表征对象特性的输出量随时间变化的曲线，得出一系列实验数据。这些数据或曲线再加以必要的数学处理，使之转化为描述对象特性的数学形式。对象特性的实验测取法有很多种，这些方法往往是以所加干扰的形式不同来区分的，下面我们作一些简单介绍。

1. 反应曲线法

所谓反应曲线法，就是用实验的方法，测取对象在阶跃干扰下输出量随时间变化的规律。假定在时间 t_0 前，对象处于稳定工况，输入、输出量都保持在某一稳定的初始值上。在 t_0 时突然加一阶跃干扰 f，在阶跃干扰作用下，将对象输出量 y 随时间 t 的变化规律画成曲线，便是对象的反应曲线。如图 7－14 所示。

这种方法比较简单。如果输入量是流量，只要将阀门的开度作突然的改变，便可认为施加了阶跃干扰，实现起来比较容易。但是，这种方法往往会受到工艺上的限制，干扰幅度不能太大，测量精度较差，试验时间较长，对正常生产的影响较大。

2. 矩形脉冲法

当对象处于稳定工况下，在 t_0 时刻突然加一矩形脉冲干扰，这时测得的输出量 y 随时间的变化规律，称为对象的矩形脉冲特性（见图 7－15）。

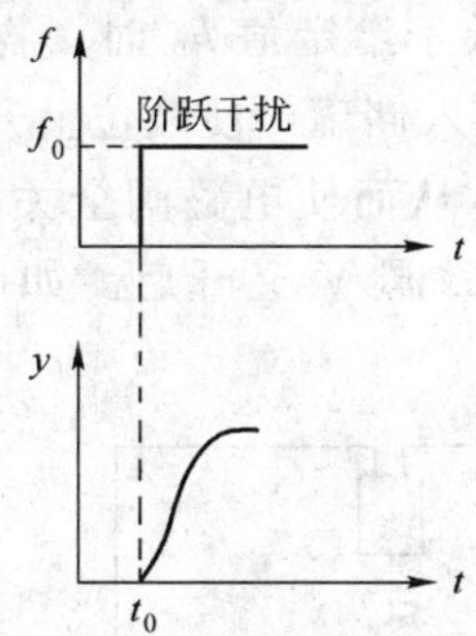

图 7－14　对象的反应曲线

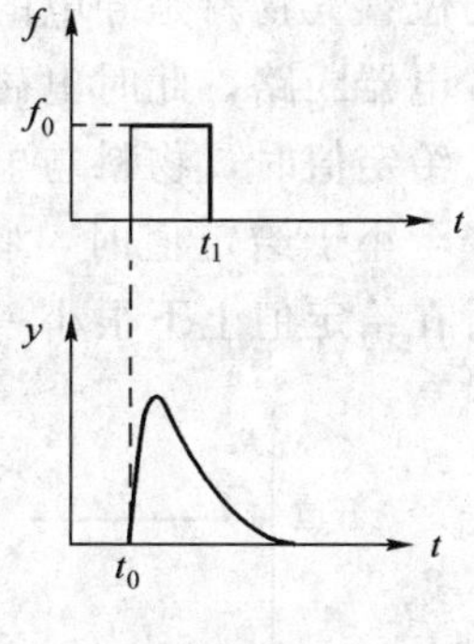

图 7－15　矩形脉冲特性曲线

用矩形脉冲干扰来测取对象特性时，由于加在对象上的干扰经过一段时间即被除去，因此干扰的幅值可以取得比较大，提高了实验精度。对象输出量又不至于长时间地偏离给定值，因而对正常生产影响比较小。目前这种方法也是测取对象动态特性的常用方法之一。

近年来，对于一些不宜加人为干扰来测取特性的对象，可以根据在正常生产情况下长期积累下来的各种参数的记录数据或曲线，经过理论分析和计算，来获取对象的特性。随着自动化技术及计算机应用的发展，这是一种研究对象特性的有效方法。

第四节　基本控制规律

从自动控制系统的原理分析我们知道，当被控对象在干扰作用下，被控变量偏离给定值时，调节器比较测量值与给定值之间的偏差，按一定的控制规律输出调节信号，以使执行机构产生调节作用，使被控变量回到给定值上来。

我们讨论调节器的特性，就是分析调节器接受了输入的偏差信号后，调节器的输出随输入变化的规律，即调节器的控制规律。

调节器总是按照人们事先规定好的某种规律来动作的，这些规律都是长期生产实践的总结。调节器可以具有不同的工作原理和各种各样的结构型式，但是它们的动作规律却不外乎几种类型。在工业自动控制系统中最基本的控制规律有位式控制、比例控制、积分控制和微分控制四种。

各种控制规律是为了适应不同的生产要求而设计的，因此，必须根据生产的要求选用适当的控制规律。如选用得不当，不但不能起到控制作用，反而会造成控制过程的剧烈振荡，甚至形成发散振荡而造成严重生产事故。要选用合适的控制规律，首先必须了解常用的几种控制规律的特点和适用条件。

一、双位控制

双位控制是位式控制的最简单形式。双位控制的动作规律是当测量值大于给定值时，调节器的输出为最大；而当测量值小于给定值时，则调节器输出为最小（也可以是相反）。因此，双位控制只有两个输出值，相应的控制机构也只有两个极限位置，不是开就是关，而且从一个位置变到另一个位置时间很快，如图 7－16 所示。

图 7－17 是一个典型的双位控制系统。它是利用电极式液位计来控制储罐的液位。罐内装有一根电极，作为测量液位的装置；电极的一端与继电器的线圈 J 相接，另一端调整在液位给定值的位置。物料是导电的，储罐外壳接地。当液位低于给定值 h_0 时，物料与电极未接触，故继电器断路，此时电磁阀全开，物料通过电磁阀流入储罐，使液位上升。待液位上升至稍大于给定值时，物料与电极接触，于是继电器接通，从而使电磁阀全关，液位下降。待液位下降至小于给定值时，物料又与电极脱离，于是电磁阀 V 又开启。如此反复循环，使液位维持在给定值上下很小一个范围内波动。

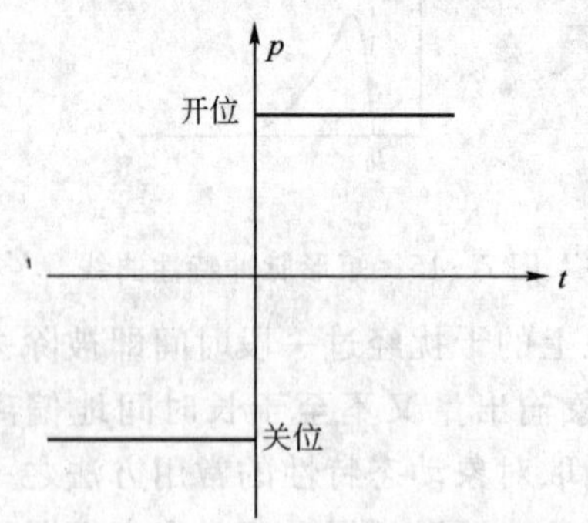

图 7－16　理想的双位控制特性

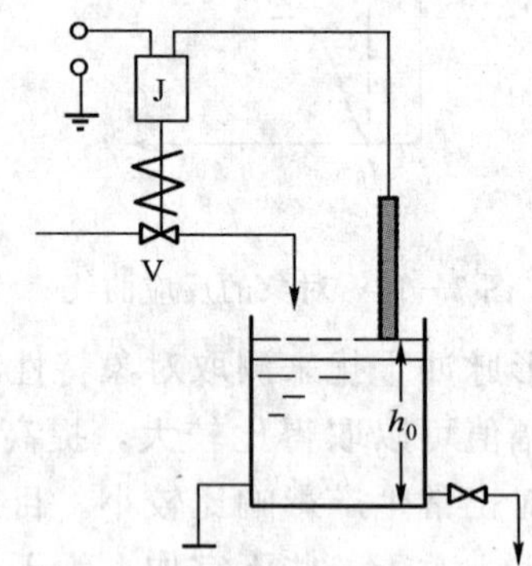

图 7－17　双位控制示例

实际上，双位调节器控制规律要按图 7－16 的理想动作是很难保证的。若要按上述规律动作，控制机构的动作非常频繁，容易使系统中的运动部件（如上例中的继电器、电磁阀等）很快损坏。况且实际生产中给定值也是允许有一定偏差的。因此，实际应用的双位调节器都有一个中间区（有时就是仪表的不灵敏区），在中间区域阀门是不动作的。这样，就可以大大地降低控制机构开闭的频繁程度。如图 7－18 所示，曲线是被控变量（液位）在中间

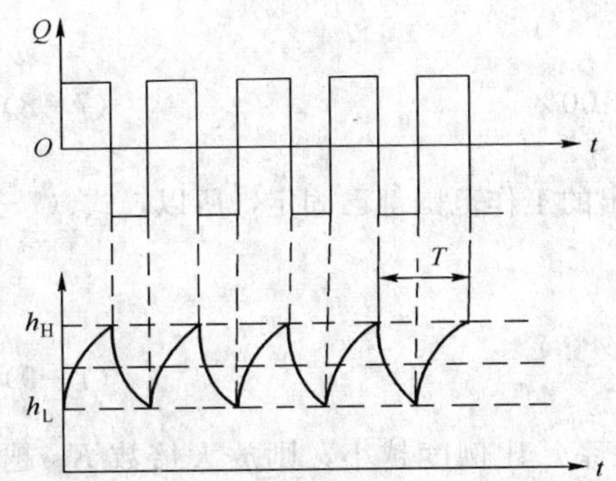

图 7-18　具有中间区的双位控制过程

区内随时间变化的曲线，它是在被控变量的上限值与下限值之间的等幅振荡过程。

对于双位控制过程，一般采用振幅与周期作为品质指标。如图 7-18 中振幅为 $h_H - h_L$，周期为 T。

对于同一个双位控制系统来说，过渡过程的振幅与周期是有矛盾的：若要求振幅小，则周期必然短，若要求周期长，则振幅必然大。然而，通过合理地选择中间区，可以使两者得到兼顾。由此可知，在设计双位控制系统时，应该使振幅在允许的范围内，尽可能地使周期延长。

双位调节器结构简单，成本较低，易于实现，因此应用也很普遍。如仪表用压缩空气储罐的压力控制；恒温箱、电烘箱、管式炉的温度控制等。

二、比例控制

从位式控制及人工操作的实践中认识到，如果能够使执行器的开度与被控变量的偏差成比例变化的话，就有可能获得与对象负荷相适应的控制参数，从而使被控变量趋于稳定，达到平衡状态。这就是比例控制规律，常用字母 P 表示。

1. 比例控制规律及比例度

图 7-19 是一个简单的比例控制系统。被控变量是水罐的液位，由浮球测量，并通过杠杆控制进液阀开度。当液位高于给定值时，通过浮球和杠杆的作用使阀芯下移，开度减小，以减少流入量；当液位偏低时，使阀芯上移，开度增加，以增加流入量。所以，图 7-19 中的浮球是测量元件，而杠杆就是一个最简单的调节器。

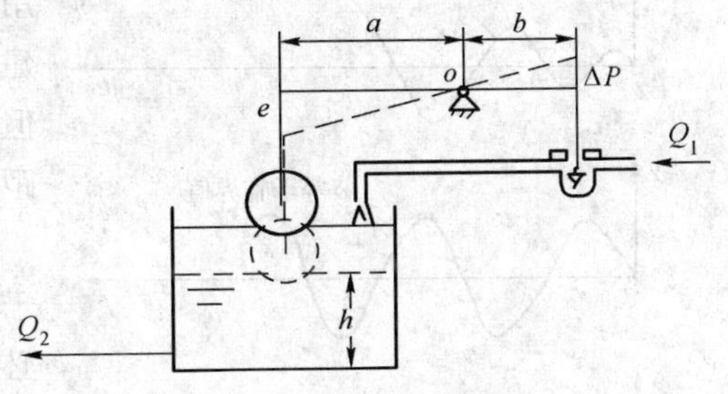

图 7-19　简单的液位比例控制示意图

图中 e 表示液位的变化量（即偏差），ΔP 表示阀芯开度变化量。由图可知

$$\Delta P = \frac{b}{a}e = K_P e \tag{7-6}$$

式中　K_P——调节器的放大倍数。

上式就为比例调节器的特性式。比例调节器的输出变化量与输入变化量（偏差）成比例。

工业上所用的比例调节器，都是用比例度 δ（也称比例带）来表示比例控制作用的强弱。比例度可用下式来表示：

$$\delta = \frac{e/(X_{max} - X_{min})}{\Delta P/(P_{max} - P_{min})} \times 100\% \tag{7-7}$$

式中　e——调节器输入变化量（即偏差）；

ΔP——调节器输出的变化量；

$X_{max} - X_{min}$——变送器的量程（偏差变化范围）；

$P_{max} - P_{min}$——调节器的输出信号范围。

因为 $\Delta P = K_P e$，式（7－7）变为：

$$\delta = \frac{1}{K_P} \frac{P_{max} - P_{min}}{X_{max} - X_{min}} \times 100\% \tag{7-8}$$

对于一个具体的调节器，变送器的量程和调节器输出的工作范围都已固定，所以，式（7－8）中 $\frac{P_{max} - P_{min}}{X_{max} - X_{min}}$ 的数值是一常数，并令其为 K，可得：

$$\delta = \frac{K}{K_P} \times 100\% \tag{7-9}$$

这说明调节器的比例度 δ 与放大倍数 K_P 成反比关系。比例度越小，则放大倍数 K_P 越大，比例控制作用就越强，反之亦然。

在单元组合仪表中，调节器的输入信号是由变送器来的，而调节器和变送器的输出信号都是统一标准信号，因此常数 $K=1$。这样在单元组合仪表中，比例度 δ 和放大倍数 K_P 互为倒数关系，即：

$$\delta = \frac{1}{K_P} \times 100\% \tag{7-10}$$

2. 比例控制的过渡过程

对于图 7－19 所示的液位比例控制系统，当系统受到干扰，使流出量 Q_2 增加时，被控变量 h 开始下降，浮球也跟着下降，通过杠杆的作用而使进液阀开大，流入量 Q_1 增大，直到 $Q_2 = Q_1$ 建立起新的平衡为止，液位稳定在一个新的数值上。但是，此时液位低于刚才的给定值，它们之间的差距就叫余差。

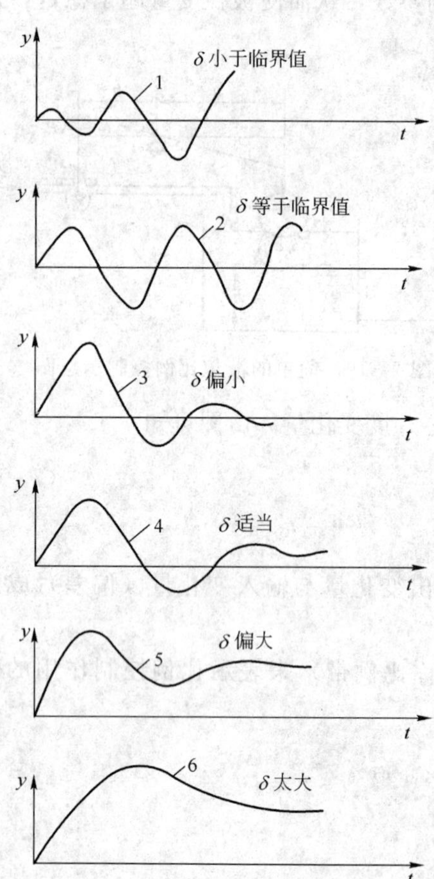

图 7－20　比例度对过渡过程的影响

也就是说，比例调节器的输出变化，必须依赖于输入（偏差）变化；要使执行器动作，被控变量必然有偏差存在。这是比例控制规律本身的特性所决定的。余差是不可避免的。

比例度对控制过程的影响如图 7－20 所示。从图中可以看出，比例度越大，过渡过程曲线越平稳，但余差也越大。比例度越小，则过渡过程曲线越振荡。这是因为当比例度减小时，调节器放大倍数增大，在同样的偏差下，调节器输出较大，执行器开度改变就越大，被控变量变化也比较灵敏。当比例度继续减小到某一数值时，系统会出现等幅振荡，这时的比例度称为临界比例度 δ_k。当比例度小于临界比例度 δ_k 时，系统在干扰产生后将出现不稳定的发散振荡，这是很危险的，甚至会造成重大事故。

一般地说，若对象是较稳定的，也就是对象的滞后较小、时间常数较大、放大倍数较小时，调节器的比例度可以选得小一些，以提高整个系统的灵敏度，反应加快。反之，若对象滞后较大，时间常数较小以及放大倍数较大时，比例度就应选得大一些，否则就达不到稳定的要求。

总之，比例控制规律比较简单，控制比较及时，一旦偏差出现，马上就有相应的控制作用。所以比例控制规律是一种最基本的控制规律，适合于干扰较小、对象滞后较小而时间常数并不太小、控制精度要求不高的场合。

三、比例积分控制

比例控制总是存在余差，控制精度也不高，这是比例控制的缺点。当对控制质量有更高要求时，必须在比例控制的基础上，再加上能消除余差的积分控制作用。

1. 积分控制作用

积分控制作用（常用I表示）的输出变化量与输入偏差的积分成比例，用数字形式表示为：

$$\Delta P = K_I \int e\mathrm{d}t \tag{7-11}$$

式中 e——输入偏差；

ΔP——调节器输出的变化量；

K_I——积分速度，$K_I=1/T_I$，T_I 为积分时间。

由式（7-11）可以看出，积分控制作用的输出一方面取决于偏差的大小，另一方面取决于偏差存在的时间长短。只要有偏差，尽管偏差可能很小，但它存在的时间越长，输出信号就越大。只有当偏差消除（即 $e=0$）时，输出信号才不再继续变化，执行机构才停止动作。也就是说，积分控制作用在最后达到稳定时，偏差必须等于零，这是它的一个显著特点。

当调节器的输入偏差 e 是一阶跃 A 时，式（7-11）就可写为

$$\Delta P = K_I \int e\mathrm{d}t = K_I A t \tag{7-12}$$

在积分调节器中，常用积分时间 T_I 来表示积分速度，$T_I=1/K_I$。

从式（7-12）可以画出如图 7-21 所示的输出变化曲线。从图中可以看出，阶跃输入下，积分调节器的输出是一直线，其斜率与 K_I 有关。只要偏差存在，积分调节器的输出会不断增大。但是，积分控制作用比较慢，在偏差 e 出现的瞬间，并没有控制作用。由于这一特点，积分调节器不能单独使用。

2. 比例积分控制规律

前面谈到，比例控制规律的输出变化与输入偏差成比例，因此作用快，但有余差。而积分控制规律能消除余差但作用较慢。比例积分控制规律就汲取了两者的优点，是生产上常用的一种控制规律（常用PI表示）。比例积分控制规律可用下式表示：

$$\Delta P = K_P\left(e + \frac{1}{T_I}\int e\mathrm{d}t\right) \tag{7-13}$$

比例积分调节器的特性就是比例调节器和积分调节器两者特性之和，其特性可由图 7-22 表示。当输入偏差是一阶跃变化时，比例积分调节器的输出一开始是一阶跃变化（比例作用），然后随着时间逐渐上升（积分作用）。

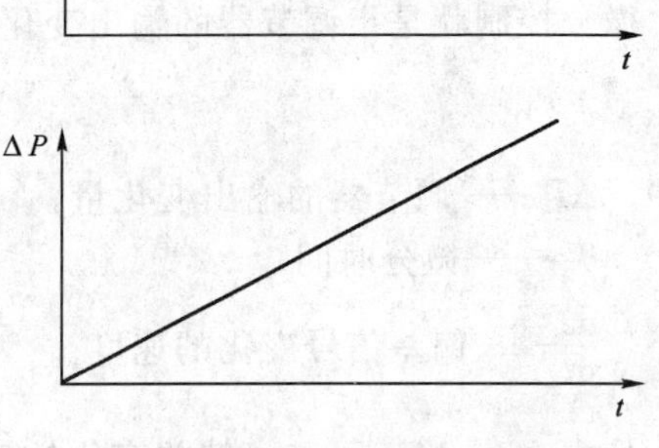

图 7-21 积分调节器特性

积分时间 T_I 越小，表示积分速度 K_I 越大，积分特性曲线的斜率越大，即积分作用越强。反之，积分时间 T_I 越大，表示积分作用越弱。若积分时间无穷大，则表示没有积分作用，调节器就成为纯比例调节器了。

3. 比例积分控制的过渡过程

采用比例积分调节器时，积分时间对过渡过程的影响具有两重性。在同样的比例度下，缩短积分时间 T_I，将使积分控制作用加强，容易消除余差，这是有利的一方面；但会使系统振荡加剧，有不易稳定的倾向，这是不利的一面。图 7－23 是表示在同样的比例度下积分时间对过渡过程的影响。由图可以看出，积分时间过大或过小均不合适：积分时间过大，积分作用不明显，余差消除很慢；积分时间过小，过渡过程振荡太剧烈，稳定程度降低。

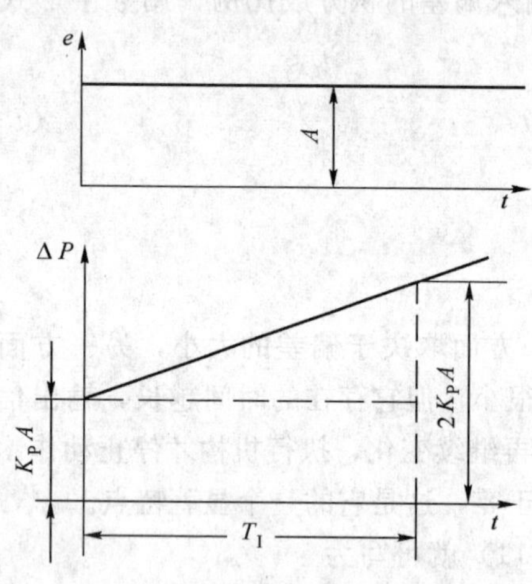

图 7－22　比例积分调节器特性

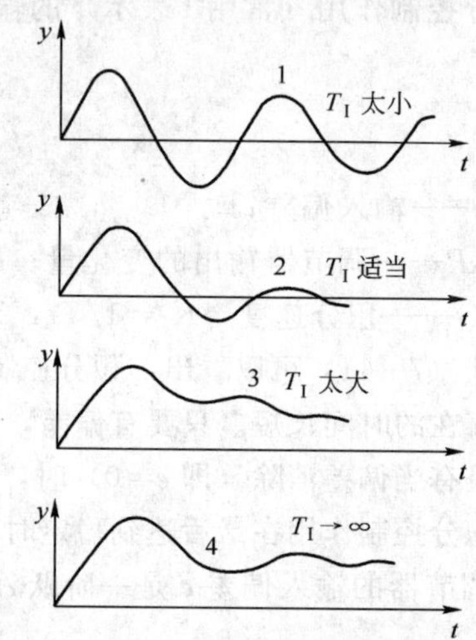

图 7－23　积分时间对过渡过程的影响

四、比例微分控制

微分控制作用主要用来克服被控变量的容量滞后（或称过渡滞后）。在实际生产中，有经验的工人师傅总是根据偏差的大小来改变阀门的开度大小（比例作用），同时又根据偏差变化速度大小来控制。例如当看到偏差变化速度很大，估计到即将出现很大偏差时，就过量地打开（或关闭）执行器，以克服这个预计的偏差。这种根据偏差变化速度提前采取的行动，意味着有“超前”作用，因而能比较有效地改善容量滞后比较大的被控对象的控制质量。

1. 微分控制规律

微分控制就是指调节器的输出变化量与偏差变化速度成比例，用数学式表示为：

$$\Delta P = T_D \frac{de}{dt} \tag{7-14}$$

式中　ΔP——调节器的输出变化量；

T_D——微分时间；

$\frac{de}{dt}$——偏差信号变化的速度。

从式（7－14）可知，偏差变化的速度 $\frac{de}{dt}$ 越大，微分作用输出的变化就越大。对于一个固定不变的偏差，不管这个偏差多大，微分作用的输出总是零，这是微分作用的特点。

如果调节器输入了一个阶跃信号，按式（7－14）就会出现图7－24（b）的输出，即输入变化的瞬间，输出趋于无穷大。在此以后，由于输入不再变化，输出立刻降到零。在实际中，如图7－24（b）中的控制作用既难于实现，又没有什么实用价值，故称为理想微分作用。

实际的微分控制作用如图7－24（c）所示。在阶跃输入发生时，输出突然上升，然后逐渐下降到零，只是一个近似的微分作用。

由于微分控制作用对恒定不变的偏差没有克服能力，因此不能作为单独的调节器使用。在实际中，微分控制作用总是与比例作用或比例积分控制作用同时使用。

2．比例微分控制的过渡过程

比例微分调节器是在比例作用的基础上再加以微分作用。由于微分作用总是力图阻止被控变量的任何变化（不管是增大或减小），微分作用具有抑制振荡的效果。所以，在同一个控制系统中，增加适当的微分作用后，可以提高系统的稳定性，减少被控变量的波动幅度。但是，微分作用也不能加得过大，否则由于控制作用过强，不仅不能提高系统稳定性，反而会引起被控变量大幅度的振荡。微分时间对过渡过程的影响可见图7－25。

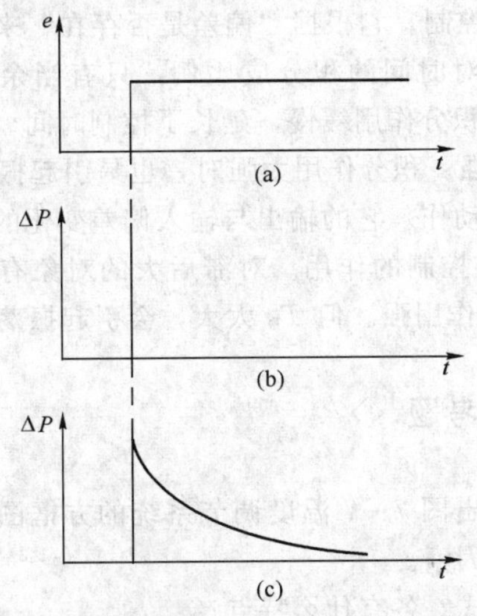

图7－24　阶跃输入时微分调节器特性

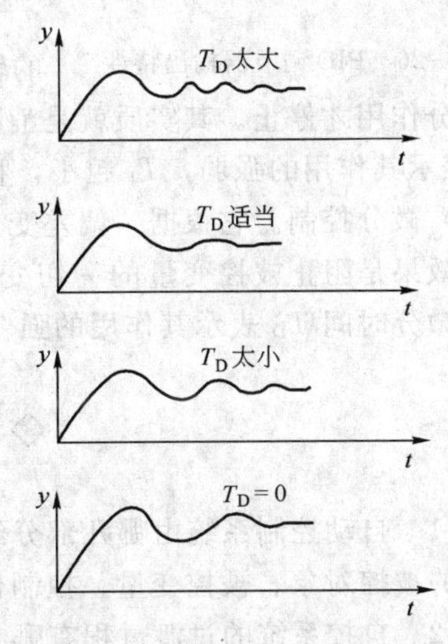

图7－25　微分时间对过渡过程的影响

3．比例积分微分控制

比例积分微分控制又称PID控制，它可由下式表示：

$$\Delta P = K_{\mathrm{P}}\left(e+\frac{1}{T_{\mathrm{I}}}\int e\mathrm{d}t + T_{\mathrm{D}}\frac{\mathrm{d}e}{\mathrm{d}t}\right) \tag{7-15}$$

由式（7－15）可见，PID控制作用就是比例、积分、微分三种控制作用的综合。

当有一个阶跃偏差信号输入时，PID调节器的输出信号等于比例、积分和微分三部分输出之和，如图7－26所示。从图中可以看出，在输入阶跃信号后，微分作用立即变化，比例也同时起作用，使输出信号发生突然大幅度变化，然后逐渐下降，微分作用迅速消失。接着随时间的累积，积分作用越来越大，逐渐起主导作用。若偏差不消除，则积分作用可使输出变到最大（或最小）值。

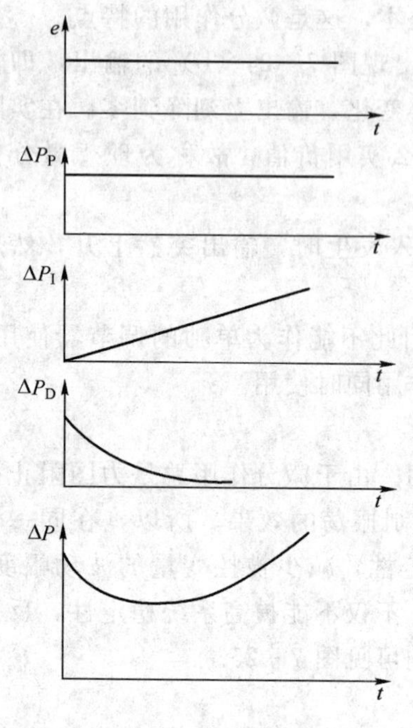

图 7-26 PID 调节器输出特性

在 PID 控制中，有三个控制参数，就是比例度 δ、积分时间 T_I 和微分时间 T_D。适当选取这三个参数值，可以获得良好的控制质量。

把 PID 调节器的微分时间调到零（即微分作用为零），就成了 PI 调节器。如果把 PID 调节器的积分时间放到最大（即积分作用为零），就成了一个 PD（比例微分）调节器。它的动作迅速，动偏差小，控制过程短，但仍有余差，适用于大容量、滞后时间长的对象。目前生产中的连续控制，都是这三种控制作用的组合。

最后，我们对比例、积分、微分三种控制规律作一简单小结：

（1）比例控制。它根据“偏差的大小”来动作。它的输出与输入偏差的大小成比例，控制及时、有力，但是有余差。用比例度 δ 来表示其作用的强弱。δ 越小，控制作用越强。比例作用太强时会引起振荡。

（2）积分控制。它根据“偏差是否存在”来动作。它的输出与偏差对时间的积分成比例，只有当余差完全消失，积分作用才停止。其实质就是消除余差。但积分作用缓慢，延长了控制时间。用积分时间 T_I 表示其作用的强弱，T_I 越小，积分作用越强。积分作用太强时，也易引起振荡。

（3）微分控制。它根据“偏差变化速度”来动作。它的输出与输入偏差变化的速度成比例，其效果是阻止被控变量的一切变化，有超前控制的作用。对滞后大的对象有很好的效果。用微分时间 T_D 表示其作用的强弱，T_D 大，作用强。但 T_D 太大，会引起振荡。

◇ 习题与思考题 ◇

7-1　自动控制系统由哪几部分组成？试画出图 7-7 温度调节系统的方框图，并说出系统中的被控对象、被控变量、控制作用和干扰因素。

7-2　自控系统的过渡过程有哪几种基本形式？各有什么特点？

7-3　什么是干扰作用？什么是控制作用？试说明两者之间的关系。

7-4　什么叫对象特性？为什么要研究对象特性？

7-5　描述被控对象特性的参数有哪些？它们对控制过程有何影响？

7-6　调节器有哪些基本控制规律？它们各有什么特点？

7-7　一个电动比例式温度调节器，比例度为 50%，测量的量程为 0～1000℃，调节器的输出范围为 4～20mA。当指示值变化 100℃时，求调节器输出变化是多少？当指示值变化多少时，调节器输出变化达到全范围？

7-8　比例度 δ、积分时间 T_I、微分时间 T_D 对控制过程有何影响？

7-9　在所介绍的几种控制规律中，哪些能消除余差？哪些不能消除余差？为什么？

7-10　试总结比例、积分、微分控制规律的特点、适用条件、应用对象的条件。

第八章 自动调节仪表

第一节 调节仪表的作用与分类

调节仪表是实现生产过程自动化的重要技术工具，是自动控制系统中的重要一环。检测仪表将被控参数转换成测量信号后，除了送显示仪表进行指示和记录外，还需送调节仪表，由调节仪表产生调节规律，控制生产过程的正常进行，使被控参数达到预期的要求。

调节仪表随着科学技术的进步不断发展变化。其种类繁多，下面主要就其能源形式、结构型式等相关问题，简单介绍一下调节仪表的分类。

一、调节仪表的能源形式

按照仪表所用的能源不同，调节仪表可以分为直接作用式和间接作用式。

1. 直接作用式

直接作用式调节器也称为自力式调节器，它不需要外加能源，是利用被控介质作为能源工作的。例如蒸气压力控制可以选用自力式压力调节器，这种调节器多用于调压、稳流等要求不高的就地控制系统。它的特点是结构简单、价格便宜。稳压精度在10%～20%。

用于气源装置中的稳压器或定值器，可以认为是自力式调节器的一种简单形式。它是利用输出气体所形成的力与预先调整好的弹簧力相平衡，来稳定输出气体的压力的。

2. 间接作用式

间接作用式调节器是需要外加能源的。按照外加能源的不同，可分为气动、电动、液动等几类。工业上通常使用气动调节仪表和电动调节仪表。

气动调节仪表的发展和应用已有数十年的历史，20世纪40年代起就已广泛应用于工业生产。它的特点是结构简单、性能稳定、可靠性高、价格便宜，且在本质上是安全防爆的，特别适用于石油、化工等有爆炸危险的场所。

电动调节仪表的出现要晚些，但由于其信号传输、放大、变换处理比气动仪表容易得多，又便于实现远距离监视和操作，还易于与计算机控制系统等现代化技术工具联用，因而这类仪表的应用更为广泛。电动调节仪表由于采取了安全火花防爆措施，同样能应用于易燃易爆的危险场所。

二、调节仪表的结构型式

按照结构不同，调节仪表可分为基地式仪表、单元组合式仪表以及数字式调节器。

1. 基地式仪表

基地式仪表是以指示、记录仪表为主体，附加调节机构而组成。它不仅能对某参数进行指示或记录，还具有调节功能。基地式仪表一般结构比较简单，常用于简单的调节系统。

2. 单元组合式仪表

单元组合式仪表是根据控制系统中各个组成环节的不同功能和使用要求，将整套仪表划分成能独立实现某种功能的若干单元，各单元之间用统一的标准信号来联系。将这些单元进行不同的组合，可构成多种多样的、复杂程度各异的自动检测和控制系统。单元组合式仪表又分为气动单元组合仪表和电动单元组合仪表。

气动单元组合仪表用 QDZ 表示。它们发展较早，使用灵活，通用性强，安全防爆，适用于中、小型企业的自动化系统。

电动单元组合仪表用 DDZ 表示。我国生产的电动单元组合仪表经历了Ⅰ型、Ⅱ型、Ⅲ型三个发展阶段。经过不断改进，其性能已日臻完善。

DDZ－Ⅰ型产生于 20 世纪 60 年代初，它以电子管器件为核心，体积大，耗电多，应用时间很短。

DDZ－Ⅱ型推出于 20 世纪 60 年代中期，它以晶体管代替电子管器件，体积小，重量轻，性能有所提高。

DDZ－Ⅲ型在 20 世纪 60 年代中期开始研发，它以线性集成电路为核心器件，因而精度高，稳定性和可靠性都大大提高。另外它采用了安全火花防爆技术，更适用于爆炸危险场所，因而得到了较快的发展。

3. 数字式调节器

20 世纪 70 年代中期，随着微电子技术和通信技术的发展，以微处理器为核心的数字式调节器开始出现。它以低成本，高可靠性，丰富的运算功能，灵活的编程组态方式和方便的通信联网能力，迅速得到了普及应用。数字式调节器大体上可分普通数字调节器和可编程数字调节器。

第二节　自力式压力调节器

一、类型及原理

自力式压力调节器是一种利用被控介质作为能源工作的调节器。它通常用作减压调节器，气压给定的压力调节器，石油产品在线质量自动分析器使用的压力调节器，气动单元组合仪表给定器，装在被控制容器的管线上或系统的放空管线上的背压调节器，以及控制精度要求不高的流量调节器等。按原理可分为上游稳定压力调节器和下游稳定压力调节器。

1. 下游压力调节器结构原理

控制下游流体压力稳定的压力调节器，是利用力平衡原理设计的。由于被控制压力的给定方式不同，而分为弹簧力给定和气压给定两种结构。

1）结构

图 8－1 为弹簧力给定的减压调节器结构图。减压调节器主要由调节手轮、设定弹簧、膜片、阀杆、阀芯、阀座和阀体等部件组成。

2）工作原理

压力为 p_1 的流体从入口进入调节器，流经阀芯、阀座，到膜片下腔体后，从出口流出，流体压力从 p_1 减压到 p_2。

作用到膜片上向下的力有两个：弹簧的预紧力 F_1 和 p_2 作用到阀芯有效面积上的力（可忽略）；作用到膜片上向上的力主要是 p_2 作用到膜片上的力 $F_2=p_2A$（A 为膜片有效面积）。弹簧的预紧力和 p_2 作用到膜片上的力 F_2 相平衡，由此可得到：

$$p_2 = \frac{F_1}{A} \tag{8-1}$$

由于膜片有效面积不变，p_2 和弹簧的预紧力成线性比例关系，即调节手轮即可控制下游流体压力。若由于某种原因使 p_2 增大，则 p_2 作用到膜片上的力增大，使膜片上移，同时带动阀芯上移，使阀的阻力增大，导致 p_2 下降。由此可见，调节器具有稳压作用。

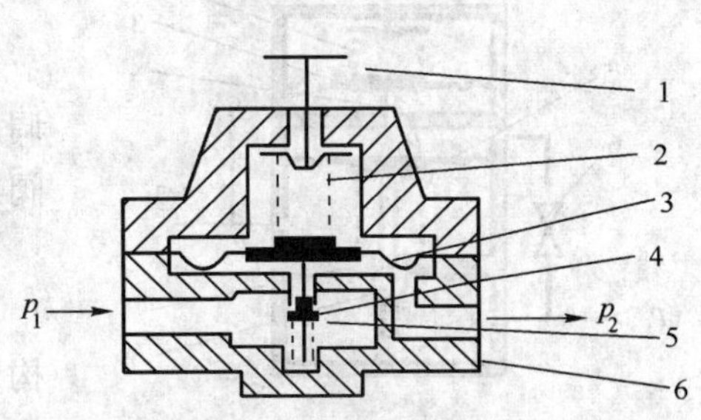

图 8-1　减压调节器

1—调节手轮；2—设定弹簧；3—膜片；4—阀座；5—阀芯；6—阀体

图 8-2 是一种大口径工业用控制下游压力的 ZZY 型自力式压力调节阀外形及原理图。与上述压力调节器的区别是膜片上方受流体出口压力作用，下方受弹簧作用，阀芯正装。

(a) 外形图

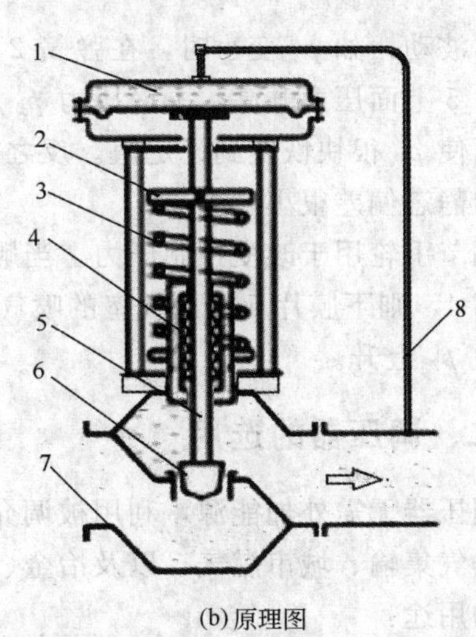

(b) 原理图

图 8-2　ZZY 型自立式压力调节阀

1—执行机构；2—设定值调整盘；3—弹簧；4—波纹管；5—阀杆；6—阀芯；7—阀体；8—导压管

2. 上游压力调节器结构原理

控制上游流体压力稳定的压力调节器，也是利用力平衡原理设计的。它与控制下游流体压力稳定的压力调节器在结构设计上的区别是进出口反过来，流体反向流动，阀芯位于阀座之上。

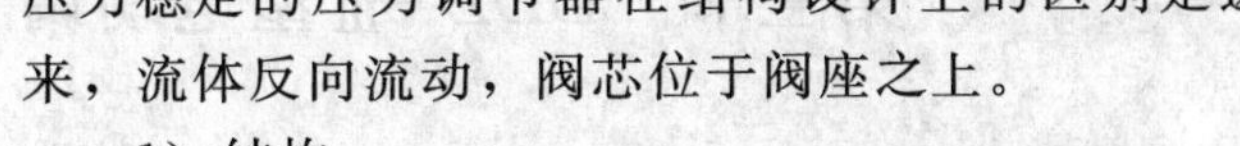

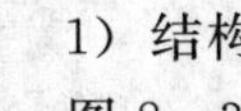

1）结构

图 8-3 为弹簧力给定的背压调节器结构图。背压调节器主要由调节手轮、设定弹簧、膜片、阀杆、阀芯、阀座和阀体等部件组成。

2）工作原理

当调节器上游压力 p_1 由于某种原因大于给定压力值，则破坏了力平衡状态，使膜片所受的向上力 p_1A 大于膜片上侧所受的弹簧力，使膜片向上移动；同时使阀的开度加大，增大流体流出量，从而使 p_1 下降到接近给定值时，恢复力平衡状态。

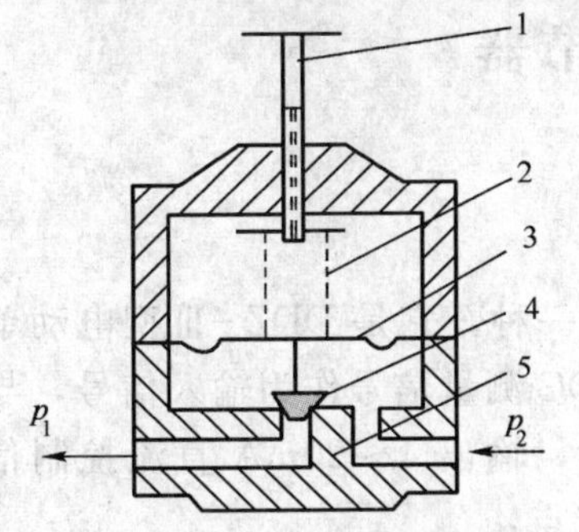

图 8-3　上游流体压力调节器

1—调节手轮；2—设定弹簧；3—膜片；4—阀芯；5—阀体

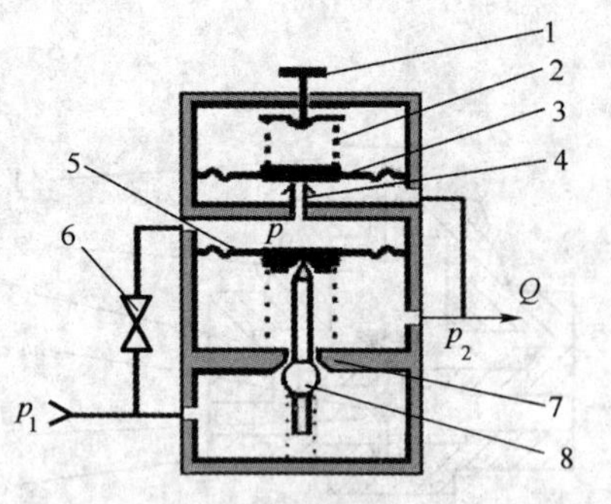

图 8-4　带指挥器的下游流体压力调节器

1—调节手轮；2—设定弹簧；3—上膜片；4—喷嘴；5—下膜片；6—节流阀；7—阀座；8—阀芯

3. 带指挥器的压力调节器

带指挥器的压力调节器也是控制下游流体压力调节器。其特点是：控制精度高，可比一般直接操作型调压阀高一倍左右；调节压差比大（如阀前 0.8MPa、阀后 0.001MPa），特别适合微压气体控制。

1）结构

图 8-4 为弹簧力给定的带指挥器的压力调节器结构示意图。调节器除主控阀机构之外，还配有节流阀、指挥器阀芯、检测机构等辅助控制机构。

2）工作原理

输入的气体一路经过节流阀 6、喷嘴 4 到出口；另一路气体流经阀座 7、阀芯 8 降压后到出口。当下游出口压力波动，如 p_2 变小时，在弹簧 2 作用下，上膜片 3 向下移动，喷嘴喷气压力 p 升高。下膜片 5 上面压力升高，下面压力 p_2 降低，因而显著下移，使阀芯 8 的开度增大，阀阻减小，而使 p_2 很快恢复到设定值。反之亦然。这类调节器有较高的控制性能，被控制的出口压力的静态偏差很小。

调节手轮用于改变控制压力。当顺时针方向调节手轮 1 时，压缩弹簧 2，使上膜片 3 靠近喷嘴 4，则下膜片 5 上边气室的喷气压力 p 增加，使下膜片 5 向下移动，阀芯 8 打开，输出压力 p_2 上升。

二、调压器的选用

调压器无需外加能源，利用被调介质自身能量自动控制阀后（前）压力。现已广泛应用于天然气集输、城市燃气，以及冶金、石油、化工等工业生产部门。调压器有如下几个主要方面的用途：

（1）用作减压调节器，给下游提供压力较低而稳定的流体。

（2）用作气压给定器，为气动单元组合仪表气源稳压。

（3）作为分析仪器流入试样的压力稳定调节器。

（4）用于城市供热或供气的管网压力稳定以分配流量。

第三节　DDZ-Ⅲ型电动调节器

一、DDZ-Ⅲ型仪表的特点

DDZ-Ⅲ型电动单元调节器是模拟式调节器中较为常见的一种，它是 DDZ-Ⅲ型电动单元组合仪表八大类单元中的一类。它以来自变送器的 1～5V DC 测量信号作为输入信号，与给定信号比较得到偏差信号，然后对此信号进行 PID 运算后，输出 4～20mA 直流控制信号，以实现对工艺变量的控制。它和Ⅱ型仪表相比具有如下特点：

（1）采用高增益、高阻抗线性集成电路组件，简化了仪表线路，提高了仪表精度、稳定性和可靠性，降低了功耗。

（2）采用国际标准信号制，现场传输信号为 4～20mA 直流电流，控制室联络信号为

1～5V直流电压。信号为二线制传输方式。配安全栅的仪表信号传输示意图如图 8－5 所示。

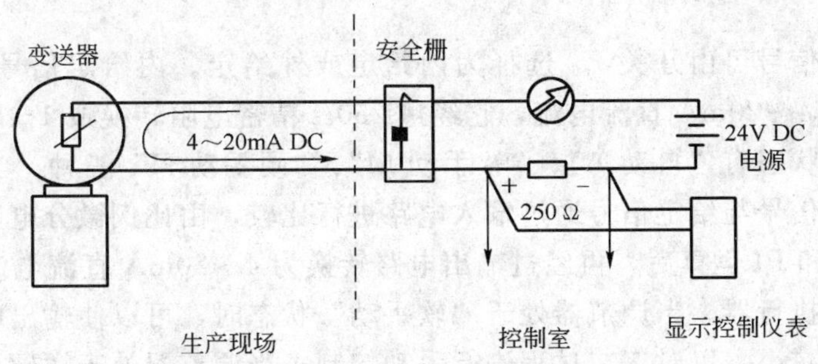

图 8－5　DDZ－Ⅲ型仪表信号传输示意图

由于电气零点不是从零开始，因此容易识别断电、断线等故障。信号传输采用电流传送—电压接受的并联方式，便于同计算机、巡回检测装置配套使用。

(3) 采用集中统一 24V DC 供电，并备有蓄电池作为备用电源，在工频电源停电的情况下仍能正常工作，有利于保障生产安全。

(4) 由于采用集成电路扩展了功能，在基型调节器的基础上可增加各种功能，构成各种特种调节器。如非线性调节器可以解决严重非线性过程的自动控制问题，前馈调节器可以解决大扰动及大滞后过程的控制。还可以根据需要在调节器上附加一些单元，如输入报警、偏差报警、输出双向限幅及其他功能的电路。

(5) 整套仪表可以构成安全火花型防爆系统，而且增加了安全单元——安全栅，实现控制室与危险场所之间的能量限制和隔离。

二、DDZ－Ⅲ型电动调节器

1. 调节器的结构和工作原理

下面主要介绍 DDZ－Ⅲ型基型调节器结构原理。基型全刻度指示调节器的原理方框图如图 8－6 所示。

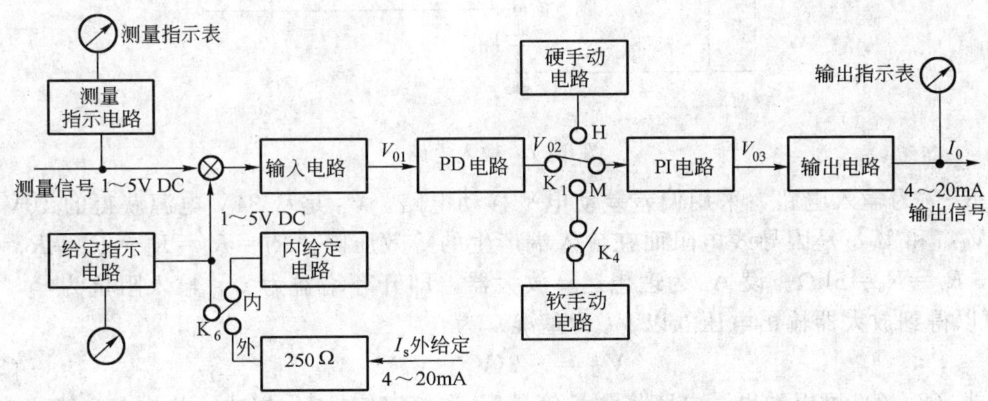

图 8－6　基型调节器原理方框图

基型调节器由控制单元和指示单元两大部分组成，其中控制单元包括输入电路、比例微分（PD）电路、比例积分（PI）电路、输出电路（电压、电流转换电路）以及硬、软手动电路部分；指示单元包括测量信号指示电路、给定信号指示电路。测量信号和给定信号由双指针表分别指示。

调节器的给定信号可由开关 K_6 选择为内给定或外给定。内给定信号为 1～5V 直流电压；外给定信号为 4～20mA 直流电流，它经过 250Ω 精密电阻转换成 1～5V 直流电压。

调节器的工作状态有“自动 A”、“软手动 M”、“硬手动 H”三种。当调节器处于“自动”状态时，测量信号与给定信号通过输入电路进行比较，由比例微分电路、比例积分电路对其偏差进行 PD 和 PI 运算后，再经过输出电路转换为 4～20mA 直流电流，作为调节器的输出信号，去控制执行器。当调节器处于“软手动”状态时，可以使输出电流按快、慢两种速度线性地增加或减小，以对工艺过程进行手动控制；当调节器处于“硬手动”状态时，调节器的输出信号随手动操作杆的位置瞬时变化。自动和手动功能是为适应工艺过程的启动、停车和故障状态而设计的。其中除自动或软手动到硬手动需预先平衡外，其余切换都是无扰动切换。

调节器还设有“正”、“反”作用开关供选择，以满足控制系统的控制要求。调节器中将偏差定义为测量值与给定值之差。若测量值大于给定值，称为正偏差；若测量值小于给定值，称为负偏差。当调节器置于“正”作用时，调节器的输出随着正偏差的增加而增加；置于“反”作用时，调节器的输出随着正偏差的增加而减小。

下面对全刻度指示基型调节器的几个典型电路进行分析。

1）输入电路

输入电路的主要作用是将测量信号 V_i 和给定信号 V_s 相减，得到偏差信号，再将偏差放大两倍后输出。

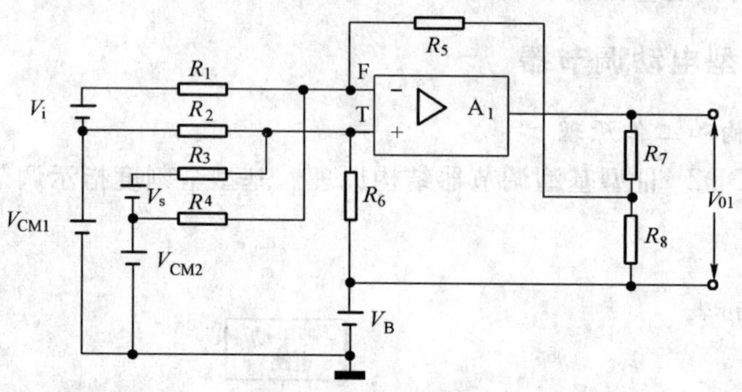

图 8-7　输入电路

图 8-7 为输入电路，采用偏差差动电平移动电路。V_B 是从 24V 电源获得的 10V 标准电压，V_{CM1} 和 V_{CM2} 是因导线电阻而在输入端产生的等效压降。$R_1=R_2=R_3=R_4=R_5=R=500k\Omega$，$R_7=R_8=5k\Omega$。设 A_1 为理想运算放大器，即开环增益为∞，输入阻抗为∞，$V_F=V_T$。可以得到放大器输出电压（以 V_B 为基准）为：

$$V_{01}=-2(V_i-V_s) \tag{8-2}$$

由式（8-2）可以看出，电路将测量信号 V_i 和给定信号 V_s 相减，并放大 2 倍，并转换成了以 V_B 为基准的信号 V_{01} 输出，消除了导线压降 V_{CM1} 和 V_{CM2} 的影响。

2）比例微分（PD）电路

比例微分电路的作用是将偏差信号 V_{01} 进行 PD 运算，其输出电压信号 V_{02} 送给比例积分电路。

图 8-8 为比例微分电路原理图。其中，C_D 为微分电容，R_D 为微分电阻，R_P 为比例电阻，调整 R_D 和 R_P 可以改变调节器的微分时间和比例度。开关 K 接 R_1 时，取消微分作用。

下面定性分析比例微分电路的原理。当输入信号 V_{01} 为一阶跃作用时，在加入阶跃信号瞬间，由于电容 C_D 上的电压不能突变，输入信号全部加到放大器同相端 T。因此 $V_T=V_{01}$，电压一开始就有一个跃变。之后，随电容 C_D 充电过程，C_D 上的电压 V_{CD} 按指数规律不断上升，$V_T=V_{01}-V_{CD}$ 按指数规律下降。当充电结束时，V_T 电压等于输入电压 V_{01} 在 1kΩ 上的分压，并保持该值不变。

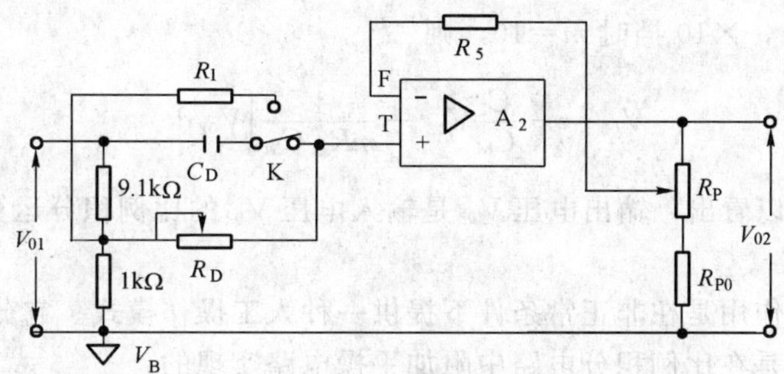

图 8-8　比例微分电路

输出信号 V_{02} 与 V_T 电压成简单的比例放大关系，V_{02} 随 V_T 变化。当输出信号 V_{01} 为阶跃作用时，V_{02} 的变化曲线与 V_T 相似，如图 8-9 所示。

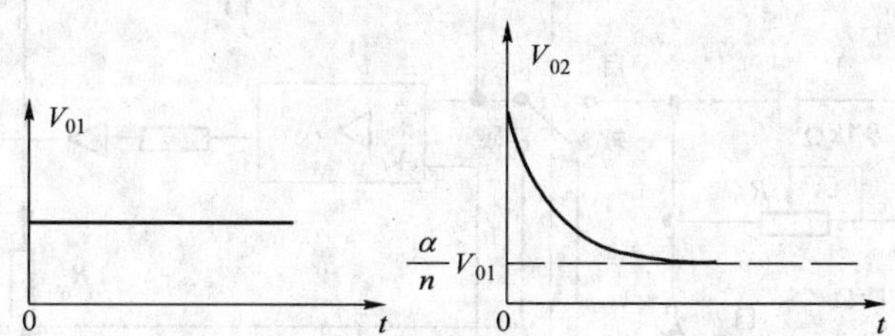

图 8-9　比例微分电路阶跃响应曲线

3）比例积分（PI）电路

比例积分电路的作用是将 PD 电路的输出信号 V_{02} 进行 PI 运算后，输出 1～5V 电压 V_{03}，送至输出电路。

图 8-10 为比例积分电路原理图。其中，C_M 为积分电容，R_I 为积分电阻，C_I 为比例电容，C_M 与 C_I 完成比例运算，C_M 与 R_I 完成积分运算。下面分析其工作原理。

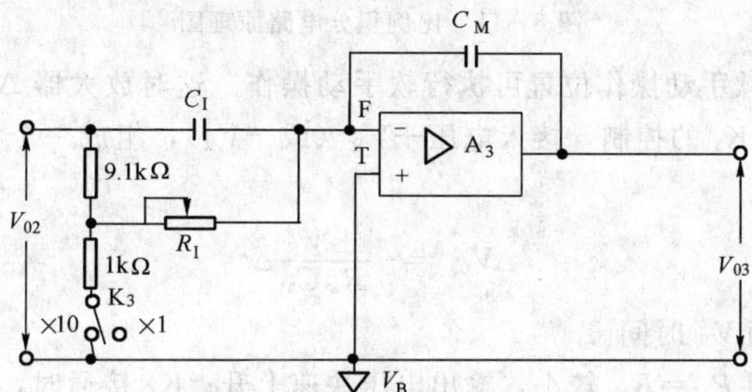

图 8-10　比例积分电路原理图

根据叠加原理，PI 电路输出电压 V_{03} 可看作由两路信号叠加而成。一路经 C_I、C_M 构成比例运算电路，即

$$V_{03P}=-\frac{C_I}{C_M}V_{02} \tag{8-3}$$

另一路经 9.1kΩ 电阻与 1kΩ 电阻分压，再经 R_I、C_M 构成积分运算电路，即

$$V_{03I}=-\frac{1}{mR_IC_M}\int V_{02}\mathrm{d}t \tag{8-4}$$

其中，×1 挡时 $m=1$，×10 挡时 $m=10$，则

$$V_{03}=-\frac{C_I}{C_M}V_{02}-\frac{1}{mR_{I1}C_M}\int V_{02}\mathrm{d}t \tag{8-5}$$

从式（8-5）可以看出，输出电压 V_{03} 是输入电压 V_{02} 的比例积分运算。

4）手动操作电路

手动操作电路的作用是在非正常条件下提供一种人工操作模式。它分为硬手动操作和软手动操作两种形式，是在比例积分电路中附加手操电路实现的。

图 8-11 为手动操作电路原理图。其中 K_1、K_2 为联动的自动、软手动、硬手动切换开关，K_{41}、K_{42}、K_{43}、K_{44} 为软手动操作板键，W_H 为硬手动操作电位器。

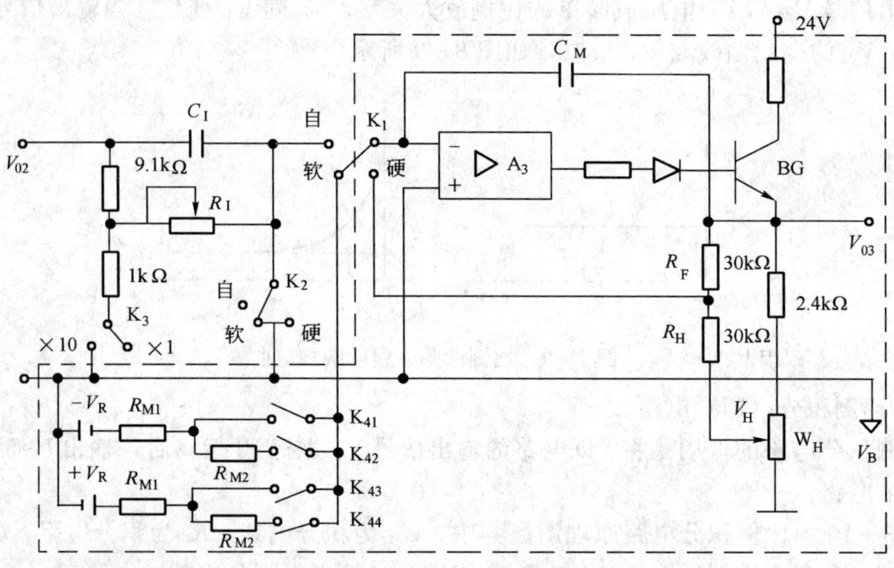

图 8-11 比例积分电路原理图

将 K_1、K_2 置为软手动操作位置可执行软手动操作。这时放大器 A_3 的反相端与自动输入信号断开，再通过 K_4 的控制，接入电压 $+V_R$（或 $-V_R$），组成一个积分电路。输出电压的变化规律为：

$$\Delta V_{03}=-\frac{\pm V_R}{R_MC_M}\Delta t \tag{8-6}$$

式中 Δt——K_4 接通 V_R 时间。

K_{41} 接通时，电阻 $R_M=R_{M1}$ 较小，输出电压快速上升；K_{42} 接通时，电阻 $R_M=R_{M1}+R_{M2}$ 较大，输出电压慢速上升。同理 K_{43} 接通时输出电压快速下降，K_{44} 接通时输出电压慢速下

降，K_4 不接通时输出电压保持不变。

将 K_1、K_2 置为硬手动操作位置可执行硬手动操作。这时放大器 A_3 的反相端通过电阻 R_H 接至电位器 W_H 的滑动触头，把 R_F 并联在 C_M 上。

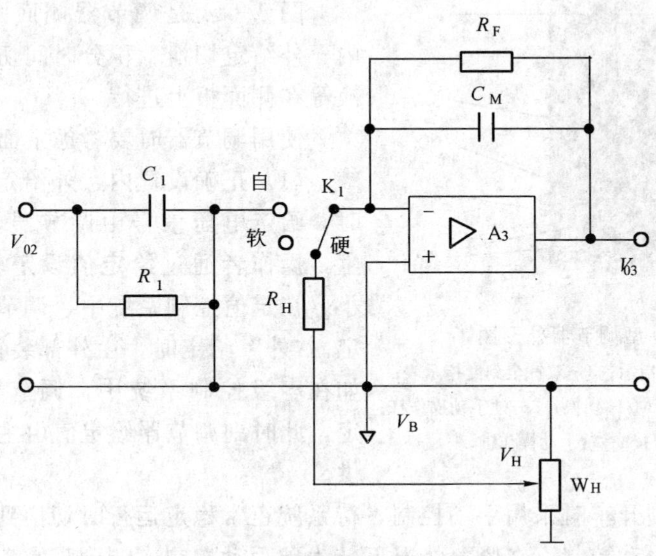

图 8－12　硬手动操作简化电路图

图 8－12 为硬手动操作时的原理图。因为硬手动输入信号一般为缓慢变化的直流信号，R_F 与 C_M 并联后，可忽略 C_M 的影响。由于 $R_F=R_H$，所以硬手动操作电路实际上是一个放大倍数为 1 的比例电路，即

$$V_{03}=-V_H \tag{8-7}$$

下面分析一下调节器进行手动—自动切换时的扰动问题。

自动→软手动切换时，当 K_4 尚未扳至 V_R 时，A_3 的反相输入端浮空，这时 $V_F=V_T=V_B$。电容 C_M 上的电压即为输出电压。由于 C_M 上的电荷无放电回路，输出 V_{03} 能保持不变。所以在自动切向软手动时，对调节器的输出无影响。当需要软手动时，将 K_4 扳至所需的位置，可使 V_{03} 线性上升或下降。

软手动→自动切换，当调节器处于软手动时，从图 8－11 可见，电容 C_I 两端电压恒等于信号电压 V_{02}，当由软手动切至自动时，因 $V_F=V_B$，电容 C_I 与 F 点相连的一端也是 V_B，故在接通瞬间，电容没有充放电现象，所以输出 V_{03} 亦不变。但当切至自动后，调节器的输出按输入信号的变化而变化，是正常的调节作用。

上述两种切换称为双向无平衡无扰动切换。

同理，硬手动→软手动或硬手动→自动的切换，也是无平衡无扰动切换。

但是，从自动→硬手动或软手动→硬手动切换时，要做到无扰动切换，必须事先平衡，将硬手动拨杆调到与输出表指示相同。因为电位器是手动控制的，不能自动跟踪信号变化。

2. 调节器的使用

图 8－13 是 DTZ－2100 基型全刻度指示调节器外形图。指示表有两个指针，一个用来指示给定信号，另一个用来指示测量信号。偏差的大小可以根据两个指示值之差读出。用内给定设定轮调节内给定值。外给定值由外部给定信号和内、外给定切换开关确定，并由内外

图 8-13　DTZ-2100 型调节器外形图

1—位号牌；2—内外给定指示；3—双针全刻度指示表；4—内给定设定轮；5—A/M/H 切换；6—硬手动操作杆；7—输出指示器；8—软手动操作键

给定指示灯指示出来。调节器的输出信号可在输出指示器上读出。手/自动切换根据生产工艺状况决定采用的方式。

图 8-14 是调节器侧面图。PID 参数调整、内—外给定切换、积分时间切换、正—反作用切换等在侧面板上进行。

使用调节器时要考虑下面的问题。

(1) 正确设置内、外给定开关。“内”给定时，给定电压信号由调节器内部的给定电路产生，操作者通过给定值设定轮确定给定信号大小。在定值控制系统中，调节器应置于“内”给定。“外”给定时，由外部装置提供给定值信号。如在串级控制系统中，调节器应置于“外”给定，此时副调节器给定值由主调节器的输出值提供。

(2) 一般在刚刚开车时采用手动控制，待系统正常稳定运行时切换到自动控制。当工况不正常时可转为软手动控制，在紧急情况下转为硬手动控制，调到正常工况附近再切换到自动控制。

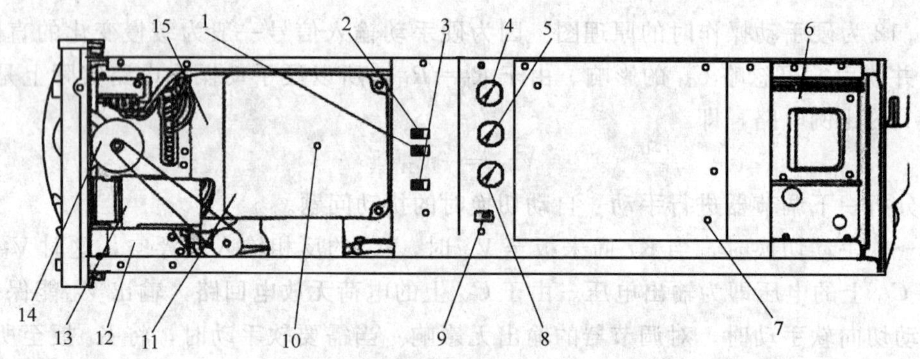

图 8-14　DDZ-Ⅲ型基型电动调节器侧面图

1—测量—校正切换开关；2—内—外给定切换开关；3—积分时间切换开关；4—微分时间设定旋钮；5—比例度设定旋钮；6—电源单元板；7—调节单元板；8—积分时间设定旋钮；9—正—反作用切换开关；10—给定指针零点调整螺钉（背面相对位置为测量指针零点调整螺钉）；11—测量-给定双针指示表；12—输出指示表；13—自动—软手动—硬手动切换开关；14—内给定电位器；15—输入电路板

(3) 正确选择调节器“正”、“反”作用，要根据工艺要求及调节阀的气开情况来决定，保证控制系统为负反馈。

(4) 正确设置 PID 参数。PID 参数的设置原则见第十章。

第四节　数字调节器

随着科学技术的发展及微处理器技术的应用，20 世纪 70 年代后期数字调节器问世。所谓数字调节器，是一种以微处理器为核心设计的调节仪表。它在功能上与 DDZ-Ⅲ型电动调节器兼容，模拟输入输出信号采用 1～5V DC 和 4～20mA DC，具有 PID 运算功能；在外形结构、尺寸上和 DDZ-Ⅲ型调节器相同；在操作面板与操作方式上和 DDZ-Ⅲ型调节器相似。这样十分方便替代 DDZ-Ⅲ型调节器。此外数字调节器还有一些 DDZ-Ⅲ型调节器无法比拟的优点。

一、数字调节器主要组成

数字调节器主要由微处理器、模拟量输入输出通道、数字量输入输出通道、键盘及显示器、通信模块、电源及固化软件等几大部分组成。从功能上可分为一般数字调节器和可编程数字调节器。一般数字调节器功能相对比较固定。可编程数字调节器可通过过程语言（POL）"组态"调节器的功能。

相对于 DDZ-Ⅲ型电动调节器，数字调节器有以下显著特点：

（1）硬件功能软件化，运算功能丰富。数字调节器有许多运算模块和控制模块，用户根据需要选用部分模块进行组态，可以实现各种运算处理和复杂控制。除了具有模拟式调节器 PID 运算等一切控制功能外，还可以实现串级控制、比值控制、前馈控制、选择性控制、自适应控制、非线性控制等。因此，可编程调节器的运算控制功能大大高于常规的模拟调节器。

（2）网络化、信息化。数字调节器具有数字通信功能，可与局部操作站相连，也可以通过数据总线与上位机相连，形成集散控制系统。

（3）可靠性高，维护方便。数字调节器具有一定的自诊断功能，能及时发现故障，采取保护措施。数字调节器的许多功能都是用软件实现的，使得电路结构简化。同时由于调节器电路元器件高度集成化，从而使得数字调节器可靠性很高。

（4）通用性强，操作方便。数字调节器在外特性上与电动调节器兼容，替代方便。调节器的 PID 参数设定可通过面板操作进行，不需调节内部部件。而自整定调节器不需调整 PID 参数，十分方便操作。

二、数字调节器基本原理

数字调节器由软件和硬件两大部分组成。硬件部分包括主调节器、过程输入通道、过程输出通道、人机界面和通信等部分，软件部分包括系统程序和用户程序。实际上是一台微机化仪表。图 8-15 是数字调节器基本原理方框图。

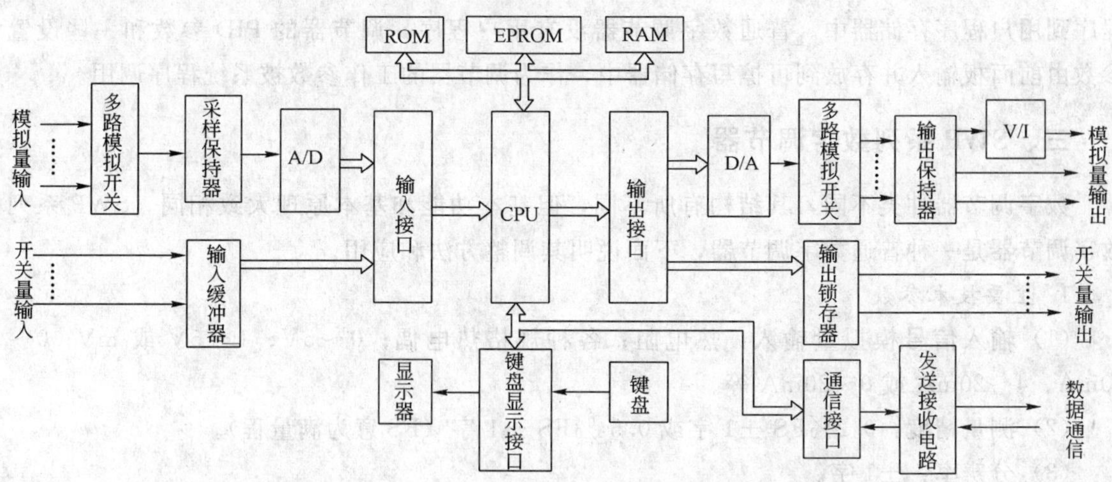

图 8-15　数字调节器基本构成原理方框图

(1) 主调节器部分。主调节器由中央处理单元（CPU)、只读存储器（ROM)、可擦除存储器（EPROM)、随机存储器（RAM）和译码控制电路等组成。

中央处理单元完成调度指令、数据传送、运算处理和控制功能。它通过总线与其他部分连在一起构成一个系统。

只读存储器存放系统程序，用来管理用户程序、功能子程序、人机接口及通信等。一般用户是无法改变系统程序的，系统程序由制造厂家编制并固化在只读存储器中。

可擦除存储器存放用户编制的程序。用户程序在编制并调试通过后，离线或在线写入可擦除存储器中。

随机存储器用来存放调节器输入数据、输出数据、显示数据、运算中间结果等。

(2) 过程输入通道。过程输入通道包括模拟量输入和开关量输入。模拟量输入通过多路切换开关，模数转换器（A/D)，由 CPU 读入。开关量输入信号通过中断或查询由 CPU 读入。

(3) 过程输出通道。过程输出通道包括模拟量输出和开关量输出。模拟量输出在 CPU 的控制下，通过数模转换器（D/A)、多路切换开关、保持电路、电压电流转换器（V/I）送给外部设备。开关量输出信号通过光电隔离，功率驱动送给外部设备。

(4) 人机界面。人机界面包括键盘和显示器两部分。键盘主要指调节器面板上的操作键，对可编程调节器而言，还包括调节器内侧面板上的操作键。它用来接收操作指令或参数调整要求。前面板显示器用来显示测量值、给定值和输出控制量。侧面板显示器用来显示系统状态值和参数值。

(5) 通信部件。通信部件包括通信接口和发送、接收电路等。控制程序按标准通信格式将数据发往通信接口，通信接口将数字信号转换成某种规定的电气形式发往外部通信线路。同时通过接收电路接收来自通信线路的数字信号，将其转换成能被计算机接收的数据。数字调节器大多采用串行通信方式。

(6) 软件部分。调节器软件包括系统程序和用户程序。系统程序主要包括系统初始化、键盘和显示管理、中断管理、故障诊断以及运行状态控制，它由生产厂编制并固化，不可修改。用户程序是针对可编程序调节器，用户按生产工艺要求确定调节器功能后，编制并写入程序到用户程序存储器中。普通数字调节器没有用户程序，调节器的 PID 参数和一些设置参数由前面板输入并存放到可擦写存储器中，作为调节器的工作参数被系统程序调用。

三、SWP 系列数字调节器

数字调节器种类不同，其结构有所不同，但基本功能和基本原理大致相同。SWP 系列数字调节器是一种普通数字调节器，下面说明其调整方法和应用。

1. 主要技术参数

(1) 输入信号模拟量输入：热电阻；各种规格热电偶；0～5V、1～5V 或 mV；0～10mA、4～20mA 或 0～20mA 等。

(2) 测量精度：0.2%FS ±1 字或 0.5 %FS ±1 字（FS 意为满量程）。

(3) 分辨率：±1 字。

(4) 温度补偿：0～50 ℃。

(5) 显示方式：LED 数字显示。

(6) 控制方式：PID 控制电流/电压输出；PID 控制继电器开关量输出；PID 正转/反转阀位控制；位式 ON/OFF 带回差。

(7) 设定方式：面板轻触式按键数字设定。

(8) 保护方式：输入回路断线报警；超/欠量程报警指示；欠压自动复位；工作异常自动复位。

(9) 输出信号：包括模拟量输出（0～10mA，4～20mA；0～5V，1～5V）、开关量输出（继电器控制触点输出；继电器正转、反转控制输出）、可控硅控制输出 SCR（可控硅过零触发脉冲）等。

(10) 通信输出：RS-485，RS-232C，RS-422。

2. 调节器操作

SWP 系列数字调节器的仪表面板如图 8-16 所示。

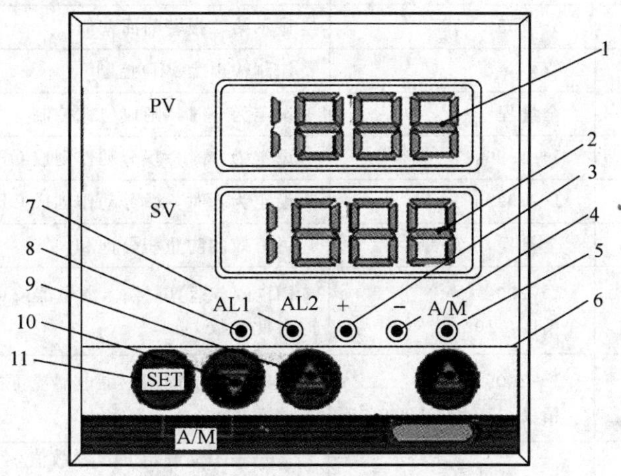

图 8-16 SWP 系列数字调节器的仪表面板

1—PV 显示器；2—SV 显示器；3—正转指示灯；4—输出/反转指示灯；5—手/自动状态；6—复位；7—第二报警指示灯；8—第一报警指示灯；9—减少键；10—增加键；11—参数选择键

PV 显示器实时显示测量值，在参数设定状态下，显示参数符号。SV 显示器显示调节器输出值或输出量的百分比；阀位控制时，显示阀位反馈值；外给定控制时，显示外给定值；在参数设定状态下，显示设定参数值。调节器的参数设定全部由面板按键控制。参数设定分一级参数设定和二级参数设定。一级参数设定表如表 8-1 所示。几种典型操作过程如下：

(1) 调整给定值。在 PV 显示测量值、SV 显示给定值的状态下，按住 SET 键不放，4s 后，即进入给定值 SV 的设定状态。用增加键或减少键改变数值，修改完毕后，再次按压 SET 键，保存修改后的参数值。按住 SET 键 5s 后可返回到正常显示状态。不按键，30s 后仪表将自动回到测量值显示状态。

(2) 设定报警值。保持按住 SET 键 4s 后，进入一级参数设定状态，用 SET 键切换调整项目，使 PV 显示器显示 AL1 或 AL2，再用增、减键修改设定范围，完毕后按压 SET 键确认。可继续修改其他参数。也可退出修改参数状态。

表 8-1 参数设定表

符 号	名 称	设定范围（字）	说 明	出厂预定值
CLK	设定参数禁锁	CLK＝00 CLK＝130 CLK＝132 CLK≠00，132，130	无禁锁（可修改一、二级参数） 可进入修改仪表日期及时间 无禁锁（可进入修改二级参数设定） 禁锁（设定参数不可修改）	00
AL1	第一报警值	－1999～9999	显示第一报警的报警设定值	50
AL2	第二报警值	－1999～9999	显示第二报警的报警设定值	50
LBA	断线/短路报警	0～9999s	当仪表控制输出量等于 PIDL 或 PIDH，并且连续时间大于 LBA 设定时间，而 PV 测量值无变化，则判断为控制环故障，输出报警	500
AH1	第一报警回差	0～255	显示第一报警的回差值	2
AH2	第二报警回差	0～255	显示第二报警的回差值	2
CON	内部参数	CON＝0	控制输出为 PID 控制	0
P	比例带	全量程	设定为 0 时，则成位式控制	50
I	积分时间	1～1999s	设定为 0 时，积分动作则成 OFF	200
D	微分时间	1～1999s	设定为 0 时，微分动作则成 OFF	10
AT	积分分离区	全量程	可有效的防止积分饱和	200
T0	运算周期	1～200s 精度：10ms	PID 调节运算周期。继电器或可控硅输出时有此参数	1.0
T1	输出周期	1～200s 精度：10ms	控制输出的周期。继电器或可控硅输出时有此参数	2.0
AUT	自动演算（自整定）	ATU＝0——关 ATU＝1——开	关——手动设定 PID 参数值 开——自动演算 PID 参数值（自整定） 注：自动演算完毕后，可手动修改设定参数	0
AH	逻辑回差值	全量程	显示自动演算输出时的逻辑回差值。 继电器或可控硅输出时有此参数	0

（3）设定 PID 参数。若在正常显示状态下，按步骤 2 进入一级参数设定状态，用 SET 键选择项目，使 PV 显示器显示 P、I 或 D，再用增、减键修改设定范围，完毕后按压 SET 键确认并切换到其他参数修改，或按住 SET 键退出。

（4）手动调节。在仪表自动控制输出模式下，同时按压（SET）键和▼键，仪表将自动跟踪输出量，A/M 指示灯（红）亮，即已完成自动/手动无扰切换。此时可按▲或▼键手动改变仪表输出量的百分比（范围：0%～100%）。手动状态下，PV 显示器显示测量值，SV 显示器显示输出量的百分比。

（5）手动/自动无扰动切换方法。在仪表手动控制输出模式下，同时按压（SET）键和▼，仪表将自动跟踪输出量，A/M 指示灯（红）灭，即已完成手动/自动无扰切换。SV 显示器恢复显示控制目标值。

（6）PID 参数自整定的实现。在仪表测量状态下，进入参数设定，修改参数 ATU＝1，退出参数设定，仪表即开始参数自整定。自整定时，仪表自动演算指示灯 A/M 将闪烁。当自动演算指示灯熄灭，则表示自整定完毕。仪表将自整定结果写入 EEPROM 保存。自整定完毕后，可手动修改自整定后的参数设定值。

此外，调节器还有二级参数设定。二级参数要确定的内容很多，如输入分度号，显示输入量程、零点，冷端补偿，PID 作用方式，通信参数设定等。具体操作可参见仪表使用说明书。

四、SLPC 可编程调节器

SLPC 可编程调节器是一种有代表性的、功能较为齐全的可编程调节器。它具有基本 PID、串级、选择、非线性、采样 PI、批量 PID 等控制功能，并具有自整定功能，可使 PID 参数实现最佳整定。SLPC 还具有通信功能，可与上位计算机联系起来构成集散型控制系统；具有自诊断功能，在输入/输出信号、运算控制回路、备用电池及通信出现异常情况时，进行故障处理并进行故障显示。用户只需使用简单的过程语言（POL）“组态”，即可编制各种控制与运算程序，使调节器具有希望的控制运算功能。

1. 主要技术参数

(1) 模拟量输入：1～5V DC，5 点。

(2) 模拟量输出：1～5V DC，2 点；4～20mA DC，1 点。

(3) 数字量输入：接点或电压电平，与数字量输出 6 点共用。

(4) 数字量输出：晶体管接点。

(5) 故障状态输出：晶体管接点 1 点。

(6) 比例度：6.3%～999.9%。

(7) 积分时间：1～9999s。

(8) 微分时间：0～9999s。

(9) 控制功能：基本控制功能，串级控制功能，选择控制功能。

(10) 控制算法：标准 PID，采样值 PI，批量 PID。

2. 调节器操作

图 8-17 是指针指示型 SLPC 可编程调节器的正面面板图。

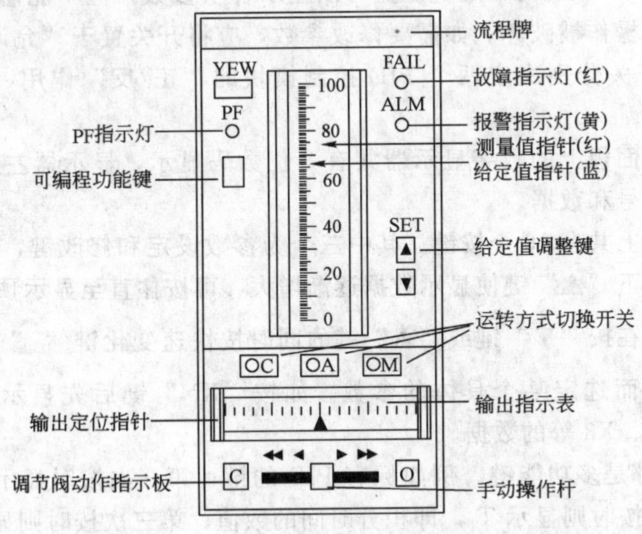

图 8-17　SLPC 系列数字调节器的仪表面板

正面板外观及设置与常规调节器相似。大指示表头用于指示过程变量 PV 值（红针）和给定值 SV（蓝针）；SET 键有增减两个按键，在处于自动方式 A 时用以改变内给定值；手动操作杆的位置有快慢两挡；SLPC 有三种工作方式，即串级外部给定方式 C，自动方式 A 和手动方式 M，分别由三只带指示灯的按键选择，被选中的方式由该键的灯光显示；可编程功能键（PF 键），可用来进行顺序控制的启动和停止、控制算式的切换等，也可用程序控制 PF 指示灯的亮或灭来向操作人员提供某种含义的识别标志；输出指示表用来指示调节器输出的电流信号（4～20mA）；当调节器发生重大异常情况时故障指示灯（FAIL）亮；当发生 PV 超限等情况时报警指示灯（ALM）亮。故障或报警的具体内容可在右侧面的数据设定器上通过操作数据设定键，在其显示器上显示。

SLPC 侧面板如图 8－18 所示，侧面板上主要有以下内容。

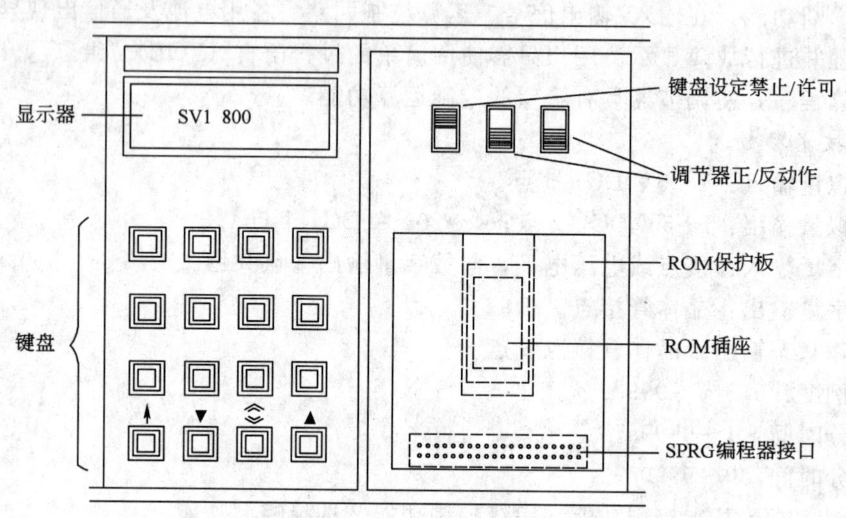

图 8－18　SLPC 系列数字调节器的侧面板

（1）辅助开关。辅助开关共有三个。左边一个是键盘设定“允许/禁止”开关。此开关在“禁止（INHIBIT）”位置时，通过键盘可以显示各项参数，但不能修改，可以保护设定好的参数不至于因误操作被破坏。如需要修改参数，应将开关置于“允许（ENABLE）”位置。另外两个滑动开关分别决定两个 PID 控制模块的“正/反”作用，DIR 代表正作用，RVS 代表反作用。

（2）显示器。侧面板上的数字显示器共有 8 位数码显示，显示器左边 3 位显示数据代码，右边 5 位显示符号和数据。

（3）键盘。键盘上共有 16 个按键。其中三个为参数设定和修改键，按下“▼”键使显示数据逐渐减小，按下“▲”键使显示数据逐渐增大，可按住直至显示预定的值再松开。如需数据快速变化，应在按“▼”键或“▲”键的同时按快速变化键“︽︾”；“↑”键（N）用于设定参数编号，从而选定某个具体的参数。如按“XN”键后先显示 X1 的数值，再按“↑”键依次显示 X2、X3 等的数据。

其他的 12 个键都是多功能键。例如标有 PID 的键，第一次按时显示器上显示 P_B 即比例度的数值；第二次按时则显示 T_I，即积分时间的数值；第三次按时则显示 T_D 即微分时间的数值。这样通过这 12 个键可以显示几十种类型，再通过“↑”键可以显示几百个参数。

3. 功能组态

SLPC 可编程调节器用组态语言 POL 将各种演算功能分解成功能模块的形式，然后用简单的程序连接，组成各种复杂的控制功能。功能模块是以指令形式提供的，如表 8-2 所示。指令有以下 4 种类型：信号读取指令 LD、信号存储指令 ST、程序结束指令 END 和各种功能指令。表 8-2 中还包括各种寄存器，用户程序通过不同的指令使用这些寄存器中的数据或将数据存放在相应的寄存器中。这些数据包括输入输出信号，各种常数、系数、输入数据，运算处理过程中的中间结果与最后结果，以及软开关切换控制数据等。

表 8-2 SLPC 可编程调节器部分运算指令一览表

分类	指令符号	功 能	运算寄存器						说 明
			指令执行前			指令执行后			
			S_1	S_2	S_3	S_1	S_2	S_3	
读取	LD X	读取 X	A	B	C	X	A	B	x 为模拟量输入寄存器 n=1～5
	LD Y	读取 Y	A	B	C	Y	A	B	Y 为模拟量输出寄存器 n=1～6
	LD A	读取 A	A	B	C	A	A	B	A 为模拟量功能扩展寄存器 n=1～16
	LD B	读取 B	A	B	C	B	A	B	B 为控制参数寄存器 n=1～39
	LD FL	读取 FL	A	B	C	FL	A	B	FL 为开关量功能扩展寄存器 n=1～32
	LD DI	读取 DI	A	B	C	DI	A	B	DI 为状态量输入寄存器 n=1～6
	LD DO	读取 DO	A	B	C	DO	A	B	DO 为状态量输出寄存器 n=1～6
	LD E	读取 E	A	B	C	E	A	B	E 为模拟量挂收寄存器 n=1～15
	LD D	读取 D	A	B	C	D	A	B	D 为模拟量发送寄存器 n=1～15
	LD CI	读取 CI	A	B	C	CI	A	B	CI 为开关量接收寄存器 n=1～15
	LD CO	读取 CO	A	B	C	CO	A	B	CO 为开关量发送寄存器 n=1～15
存储	ST Y	存入 Y	A	B	C	A	B	C	将 S1 中数据存入 Y
	ST P	存入 P	A	B	C	A	B	C	将 S1 中数据存入 P
	ST T	存入 T	A	B	C	A	B	C	将 S1 中数据存入 T
	ST A	存入 A	A	B	C	A	B	C	将 S1 中数据存入 A
	ST B	存入 B	A	B	C	A	B	C	将 S1 中数据存入 B
	ST FL	存入 FL	A	B	C	A	B	C	将 S1 中数据存入 FL
	ST DO	存入 DO	A	B	C	A	B	C	将 S1 中数据存入 DO
	ST D	存入 D	A	B	C	A	B	C	将 S1 中数据存入 D
	ST CO	存入 CO	A	B	C	A	B	C	将 S1 中数据存入 CO
	ST LP	存入 LP	A	B	C	A	B	C	将 S1 中数据存入 LP

续表

分类	指令符号	功 能	运算寄存器						说 明
			指令执行前			指令执行后			
			S_1	S_2	S_3	S_1	S_2	S_3	
基本运算功能	+	加法	A	B	C	B+A	C	D	$S_2+S_1\rightarrow S_1$
	−	减法	A	B	C	B−A	C	D	$S_2-S_1\rightarrow S_1$
	×	乘法	A	B	C	B×A	C	D	$S_2\times S_1\rightarrow S_1$
	÷	除法	A	B	C	B÷A	C	D	$S_2\div S_1\rightarrow S_1$
	$\sqrt{\ }$	开方	A	B	C	$\sqrt{A}$	B	C	$\sqrt{S_1}\rightarrow S_1$
	$\sqrt{E}$	小信号切除开方	小信号切除点值	A	B	$\sqrt{A}$或 A	C	D	$\sqrt{S_1}\rightarrow S_1$，但若 $S_2<S_1$ 则 $S_2\rightarrow S_1$
	ABS	绝对值	A	B	C	|A|	B	C	$\|S_1\|\rightarrow S_1$
	HSL	高值选择	A	B	C	A 或 B	C	D	比较 S_1 和 S_2 的内容，大值存入 S_1
	LSL	低值选择	A	B	C	A 或 B	C	D	比较 S_1 和 S_2 的内容，小值存入 S_1
控制功能	BSC	基本控制	PV	A	B	控制输出	A	B	基本控制
	CSC	串级控制	PV_2	PV_1	A	控制输出	A	B	串级控制
	SSC	选择控制	PV_2	PV_1	A	控制输出	A	B	选择控制
结束	END	运算结束	A	B	C	A	B	C	

1）运算原理

SLPC 的所有运算都是以五个运算寄存器 $S_1\sim S_5$ 为中心而工作的。这五个运算寄存器实际上是在 RAM 中指定一个先进后出的堆栈。下面以两个变量相加后输出的运算为例，说明用户程序的构成方法和相应寄存器的动作。

用户程序如下：

LD X_1 ：读入测量值 X_1；

LD X_2 ：读入测量值 X_2；

\+ ：两测量值相加运算；

ST Y_1 ：将运算结果送到输出通道；

END ：结束。

数据在寄存器中的移动情况如图 8-19 所示。

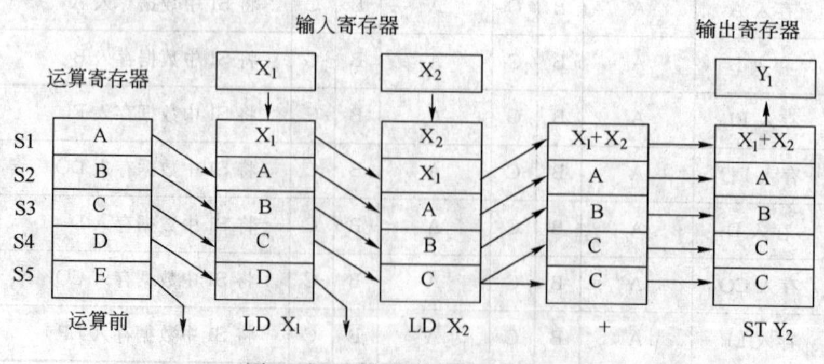

图 8-19 堆栈数据变化示意图

第一步，LD X_1。若程序开始前各运算寄存器中分别存有随机数 A、B、C、D、E，则程序执行后，输入寄存器 X_1 内的数据（第 1 路模拟量输入信号经 A/D 变换后的数据）进入运算寄存器 S_1，其余各运算寄存器的数据顺序下移。原在 S_5 中的信息被丢失。

第二步，LD X_2。与第一步相似，程序执行后将寄存器 X_2 内的数据读入 S_1，其余各寄存器内容再次下移。原在 S_5 中的数据 D 被丢失。

第三步，+。程序执行后将运算寄存器 S_1 和 S_2 中的数据相加后，和数（X_1+X_2）存入 S_1，两个操作数都消失。其余各寄存器内容上移一格，但 S_5 中的内容不变。

第四步，ST Y_1。程序执行后将运算寄存器 S_1 中的数据送到输出通道 Y_1 的数据寄存器，但所有运算寄存器中的内容都不变。

第五步，END。程序结束，等到下一控制周期再从头开始执行用户程序。

从这个简单的例子可以看出，SLPC 中的输入输出指令都是对运其寄存器 S_1 执行的，其他功能模块也都是用寄存器 S_1～S_5 进行运算。

2）控制功能指令

SLPC 有三种控制功能指令，可以用来组成三种不同类型的控制回路：

(1) 基本控制指令 BSC：内含一个调节单元 CNT_1，相当于模拟仪表中的一台 PID 调节器；

(2) 串级控制指令 CSC：内含两个串联的调节单元 CNT_1、CNT_2，可组成串级控制系统；

(3) 选择控制指令 SSC：内含两个并联的调节单元 CNT_1、CNT_2 和一个单刀三掷切换开关 CNT_3，可组成选择控制系统。

以上三种控制指令在使用时，每台 SLPC 调节器只能选用其中的一种，且同一应用程序中只 能使用一次。图 8-20 为这三种控制指令的示意图。

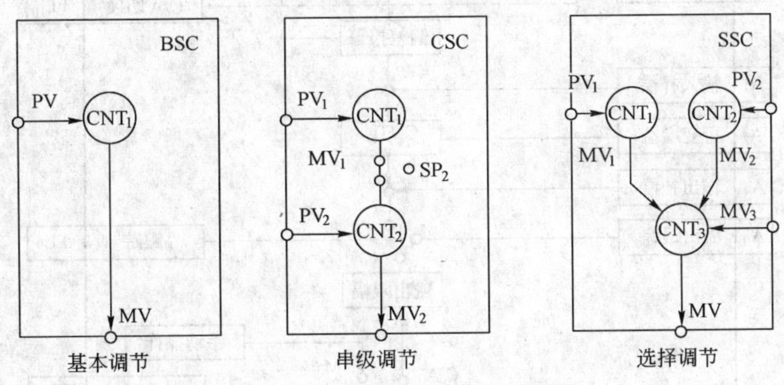

图 8-20　三种控制指令的功能框图

图中 CNT_1、CNT_2、CNT_3 称为调节单元，每种调节单元有不同的控制算法。CNT_1 有三种控制算法：$CNT_1=1$ 为标准 PID 算法；$CNT_1=2$ 为采样 PI 算法；$CNT_1=3$ 为批量 PID 算法（带间歇开关的 PID）。CNT_2 有两种控制算法：$CNT_2=1$ 为标准 PID 算法；$CNT_2=2$ 为采样 PI 算法。CNT_3 只有低选和高选之分，$CNT_3=0$ 为低值选择，$CNT_3=1$ 为高值选择。调节单元所采用的控制算法是编程时由键盘输入的。实现基本调节的程序相当简单。以 BSC 指令为例，被控变量接到模拟量输入通道 X_1，实现单回路 PID 控制的程序如下：

LD X_1 ：读入测量值 X_1；

BSC ：基本控制；

ST Y_1 ：控制输出 MV 送 Y_1；

END ：结束。

3）基本控制指令的功能扩展

控制功能指令只完成基本的控制运算。为使调节器满足实际使用需要，其功能往往还必须进行扩展，如提供外给定信号、实现运行方式的无平衡无扰动切换、输入报警或偏差报警、输入和输出补偿等。控制功能指令的功能扩展，是通过 A 寄存器和 FL 寄存器来实现的。A 寄存器主要用于给定值、输入输出补偿、可变增益等；FL 寄存器主要用于报警、运行方式切换、运算溢出等。

下面以 BSC 指令为例介绍控制功能指令的功能扩展。

BSC 指令中只有一个调节单元 CNT_1，它的主要作用是把运算寄存器 S_1 里的数据与设定值相减得到偏差，再经过由 CNT_1 所决定的控制算法运算后，把结果再存入 S_1，这是 BSC 指令的基本作用。通过 A 寄存器和 FL 寄存器可以扩展它的功能，其中 A 寄存器可以提供 6 种功能，FL 寄存器可以提供 7 种功能。BSC 指令功能扩展后的功能结构如图 8-21 所示。由图可见，BSC 指令得到以下六个方面的功能扩展。

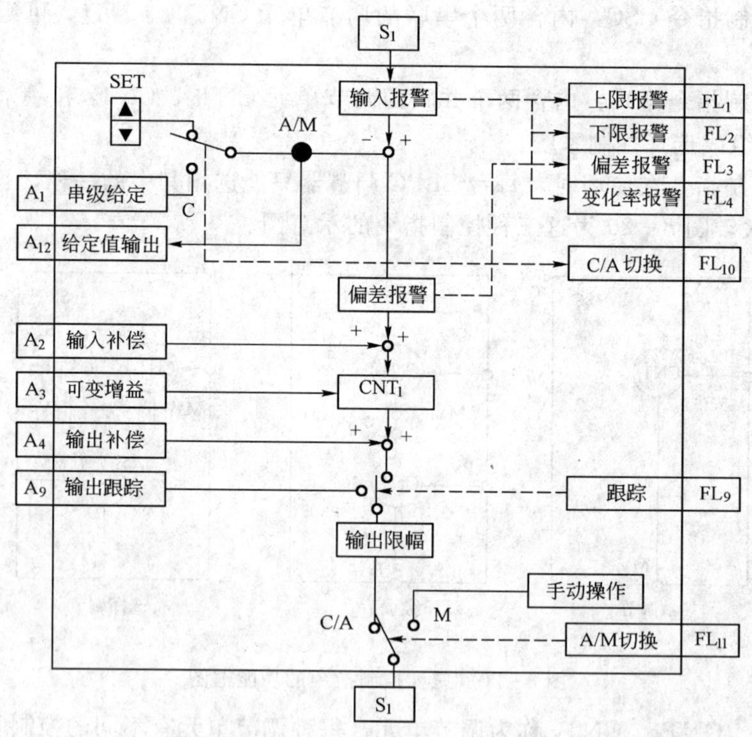

图 8-21 BSC 指令扩展功能结构

(1) FL_{10}、A_1、A_{12} 可以提供外给定信号并实现内、外给定的无扰动切换。当 $FL_{10}=0$ 时，为内给定。由正面板上的 SET 按键改变给定值；$FL_{10}=1$ 时，由 A_1 提供外给定信号。内、外给定信号都可以存在 A_{12} 中，供程序调用。

(2) FL_9、A_9 提供输出跟踪。当 $FL_9=0$ 时，输出 CNT_1 的运算结果；$FL_9=1$ 时，输出

由 A_9 提供的跟踪信号。

(3) FL_{11}决定自动/手动切换。当 $FL_{11}=0$ 时，为手动输出（即“M”工况）；$FL_{11}=1$ 时，为自动输出（即“C”或“A”工况）。

(4) FL：$FL_1 \sim FL_4$ 提供输入报警或偏差报警。

(5) A_2、A_4 分别提供输入和输出补偿。A_2 信号加在偏差上；A_4 信号加在 CNT_1 输出信号上。

(6) A_3 可以为 CNT_1 引入可变增益。A_3 的数据与 CNT_1 的比例增益相乘。

通过 BSC 指令的功能扩展，调节器可以具有更多的功能。例如将外给定值由 X_2 引入 A_1，可由调节器外部信号决定其给定值；将补偿信号 X_3 引入 A_4，可实现前馈补偿；将 FL_1 和 FL_2 的报警信号送入 DO_1 和 DO_2，可进行被控变量的上、下限报警。应用程序如下：

LD X_2 ：读取给定信号；

ST A_1 ：将 X_2 存入 A_1；

LD X_3 ：读输出补偿信号；

ST A_4 ：将 X_3 存入 A_4；

LD X_1 ：读取测量值 X_1；

BSC ：基本控制运算；

ST Y_1 ：控制输出送 Y_1；

LD FL_1：读上限报警状态；

ST DO_1：上限报警送 DO_1；

LD FL_2：读下限报警状态；

ST DO_2：下限报警送 DO_2；

END ：结束。

4. 编程操作

SLPC 的用户程序必须通过编程器 SPRG 写入 ROM 中，然后插入 SLPC 的用户 ROM 插座，方能运行。SPRG 编程器还可以用作 SLPC 测试和维护以及修改程序的工具。SPRG 的使用步骤如下：

(1) 连接 SLPC 和 SPRG。把 SPRG 引出的扁平电缆接至 SLPC，把方式开关置于“PROGRAM”位置，然后接通 SPRG 及 SLPC 的电源。

(2) 输入程序。按 INZ 键初始化用户程序区，然后按 INIP 键初始化 SLPC 的参数，这样便可以一步一步地键入用户程序，从 01 步开始，最多 99 步。

(3) 输入 CNT 参数、固定常数及显示表的内容。键入 CNT 及一位数字或键入寄存器名及数字，参数的现行值便显示出来。此时可用数字键及 ENT 键输入参数。

(4) 输入仿真程序。SPRG 可以编入 20 步仿真程序，用以仿真过程对象，这些仿真程序也可使用 SLPC 的寄存器。但对带编号的模块的使用也有限制，即主程序使用过的编号，仿真程序是不能使用的。按 SPR 键开始输入仿真程序，输入方法与主程序相同。

(5) 试运行。将方式开关置 TEST RUN 位置然后按 RUN，即开始试运行。试运行的目的是确认程序是否正确，若不正确则进行修改。

(6) 设定 SLPC 中的运算参数。在使用仿真程序或外部仿真器进行试运行时，允许设定固定常数、PID 参数等运算参数。

(7) 修改程序。试运行时可修改 CNT 参数，但不能修改程序。修改程序应先把方式开关置于“PROGRAM”位置，修改时可删除或插入程序步。

(8) 写入 ROM。程序调试完毕，应将空的 EPROM 片子插入 ROM 插座，将方式开关置于“PROGRAM”，然后按“WR”键。此时 SPRG 把程序和常数以及 SLPC 上的参数写入 EPROM。

◇ 习题与思考题 ◇

8-1 试说明调节器在自动控制系统中的作用。

8-2 调节仪表有哪几种类型？

8-3 试说明基地式仪表和单元组合仪表各自的特点。

8-4 自力式调节器有哪些类型？主要的用途有哪些？

8-5 为什么带指挥器的压力调节器的控制精度高些？在什么情况下适用？

8-6 DDZ-Ⅲ型电动调节器主要由哪些部分组成？各部分作用是什么？

8-7 DDZ-Ⅲ型电动调节器有哪些工作状态？如何实现状态切换？

8-8 DDZ-Ⅲ型电动调节器何时采用内给定？何时采用外给定？

8-9 数字调节器相比 DDZ-Ⅲ型电动调节器有哪些优点？

8-10 数字调节器一般由哪些部分组成？各部分作用是什么？

8-11 画出 SWP 数字调节器面板图，说明各部分的功能。

8-12 画出 SLPC 数字调节器面板图，说明各部分的功能。

8-13 SLPC 可编程调节器采用内给定值进行单回路控制。X_2 引入输入补偿信号，X_3 引入前馈补偿；将测量值 X_1 送入 DO_1 进行被控变量的上限报警。试编写应用程序。

第九章 执 行 器

执行器是自动控制系统中必不可少的组成部分。它接收来自调节器的控制信号，由执行机构将其转换成相应的角位移或直线位移，去操纵调节机构（阀），改变控制量，使被控参数达到预定值。

执行器由执行机构和调节机构组成。执行机构是根据调节器控制信号产生推力或位移的装置，而调节机构是根据执行机构输出信号去改变能量或物料输送量的装置，通常指调节阀。

执行器按其使用的能源可分为气动、电动和液动三大类。它们各具特点，适于不同的场合。其中气动执行器具有结构简单、工作可靠、价格便宜、维护方便、防火防爆等优点，因而在工业控制中获得最普遍的应用。电动执行器的优点是能源取用方便、信号传输速度快、传输距离远，缺点是结构复杂、推力小、价格贵，适用于防爆要求不太高及缺乏气源的场所。液动执行器推力最大，现在一般都是机电一体化的，但比较笨重，所以较少使用。因此下面将只讨论电动和气动执行器。

在工业生产自动化过程中，为适应不同系统的需要，往往采用电-气复合控制系统，这时可以通过各种转换器或阀门定位器等进行转换。

图 9－1 表示在电-气复合系统中各种转换单元的使用场合。其中用“电动控制仪表＋电气阀门定位器＋气动执行器”组合最为普遍。

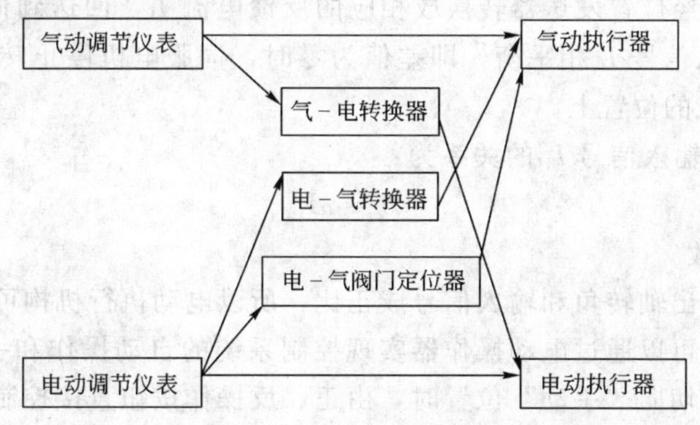

图 9－1 电-气复合控制系统组合关系

第一节 电动执行器

电动执行器是电动控制系统中的一个重要组成部分。它把来自控制仪表的 0～10mA 或 4～20mA 的直流统一电信号，转换成与输入信号相对应的转角或位移，以推动各种类型的调节阀，从而达到连续调节生产工艺过程中的流量、自动控制生产过程的目的。

电动执行器的执行机构和调节机构基本是可以分开的两个部件，并且其调节机构与气动执行器的调节机构是相同的。因此，本节只讲述电动执行机构的结构和工作原理，调节机构将在气动执行器一节中作详细的介绍。

一、工作原理

电动执行机构有角行程和直行程两种，它将输入的直流电流信号线性地转换成位移量。这两种执行机构均是以两相交流电机为动力的位置伺服机构，电气原理完全相同，只是减速器不一样。这里只讨论角行程执行机构。

角行程电动执行机构由伺服放大器和执行机构两大部分组成，如图 9－2 所示。该执行机构适用于操纵蝶阀、球阀等转角式调节机构。

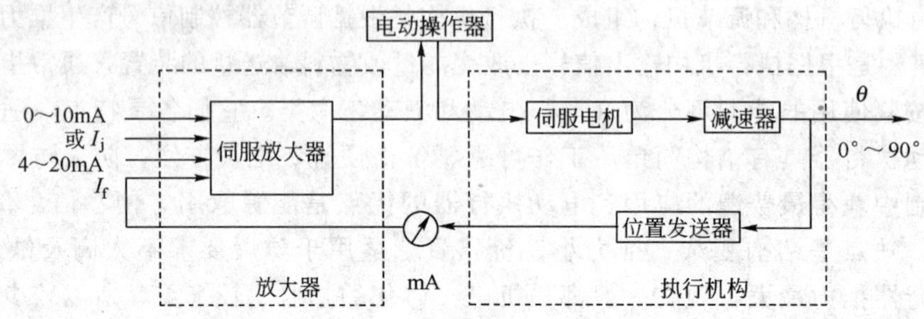

图 9－2　电动执行机构方框图

伺服放大器将输入信号 I_i 和反馈信号 I_f 相比较，所得差值信号经伺服放大器功率放大后，驱使两相伺服电机转动，再经减速器减速，带动输出轴改变转角 θ。若差值为正，伺服电机正转，输出轴转角增大；当差值为负时，伺服电机反转，输出轴转角减小。

输出轴转角位置经位置发送器转换成相应的反馈电流 I_f，回送到伺服放大器的输入端。当反馈信号 I_f 与输入信号 I_i 相平衡，即差值为零时，伺服电机停止转动，输出轴就稳定在与输入信号 I_i 相对应的位置上。

输出轴转角 θ 与输入信号 I_i 的关系为：

$$\theta = \alpha I_i \tag{9-1}$$

式中　α——比例系数。

由上式可知，输出轴转角和输入信号成正比，所以电动执行机构可看成一个比例环节。

电动执行机构还可以通过电动操作器实现控制系统的自动操作和手动操作的相互切换。当操作器的切换开关切向“手动”位置时，由正、反操作按钮直接控制电机的电源，以实现执行机构输出轴的正转和反转，进行遥控手动操作。

二、伺服放大器

伺服放大器与两相电机配合工作的原理如图 9－3 所示。伺服放大器主要由前置放大器和可控硅驱动电路两部分组成。前置放大器是一个增益很高的放大器，根据输入信号与反馈信号相减后偏差的正负，在 A、B 两点产生正或负的输出电压，控制两个可控硅触发器中一个工作、一个截止。例如当前置放大器输出电压的极性为 A（＋）、B（－）时，触发器 2 被截止，可控硅 SCR_2 不通，由触发器 1 连续地发出一系列触发脉冲，使可控硅 SCR_1 完全导通。由于 SCR_1 接在二极管桥式整流器的直流端，它的导通使桥式整流器的 c、d 两端近于短接，故 220V 的交流电压直接接到两相伺服电机的绕组Ⅰ，同时经分相电容 C_F 加到绕组Ⅱ上。这样绕组Ⅱ中的电流相位比绕组Ⅰ超前 90°，形成旋转磁场，使电机朝一个方向转动。

反之，如果前置放大器的输出电压极性和上述相反，即 A（－）、B（＋），则电机朝相反的方向转动。由于前置放大器的增益很高，只要偏差信号大于不灵敏区，触发器便可使可控硅导通，电机以全速转动，这里可控硅起的是无触点开关的作用。当输入信号与反馈信号的偏差为零时，SCR_1 和 SCR_2 都不导电，伺服电机停止转动。

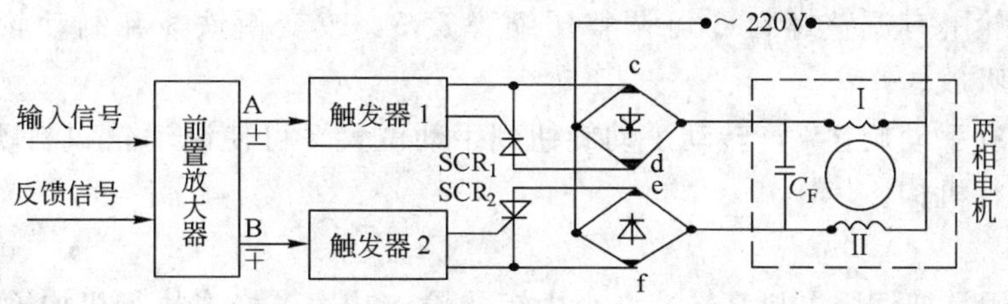

图 9-3　伺服放大器的原理示意图

三、执行机构

执行机构由伺服电机、减速器和位置发送器三部分组成。它接受伺服放大器或电动操作器的输出信号，控制伺服电机的正、反转，再经减速器减速后变成输出力矩去推动调节机构动作。与此同时，位置发送器将调节机构的角位移转换成相应的直流电流信号，用以指示阀位，并反馈到前置放大器的输入端，去平衡输入电流信号。

1. 伺服电机

伺服电机的作用是将伺服放大器输出的电功率转换成机械转矩，并且当伺服放大器没有输出时，电机又能可靠地制动（消除输出轴由于电机惯性转动），抵制负载对电机的反作用力。

伺服电机实际上是一个电容式两相异步电机，结构如图 9-4 所示。它由用硅钢片叠成的定子和鼠笼转子组成。定子上均匀分布着两个匝数、线径相同而相隔 90°电角度的定子绕组Ⅰ和Ⅱ。由于分相电容 C_F 的作用，这两个绕组中的电流相位总是相差 90°，其合成向量产生定子旋转磁场。定子旋转磁场在转子内产生感应电流并构成转子磁场，两个磁场相互作用，使转子旋转。如前所述，转子旋转方向取决于Ⅰ和Ⅱ中的电流相位差，即取决于分相电容 C_F 串接在哪一个定子绕组中（见图 9-3）。

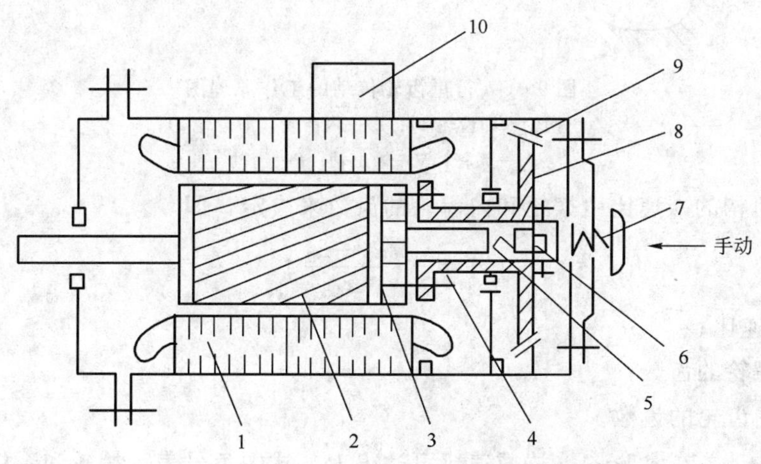

图 9-4　两相伺服电机结构示意图

1—定子；2—转子；3—衔铁；4—套轴；5—压缩弹簧；
6—调节螺钉；7—手动旋钮；8—制动轮；9—制动盘；10—出线盒

在电机转子 2 尾端的环上嵌装几块磁路相互隔离的衔铁 3，电机转动时，定子磁场通过此衔铁吸动制动轮 8，使它和制动盘 9 脱开，电机便自由转动。断电时，定子磁场消失，衔铁的吸力随即消失，压缩弹簧 5 将制动轮 8 压紧在制动盘 9 上，依靠轮和盘的摩擦力使转子迅速停转。制动轮上有调整螺钉 6 可调整压缩弹簧 5，改变衔铁 3 和制动轮套轴 4 间的间隙，保证可靠地吸放。

电机后盖上有手动旋钮 7，转动手动旋钮到手动位置，可使制动轮和制动盘脱开，以便就地手动操作执行机构。

2. 减速器

减速器的作用是把伺服电机高转速、小力矩的输出功率转换成执行机构输出轴的低转速、大力矩的输出功率，以推动调节机构。它常采用的减速机构有行星齿轮和蜗轮蜗杆两种。

1）行星齿轮减速机构

行星齿轮减速机构如图 9-5 所示，它由系杆（偏心轴）H、摆轮 Z_1、内齿轮 Z_2、销轴 P 和输出轴 V 等构成。系杆 H 偏心的一端是摆轮 Z_1 的转轴，摆轮空套在该转轴上。当系杆转动时，摆轮的轴心 O_2 也随之转动，同时摆轮又与固定不动的内齿轮 Z_2 相啮合，这样，摆轮产生两种运动，即往复摆动和绕自身轴心 O_2 的转动。在摆轮的周围上有几个销轴孔，输出轴 V 的销轴 P 插入销轴孔内，销轴孔比销轴大些，所以摆轮的往复摆动对 V 轴没有影响，而它的自转则经 V 轴输出。

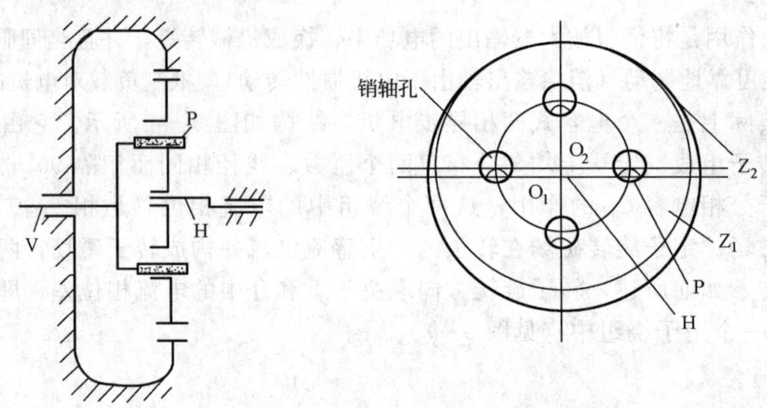

图 9-5 行星齿轮传动的工作原理图

Z_1—摆轮（即齿轮 1）；Z_2—内齿轮（即齿轮 2）；

H—系杆；V—输出轴；P—销轴

行星齿轮机构的减速比由摆轮和内齿轮的齿数来决定，即

$$i=-\left(\frac{z_2-z_1}{z_1}\right) \tag{9-2}$$

式中 i——减速比；

z_1——摆轮的齿数；

z_2——内齿轮的齿数。

一般 z_2 和 z_1 之差为 1～4，故减速比可达很大。式中负号表示摆轮和系杆的转动方向相反。

在实际应用中，行星齿轮减速机构具有减速比大、效率高等优点，故应用场合较多。

2）蜗轮蜗杆减速机构

蜗轮蜗杆减速机构如图 9-6 所示，它由蜗轮和蜗杆组成。其中蜗杆为主动件，蜗轮为从动件，两者交叉 90°。蜗杆的形状像个圆柱形的螺纹，蜗轮形状像个斜齿轮，只是它的轮齿沿齿长方向又弯曲成圆弧形，以便与蜗杆更好地啮合。蜗轮蜗杆减速机构的减速比为：

$$i=\frac{z_2}{z_1} \tag{9-3}$$

式中 i——减速比；

z_1——蜗杆齿数，一般 $z_1=1\sim4$；

z_2——蜗轮齿数。

蜗轮蜗杆减速机构与行星齿轮减速机构相比，其减速比大，结构紧凑，传动平稳，具有自锁性，但效率较低，发热量大，齿面容易磨损，成本高。

3. 位置发送器

位置发送器的作用是将电动执行机构输出轴的转角（0°～90°）线性地转换成 0～10mA 或 4～20mA 的直流电流信号，用以指示阀位，并作为位置反馈信号 I_f，反馈到伺服放大器的输入端，以实现整机负反馈。

1）差动变压器式

差动变压器式位置发送器包括铁磁谐振稳压器、差动变压器及整流电路等组成部分。其主要部分是差动变压器，原理如图 9-7 所示，与第四章第二节变浮力式液位计中所用的差动变压器的原理相似。

图 9-6 蜗轮蜗杆减速机构

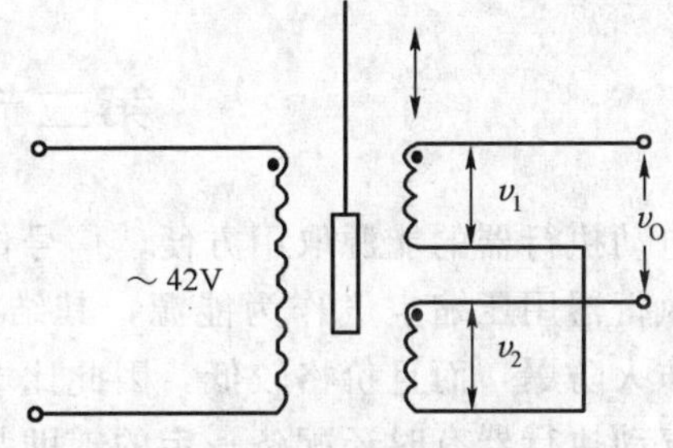

图 9-7 差动变压器原理图

铁芯的位置与执行机构输出轴的位置相对应。当铁芯在中间位置时，因两副边绕组的磁路对称，感应电压 $v_1=v_2$，因而输出电压 $v_O=v_1-v_2=0$。

当铁芯自中间位置向上位移时，上边绕组中交变磁通的幅值将大于下面绕组中交变磁通的幅值，两绕组中的感应电压 $v_1>v_2$，因而有输出电压 $v_O=v_1-v_2$ 产生。

反之，当铁芯下移时，两电压的关系将是 $v_2>v_1$，此时输出电压的相位与上述相反。

信号 v_O 经过整流、滤波电路可以得到直流电流信号，它的大小与执行机构输出位移相对应。这个信号还被反馈到伺服放大器的输入端，与输入信号相比较。

2）新型位置发送器

导电塑料电位器式位置发送器采用精度高、寿命长的精密导电塑料电位器作为角度传感元件，具有功耗小、可靠性高、抗干扰能力强等优点，因此目前较为流行。但它是有触点的，因而寿命不可能很长，且精确度不高。

非接触式位置发送器是一种采用了非接触式位移传感器进行检测的位置发送器，具有寿命长（无触点）、精确度高、无线性区段限制、温度特性好、稳定性高等优点，在智能式仪表中使用还可省去 D/A 转换电路。它的惟一缺点是数据的保持需备用电池。

以上所讲的是一般的电动执行机构。随着电子技术的不断发展，在此基础上又出现了电子式一体化电动执行机构。它内置伺服模块和阀门反馈组件，无需另外配置伺服放大器，实现了电动执行机构各组成部分的一体化，输入控制信号及电源即可控制运转，连线简单。相对于一般电动执行机构具有体积小、重量轻、控制精度和性能高等优点。各种电动执行机构的实物比较如图 9-8 所示。

(a)DKJ 型角行程

(b)DKZ型直行程

(c)HQ 型电子式一体化

图 9-8　电动执行机构实物图比较

从上所述，可以看出角行程电动执行机构是以电机为动力元件，然后经过减速器输出角位移的（0°～90°）。这种执行机构适用于操纵蝶阀、挡板之类旋转式调节机构。

第二节　气动执行器

电动执行器的能源取用方便，信号传递迅速，但它结构复杂、防爆性能差。与其相比，气动执行器用压缩空气作为能源，其结构简单，动作可靠、平稳，输出推力较大，维修方便，防火防爆，而且价格较低，因此比电动执行器应用更为广泛。

气动执行器有时还配备一定的辅助装置，常用的有阀门定位器和手轮机构。阀门定位器的作用是利用反馈原理来改善执行器的性能，使执行器能够按照调节器的控制信号，实现准确的定位。手轮机构的作用是当控制系统因停电、停气、调节器无输出或执行机构失灵时，利用它可以直接操纵调节阀，以维持生产的正常进行。

一、结构与工作原理

气动执行器由执行机构和调节机构组成。图 9-9 是常用的气动薄膜调节阀的实物图和内部结构示意图，图中上半部为执行机构，下半部为调节机构。气信号 p_0 由薄膜上部引入，作用于薄膜片 2 上，推动阀杆 4 产生位移，改变了阀芯 7 和阀座 5 之间的流通截面积，从而达到调节流量的目的。

1. 气动执行机构

气动执行机构接受气动仪表或电-气阀门定位器输出的气压信号，并将其转换为相应的推杆直线位移，以推动调节机构工作。

气动执行机构有薄膜式和活塞式两种。常见的气动执行机构多为薄膜式，其特点是结构简单，价格较低廉，但输出行程较小。

1）气动薄膜式执行机构

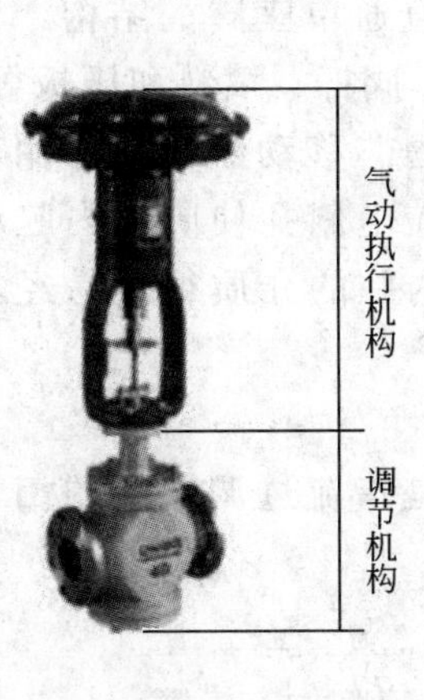

(a) 实物图

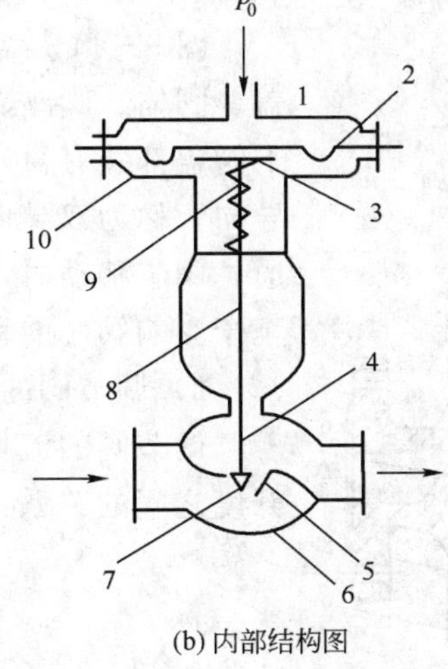

(b) 内部结构图

图 9-9 气动薄膜调节阀实物图与内部结构示意图

1—上盖；2—薄膜片；3—托板；4—阀杆；5—阀座；6—阀体；7—阀芯；8—推杆；9—平衡弹簧；10—下盖

气动薄膜式执行机构分有弹簧和无弹簧两种。现以常用的有弹簧正作用式的机构为例说明其工作原理（图 9-9）。

当信号压力通过上膜盖 1 和波纹膜片 2 组成的气室时，在膜片上产生一个推力，使推杆 8 下移并压缩弹簧 9。当弹簧的作用力与信号压力在膜片上产生的推力相平衡时，推杆稳定在一个对应的位置上，推杆的位移即执行机构的输出，也称行程。

气动薄膜式执行机构的行程规格有 10mm、16mm、25mm、60mm、100mm 等。膜片的有效面积有 $200cm^2$、$280cm^2$、$400cm^2$、$630cm^2$、$1000cm^2$、$1600cm^2$ 等六种规格，有效面积越大，执行机构的推力越大。

2）气动活塞式执行机构

活塞式执行机构也分有弹簧和无弹簧两种。现以图 9-10 为例阐述无弹簧活塞式执行机构的工作原理。其主要部件——气缸内活塞随气缸两侧差压的变化而移动。活塞的两侧分别输入固定信号（含通大气）和可变信号，或两侧都输入可变信号。它的输出特性有比例式及两位式两种。两位式是根据输入活塞两侧操作压力的大小，活塞从高压侧被推向低压侧。比例式是在两位式基础上加有阀门定位器，使推杆位移和信号压力成比例关系。

此外，还有一种长行程执行机构，其结构原理与气动活塞式执行机构基本相同。它具有行程长、输出力矩大的特点，输出直线位移为 40～200mm，转角位移为 90°，适用于输出角位移和大力矩的场合。

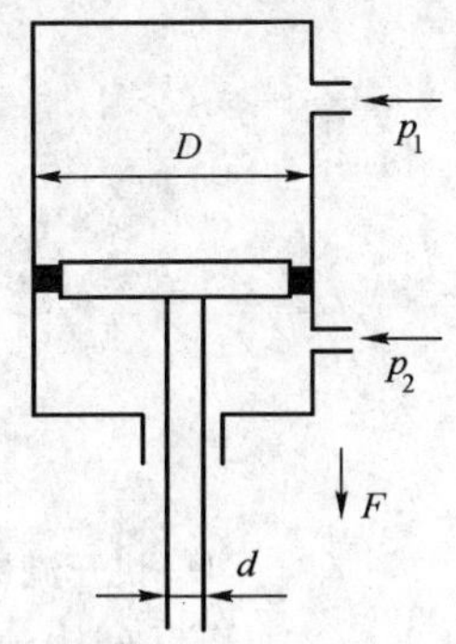

图 9-10 气动活塞式执行机构示意图

p_1、p_2—气缸两侧压力；F—执行机构输出力

2. 调节机构

调节机构又称调节阀，它和普通阀门一样是一个局部阻力可以变化的节流元件。由于阀芯在阀体内移动，改变了阀芯与阀座之间的流通面积，即改变了阀的阻力系数，被控介质的流量相应地改变，从而达到调节工艺参数的目的。

1）调节阀的结构

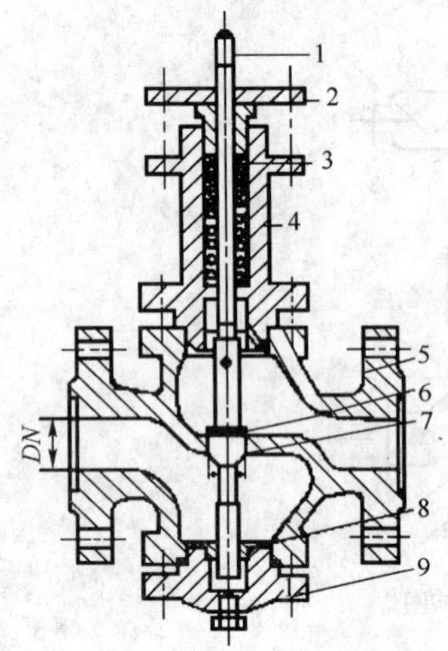

图 9－11　直通单座阀结构图

1—阀杆；2—压板；3—填料；4—上阀盖；5—阀体；6—阀芯；7—阀座；8—衬套；9—下阀盖

图 9－11 是常用的直通单座阀的结构，它由上阀盖、下阀盖、阀体、阀座、阀芯、阀杆、填料和压板等零部件组成。上、下阀盖都装有衬套，为阀芯移动起导向作用；由于上、下都有导向，称为双导向。阀盖上斜孔使阀盖内腔和阀后内腔互相连通，阀芯移动时，阀盖内腔的介质很容易经斜孔流入阀后，不至于影响阀芯的移动。

2）调节阀的流量特性

调节阀的流量特性是指流过调节阀的相对流量与阀的相对开度之间的关系：

$$\frac{q}{q_{\max}}=f\frac{l}{l_{\max}} \tag{9-4}$$

式中　$\frac{q}{q_{\max}}$——相对流量，调节阀在某一开度下的流量 q 与全开时流量 $q_{\max}$ 之比；

$\frac{l}{l_{\max}}$——相对开度，调节阀某一开度下阀芯位移 l 与全开时阀芯位移 $l_{\max}$ 之比。

由于调节阀上流量变化时，阀前后的压差也会发生变化，而压差的变化又将引起流量的变化。为了便于分析，我们把阀前后压差恒定时的流量特性称为理想流量特性；阀前后压差随阀的开度变化的流量特性为工作流量特性。调节阀出厂所提供的流量特性是指理想流量特性。

理想流量特性主要有直线、等百分比（对数）、抛物线及快开四种。下面分别介绍它们各自的特点。

（1）直线流量特性：相对流量与相对开度之间呈直线关系。其阀芯形状和流量特性如图 9－12之 2 所示。直线流量特性，在小开度时，流量相对变化值大，灵敏度高，调节作用强，易产生振荡；而在大开度时，流量相对变化值小，灵敏度低，调节作用弱，调节缓慢。

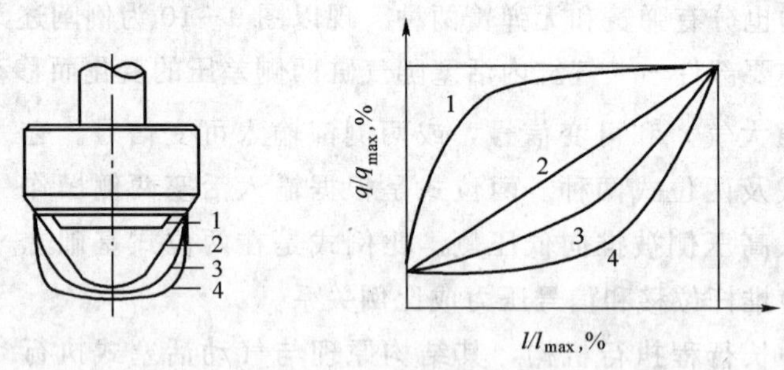

图 9－12　理想流量特性

1—快开流量特性；2—直线流量特性；3—抛物线流量特性；4—等百分比流量特性

（2）等百分比流量特性（对数流量特性）：相对开度与相对流量成对数关系，见图9－12之4。等百分比流量特性，流量相对变化在不同的阀门开度下是相等的。因此，调节阀在小开度时，放大系数小，调节缓和平稳；在大开度时，放大系数大，调节灵敏、有效。

（3）抛物线流量特性：相对流量与相对开度之间为抛物线关系，在直角坐标中为一条抛物线，如图 9－12 之 3 所示，它介于直线及对数特性曲线之间。

(4) 快开流量特性：随着开度的增大，流量很快就达到最大，此后再增大开度，流量变化很小。快开特性调节阀常用于迅速启闭的切断阀或双位控制系统。其阀芯形状和流量特性如图 9－12之1所示。

当调节阀安装在管路中时，由于阀上流量变化引起管路阻力的变化，从而使得阀上压降也发生相应的变化，工作状态下调节阀的流量特性称为工作流量特性。

如图 9－13 所示，与调节阀串联管路系统，调节阀开度增加后，管路中的流量增加，从而引起 Δp_R 增大，Δp_V 减小，使流量特性偏离理想流量特性工作流量特性，畸变程度与压降比 s 有关。s 的定义为：

$$s=\frac{\Delta p_{Vmin}}{\Delta p} \tag{9-5}$$

式中　Δp_{Vmin}——阀全开时的阀上压差。

图 9－13　具有串联阻力的调节阀

工作流量特性畸变趋势，如图 9－14 所示具有以下几个特点：

(1) 特性曲线总是向左上方畸变，直线特性接近快开特性，等百分比特性接近直线特性；

(2) s 值越小，畸变越严重；

(3) 畸变后，最小流量 q_{min} 上升，使调节阀所能控制的最大流量 q_{max} 与最小流量 q_{min} 之比（可调比）下降。

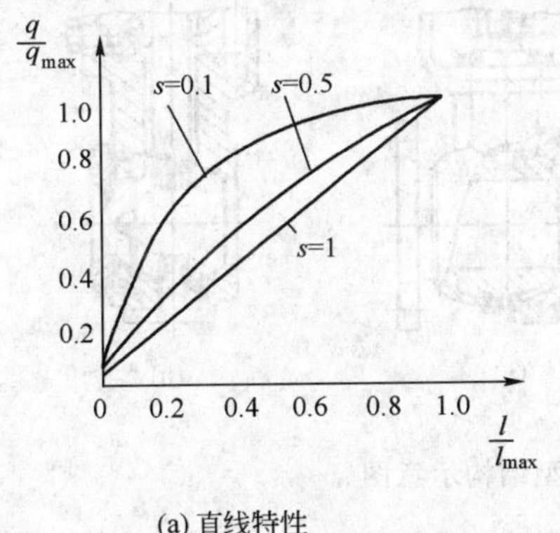

(a) 直线特性

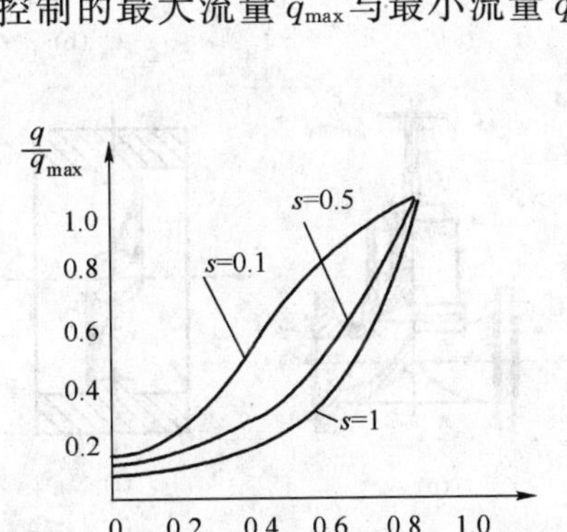

(b) 等百分比特性

图 9－14　压降比与特性畸变的关系

实际上，各种阀门都有自己特定的流量特性：隔膜阀的特性接近于快开特性，但它的工作段应在位移的 60%以下。蝶阀特性接近于等百分比特性。对隔膜阀和蝶阀，由于它的结构特点，不可能通过改变阀芯的曲面形状来改变其特性。

二、主要类型及作用形式

1. 调节阀的主要类型

根据不同的使用要求，调节阀的结构有很多种类，如直通单座阀、直通双座阀、角形阀、高压阀、隔膜阀、阀体分离阀、球阀、三通阀、小流量阀与超高压阀等。

1) 直通单座调节阀

直通单座调节阀的阀体内只有一个阀座和阀芯，如图 9－11 所示。特点是结构简单，价格便宜，全关时泄漏量少。它的泄漏量为0.01%，是双座阀的十分之一。但由于阀座前后存在压力差，对阀芯产生不平衡力较大，一般适用于阀两端压差较小、对泄漏量要求比较严格、管径不大（公称直径 D_g＜25mm）的场合。当需用在高压差时，应配用阀门定位器。

2）直通双座调节阀

直通双座调节阀的阀体内有两个阀座和两个阀芯，如图9-15（a）所示。它的流通能力比同口径的单座阀大。由于流体作用在上、下阀芯上的推力方向相反而大小近似相等，因此介质对阀芯造成的不平衡力小，允许使用的压差较大，应用比较普遍。但是，因加工精度的限制，上下两个阀芯不易保证同时关闭，所以关阀时泄漏量较大。阀体内流路复杂，用于高压差时对阀体的冲蚀损伤较严重，不宜用在高粘度和含悬浮颗粒或纤维介质的场合。

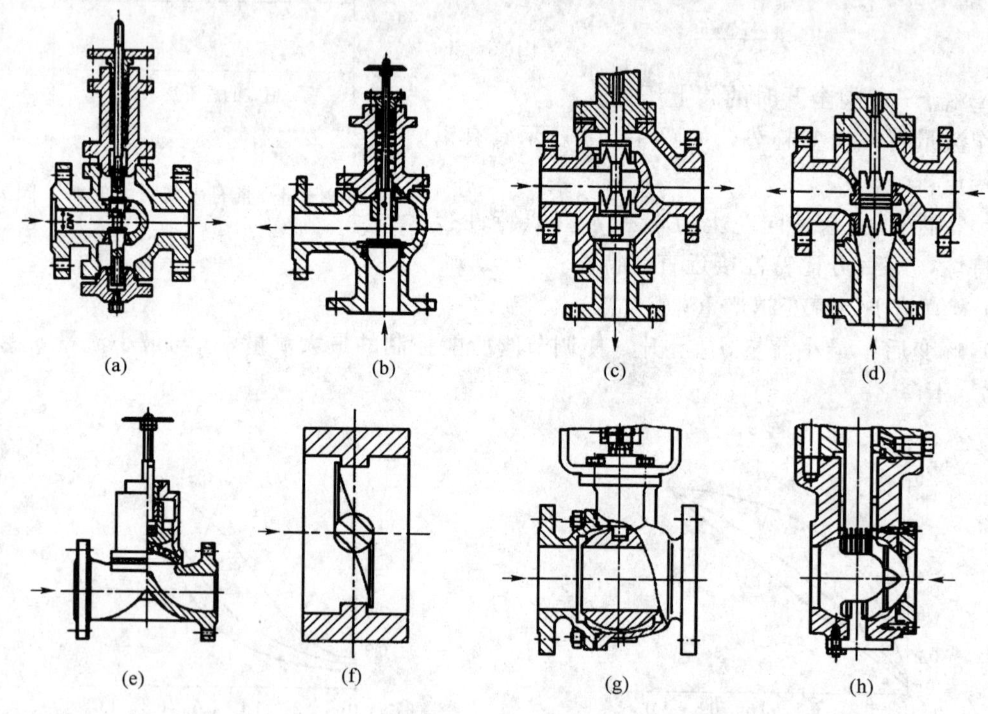

图9-15　调节阀体主要类型结构示意图

3）角形调节阀

角形调节阀的两个接管呈直角形，如图9-15（b）所示。它的流路简单，阻力较小。流向一般是底进侧出，但在高压差的情况下，为减少流体对阀芯的损伤，也可侧进底出。这种阀的阀体内不易积存污物，不易堵塞，适用于测量高粘度介质、高压差和含有少量悬浮物和颗粒状物质的流量。

4）三通调节阀

三通调节阀有三个出入口与管道连接。其流通方式有分流（一种介质分成两路）和合流（两种介质混合成一路）两种。分别如图9-15（c）、（d）所示。这种产品基本结构与单座阀或双座阀相仿。通常可用来代替两个直通阀，适用于配比调节和旁路调节。与直通阀相比，组成同样的系统时，可省掉一个二通阀和一个三通接管。

5）隔膜调节阀

它采用耐腐蚀衬里的阀体和隔膜代替阀组件，如图9-15（e）所示。当阀杆移动时，带动隔膜上下动作，从而改变它与阀体堰面间的流通面积。这种调节阀结构简单，流阻小，流通能力比同口径的其他种类的大。由于流动介质用隔膜与外界隔离，故无填料密封，介质不会外漏。这种阀耐腐蚀性强，适用于强酸、强碱、强腐蚀性介质的调节，也能用于高粘度及悬浮颗粒状介质的调节。

由于隔膜的材料通常为氯丁橡胶、聚四氟乙烯等，故使用温度宜在150℃以下，压力在1MPa以下。另外，在选用隔膜阀时，应注意执行机构必须有足够的推力，以克服介质压力的影响。一般隔膜阀直径 D_g > 100mm 时，应采用活塞式执行机构。

6）蝶阀

蝶阀又名翻板（挡板）阀，如图9－15（f）所示。它是通过杠杆带动挡板轴使挡板偏转，改变流通面积，达到改变流量的目的。蝶阀具有结构简单、重量轻、价格便宜、流阻极小的优点，但泄漏量大。它适用于大口径、大流量、低压差的场合，也可以用于浓浊浆状或悬浮颗粒状介质的调节。

7）球阀

球阀的节流元件是带圆孔的球形体，如图9－15（g）所示。转动球体可起到调节和切断的作用，常用于双位式控制。

球阀的结构除上述外，还有一种是V形缺口球形体，如图9－15（h）所示。转动球心使V形缺口起节流和剪切的作用，其特性近似于等百分比型。它适用于纤维、纸浆、含有颗粒等介质的调节。

2. 气动执行器的作用形式

（1）气动执行机构的正、反作用。当气动执行机构的输入气压增加时，推杆向下运动，称为正作用；相反，输入气压增加时，推杆向上运动，称为反作用（见图9－16）。

（2）调节机构的正装和反装。阀芯有正装和反装两种形式。阀芯下移，阀芯与阀座间的流通截面积减小的称为正装阀；相反，阀芯下移时，流通截面积增加的称为反装阀（见图9－16）。对于双导向正装阀，只要将阀杆与阀芯下端相接，即为反装阀。公称直径 D_g < 25mm 的阀，一般为单导向式，因此只有正装阀。

（3）气动执行器的作用形式。气动执行器有气开式和气关式两种形式。信号压力增加时阀开，称为气开式；反之，信号压力增大时阀关，称为气关式。由于执行机构有正、反作用，调节阀（具有双导向阀芯）也有正、反作用，因此气动执行器的气开或气关即由此组合而成，如图9－16所示。

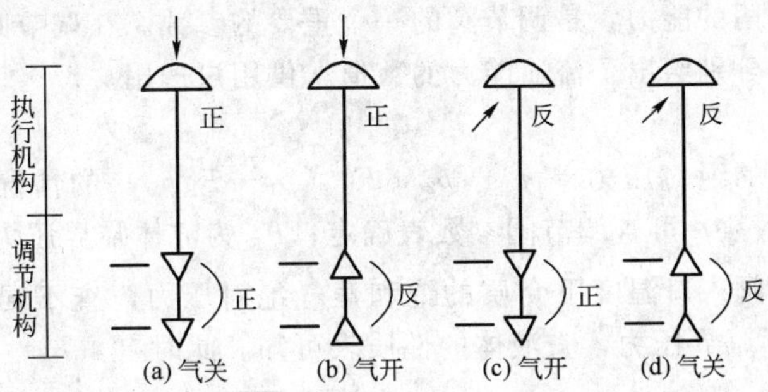

图9－16　气开、气关组合方式图

对于小口径调节阀，通常采用改变执行机构的正、反作用来实现气开或气关；对于大口径调节阀，则通常是改变调节阀的正、反作用来实现气开或气关。

三、气动执行器的选择

气动执行器的选用问题包括确定调节阀的类型、口径、作用形式以及流量特性等内容。一般应根据被调介质的特点、控制要求、安装环境等因素，参考制造厂供货的各种类型调节阀的特点合理地进行选用。

1. 调节阀类型的选择

为适应不同工艺介质的特点（如物态、温度、压力、粘度、悬浮物、腐蚀性等）和流动特点（如有的流量很小，允许泄漏量小；有的流量很大，允许泄漏量大；有的是分流；有的是合流等），应合理选择调节阀的结构类型和材料。各种调节阀（见图 9－15）具有不同特点，可适应不同的使用要求。如单座阀结构简单，装配方便，泄漏量小，但受流体冲击的不平衡力影响大，适用于小口径（$D_g \leqslant 25$mm）管道场合；双座阀受流体冲击不平衡力影响小，但关不严，泄漏量较大，可适合于大口径管道场合；角形阀的阀体受流体冲蚀小，体内不易结污，对高粘度、含有悬浮物和颗粒物质的流体尤为适用；蝶阀流阻小，适用于低压差、大流量的气体或含有固体悬浮物的介质；隔膜阀用能耐腐蚀材料的隔膜代替阀芯或阀体可以拆卸，便于衬压和喷涂耐腐蚀衬里及清洗，可适用于强腐蚀性及高粘度、带悬浮物或纤维物的介质场合，但不耐高温和高压；三通阀可用于需将流体分流或合流的场合。

此外，在选择调节阀类型时还需考虑上阀盖的型式和所用的填料。当使用工作温度为－20～＋250℃时只需采用普通型结构；当工作温度为－60～＋450℃时应采用阀盖上有多层散热片的散热型结构；还有波纹密封型阀盖，其阀杆可动部分采用波纹管将阀内介质与外界隔绝，故适用于有剧毒、易挥发、易渗透或贵重介质场合。

调节阀常用的密封填料有聚四氟乙烯填料和石墨石棉绳填料等。前者虽比后者昂贵，但密封性能好得多，故目前已逐渐取代石墨石棉绳填料。

2. 调节阀口径的选择

在正常工况下，阀门开度处于 15％～85％之间。口径选择过小，当经受较大扰动时，阀门很可能运行到全开时的饱和非线性工作状态，使系统处于暂时失控情况。口径选择过大，阀门经常处于小开度，流体对阀芯、阀座的冲蚀越严重；而且小开度时，阀芯由于受不平衡力的作用，容易产生震荡现象，这就更加重了阀芯和阀座的损坏，甚至造成控制失灵。

调节阀口径的选择是用流通能力 C 值计算确定的。流通能力是当阀前后压差为 0.1MPa，介质密度为 1g/cm^3 时，每小时通过阀门的流体的体积流量值（m^3/h）。流通能力直接反映流体通过阀门的能力，是调节阀的一个重要的参数。在调节阀手册上，对不同口径和结构型式的阀门，分别给出了流通能力的数值，供用户选用。

1）非阻塞流

在调节阀前、后的绝对压力差 $p_1 - p_2 < F_L^2 (p_1 - F_F p_V)$ 的情况下，是非阻塞流。其中，F_L 为压力恢复系数，可查调节阀参数表确定；F_F 为流体临界压力比系数，$F_F = 0.96 - 0.28\sqrt{p_V/p_C}$；$p_V$ 为阀入口温度下介质的饱和蒸气绝对压力，查不同物质的蒸气压力表可知；p_C 为物质热力学临界压力，查液体的性质表可知。此时有：

$$C = 10 q_V \sqrt{\frac{\rho}{p_1 - p_2}} \tag{9-6}$$

式中 q_V——液体的体积流量，m^3/h；

ρ——液体的密度，g/cm^3；

p_1-p_2——调节阀前、后的绝对压力差，kPa。

2）阻塞流

在 $p_1-p_2 \geqslant F_L^2(p_1-F_F p_V)$ 的情况下，是阻塞流。此时有：

$$C = 10q_V\sqrt{\frac{\rho}{F_L^2(p_1 - F_F p_V)}} \tag{9-7}$$

3. 气开和气关形式的选择

气开和气关的选择主要从生产工艺的安全角度来考虑：当信号压力突然中断时，应保证设备和操作人员的安全。如果信号中断时阀处于全开位置时危害性小，则应选用气关式；反之，阀处于关闭时危害性小，则应选用气开式。例如，控制进入加热炉内的燃料气或燃料油流量，应选用气开式，当调节器发生故障或供气中断时，阀门处于全关状态，停止燃料气进入炉内，以防止爆炸或烧坏炉管。又如当精馏塔釜内为易结晶、易凝固的液体时，则再沸器蒸气流量调节阀应选用气关式，以防止事故状态下塔釜内物料结晶或凝固而造成堵塞。

4. 流量特性的选择

从实用角度看，流量特性选择一般不如阀的类型选择和口径选择重要。但在控制系统品质要求较高时，就不容忽视了。目前应用最多的流量特性就是直线流量特性和等百分比流量特性，因此调节阀流量特性的选择就是在这两种之间进行选择。主要从以下两个方面考虑：

(1) 从静态考虑选择调节阀的工作流量特性。从静态考虑，调节阀工作流量特性的选择原则是控制系统静态稳定运行准则，即在工作状况下，控制系统的总开环增益基本不变。

通常可认为变送环节和调节器增益基本不变，因此，要求受控对象增益与调节阀增益保持反向变化即可。这里调节增益是指调节阀流量特性曲线上每点的斜率。此值越大，流量相对于开度的变化速度越快；相反，则越小。

(2) 从配管状况（s 值大小）角度选择理想流量特性。实际生产过程中，调节阀总与工艺设备串联连接，因此，可采用系统的压降比 s 确定理想流量特性。经验选择法见表 9-1。

表 9-1　根据压降比 s 确定调节阀理想流量特性

压降比 s	$s>0.6$			$0.3<s<0.6$			$s<0.3$
所需工作流量特性	直线	等百分比	快开	直线	等百分比	快开	宜用低 s 调节阀
应选理想流量特性	直线	等百分比	快开	等百分比	等百分比	直线	

从表 9-1 可见，压降比 s 大于 0.6 时，选择的理想流量特性与工作流量特性相同；压降比在 0.3～0.6 范围内时，由于工作流量特性的畸变较严重，因此，工作流量特性是线性时，应选择理想流量特性是等百分比的流量特性，余类推。当压降比 s 小于 0.3 时，由于畸变已相当严重，不宜采用普通调节阀，可采用低压降比调节阀。

第三节　电-气转换器与阀门定位器

一、电-气转换器

电-气转换器是将电动仪表输出的 4～20mA 直流电流信号转换成可被气动仪表接受的 20～100kPa 标准气压信号，以实现电动仪表和气动仪表的联用，构成复合控制系统，发挥电气仪表各自的优点。

电-气转换器是基于力矩平衡原理工作的。其结构形式有多种，现以具有正负两个反馈波纹管的电-气转换器为例讨论其工作原理。转换器由电流-位移转换部分、位移-气压转换部分、气动功率放大器和反馈部件组成，如图 9-17 所示。

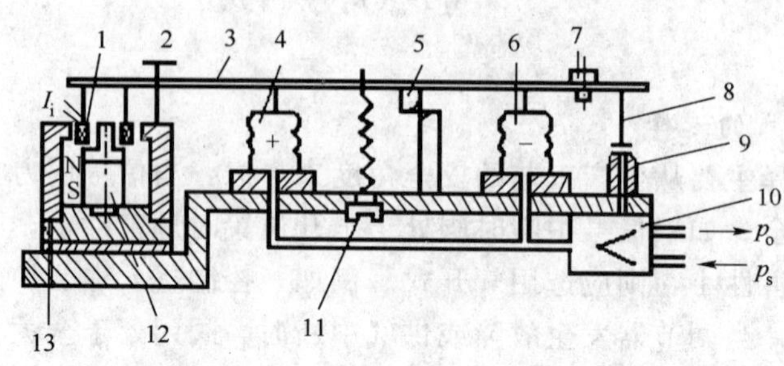

图 9-17　电-气转换器

1—动圈；2—限位螺钉；3—杠杆；4—正反馈波纹管；5—十字簧片支承；6—负反馈波纹管；7—平衡锤；8—挡板；9—喷嘴；10—气动放大器；11—调零弹簧；12—铁芯；13—磁钢

电流-位移转换部分包括动圈、磁钢系统、杠杆和支承；位移-气压转换部分包括杠杆系统及喷嘴、挡板；气动功率放大器将喷嘴的背压进行功率放大后输出气压 p_o；反馈部件为正、负反馈波纹管。当输入电流 I_i 进入动圈后，产生的磁通与永久磁钢在空气隙中的磁通相互作用，而产生向上的电磁力，带动杠杆 3 绕支承 5 转动，安装在杠杆右端的挡板 8 靠近喷嘴 9，使其背压升高，经气动放大器进行功率放大后，输出压力 p_o。p_o 送给负反馈波纹管 6 产生向上的负反馈力，p_o 同时送给正反馈波纹管产生向上的正反馈力，以抵消一部分负反馈的影响。平衡锤 7 用以平衡整个活动系统的重量，使转换器在倾斜位置上仍能正常工作，同时也可以提高其抗震性能。

二、电-气阀门定位器

阀门定位器有气动和电动两大类，是气动执行器的主要附件，它与气动调节阀配套使用。阀门定位器接受调节器输出信号，然后将调节器的输出信号成比例地输出到执行机构。当阀杆移动以后，其位移量又通过机械装置负反馈作用于阀门定位器，因此它与执行机构组成一个闭环系统。

阀门定位器能够增加执行机构的输出功率，减少控制信号的传递滞后，加快阀杆的移动速度，提高信号与阀位间的线性度，克服阀杆的摩擦力，消除不平衡力的影响，从而保证调节阀的正确定位，改善了调节阀的性能。目前使用电动调节器居多，这里介绍电-气阀门定位器。

1. 结构与工作原理

采用电-气阀门定位器后，可用电动调节器输出的 0～10mA 或 4～20mA DC 电流信号去操纵气动执行机构。一台电-气阀门定位器具有电-气转换器和气动阀门定位器的双重作用。

图 9-18 是配气动薄膜执行机构的电-气阀门定位器的动作原理图和实物图。

由永久磁钢 1、导磁体 2、线圈、衔铁（即主杠杆 3）和工作气隙构成了力矩马达组件，

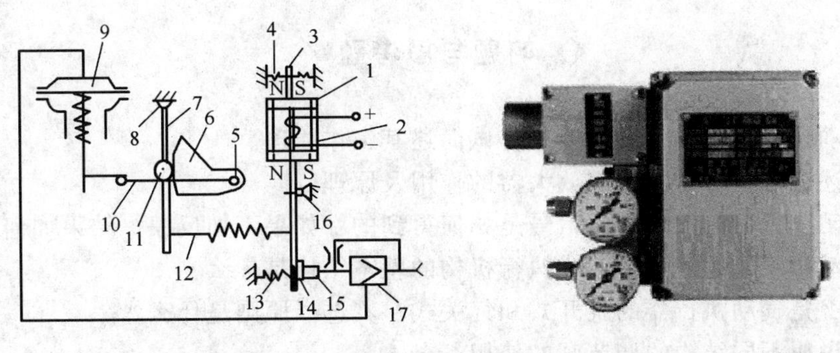

图 9-18　电-气阀门定位器

1—永久磁钢；2—导磁体；3—主杠杆（衔铁）；4—平衡弹簧；5—反馈凸轮支点；6—反馈凸轮；7—副杠杆；8—副杠杆支点；9—薄膜执行机构；10—反馈杆；11—滚轮；12—反馈弹簧；13—调零弹簧；14—挡板；15—喷嘴；16—主杠杆支点；17—放大器

它是将电流变为力（力矩）的转换元件。导磁体和衔铁用高导磁性能的坡莫合金制成。永久磁钢呈 U 形，其端部 N、S 两极罩在导磁体上。当信号电流通过线圈时，由于电磁场和永久磁钢的相互作用，使主杠杆 3 受到一个向左的力，于是它绕支点 16 偏转，使挡板 14 靠近喷嘴 15，喷嘴背压经放大器 17 放大后，送入薄膜执行机构 9 使阀杆向下移动，并带动反馈杆 10 绕支点 5 转动。连在同一轴上的反馈凸轮 6 也作逆时针方向转动，通过滚轮 11 使副杠杆 7 绕支点 8 转动，将反馈弹簧 12 拉伸。弹簧 12 对主杠杆的拉力与力矩马达作用在主杠杆上的力两者力矩平衡时，仪表便达到平衡状态。此时，一定的信号电流就被转换为一定的气压信号，并与阀门位置成精确的对应关系。弹簧 13 是作调整零位用的。改变凸轮 6 的形状，可以改变输入电流信号与输出阀杆位移的对应关系。

2. 阀门定位器的作用

(1) 增加执行机构的推力。通过提高定位器的气源压力来增大执行机构的输出力，可克服介质对阀芯的不平衡力，也可克服阀杆与填料间较大的摩擦力或介质对阀杆移动产生的较大阻力。因此，阀门定位器能用于高压差、大口径、高压、高温、低温及介质中含有固体悬浮物或粘性流体的场合。

(2) 加快执行机构的动作速度。调节器与执行机构距离较远时，为了克服信号的传递滞后，加快执行机构的动作速度，必须使用定位器。一般用于两者相距 60m 以上的场合。

(3) 实现分程控制。分程控制时，两台定位器由一个调节器来操纵，每台定位器的工作区间由分程点决定。假定分程点为 50%，则调节器 0%～50%输出时，第一台定位器输出 0%～100%，第二台定位器输出为 0；调节器输出 50%～100%时，第二台定位器输出 0%～100%，第一台定位器输出一直保持在 100%。

(4) 改善调节阀的流量特性。通过改变反馈凸轮的几何形状可以改变调节阀的流量特性，这是因为反馈凸轮形状的变化，就改变了执行机构对定位器的反馈量变化规律，使定位器的输出特性发生变化，从而改变了定位器输入信号与执行机构输出位移间的关系，即修正了流量特性。

除上述外，定位器还能使执行机构由两位动作变成比例动作，能改变调节阀的作用形式，或用于需要电-气转换的复合控制中。

◇ 习题与思考题 ◇

9-1　电动执行器由哪几部分组成？试简述其工作原理。

9-2　简述电动执行器中伺服放大器的作用及原理。

9-3　电动执行器的反馈电流信号是如何得到的？如果不加反馈，结果如何？

9-4　气动薄膜式、气动活塞式执行机构的基本结构是什么？

9-5　什么是气动执行器的气开式和气关式？其选择原则是什么？

9-6　试说明不同结构的调节阀的使用场合。

9-7　试分别说明什么叫调节阀的流量特性、理想流量特性和工作流量特性。

9-8　等百分比特性与直线特性比较起来它有什么优点？

9-9　试阐述电-气转换器的工作原理？

9-10　为什么要使用阀门定位器？它的作用是什么？

9-11　试述电-气阀门定位器的基本原理与工作过程。

9-12　哪些场合下应采用阀门定位器？

第十章 基本控制系统

在油气集输、石油化工生产中应用的自动控制系统一般都是从结构最简单的基本控制系统发展起来的。基本控制系统是由一个变送器、一个调节器、一个控制阀和一个控制对象构成的闭环控制系统，都是单参数、单回路的控制系统，所以也称为单回路控制系统。例如第七章中介绍的液位控制系统就是一典型的基本控制系统，其方框图如图 10－1 所示。如何在实际生产过程中，根据工艺要求，设计、投运、调整优化一个控制系统，是我们工作的重要内容。

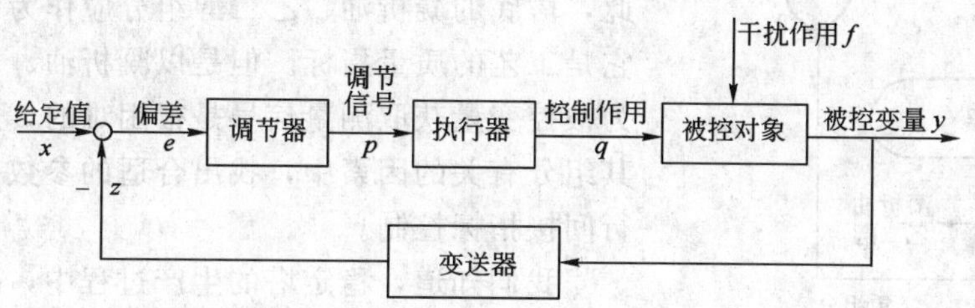

图 10－1 基本控制系统方框图

本章将介绍设计一个单回路控制系统的基本原则（包括被控变量的选择、操纵变量的选择、调节器控制规律的选择等），调节器参数的整定方法以及控制系统投运的有关知识。

第一节 被控变量与操纵变量的选择

一、被控变量的选择

被控变量的选择与工艺生产关系相当密切。被控变量的选择有两种方法：一是直接选择工艺生产需要控制的指标（如温度、压力、液位、流量等）为被控变量的，称为直接指标控制；二是在工艺生产按质量指标进行操作时，以质量指标为直接控制指标有困难，就只好采用间接指标控制。一般选择与直接指标有单值关系而对其影响最大、反应又快的参数。下面举例说明。

1. 集液器的控制

图 10－2 所示的集液器是天然气净化（脱水、脱油）工艺低温分离法流程中的一个中间容器。它的任务是接受低温分离器分离出来的凝析油和乙二醇混合液，并送至后面的三相分离器进一步处理。工艺上要求集液器必须能够全部接受低温分离器送来的全部物料，不致产生集液器过满而溢流的情况；另一方面，集液器内混合液不允许流空，造成高压气体窜入下一个工序而引起事故。

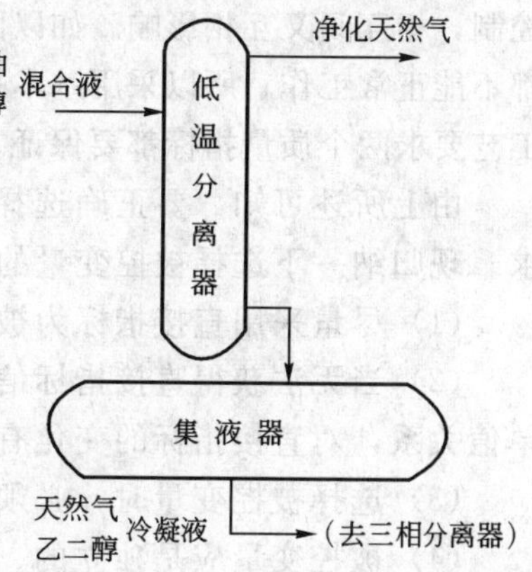

图 10－2 集液器流程

显然，上述生产过程中，集液器内的液位高度就是工艺生产需要直接控制的指标。所以，在这个例子中就选择集液器的液位高度为被控变量，这就是直接指标控制。

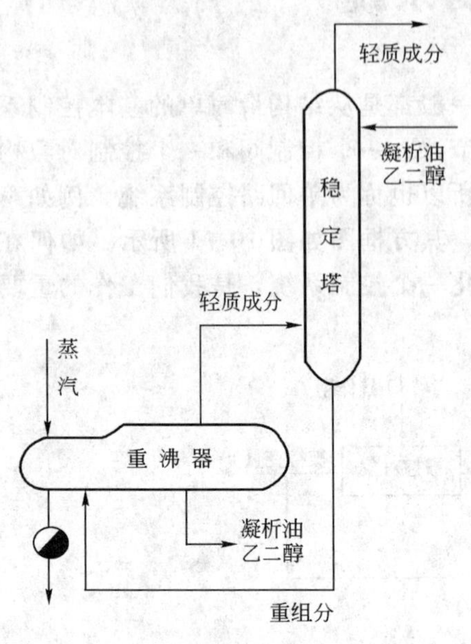

图 10－3　稳定塔流程

2. 稳定塔的控制

图 10－3 所示是低温分离法流程中稳定塔的生产过程示意图。稳定塔的工作原理是利用重沸器作热源，把凝析油和乙二醇加热，利用其各组分的挥发度不同，将不稳定的轻质成分挥发掉，而得到不含轻质成分的稳定的凝析油和乙二醇。

这一生产过程需要控制的指标就是凝析油、乙二醇中不含轻质成分的纯度，并尽可能使塔的效率提高。因此，塔底的凝析油、乙二醇组分应作为被控变量，因为它是工艺的质量指标。但是以凝析油、乙二醇的组分作为被控变量获取测量信号是很困难的，这样就需要在与其组分有关的因素中，找出合适的参数作被控变量，进行间接指标控制。

我们知道，稳定塔的生产过程中，凝析油、乙二醇的组分与塔的温度和压力存在着一定的关系。当压力恒定时，组分与温度之间存在着单值的对应关系；而当温度恒定时，组分与压力之间也存在着单值的对应关系。也就是说，组分、温度和压力三者之间，只要固定温度压力两个变量中的一个，则另一个变量就可作组分的间接指标控制。

从工艺的合理性考虑，压力往往需要固定，因为只有压力稳定，才能保证塔的产品纯度、效率和经济性。所以结论是固定压力，选择温度作为被控变量。

3. 被控变量选择的原则

在选择间接指标作被控变量时，除考虑与直接指标有单值关系和工艺合理外，还要考虑所选参数的灵敏度。也就是说，当直接指标有变化时，间接指标变化必须灵敏，变化量要足够大，能为测量元件所感受。

此外，还要考虑基本控制系统被控变量的独立性。有的被控对象有不止一个质量指标需要控制，相互间又互相影响。如以两个基本控制系统分别控制，势必造成互相干扰，使两个系统都不能正常工作。所以采用基本控制系统时，就只能顾及其中一个较为重要的质量指标。如果工艺要求两个质量指标都要保证，就必须组成复杂控制系统，解决相互关联的问题。

由上所述可知，要正确选择被控变量，必须了解工艺过程和工艺特点对控制系统的要求。现归纳一下选择被控变量的原则：

(1) 尽量采用直接指标为被控变量。

(2) 当无法获得直接指标信号，或其测量和变送信号滞后很大时，可选择与直接指标有单值关系，对直接指标的变化有足够大的灵敏度、反应亦较快的间接指标作为被控变量。

(3) 选择被控变量时，必须考虑工艺的合理性和国内仪表产品的现状。

(4) 被控变量应是独立的、可调的。

综上所述，选择被控变量十分重要，它关系到系统能否达到操作稳定、增加产量、提高质量等目的，关系到控制方案的成败。如果被控变量选择不当，不管组成什么样的控制系统，配备多么精确的自动化仪表，也不一定能得到好的效果。

二、操纵变量的选择

被控变量确定之后，接着要考虑的就是影响被控变量变化的因素有哪些。在这些因素中，应选择哪个参数来克服其他因素对被控变量的影响。这个用以克服干扰影响的参数就叫操纵变量。

在影响被控变量变化的诸多因素中，操纵变量确定后，其他因素就成为干扰因素了。干扰变量由干扰通道施加在对象上，起破坏作用，使被控变量偏离给定值；操纵变量由控制通道也施加在对象上，使被控变量回复到给定值。这是一对既矛盾又统一的变量，它们都与对象特性有着密切的关系。因此，必须从讨论对象特性对控制质量的影响入手，得出选择操纵变量的原则。

图 10-4 所示为被控对象这个环节的方块图。从图中我们可以知道，操纵变量和干扰是通过对象来影响被控变量的。我们希望操纵变量对被控变量的影响要有足够大的灵敏度，而且控制要及时，并希望干扰对被控变量的影响要尽量小。这从操纵变量的特性来讲，就是要求控制通道的静态特性参数——放大倍数要大，动态特性参数时间常数要小，滞后时间要最小。相反，要求干扰通道的放大倍数要尽量小，时间常数要尽量大，滞后也要大。所以，在选择操纵变量时，应遵循以下原则：

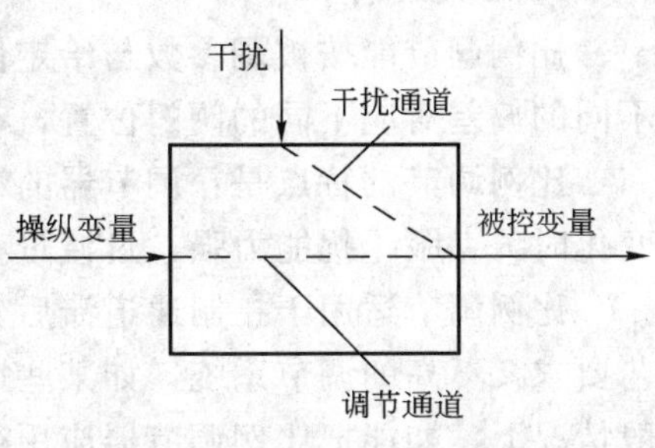

图 10-4 被控对象的方块图

(1) 在基本控制系统中，理想情况是对象控制通道放大倍数要适当大，时间常数要适当小，滞后时间最小。

(2) 干扰通道放大倍数要尽可能小，时间常数尽可能大，滞后要加大，以减小对被控变量的影响。

(3) 除考虑控制系统的质量外，工艺对控制系统的要求更需优先考虑。

第二节 调节器控制规律的选择

目前工业上常用的调节器主要由 P、I、D 三种控制规律组合而成。调节器应根据控制系统的特性和工艺要求选型。

经验证明，相同的调节系统用于不同的生产过程时，其调节质量往往是有差异的。所以，必须对调节对象、测量元件、变送器和调节阀的特性进行分析，根据对象和测量元件时间常数和纯滞后大小、干扰幅度的大小及频繁程度、对象有无自衡作用等条件，以选择合适的调节器。在选择调节器时，除了考虑调节质量这一重要因素外，还应考虑节约投资和操作方便两个因素。目前常用的调节器形式主要有四种，即位式、比例式、比例积分式和比例积分微分式。下面分别介绍各种调节规律对调节质量的影响，以作为调节器选型的依据。

一、调节器控制规律特性及应用

1. 位式调节

常见的位式调节器有两位式和三位式。两位式调节系统的调节阀只有两个位置即全开或全关；三位式调节系统的调节阀则有三个位置即全开、中间和全关。采用位式调节允许被调参数有持续的小幅度波动，这种等幅振荡使调节系统动作频繁，使一些可动部件如调节阀的阀芯、阀座或继电器触头磨损。如果采用带有中间区域的位式调节器，振荡周期就较长，动作次数减少，可有效减轻可动部件的磨损。

位式调节系统适用于时间常数较大、纯滞后较小、负荷变化不大也不剧烈的场合。如常用的恒温箱、电烘箱等的温度调节系统，脱水罐放水的液位调节系统，以及气动仪表空气压缩机储罐的压力调节系统。

位式调节器是价格最低和最简单的调节器，在生产过程中实现位式调节是比较简便的。凡是有上、下限触点的检测仪表都可以用作位式调节器；再配上一些中间继电器、磁力起动器及快开式调节阀、电磁阀或电动机等，便可以构成位式调节系统。

2. 比例式调节

比例调节能按被调参数与给定值的偏差值大小和方向，发出与偏差成比例的输出信号，不同的偏差对应不同的阀门位置，动作比两位式或三位式调节器平滑得多。

比例调节的特点是：调节器的输出与偏差成比例；阀门位置与偏差有对应关系；当负荷变化时，克服干扰能力强，过渡过程时间短，过程终了存在余差。

比例调节适用于控制通道滞后较小、负荷变化较小、纯滞后不太大、时间常数较大而工艺要求又不高的调节系统，如某些塔和储罐的液位、气体和蒸气总管的压力调节系统。在一般情况下，如能把比例调节器应用得当，都可以获得较好的效果。比例调节器的主要缺点是调节的最终结果有残余偏差，特别是当负荷变化幅度大时，余差更大。

3. 比例积分调节

比例积分调节器的输出信号还与输入偏差值对时间的积分成正比关系，所以当输入偏差存在时，调节器的输出一直在变化，直到输入偏差值等于零时为止。由于比例积分调节器具有这一特性，所以可以消除残余偏差，使被调参数最终回到给定值。但系统稳定性降低，虽然加大比例度可提高稳定性，但超调量和振荡周期都加大，回复时间也加长。

比例积分调节器适用于控制通道滞后较小、负荷变化较大、纯滞后不太大、时间常数不是太大而被调参数不允许与给定值有偏差的调节系统，例如流量调节系统、管道压力调节系统和要求严格的液位控制系统等，在炼油、化工过程中多数系统都可采用。对于纯滞后和容量滞后都特别大的对象，或者负荷变化特别激烈，由于积分作用的迟缓性质，调节作用不够及时，使调节时间较长，最大偏差也较大。在这种情况下不应考虑增加积分作用。

4. 比例积分微分调节

采用比例积分微分调节器，不仅加强了调节系统克服干扰的能力，而且系统的稳定性也显著提高。引入微分作用不仅可以把比例度相应减小，而且还可以把积分时间缩短，能够使系统应用较小的比例度不致产生振荡，采用较强的积分作用而不会造成稳定性的降低。对于容量滞后较大、纯滞后不太大、不允许有余差的对象，采用比例积分微分调节器，可以全面地改善调节质量。例如温度调节系统多采用比例积分微分调节器。但是，微分作用对克服纯滞后显示不出好的效果，因为在纯滞后阶段内，调节器的输入偏差变化速度为零，微分调节部分不起作用。在这种情况下，应从工艺和仪表安装上尽量消除和减少纯滞后时间。

二、调节器选型

各种调节器的应用场合大致归纳如下：

(1) 当对象调节通道和测量元件的时间常数 T_0 较大，纯滞后 τ 很小，即 τ/T_0 很小时，应用微分作用可以获得相当良好的效果。这时，各类调节器对调节质量的影响，以比例积分微分作用、比例微分作用为最好，比例作用其次，比例积分作用最差。

(2) 当对象调节通道和测量元件的时间常数 T_0 较小，纯滞后 τ 较大，$\tau > 1/2T_0$ 时，应用微分作用不可能提供很多好处。

(3) 当对象调节通道时间常数 T_0 较小，系统负荷变化较大时，为了消除干扰引起的余差，除了比例作用外还应采用积分作用，如流量调节系统。

(4) 当对象调节通道时间常数 T_0 较小，而负荷变化很快时，这时微分作用和积分作用都要引起振荡，对调节质量的影响很大。如果对象调节通道的时间常数很小，采用反微分作用可以收到良好的效果。

(5) 如果对象调节通道纯滞后很大，负荷变化也很大，这时简单调节系统无法满足要求，只好设计更复杂的调节系统来进一步加强抗干扰能力，以满足工艺生产的要求。

第三节　调节器参数的工程整定

一旦控制方案确定之后，控制对象的特性也就确定了，这时控制系统的控制质量就主要决定于调节器参数的整定。所谓调节器参数的整定，就是求得最佳控制质量时的调节器参数值，具体讲就是确定最佳的比例度 δ、积分时间 T_I 和微分时间 T_D。

整定调节器参数的方法分两大类：一类是理论计算整定法。这类方法由于被控对象特性复杂，理论推导方法繁琐，计算复杂，往往得不到满意的结果，还需要拿到现场去修改，因而在工程上多不采用。另一类就是工程整定的方法。这类方法是避开对象特性曲线和数学描述，直接在控制系统中进行整定，其方法简单，计算简便，容易掌握。工程整定仅是近似的方法，所得调节器的参数不一定准确，但却相当实用，可以解决一般实际问题。下面我们介绍几种最常用的工程整定的方法。

一、临界比例度法

这是目前使用较广的一种方法。此法是先求出临界比例度 δ_K 和临界周期 T_K，然后根据经验公式求出各参数。

先把调节器变为纯比例作用（即将 T_I 放在“∞”位置上，T_D 放在“0”位置上），加阶跃干扰后，调整比例度 δ，使过程产生等幅振荡，记下此时的临界比例度 δ_K，并由过程曲线上求取临界周期 T_K，见图10－5。取得 δ_K 和 T_K 后，根据表10－1中的经验公式计算出调节器各参数整定数值。

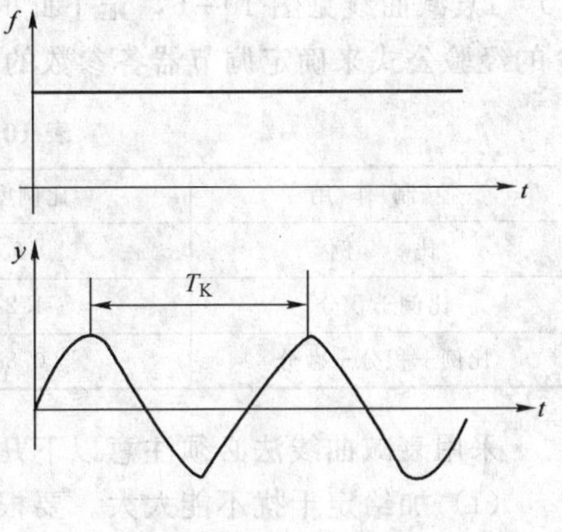

图10－5　临界振荡过程

表10－1　临界比例度法数据表

控制作用	比例度，%	积分时间 T_I，min	微分时间 T_D，min
比　例	$2\delta_K$		
比例＋积分	$2.2\delta_K$	$0.85T_K$	

续表

控制作用	比例度,%	积分时间 T_I，min	微分时间 T_D，min
比例＋微分	$1.8\delta_K$		$0.1T_K$
比例＋积分＋微分	$1.7\delta_K$	$0.5T_K$	$0.125T_K$

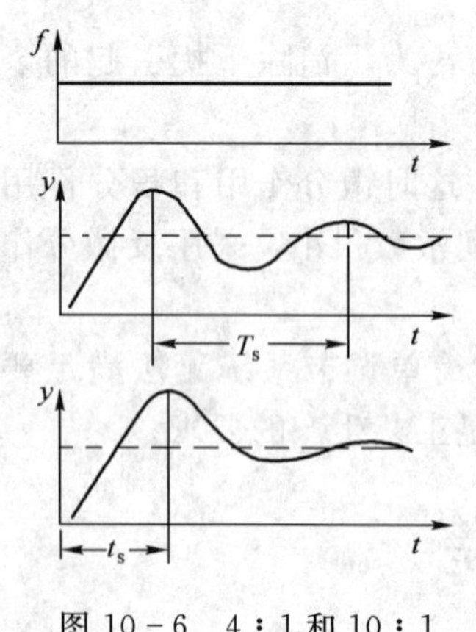

图 10－6　4：1和10：1衰减过程曲线

二、衰减曲线法

临界比例度法是要使系统产生等幅振荡，容易出现发散振荡的危险，还要多次试凑。而衰减曲线法较简单。它一般有以下两种。

1. 4：1 衰减曲线法

此法是在纯比例作用下，用改变给定值的办法加入阶跃干扰，调整比例度 δ，以得到 4：1 衰减的过渡过程，如图 10－6 所示。

记下此时的比例度 δ_s，并在过渡曲线上取得衰减周期 T_s，再按表 10－2 的经验公式来确定调节器各参数值。

表 10－2　4：1 衰减曲线法数据表

控制作用	比例度,%	积分时间 T_I，min	微分时间 T_D，min
比　例	δ_s		
比例＋积分	$1.2\delta_s$	$0.5T_s$	
比例＋积分＋微分	$0.8\delta_s$	$0.3T_s$	$0.1T_s$

2. 10：1 衰减曲线法

有的过渡过程，4：1 衰减仍嫌振荡过强，可用 10：1 衰减曲线法。方法同上，得到 10：1衰减曲线见图 10－6，记下此时的比例度 δ_s'和在曲线上求取上升时间 t_s'，再按表 10－3 的经验公式来确定调节器各参数的数值。

表 10－3　10：1 衰减曲线数据表

控制作用	比例度,%	积分时间 T_I，min	微分时间 T_D，min
比　例	δ_s'		
比例＋积分	$1.2\delta_s'$	$2T_s$	
比例＋积分＋微分	$0.8\delta_s'$	$1.2T_s$	$0.4T_s$

采用衰减曲线法必须注意以下几点：

（1）加给定干扰不能太大。要根据生产操作要求来定，一般在 5％左右，也有例外的情况。

（2）必须在系统稳定的情况下才能加给定干扰，否则得不到正确的 δ_s，T_s 或 δ_s'、T_s' 值。

（3）对于反应快的系统，如流量、压力和小容量的液面控制等，要在记录纸上得到严格的 4：1 衰减曲线较困难，一般以被控变量来回波动两次达到稳定，就近似地认为达到 4：1 衰减过程了。

三、经验试凑法

此法是根据经验，先将调节器参数放在一个数值上（各类控制系统中调节器参数的经验数据见表10－4，特殊系统的调节器参数也允许超出此范围），通过改变给定值办法施加干扰，在记录纸上看过渡过程曲线。运用δ、T_I、T_D对过渡过程的影响为指导，按照规定顺序，对各参数逐个整定，直到获得满意的过渡过程为止。

表10－4　各种控制系统PID参数经验数据表

被控变量	特　点	δ,%	T_I, min	T_D, min
流　量	对象时间常数小，参数有波动，δ要大，T_I要短，不用微分	40～100	0.3～1	
温　度	对象容量滞后较大，即参数受干扰后变化迟缓，δ应小，T_I要长，一般需加微分	20～60	3～10	0.5～3
压　力	对象的容量滞后一般，不算大，一般不加微分	30～70	0.4～3	
液　位	对象时间常数范围较大。要求不高时，δ可在一定范围内选取，一般不用微分	20～80		

对各参数试凑的顺序有两种：

一种是先加δ，再加T_I，最后加T_D。方法是：在整定中，先把比例度试凑好，观察过程曲线。若曲线振荡频繁，则把δ增大；若曲线最大偏差大且趋于非周期，则需把δ减小。δ调好后，再试调T_I。当曲线波动较大，周期较长时，应增大T_I；曲线偏离给定值后长期回不来，则应减小T_I。最后试调T_D。如果曲线振荡厉害，频率较快，应把T_D减小或暂时不加微分作用；若曲线最大偏差大而衰减慢时，应把T_D增长。这样试凑直至过渡过程振荡两个周期基本达到稳定，品质指标达到工艺要求为止。

另一种整定顺序的出发点是，比例度和积分时间可以在一定的范围相互补偿，可得到同样的衰减比曲线。也就是说，δ减小时，可用增加T_I的办法来补偿。因而，可先根据表10－4的数据，确定T_I一个数值，由大到小调整δ到满意的过渡过程。如果需要加微分作用，可取$T_D=(1/3\sim1/4)T_I$，先放好T_I和T_D后，然后对δ再进行试凑。δ整定好后，再稍改动一下T_I和T_D，直到满意为止。

四、几种整定方法的比较

经验试凑法方法简单，易掌握，适用于各种控制系统，尤其是记录曲线不规则、外界干扰频繁的系统，最为合适。但此法主要靠经验，对熟悉系统的人可能很快就试凑出合适的参数，而对不熟悉系统的人，则所花时间较长，有时要用几天的时间。对PID三作用的调节器参数整定不易找到最佳数值。

临界比例度法比较简单方便，容易掌握和判断，适用于一般控制系统。但对临界比例度很小的系统不适用。因为临界比例度小，调节器输出就很大，被控变量容易超出允许范围，为工艺所不许可。

衰减曲线法适用各种参数的控制系统，但对于干扰频繁、记录曲线不规则且呈锯齿形的控制系统不适用，因为得不到正确的衰减比例度δ_s和衰减周期T_s。

最后必须指出，工艺操作条件改变，及负荷有很大的变化时，被控对象的特性就改变了，因此，调节器的参数就必须重新整定。由此可见，整定调节器的参数是经常要做的工作，对操作人员和仪表人员都是需要掌握的。

第四节　控制系统的投运

一、控制系统的构成原则

前面我们曾讲到，自控系统是具有被控变量负反馈的系统，也就是说，经过闭环的控制作用后，使原来偏高的参数要降低，偏低的参数要升高。控制的作用必须是与干扰的作用相反，才能使被控变量回到给定值上来。这里，就有一个作用的方向问题。

1. 自控系统各环节的作用方向

所谓作用方向，就是指此环节输入变化后，输出变化的方向。在一个自控系统中，不仅是调节器，而且被控对象、测量变送器、控制阀都有各自的作用方向。如果组合不当，使总的作用方向构成了正反馈，则控制系统不但不能起控制作用，反而会破坏生产的稳定。所以，在系统投运之前必须注意各环节的作用方向，以组成具有被控变量负反馈的自控系统，达到控制的目的。

对于变送器，其作用方向一般都是“正”的，因为被控变量增加时，其输出信号也是相应增加的。

对于调节器，当被控变量（即变送器送来的测量信号）增加后，调节器的输出也增加，称为“正方向”作用；反之，如果此时输出是减小的，则称为“反方向”作用。这与偏差 $e=x-z$ 的规定正好相反。

对于调节阀，它的作用方向取决于是气开阀，还是气关阀（要注意不要和调节阀阀芯的正、反作用相混淆）。因为，当调节器输出信号增加时，气开阀的开度是增大的，所以是“正方向”，而气关阀则是“反方向”。

至于被控对象的作用方向，则看操纵变量增加时，被控变量（被控对象的输出）是增加还是减小。若被控变量是增加，则被控对象为“正方向”，反之为“反方向”。

2. 负反馈控制系统的构成原则

规定了系统各环节的作用方向后，就可以根据系统各环节作用方向的不同组合情况，使系统各环节总的作用方向为“反”方向，构成系统的负反馈，达到控制的目的。下面以两个实例来说明。

图 10－7 所示为简单加热炉出口温度控制系统。为生产安全，避免在调节阀的气压源故障突然断气时，炉温继续升高而烧坏炉体，采用了气开阀（气源断气时阀关，停炉），是“正”方向。出口温度（被控变量）是随燃料（操纵变量）的增多而升高的，所以炉子（被控对象）是“正”方向。变送器是随炉温升高而输出增大的，也是“正方向”。所以调节器必须“反”方向，才能在当出口温度升高时，调节器输出减小使气开式控制阀关小，炉温下降，出口温度下降，回复到给定值上来。

在图 10－8 所示的简单液位控制系统中，控制阀采用气开阀，在一旦停止供气时，阀门自动关闭，以免物料全部损耗，是“正”方向。而当控制阀打开，出料增加时，液位是下降的，所以储液罐的作用方向是“反”方向，这时，调节器的作用就必须是“正”方向才行。

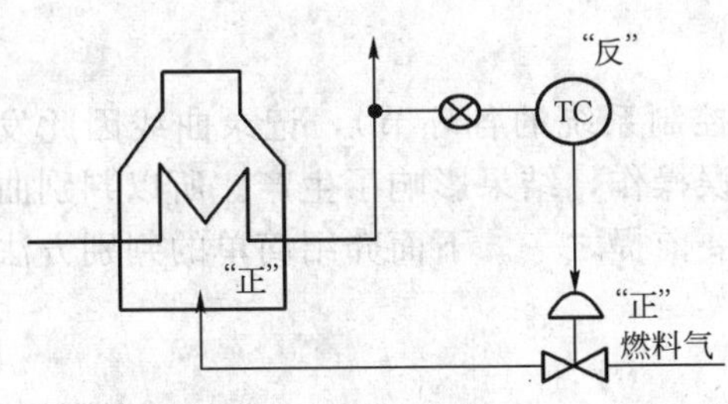

图 10－7　加热炉出口温度控制

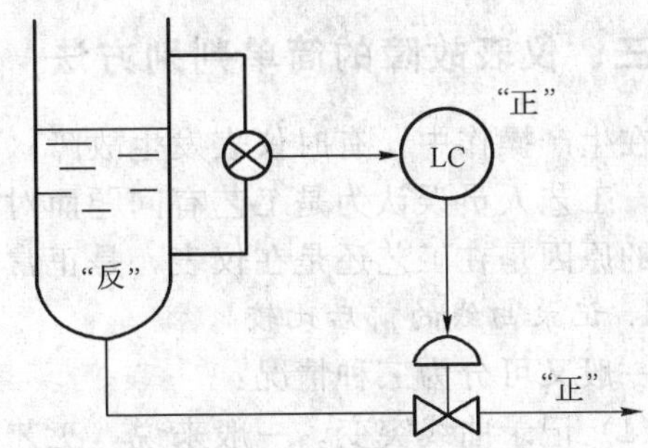

图 10－8　储液罐液位控制

总的看来，构成负反馈系统的原则就是：通过改变调节器的作用方向，使系统的控制阀、被控对象、变送器和调节器这四个环节的作用方向组合成"三正一反"或"三反一正"的总作用方向，则系统就构成了负反馈系统，动作方向就对了。反之，则系统就构成了正反馈，而起不到控制的作用。在一个控制系统中，当从工艺的需要和安全的考虑确定了控制阀的作用方向后，对象、变送器和控制阀的作用方向就都确定了，剩下的任务就是确定调节器的作用方向。调节器上有"正"、"反"作用开关，在系统投运前，一定要根据前面所讲的原则，确定好调节器的作用方向。

二、自动控制系统的投运

控制系统的投运是控制系统投入生产、实现自动控制的最后一步工作。无论选用什么样的仪表装置，都必须先做好准备工作，再进行控制系统的投运。

1. 准备工作

准备工作大致有以下内容：

熟悉工艺过程、主要设备的功能、控制指标和要求，以及各工艺参数之间的联系；掌握控制方案设计的意图，熟悉各控制方案的构成及自动化仪表的结构、原理；掌握其调校技术和整定调节器参数的方法；对测量元件、变送器、调节器、控制阀和其他仪表装置以及电源、气源、管路和线路作全面检查，尤其是气压管路的试漏。仪表虽在安装前已作校验，但投运前仍应在现场校验一次。

2. 控制系统各环节的投运

先投运测量仪表，观察测量显示是否正确。在有差压变送器这样一些测量仪表投入使用时，应注意不要使其弹性元件受到突然冲击和处于单向受压的状态。

调节阀的投运方法是先用人工操作旁通阀（见图 10－9），此时切断阀 1 和 2 关闭，待工况稳定后再切换到调节阀控制。

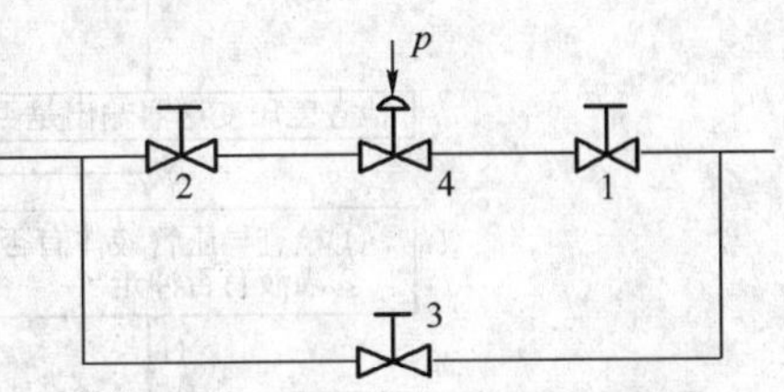

图 10－9　控制阀及旁通阀连接图

调节器的投运，是在条件许可的情况下，通过调节器本身的切换装置切至"手动"位置，先用手动遥控操作。改变手动输出，使被控变量在给定值附近稳定下来以后，再切换到"自动"运行。进行调节器的"手动"与"自动"的切换时注意不要产生扰动。总的要求是所有切换操作都必须不影响正常操作，即不引起工艺参数的波动，做到平衡、迅速，实现无扰动切换。

如果预先整定的调节器参数因种种原因尚不满意时，这时可继续调整，此后控制系统即投入自动运行。

三、仪表故障的简单判别方法

在生产操作中，有时仪表发生故障（包括自动控制系统的各环节），记录曲线因此发生变化，工艺人员误认为是工艺有问题而对设备进行误操作，结果影响了生产。所以判别曲线变化的原因是在工艺还是在仪表，是正常操作的重要前提之一。下面介绍简单的判别方法。

1. 记录曲线的前后比较

一般又可分为三种情况：

(1) 记录曲线突变。一般来说，工艺参数的变化是比较缓慢的，有规律的。如果记录曲线突然变到"最大"或"最小"两极端位置，则多半可能是仪表的问题。

(2) 记录曲线突然大幅度增大。各个工艺参数往往是互相关联的，一个参数的大幅度变化一般总要引起其他参数的明显变化。如果其他参数没有变化，则可能是指示这个参数变化的仪表（或其他装置）出了故障。

(3) 记录曲线不变化（呈直线状）。目前仪表大多较灵敏，对工艺的微小变化多少总能反映一些出来。如果在较长时间内，记录曲线是直线状或原来有波动的曲线突然变成直线状，就要考虑仪表有故障。这时可以人为地改变一点工艺参数，看仪表有无反应；如果没有反应，则仪表有故障。

2. 控制室仪表与现场仪表比较

对控制室仪表指示有怀疑时，可去现场看同位置（或相近位置）安装的各种就地指示仪表的示值，两者指示值是否相近。如果差别很大，则仪表有故障。

3. 仪表同仪表之间的比较

对一些重要的工艺参数，往往都是用两台仪表同时进行检测显示，起码在现场安装一台直读式测量仪表。如果两台仪表不是同时变化，则表明有一台出了故障。

总之，当曲线发生波动时，要正确判断是工艺本身的问题还是仪表的问题后，再采取相应的措施。

下面以流量简单控制系统为例，介绍控制系统故障判断具体的方法。

故障现象：控制系统不稳定，输入信号波动大。控制系统由电动差压变送器、单回路调节器和带电气阀门定位器的气动薄膜调节阀组成。在处理这类故障时，仪表工应很清楚该流量控制系统的组成情况，要了解工艺情况，诸如工艺介质，简单工艺流程，是加料流量还是出料流量，或是精馏塔的回流量；是液体、气体还是蒸气。处理故障步骤详见图 10－10。

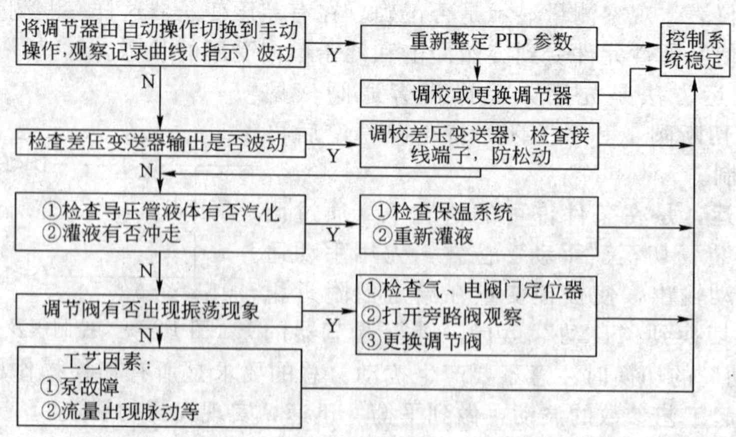

图 10－10　自动控制系统故障判断步骤

◇ 习题与思考题 ◇

10－1　什么是基本控制系统？

10－2　被控变量选择的原则是什么？

10－3　直接控制指标和间接控制指标的区别是什么？

10－4　操纵变量选择的原则是什么？

10－5　调节器控制规律选择的原则是什么？

10－6　调节器参数整定的任务是什么？整定有哪几种方法？

10－7　某控制系统用临界比例度法整定，经过反复试验，得到调节器在纯比例状态下出现等幅震荡时的比例度为 80%，震荡周期为 240s，试确定分别采用 PI、PID 作用时的调节器参数。

10－8　构成自动控制系统负反馈的原则是什么？

10－9　试确定图 10－2 集液器液位控制系统的操纵变量、调节规律、调节阀气开/气关形式，及调节器正反作用（假定仪表故障时重点防止抽空，向下游窜气）。

第十一章　复杂控制系统

前面我们详细介绍了简单控制系统，其特点是组成简单，设备投资少，维修、投运、整定都比较简单，在生产实践中能解决大多数的参数控制问题，满足定值控制的要求。然而，随着工业的发展，对自动化控制系统的要求也越来越高，简单控制系统在有些复杂控制要求中就无能为力了。因此在生产实践中，发展出了与简单控制系统不同的其他控制形式，这些控制系统就是复杂控制系统。

所谓复杂控制系统，是相对于简单控制系统而言的，是指具有多个参数，由两个以上变送器、调节器或两个以上调节阀组成的多回路自动控制系统。

复杂控制系统种类繁多。根据系统的结构和所担负的任务不同，常见的复杂控制系统有串级、均匀、比值、前馈、分程等控制系统。

第一节　串级控制系统

一、串级控制

为了学习串级控制系统，我们首先来分析加热炉温度控制系统。在原油加热时，需要控制加热炉出口温度。对于图 11 - 1 所示的加热炉出口温度简单控制系统，往往不能满足控制要求。因为当调节阀改变了燃料油量以后，先影响炉膛的温度，然后通过炉管向原油的传热过程才能逐渐影响原油的出口温度。这个通道容量滞后很大，时间常数约 15min 左右，温度参数的滞后比较大。而温度调节器 TC 是根据原油的出口温度工作的，所以当干扰产生温度偏差时，不能较快地产生控制效果。由于控制不及时，控制质量差，上述简单控制系统难以满足生产要求。

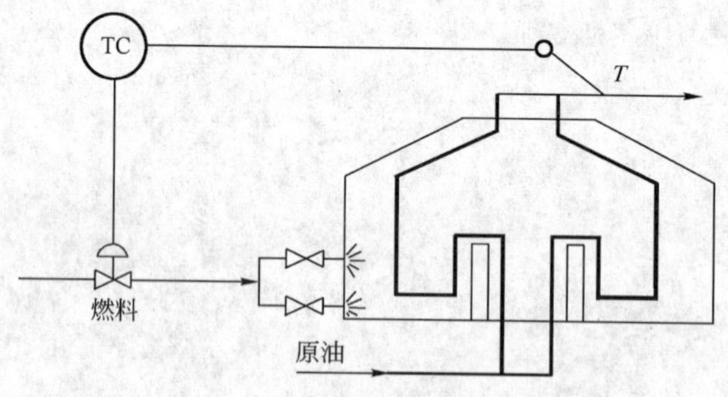

图 11 - 1　加热炉出口温度简单控制系统

为了解决容量滞后问题，我们对加热炉的工作作进一步分析。管式加热炉是靠一根盘曲的管道（炉管）传热的。燃料在炉膛燃烧后，是通过炉膛与原油的温差将热量传给原油的。因此，燃料量的变化，首先会使炉膛温度发生变化，且此通道容量滞后小，时间常数也小。但是炉膛温度毕竟不能真正代表原油的出口温度。即使炉膛温度恒定的话，原油本身的流量或入口温度变化仍会影响其出口温度。但这提醒我们，可以将炉膛温度作为一个中间变量来控制。

人们在生产实践中，往往根据炉膛温度的变化，先改变燃料量，然后再根据原油出口温度与其给定值之差，进一步改变燃料量，以保持原油出口温度的恒定。根据这一控制思想，就构成了加热炉温度串级控制系统，图 11－2 为加热炉出口温度串级控制系统示意图。

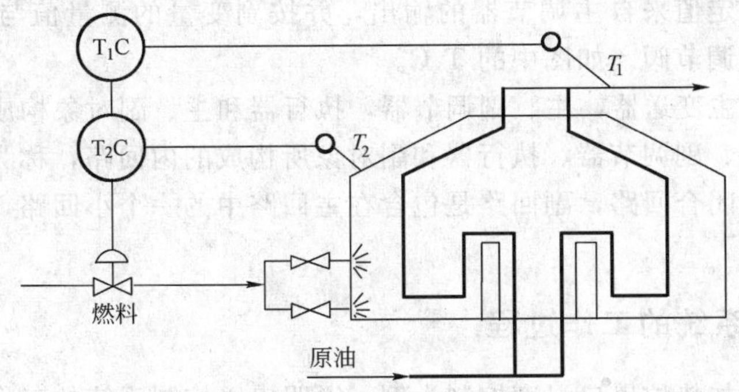

图 11－2　加热炉出口温度串级控制系统示意图

在稳定工况下，原油出口温度和炉膛温度都处于相对稳定状态，控制燃料油的阀门保持在一定的开度。假定在某一时刻，燃料油的压力升高。这个干扰首先使炉膛温度 T_2 升高，促使调节器 T_2C 工作，改变燃料的流量，从而使炉膛温度在影响到出口温度之前就随之减小。与此同时，由于炉膛温度的变化，以及原油的进口流量或温度发生变化，使原油出口温度 T_1 发生变化。T_1 的变化通过调节器 T_1C 去改变调节器 T_2C 的给定值，间接改变燃料流量。这样，两个调节器协同工作，直到原油出口温度重新稳定在给定值。

根据以上控制过程，画出图 11－3 所示加热炉出口温度串级控制系统的方框图。

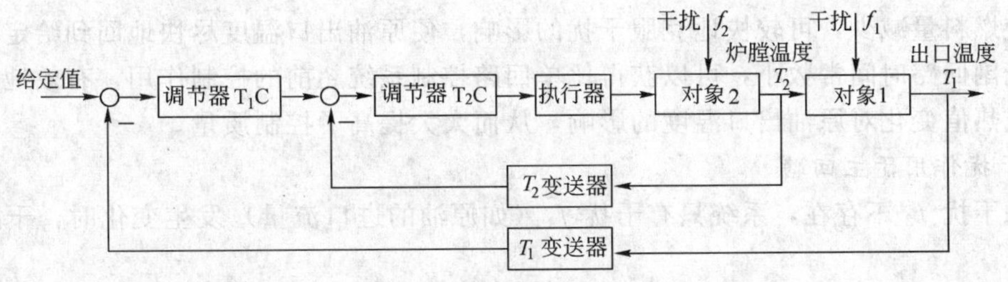

图 11－3　加热炉出口温度串级控制系统方框图

根据信号传递的关系，图中将管式加热炉对象分为两部分。一部分为炉管，图上标为对象 1，它的输出变量为原油出口温度 T_1。另一部分为炉膛及燃烧装置，图上标为对象 2，它的输出变量为炉膛温度 T_2。干扰 f_2 表示燃料油压力、组分等的变化，干扰 f_1 表示原油本身的流量、进口温度等的变化。

这里介绍图 11－3 串级控制系统中各环节的意义。

主变量：是控制系统的最终控制参数。如上例中的原油出口温度 T_1。相应的变送器称为主变送器。

副变量：为辅助控制参数，也是一个中间变量，如上例中的炉膛温度 T_2。相应的变送器称为副变送器。

主对象：为主变量表征其特性的生产设备。本例中主要是指炉内原油的受热管道，如图中的对象 1。

副对象：为副变量表征其特性的工艺生产设备。本例中主要是炉膛及燃烧装置，如图中的对象 2。

主调节器：按主变量的测量值与给定值的偏差而工作。如图中的 T_1C。

副调节器：其给定值来自主调节器的输出，并按副变量的测量值与给定值的偏差而工作，其输出直接控制调节阀。如图中的 T_2C。

图 11－3 中，由主变送器，主、副调节器，执行器和主、副对象构成的外回路称为主回路。而把由副变送器、副调节器、执行器和副对象所构成的内回路，称为副回路。所以，串级控制系统中有两个闭合回路，副回路是包含在主回路中的一个小回路，两个回路都是具有负反馈的闭环系统。

二、串级控制系统的工作过程

下面还是以管式加热炉出口温度控制为例，说明串级控制系统的工作过程。图 11－2 所示的串级控制系统，假定执行器采用气开式，断气时关闭调节阀，以防止炉管烧坏而酿成事故，温度调节器 T_1C 和 T_2C 都采用反作用方向。下面针对不同情况来分析该系统的工作过程。

1. 干扰作用于副回路

如果干扰 f_1 不存在，系统只有干扰 f_2（如燃料油压力）发生变化时，干扰只进入副回路。

假定燃料油压力、流量增加，使炉膛温度 T_2 升高，会使原油出口温度也升高。因为调节器 T_1C 为反作用，其输出降低，因而使 T_2C 的给定值降低。由于 T_2C 也是反作用的，其给定值降低，同时测量值升高，都会使输出值降低，使气开式阀门关小，产生了加强的调节效果，使燃料量减少，可较快地克服干扰的影响，使原油出口温度尽快地回到给定值。

由于副回路时间常数小，可以获得比单回路控制系统超前的控制作用，有效地克服燃料油压力或热值变化对原油出口温度的影响，从而大大提高了控制质量。

2. 干扰作用于主回路

如果干扰 f_2 不存在，系统只有干扰 f_1（如原油的进口流量）发生变化时，干扰只进入主回路。

假如在某一时刻，由于原油的进口流量降低，使温度 T_1 升高。这时反作用调节器 T_1C 的测量值增加，因而输出降低，即降低了 T_2C 的给定值。由于这时炉膛温度暂时还没有变，因而反作用调节器 T_2C 的输出将随着给定值的降低而降低，气开式的阀门开度随之减小。于是，燃料供给量减少，炉膛温度 T_2 降低，促使原油出口温度降低，直至恢复到给定值。

3. 干扰同时作用于主、副回路

如果干扰 f_1、f_2 都存在，分别作用在主、副对象上。这时可以根据干扰作用下主、副变量变化的方向，分下列两种情况进行讨论。

一种是在干扰作用下，主、副变量的变化方向相同，即同时增加或同时减小。例如，由于燃料油压力增加，原油流量减少，使炉膛温度 T_2 和原油出口温度 T_1 都增加。这时 T_1C 的输出因测量值 T_1 增加而减小。T_2C 由于测量值 T_2 增加、给定值（T_1C 输出）减小，其输出大大减小，以使调节阀关得更小些，大大减少了燃料供给量，直至主变量 T_1 回到给定值为止。由于此时主、副调节器的工作都是使阀门关小的，所以加强了控制作用，加快了控制过程。

另一种情况是主、副变量的变化方向相反，一个增加，另一个减小。譬如在上例中，假定一方面由于燃料油压力升高使炉膛温度 T_2 增加，另一方面由于原油进口温度降低而使原油出口温度 T_1 降低。这时 T_1C 的测量值降低，输出增大，使 T_2C 的给定值增大。而这时 T_2C 的测量值 T_2 在增大。如果两者增加量恰好相等，则偏差为零，调节器输出不变，阀门不需动作。即使两者增加量不相等，由于能互相抵消掉一部分，因而偏差也不大，只要调节阀稍稍动作一点，即可使系统达到稳定。

通过以上分析可以看出，在串级控制系统中，由于引入一个闭合的副回路，不仅能迅速克服作用于副回路的干扰，而且对作用于主对象上的干扰也能加速克服过程。副回路具有先调、粗调、快调的特点；主回路具有后调、细调、慢调的特点，并对于副回路没有完全克服掉的干扰影响能彻底加以克服。因此，在串级控制系统中，由于主、副回路相互配合、相互补充，充分发挥了控制作用，大大提高了控制质量。

三、串级控制系统的特点

(1) 在系统结构上，串级控制系统中主、副调节器是串联工作的。主调节器的输出作为副调节器的给定值，系统通过副调节器的输出去操纵执行器动作，实现对主变量的定值控制。所以在串级控制系统中，主回路是个定值控制系统，而副回路是个随动控制系统。

(2) 在串级控制系统中，主变量是反映产品质量或生产过程运行情况的主要工艺变量。控制系统设计的目的就在于稳定这一变量，使它等于工艺规定的给定值。所以，在串级控制系统中，主变量的选择原则与简单控制系统中介绍的被控变量选择原则是一样的。关于副变量的选择原则后面再详细讨论。

(3) 在系统特性上，串级控制系统由于副回路的引入，改善了对象的特性，使控制过程加快，具有超前控制的作用，从而有效地克服滞后，提高了控制质量。

(4) 由于增加了副回路作用，因此具有一定的自适应能力，可用于负荷和操作条件有较大变化的场合。

对于一个控制系统来说，调节器参数是在一定的负荷，一定的操作条件下，按一定的质量指标整定得到的。因此，一组调节器参数只能适应一定的负荷和操作条件。如果对象具有非线性，那么，随着负荷和操作条件的改变，对象特性就会发生变化，需要调节器参数跟着变化。这样的问题，在单回路控制系统中是难于解决的。在串级控制系统中，主回路是一个定值系统，副回路却是一个随动系统。当负荷或操作条件发生变化时，主调节器能够适应这一变化，及时改变副调节器的给定值，使系统运行在新的工作点上，从而保证在新的负荷和操作条件下，控制系统仍然具有较好的控制质量。

由于串级控制系统具有上述特点，所以当对象的滞后和时间常数很大，干扰作用强且频繁，负荷变化大，简单控制系统满足不了控制质量的要求时，采用串级控制系统是适宜的。

四、串级控制系统中副回路的确定

副回路的确定，实际上就是根据生产工艺的具体情况，选择一个合适的副变量，从而构成一个以副变量为被控变量的副回路。

为了充分发挥串级系统的优势，副回路的确定应考虑如下一些原则。

1. 主、副变量间应有一定的内在联系

在串级控制系统中，副变量的引入往往是为了提高主变量的控制质量。因此，在主变量确定以后，选择的副变量应与主变量间有一定的内在联系。也就是说，在串级系统中，副变量的变化应在很大程度上能影响主变量的变化。

选择串级控制系统的副变量一般有两类情况。一类情况是选择与主变量有一定关系的某一中间变量作为副变量。例如前面所讲的管式加热炉的温度串级控制系统中，选择的副变量是燃料量至原油出口温度通道中间的一个变量，即炉膛温度。另一类情况是选择的副变量就是操纵变量本身，这样能及时克服它的波动，减少对主变量的影响。下面举一个例子来说明这种情况。图 11-4 是精馏塔塔釜温度与蒸汽流量串级控制系统的示意图。

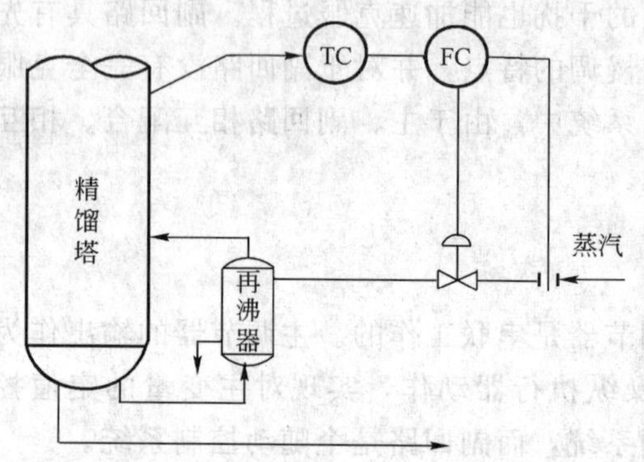

图 11-4　塔釜温度与蒸汽流量串级控制系统

精馏塔塔釜温度是保证产品分离纯度的重要间接控制指标。通常采用改变再沸器的加热蒸汽量来克服干扰对塔釜温度的影响。但是，由于温度对象滞后比较大，由加热蒸汽量到塔釜温度的通道比较长。当蒸汽压力波动比较厉害时，控制不及时，使控制质量不够理想。为解决这个问题，可以构成如图 11-4 所示的塔釜温度与加热蒸汽流量的串级控制系统。

在这个例子中，选择的副变量就是操纵变量（加热蒸汽量）本身。这样，当干扰来自蒸汽压力或流量的波动时，副回路能及时加以克服，以大大减少这种干扰对主变量的影响，使塔釜温度的控制质量得以提高。

2. 要使系统的主要干扰被包围在副回路内

从前面的分析中已知，串级控制系统的副回路具有反应速度快、抗干扰能力强（主要指进入副回路的干扰）的特点。如果在确定副变量时，一方面能将对主变量影响最严重、变化最剧烈的干扰包围在副回路内，另一方面又使副对象的时间常数很小，这样就能充分利用副回路的快速抗干扰性能，将干扰的影响抑制在最低限度。这样，主要干扰对主变量的影响就会大大减小，从而提高了控制质量。例如，在管式加热炉中，如果主要干扰来自燃料油的压力波动时，可以设置图 11-5 所示的加热炉原油出口温度与燃料油压力串级控制系统。

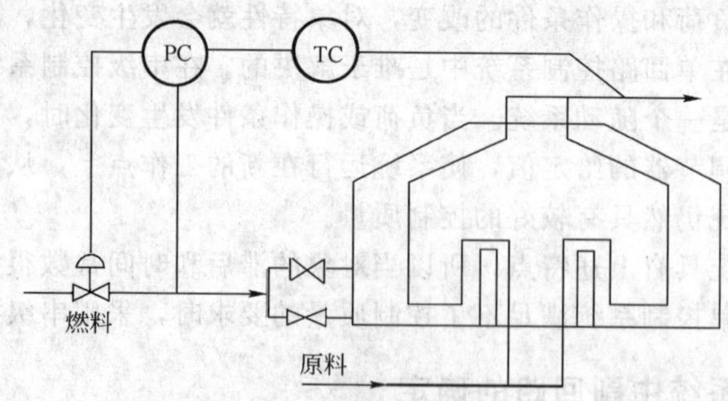

图 11-5　加热炉出口温度与燃油压力串级控制系统

在这个系统中，由于选择了燃料油压力作为副变量，副对象的时间常数很小，因此控制作用非常及时，能更有效地克服由于燃料油压力波动对原油出口温度的影响，从而大大提高了控制质量。

3. 尽量使副回路包围更多的干扰

如果在生产过程中除了主要干扰外，还有较多的次要干扰。在这种情况下，选择副变量应考虑使副回路尽量多包围一些干扰，这样可以充分发挥副回路的快速抗干扰能力，以提高串级控制系统的控制质量。

比较图 11－2 与图 11－5 所示的控制方案，显然图 11－2 所示的控制方案中，其副回路包围的干扰更多一些，凡是能影响炉膛温度的干扰都能在副回路中加以克服。从这一点上来看，图 11－2 所示的串级控制方案似乎更理想一些。

需要说明的是，随着副回路包围干扰的增多，副变量离主变量也就越近。这样一来，副对象的控制通道就变长，滞后增大，从而会削弱副回路的快速、有力控制的特性。例如对于管式加热炉，当主要干扰来自燃料油的压力波动时，如采用图 11－2 所示的控制方案，必须通过燃烧过程影响炉膛温度后，副回路方能施加控制作用来克服这一干扰的影响。反应时间变长，不如图 11－5 所示的方案来得直接、迅速、有力。

因此，在选择副变量时，既要考虑到使副回路包围较多的干扰，又要考虑到使副变量不要离主变量太近，否则一旦干扰影响到副变量，很快也就会影响到主变量，这样副回路的作用也就不大了。当主要干扰来自调节阀方面时，选择控制介质的流量或压力作为副变量来构成串级控制系统（如图 11－5 所示）是很适宜的。

4. 应考虑到主、副对象时间常数的匹配

在串级控制系统中，主、副对象的时间常数不能太接近。这一方面是为了保证副回路具有快速的抗干扰性能，另一方面是考虑到如果主、副对象的时间常数接近。那么主、副回路的工作频率也就比较接近。这样一旦系统受到干扰，就有可能产生“共振”。所以，在选择副变量时，应注意使主、副对象的时间常数之比为 3～10，以减少主、副回路的动态联系，避免“共振”。

5. 应使副回路尽量少包含纯滞后

对于含有大纯滞后的对象，宜采用串级控制系统，并通过合理选择副变量将纯滞后部分放到主对象中去，以提高副回路的快速抗干扰功能，及时克服干扰的影响，将其抑制在最小限度内，从而可以使主变量的控制质量得到提高。

不过应当指出，这种方法是有很大局限性的，即只有当纯滞后环节能够大部分乃至全部都可以被划入到主对象中去时，这种方法才能有效地提高系统的控制质量，否则将不会获得很好的效果。

五、主、副调节器的选择

1. 控制规律的选择

串级控制系统的目的是为了高精度地稳定主变量。一般来说，主变量不允许有余差。所以，主调节器通常都选用比例积分控制规律，以实现主变量的无余差控制。有时，主对象控制通道容量滞后比较大（例如温度对象或成分对象等），可以选择比例、积分、微分控制规律。

在串级控制系统中，稳定副变量并不是目的。在干扰作用下，为了维持主变量的不变，副变量就要变。所以，在控制过程中，对副变量的要求一般都不很严格，允许它有波动。因此，副调节器一般采用比例控制规律。为了能够快速跟踪，最好不带积分作用，因为积分作用会使跟踪变得缓慢。副调节器的微分作用也是不需要的，因为当副调节器有微分作用时，一旦主调节器输出稍有变化，就容易引起调节阀大幅度地变化，这对系统的稳定是不利的。

2. 调节器正、反作用的选择

(1) 副调节器作用方向选择。在选定执行器的气开、气关型式后，按照使副控制回路成为负反馈系统的原则来确定副调节器作用方向。因此，副调节器的作用方向与副对象特性、执行器的气开、气关型式有关。其选择方法与简单控制系统相同，这时可不考虑主调节器的作用方向。

(2) 主调节器作用方向选择。可按下述方法进行：当主、副变量增加时，如果由工艺分析得出，为使主、副变量减小，主、副调节器对调节阀的动作方向要求是一致的时候，主调节器应选“反”作用；反之，则应选“正”作用。因此，主调节器作用方向的选择完全由工艺情况确定，与执行器及副调节器的作用方向无关。

(3) 当由于工艺过程的需要，调节阀由“气开”改为“气关”，或由“气关”改为“气开”时，只要改变副调节器的正、反作用，而不需改变主调节器的正、反作用。

例如图 11-6 是冷却器温度串级控制系统。如果为防止仪表故障造成物料温度过高，在冷却器内汽化，调节阀选为“气关”，作用方向为“反”。副回路内对象特性在操纵变量（冷剂流量）增加时，被控变量（也是冷剂流量）增加，为“正”方向。所以副调节器的作用方向选择为“正”作用。

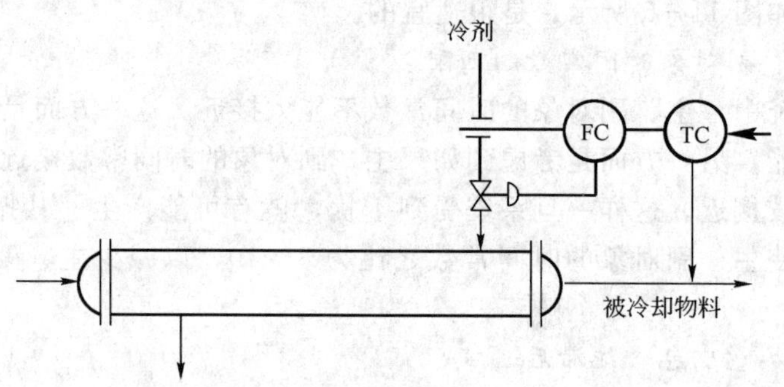

图 11-6　冷却器温度串级控制系统

分析冷却器的特性可以知道，当主变量即被冷却物料出口温度增加时，需要开大调节阀，而当副变量即冷剂流量增加时，需要关小调节阀。它们对调节阀动作方向的要求是不一致的，因此主调节器 TC 的作用方向应选“正”作用。

六、调节器参数的工程整定

串级控制系统主、副调节器的参数整定方法主要有下列两种。

1. 两步整定法

按照串级控制系统主、副回路的情况，先整定副调节器，后整定主调节器的方法叫做两步整定法。整定过程是：

(1) 在工况稳定，主、副调节器都在纯比例作用运行的条件下，将主调节器的比例度先固定在 100%的刻度上，逐渐减小副调节器的比例度，求取副回路在满足某种衰减比（如 4：1）过渡过程下的副调节器比例度和操作周期，分别用 δ_{2s} 和 T_{2s} 表示。

(2) 在副调节器比例度等于 δ_{2s} 的条件下，逐步减小主调节器的比例度，直至得到同样衰减比下的过渡过程，记下此时主调节器的比例度 δ_{1s} 和操作周期 T_{1s}。

(3) 根据上面得到的 δ_{1s}、T_{1s}、δ_{2s}、T_{2s}，按简单控制系统的衰减曲线法的规定关系，计算主、副调节器的比例度和主调节器积分时间和微分时间。

(4) 按“先副后主”、“先比例次积分后微分”的整定规律，将计算出的调节器参数加到调节器上。

(5) 观察控制过程，适当调整，直到获得满意的过渡过程。

2. 一步整定法

为了简化步骤，串级控制系统中主、副调节器的参数整定可以采用一步整定法。

一步整定法，就是考虑到对副变量控制的要求不高，允许它在一定范围内变化这一前提。根据经验先将副调节器一次放好，不再变动，然后按一般单回路控制系统的整定方法直接整定主调节器参数。虽然按照经验设置的副调节器参数不一定合适，但可以通过调整主调节器的放大倍数来进行补偿。

副调节器参数可按表 10-4 所给出的数据进行设置。一步整定法的整定步骤如下：

(1) 在生产正常，系统为纯比例运行的条件下，按照表 10-4 所列的数据，将副调节器比例度调到某一适当的数值。

(2) 利用简单控制系统中任一种参数整定方法整定主调节器的参数。

(3) 如果出现“共振”现象，可加大主调节器或减小副调节器的参数整定值，一般即能消除。

第二节　均匀控制系统

一、均匀控制的目的

石油化工生产过程绝大部分是连续生产过程，一个设备的出料往往是另一个设备的进料。均匀控制系统是在连续生产过程中，各种设备前后紧密联系的情况下，提出的一种特殊的控制方式。例如精馏塔多塔分离过程中，甲、乙两塔前后紧密联系、相互关联（如图 11-7 所示)，但操作往往是相互矛盾的。对甲塔来说，为了稳定操作，需要保持液位稳定，这样就必须频繁改变其塔底的排出量。而对于乙塔来说，如果甲塔的出料频繁波动就会造成乙塔进料剧烈波动，从稳定操作出发，希望进料量尽量不变或少变，这两个连续塔的操作就出现了矛盾，会顾此失彼。从工艺和设备上分析，甲塔的塔釜有一定的容量，我们并不要求液位保持在定值上，允许在一定的范围内变化。乙塔的进料如不能做到定值控制，使其缓慢变化也对乙塔的操作有益。为了解决先后的矛盾，达到前后兼顾、协调操作，使液位和流量在一定范围内均匀变化即可。为此就组成了均匀控制系统。

均匀控制的目的是使液位保持在一个允许的变化范围，而流量保持平稳。但是在这里强调一个问题，所谓“均匀”不是绝对平均的意思。在具体实现时要根据生产的实际情况，哪一项指标要求高，就多照顾一些，使这两个矛盾的变量达到如下要求：首先，两个变量在控制过程中都是变化的，且变化是缓慢的。其次，前后相互联系又相互矛盾的两个变量应保持在允许的范围内波动。均匀控制的设计意图，本来就不是对某一个变量的定值控制。

二、均匀控制方案

均匀控制方案有简单均匀控制和串级均匀控制两种形式。

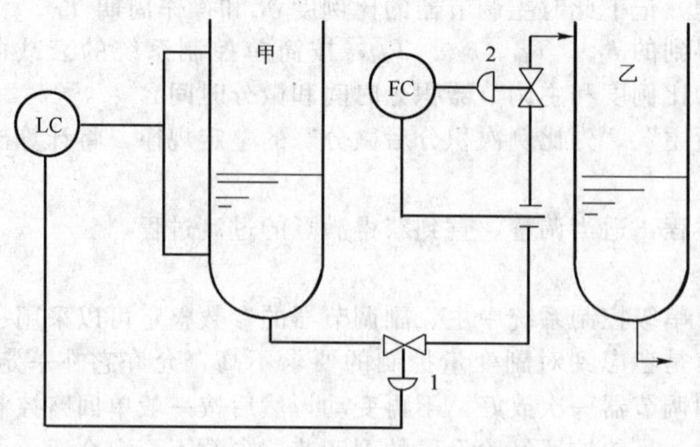

图 11-7　前后精馏塔的供求关系

1. 简单均匀控制

如图 11-8 所示为简单均匀控制系统。

为了协调液位与排出流量之间的关系，简单均匀控制系统是通过调节器的参数整定来满足均匀控制的要求的。即允许它们都在各自许可的范围内作缓慢的变化，不像简单控制那样，要求液位保持定值。简单均匀控制的调节器一般都选用纯比例作用的，比例度的值选得很大。当液位变化时，调节器的输出变化很小，排出流量只作微小缓慢的变化。有些情况下，即使调节器选择比例积分作用，也是用来消除过大的偏差，防止液位超出规定范围。这时比例度一般都大于 100%，积分时间也要大一些。微分作用不采用，因为它不符合均匀控制的目的。

2. 串级均匀控制

为了克服简单均匀控制的不及时性，当有其他干扰因素影响流量时，可在原方案基础上增加一个流量副回路，这样就构成了液位—流量的串级均匀控制系统。图 11-9 所示串级均匀控制系统，应用较广泛。

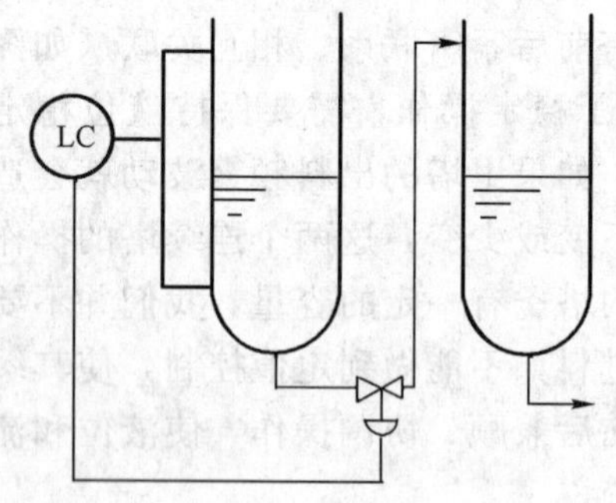

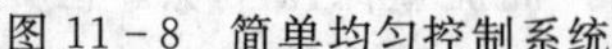
图 11-8　简单均匀控制系统

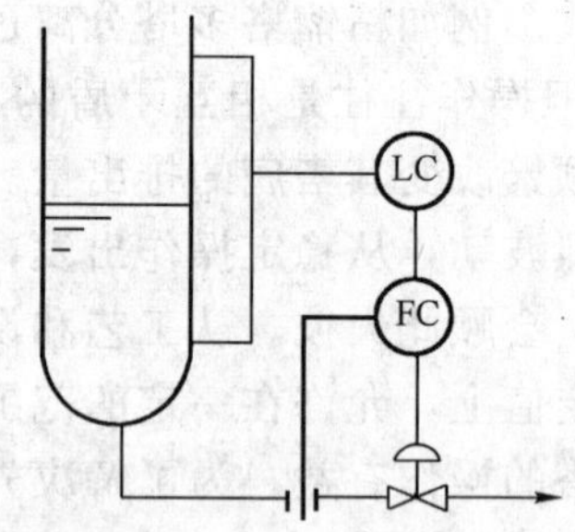

图 11-9　串级均匀控制系统

可以看出，由于增加了副回路，可以及时克服由于塔内压力变化所引起的流量变化。但是，它的设计目的是为了协调液位和流量两个变量的关系，使之能在规定的范围内作缓慢的变化，所以其本质上是均匀控制。

串级均匀控制的实现是通过调节器的参数整定来实现的。与传统的参数整定的方法不一样，串级均匀控制系统的主、副调节器一般都采用纯比例作用，在系统控制要求较高时才引入积分作用，且比例度和积分时间都较大。

第三节 比值控制系统

一、比值控制

在生产过程中常常需要将两种或两种以上的物料保持一定的比例关系，比例一旦失调就会影响产品的质量，甚至会造成事故。例如，原油脱水过程中，必须使原油和破乳剂以一定的比例混合，才能得到好的脱水效果。如果破乳剂的用量太少，则达不到规定的浓度，降低脱水效果；太多则会造成浪费。实现两个参数符合一定比例关系的控制系统，称为比值控制系统。

在需要保持比值关系的两种物料中，必有一种物料处于主导地位（如例中原油），这种物料称之为主物料，用 Q_1 表示。而另一种物料按主物料进行配比，在控制过程中随主物料而变化（如例中破乳剂），因此称为从物料，用 Q_2 表示。比值控制系统就是要实现副流量与主流量成一定比值关系，满足下列关系式：

$$K = Q_2 / Q_1 \tag{11-1}$$

式中 K——副流量与主流量的流量比值。

二、比值控制系统的类型

1. 开环比值控制系统

开环比值控制系统是最简单的比值控制系统。开环比值控制系统如图 11－10 所示。当主流量 Q_1 由于干扰作用而发生变化时，通过调节器 FC 控制安装在从物料管道上的执行器，来控制 Q_2，以满足 $Q_2=KQ_1$ 的要求。

从图中可以看到，系统的测量信号取自主物料 Q_1，本身并无反馈，调节器的输出去控制从物料的流量 Q_2，整个系统没有构成闭环，所以是一个开环系统。

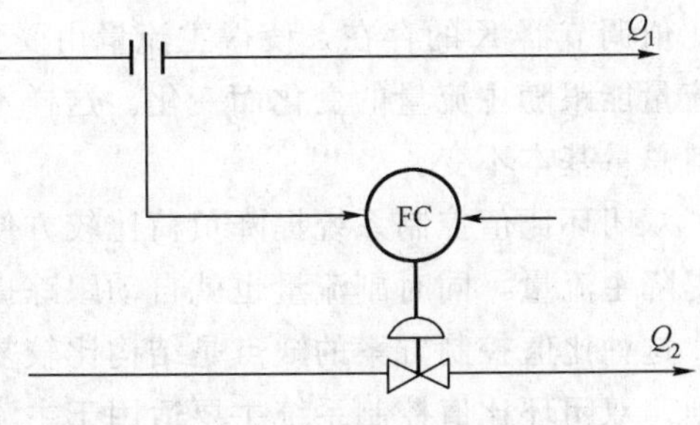

图 11－10 开环比值控制系统

这种方案的优点是结构简单，所用仪表少，需一台纯比例调节器，其比例度可以根据比值要求来设定。从图上可知，只有 Q_1 发生变化时比值控制系统才起作用。当 Q_1 不变时，因管线上压力变化导致 Q_2 变化时，系统这时不起控制作用，就破坏了 Q_1 与 Q_2 的比值关系。也就是说，这种比值控制方案对副流量 Q_2 本身无抗干扰能力。所以这种系统只能适用于副流量较平稳且比值要求不高的场合。

2. 简单比值控制系统

简单比值控制系统有单闭环和双闭环比值控制系统两种 。

单闭环比值控制系统是为了克服开环比值控制方案的不足，在开环比值控制系统的基础上，通过增加一个副流量而组成单闭环控制系统，如图 11－11 所示。

当主流量 Q_1 变化时，主调节器 F_1C 按预先设置好的比值使输出成比例地变化，改变副调节器 F_2C 的给定值。此时副流量闭环系统为一个随动控制系统，从而 Q_2 跟随 Q_1 变化，保持流量比值 K 不变。当主流量没有变化而副流量由于自身干扰发生变化时，此副流量闭环系统相当于一个定值控制系统，通过控制克服干扰，使工艺要求的流量比值仍保持不变。

单闭环比值控制系统能克服物料本身干扰对比值的影响，比值控制精确，结构较简单，所以得到广泛的应用。但是，这种方案因主物料不受控，在它因受干扰而出现大幅度波动时，会导致总物料（Q_1+Q_2）产生较大的波动。

双闭环比值控制系统是为了克服单闭环比值控制系统的不足而设计的。它是在单闭环比值控制的基础上，增加了主流量控制回路而构成的。图 11－12 所示是双闭环比值控制系统原理图。

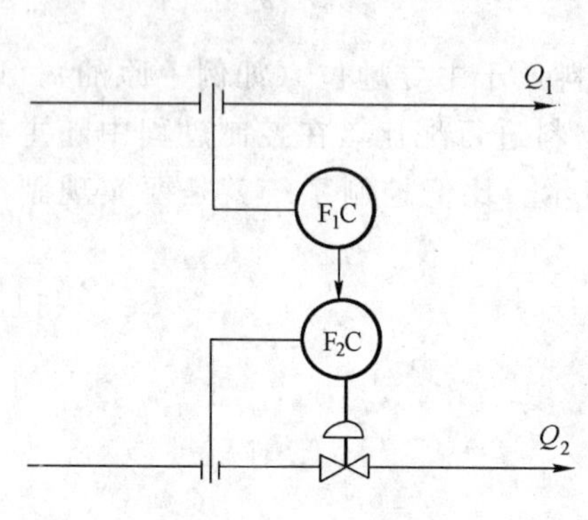

图 11－11　单闭环比值控制系统

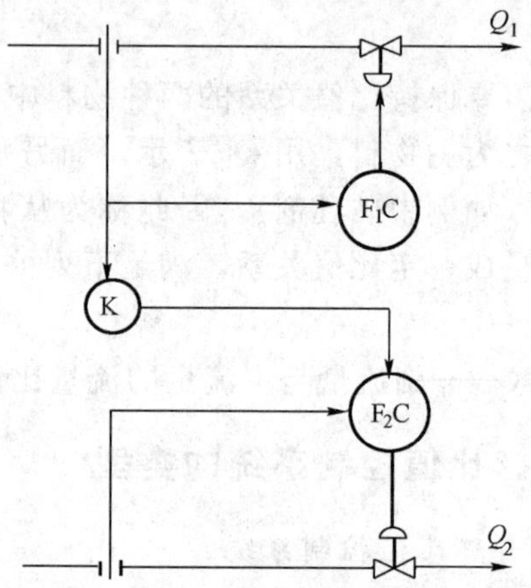

图 11－12　双闭环比值控制系统

从图可以看出，该系统具有两个闭合回路，分别对主、副流量进行定值控制。同时，由于比值调节器 K 的存在，使得主流量由受到干扰作用开始到重新稳定在给定值这段时间内，副流量能跟随主流量的变化而变化。这样不仅实现了比较精确的流量比值，而且也确保了两物料总量基本不变。

双闭环比值控制系统提降负荷比较方便，只要缓慢地改变主流量调节器的给定值，就可以提降主流量，同时副流量也就自动跟踪提降，并保持两者比值不变。

这种比值控制方案的缺点是结构比较复杂，使用的仪表较多，投资较大，系统调整比较麻烦。双闭环比值控制系统主要适用于主流量干扰频繁、经常需要提降负荷的场合。

第四节　前馈控制系统

一、前馈控制系统及特点

在大多数控制系统中，调节器是按照被控变量相对于给定值的偏差而工作的，控制系统都属于反馈控制。反馈控制是测量偏差、纠正偏差的过程。控制信号总是要在干扰已经造成影响、被控变量偏离给定值以后才能产生，控制作用总是不及时的。特别是在干扰频繁、对象有较大滞后时，使控制质量的提高受到很大的限制。

考虑到产生偏差的直接原因是干扰，如果想办法直接按照干扰的情况进行控制，而不是按照偏差进行控制，那么在理论上就不会有偏差产生。由于是在干扰发生后、被控参数还未明显变化前，调节器就进行控制，所以这种控制思想称为前馈控制。

如图 11－13（a）所示，在换热器出口温度的反馈控制中，所有影响被控变量的因素，它们对出口温度的影响都可以通过反馈控制来克服。但是，如果已知影响换热器出口温度的干扰因素只有进料流量的变化，我们可以直接测量进料流量，并根据进料流量的变化去改变加热蒸汽流量的大小，这就是所谓的“前馈控制”，如图 11－13（b）所示。

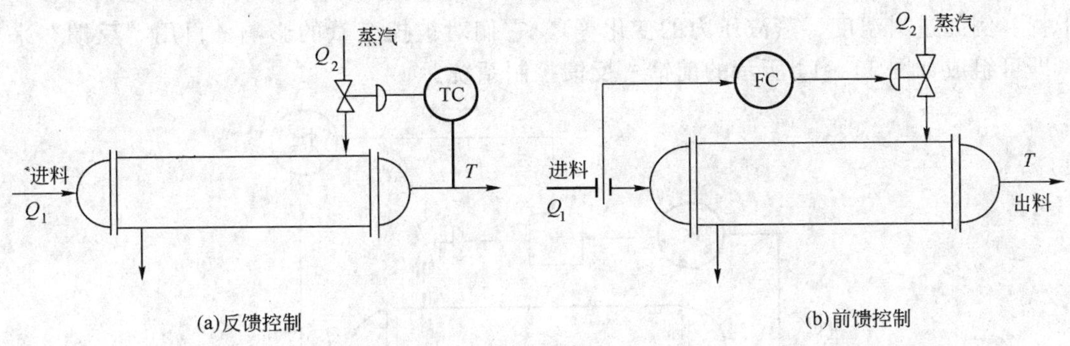

图 11－13 反馈控制与前馈控制的比较

1．前馈控制比反馈控制及时、有效

前馈控制是根据干扰的变化产生控制作用的。如果能使干扰作用对被控变量的影响与控制作用对被控变量的影响在大小上相等、方向上相反的话，就能完全克服干扰对被控变量的影响。

显然，前馈控制对于干扰的克服要比反馈控制及时得多。干扰一旦出现，不需等到被控变量受其影响产生变化，就会立即产生控制作用，这个特点是前馈控制的一个主要优点。

2．前馈控制属于“开环”控制系统

由图 11－13（b）可以看出，在前馈控制系统中，被控变量根本没有被检测。当前馈调节器按干扰量产生控制作用后，对被控变量的影响并不返回来影响调节器的输入信号（干扰量）。所以整个系统是一个开环系统。根据干扰施加前馈控制作用后，被控变量是否达到所希望的值，控制系统并不理会。

3．前馈控制要采用专用调节器

对于不同的对象特性，前馈调节器的控制规律将是不同的。为了使干扰得到完全克服，应该使控制作用对被控变量的影响与干扰的作用大小相等、方向相反。所以，前馈调节器对于不同的对象特性，就应该设计具有不同控制规律的调节器。

4．一种前馈作用只能克服一种干扰

由于前馈控制作用是按干扰进行工作的，而且整个系统是开环的，因此根据一种干扰设置的前馈控制就只能克服这一干扰对被控变量的影响。而对于其他干扰，由于这个前馈调节器无法感受到，也就无能为力了。而反馈控制只用一个控制回路就可克服多个干扰，所以说这一点也是前馈控制系统的一个弱点。

二、前馈控制的主要形式

1. 单纯的前馈控制

单纯的前馈控制系统如图 11－13（b）所示。图中的 FC 为前馈补偿装置。

2. 前馈—反馈控制

把前馈和反馈控制组合起来，取长补短，使前馈控制用来克服主要干扰，反馈控制用来克服其他的多种干扰，两者协同工作，就能提高控制质量。

由于换热器前馈控制系统能克服由于进料量变化对被控变量的影响，如果还同时存在其他干扰（例如进料温度、蒸汽压力的变化等），它们对被控变量的影响，再用“反馈”来克服，即可组成如图 11－14 所示的前馈—反馈控制系统。

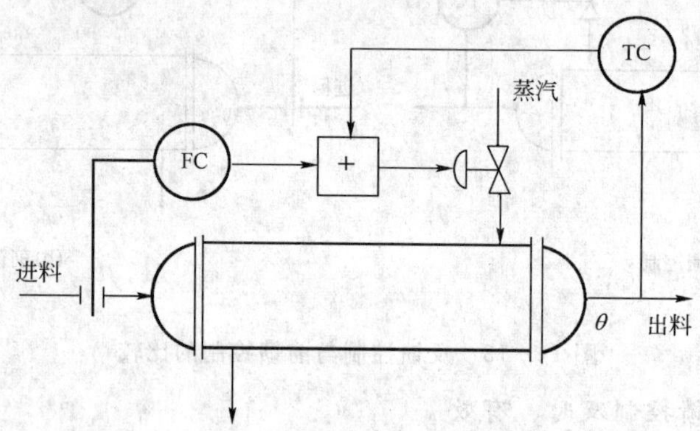

图 11－14　换热器前馈—反馈控制系统

图中的调节器 FC 起前馈作用，用来克服由于进料量波动对被控变量的影响；而温度调节器 TC 起反馈作用，用来克服其他干扰对被控变量的影响。前馈和反馈控制作用相加，共同改变加热蒸汽量，以使出料温度维持在给定值上。图 11－15 是前馈—反馈控制系统的方框图。

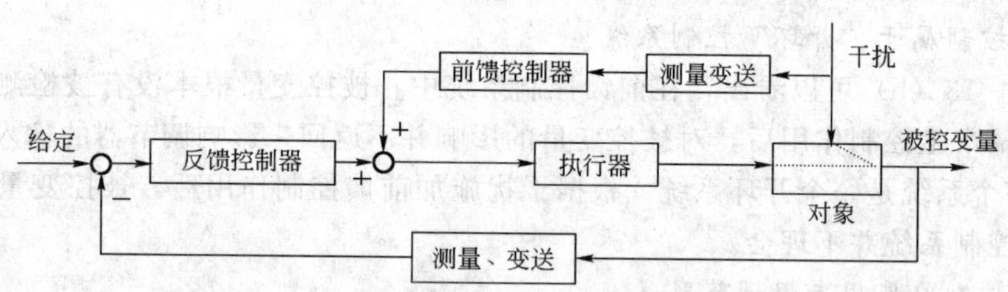

图 11－15　前馈—反馈控制系统的方框图

从图可以看出，前馈—反馈控制系统虽然也有两个调节器，但在结构上与串级控制系统是完全不同的。串级控制系统是由内、外（或主、副）两个反馈回路所组成；而前馈—反馈控制系统是由一个反馈回路和另一个开环的补偿回路叠加而成。

三、前馈控制的应用场合

（1）在干扰比较显著和频繁的控制系统中，采用前馈控制系统。

（2）前馈控制是按照干扰而控制的，所以当系统中的主要干扰是可测而不可控时，应采用前馈控制。

(3) 对象的控制通道滞后大，反馈控制不及时，控制质量差，可采用前馈或前馈-反馈控制系统，以提高控制质量。

第五节　分程控制系统

一、分程控制

一台调节器的输出可以同时送往两个或者更多的调节阀，而调节器的输出信号被分割成若干个信号范围段，由每一段信号去控制一台调节阀。这样的控制系统称为分程控制系统。

分程控制系统的方框图如图 11-16 所示，采用了两台分程阀分别为调节阀 A 和调节阀 B。将执行器的输入信号 20～100kPa 分为两段，即调节阀 A 工作在 20～60kPa 信号范围段；调节阀 B 工作在 60～100kPa 信号范围段。在实际工作中，借助阀门定位器，可以使 A 阀门定位器输入 20～60kPa 控制信号时，输出 20～100kPa，使调节阀 A 走完全行程；同理，使调节阀 B 在 60～100kPa 的输入信号下走完全行程。这样一来，当调节器输出信号在小于 60kPa 范围内变化时，就只有调节阀 A 随着信号压力的变化改变自己的开度，而调节阀 B 开度不变。当调节器输出信号在 60～100kPa 范围内变化时，调节阀 A 因已移动到极限位置开度不再变化，调节阀 B 的开度却随着信号大小的变化而变化。

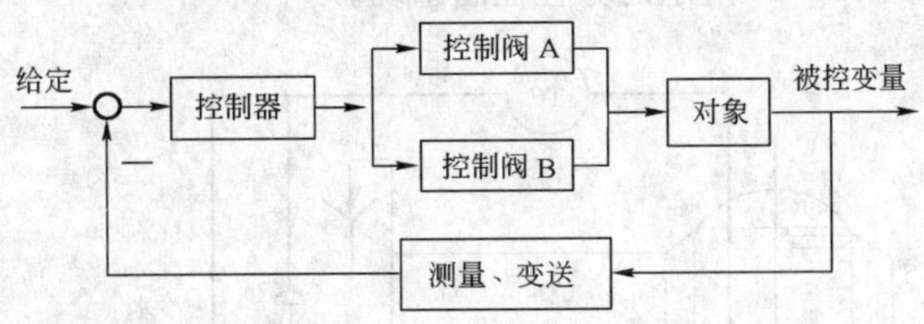

图 11-16　分程控制系统的方框图

根据调节阀的开、关形式，可以将分程控制系统划分为两类：一类是两个调节阀同向动作，即随着调节器输出信号（即阀压）的增大或减小，两调节阀都开大或关小，其动作过程如图 11-17 所示，其中图 (a) 为气开阀的情况，图 (b) 为气关阀的情况。另一类是两个调节阀异向动作，即随着调节器输出信号的增大或减小，一个调节阀开大，另一个调节阀则关小，如图 11-18 所示。

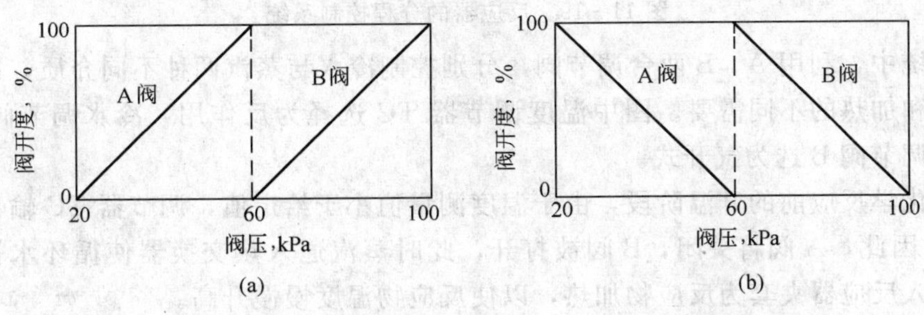

图 11-17　两阀同向动作

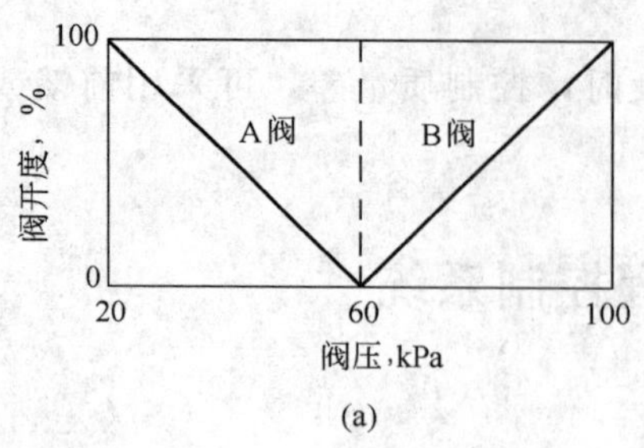

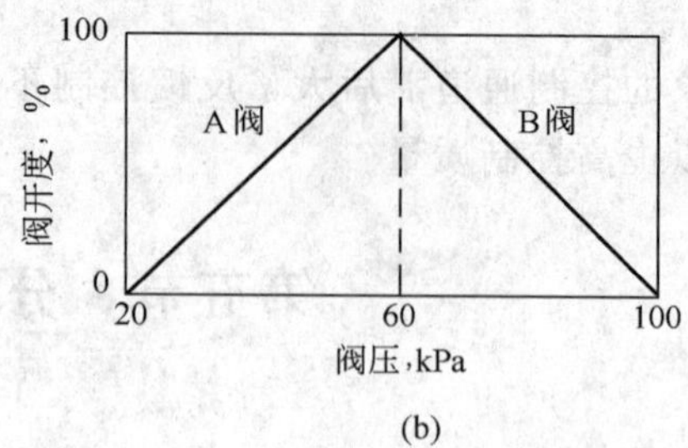

图 11－18　两阀异向动作

分程阀同向或异向动作的选择问题，要根据生产工艺的实际需要来确定。

二、分程控制的应用场合

1. 改善控制品质，扩大调节阀的可调范围

在过程控制中，有些场合需要调节阀的可调范围很宽。如果仅用一只调节阀，其可调范围又满足不了生产需要。在这种情况下，可将大小两个调节阀当作一个调节阀使用，从而扩大了阀的可调范围，改善了阀的工作特性，使得在小流量时有更精确的控制。

2. 需要控制两种不同的介质的场合

对于间歇式化学反应器，既要考虑反应前的预热问题，又需要考虑过程中移走热量的问题。为此，可设计如图 11－19 所示的分程控制系统。

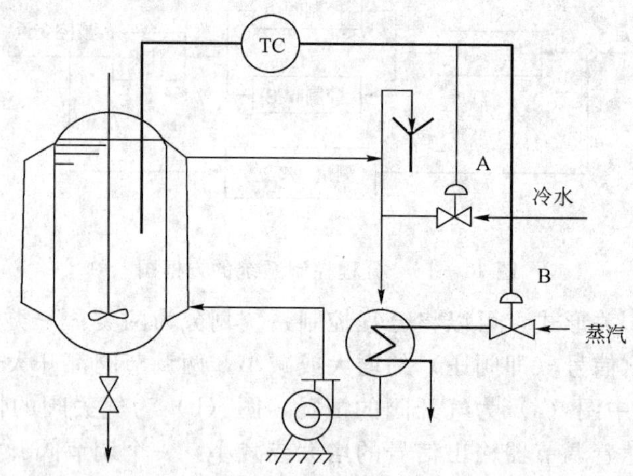

图 11－19　反应器的分程控制系统

在该系统中，利用 A、B 两台调节阀，分别控制冷水与蒸汽两种不同介质，以满足工艺上需要冷却和加热的不同需要。图中温度调节器 TC 选择为反作用，冷水调节阀 A 选为气关式，蒸汽调节阀 B 选为气开式。

在进行化学反应前的升温阶段，由于温度测量值小于给定值，调节器 TC 输出较大（大于 60kPa），因此，A 阀将关闭，B 阀被打开，此时蒸汽通入热交换器使循环水被加热，循环热水再通入反应器夹套为反应物加热，以使反应物温度慢慢升高。

当反应物温度达到反应温度时，化学反应开始，于是就有热量放出，反应物的温度将逐渐升高。由于调节器 TC 是反作用的，故随着反应物温度的升高，调节器的输出逐渐减小。

与此同时，B 阀将逐渐关闭。待调节器输出小于 60kPa 以后，B 阀全关，A 阀则逐渐打开。这时，反应器夹套中流过的将不再是热水而是冷水。这样一来，反应所产生的热量就不断为冷水所移走，从而达到维持反应温度不变的目的。

本方案中选择蒸汽调节阀为气开式，冷水调节阀为气关式，是从生产安全角度考虑的。因为，一旦出现供气中断情况，A 阀将处于全开，B 阀将处于全关，这样就不会因为反应器温度过高而导致生产事故。

3. 作为生产安全的防护措施

有时为了生产安全起见，需要采取不同的控制手段，这时可采用分程控制方案。例如在油田联合站内，有许多用于污水处理的储罐。为防止空气中的氧气在污水中加速罐体腐蚀，一般在污水罐上方充以天然气，以使污水与空气隔绝，通常称之为气封。为了保证空气不进水罐，一般要求天然气压力应保持为微正压。

这里需要考虑的一个问题就是罐中水位的增减会导致气封压力的变化。当水位降低时，气封压力会下降，如不及时向罐中补气，水罐就有被吸瘪的危险。而当向罐中进水时，气封压力又会上升，如不及时排气，水罐就可能被鼓坏。为了维持气封压力，可采用如图 11－20 所示的分程控制方案。

本方案中采用的 A 阀为气开式，B 阀为气关式，它们的分程特性如图 11－21 所示。

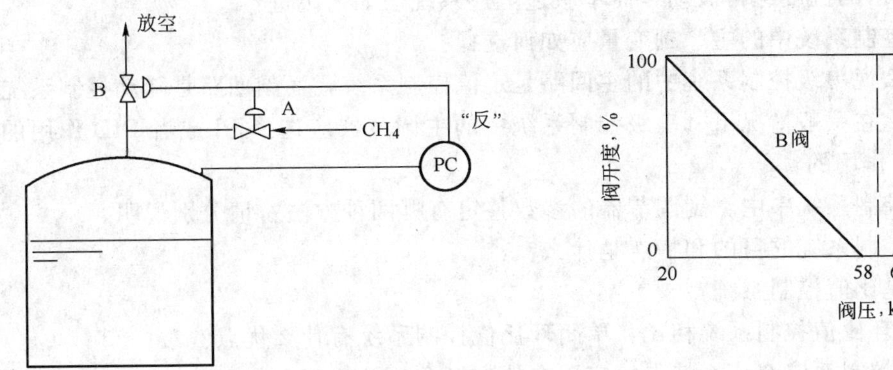

图 11－20　储罐气封分程控制方案　　　　图 11－21　气封分程阀特性图

当储罐压力升高时，压力调节器 PC 的输出下降，这样 A 阀将关闭，而 B 阀将打开，于是通过放空的办法将储罐内的压力降下来。当储罐内压力降低，测量值小于给定值时，调节器输出变大，此时 B 阀将关闭而 A 阀将打开，于是天然气被补充加入储罐中，以提高储罐的压力。

为了防止储罐中压力在给定值附近变化时 A、B 两阀的频繁动作，可在两阀信号交接处设置一个不灵敏区。因为留有这样一个不灵敏区之后，将会使控制过程变化趋于缓慢，系统更为稳定。

◇ 习题与思考题 ◇

11－1　什么叫串级控制系统？画出一般串级控制系统的典型方框图。

11－2　串级控制系统有哪些特点？主要应用在什么场合？

11-3　图 11-22 所示为聚合釜温度控制系统。试问：

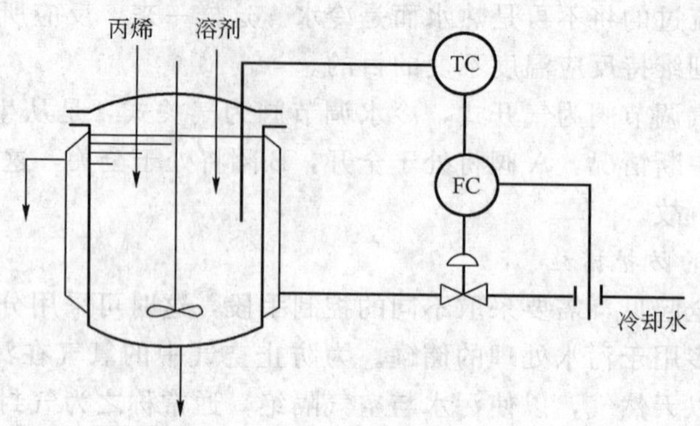

图 11-22　聚合釜温度控制系统

(1) 这是个什么类型的控制系统？试画出它的方框图。

(2) 如果聚合釜的温度不允许过高，否则易发生事故，试确定调节阀的气开、气关型式。

(3) 确定主、副调节器的正、反作用。

(4) 假如冷却水的温度经常波动，简单叙述上述系统该如何改进？

11-4　串级控制系统中的主、副变量应如何选择？

11-5　为什么说串级控制系统中的主回路是定值控制系统，而副回路是随动控制系统？

11-6　为什么在一般情况下，串级控制系统中的主调节器应选择 PI 或者 PID 作用的，而副调节器选择 P 作用的？

11-7　串级控制系统中主、副调节器的参数整定有哪两种方法？请分别说明。

11-8　均匀控制系统的目的和特点是什么？

11-9　什么是比值控制系统？

11-10　与开环比值控制系统相比，单闭环比值控制系统有什么优点？

11-11　前馈控制系统有什么特点？应用在什么场合？

11-12　在什么情况下要采用前馈-反馈控制系统？试画出它的方框图，并指出在该系统中，前馈和反馈各起什么作用？

11-13　分程控制系统主要应用在什么场合？

11-14　采用两个控制并联的分程控制系统为什么能扩大调节阀的可调范围？

第十二章 计算机控制系统

第一节 概 述

生产过程自动化系统是伴随着生产工艺的不断需求和科学技术的发展而不断更新、发展的。20 世纪 60 年代以前，模拟仪表控制系统占主导地位。随着工业生产向连续化、复杂化和大型化发展，对自动化系统的要求越来越高。而常规过程控制系统的局限性日益凸现出来：一是它难于实现多变量、复杂控制规律的现代控制方法；二是需要集中监视和操作的变量越来越多，模拟仪表屏越来越长，难于实现集中控制；三是各分系统之间难以实现数据交换，从而无法实现综合自动化控制；四是实现系统的扩展和控制方案的改变很不方便。为了克服上述局限性，在 60 年代，出现了计算机过程控制系统，将计算机技术和现代控制理论逐步推广到民用工业，生产过程控制跨入了计算机控制的时代。

计算机控制系统就是应用数字计算机作为自动化装置的过程控制系统。它不仅能完成常规过程控制系统所具有的控制功能，而且还有其独特的优点。首先从速度和精度来看，计算机控制系统性能大大提高。其次由于计算机具有分时操作的功能，所以一台计算机能代替许多台常规控制仪表或控制装置。三是计算机的记忆和判断功能，使计算机能够在环境或生产参数变化时及时做出判断，选择最合理、最有利的控制方案，这是常规控制仪表或装置所不能胜任的。另外在有些生产过程中，具有大滞后、各参数相互关联的对象，利用计算机强大的计算功能，可以得到较好的解耦、补偿控制效果。总之，计算机控制系统的特点是容易实现任意的控制算法，只要按人们的要求改变程序或修改控制算式的某些参数，就能得到不同的控制效果。

随着计算机技术的发展，工业控制用计算机（简称工控机）的应用也日益广泛和深入。20 世纪 60 年代起，在工业生产过程控制中，以直接数字控制（Direct Digital Control，简称 DDC）为核心的集中型计算机控制系统，利用计算机所具有的能执行复杂运算、处理速度快、控制精度高、易于通信、便于集中显示和操作、易于改变控制方案、易于实现各种控制算法等优点，成功地克服了模拟仪表系统的局限性，进入了实用和普及的阶段。

进入 70 年代后期的大量实践表明，通过建立数学模型，采用一台大型计算机对一个大型企业实现全面的最优控制，却是一而再地失败了。其问题在于：集中型计算机控制对计算机硬件的可靠性要求很高，计算机发生故障将对整个生产装置或全厂带来灾难性的影响，且建立完整的数学模型是十分困难的。而把计算机分散到单个生产装置中，实现小范围的局部控制，在生产上取得了显著的效果。这种计算机控制通常称为分散型计算机控制。

分散型计算机控制的形成，大大推进了过程控制的发展。特别是以微处理器为核心的单板、单片微型计算机的诞生，为实现分散型计算机控制创造了良好的条件。分散型计算机控制的最大优点是系统可靠性高、成本低，实现特殊控制规律方便、灵活，而且由于控制范围的缩小，对建立数学模型也带来了方便。

但对于生产过程高度连续化的现代大型工业企业，生产装置与设备之间的联系日趋密切，仅仅实现局部范围的孤立控制是不够的。70 年代中期，人们产生了“保持集中监督、显示、操作、管理的优点，而将集中控制的危险性分散”的思想。将过去由一台大型计算机完成的功能，分解为两部分：由几十台甚至几百台微处理器来承担控制功能，每一台微处理器只负责控制一部分回路，即使某一微处理器发生故障，所能影响的范围有限，不会对整个系统造成严重后果；控制室的计算机只负责集中监督、显示、操作、报警、管理和优化计算，它与各微处理器之间用通信网络连接起来，从而构成一个完整的控制系统——计算机分级控制系统。后来人们把工厂中应用的分级控制系统称之为集散控制系统（Total Distributed Control System，简称 DCS）。

当前工业控制中应用的现场仪表，主体是常规的模拟设备，其体系结构还是基于传输 4～20mA 模拟信号的现场变送器与阀门定位器而设计的。每个变量都要用单独的电缆将对应的现场仪表与控制计算机连接，单向传输单一信号，信号误差比较大。随着现代数字化技术的深入发展，80 年代部分厂家推出了现场设备数字通信功能；90 年代开始，现场仪表数字通信总线网络被广泛接受。

现场总线（Fieldbus）技术是集散控制系统向着全数字化系统发展的结果。它用现场总线这一开放的、具有可互操作的网络将现场各控制器及仪表设备互联，构成现场总线控制系统（Fieldbus Control System，简称 FCS），同时控制功能彻底下放到现场，降低了安装成本和维护费用。现场总线控制系统 FCS 作为新一代控制系统，一方面突破了 DCS 系统采用通信专用网络的局限，采用了基于公开化、标准化的解决方案，克服了封闭系统所造成的缺陷；另一方面把 DCS 的集中与分散相结合的集散系统结构，变成了新型全分布式结构。可以说，开放性、分散性与数字通信是现场总线系统最显著的特征。因此，FCS 实质是一种开放的、具可互操作性的、彻底分散的分布式控制系统，有望成为 21 世纪控制系统的主流产品。现在，FCS 正在领导着过程控制和仪表工业的又一次革命。

人们一般把 50 年代前的气动信号控制系统称作第一代；把 4～20mA 等电动模拟信号控制系统称为第二代；把数字计算机集中式控制系统称为第三代；而把集散式分布控制系统 DCS 称作第四代。一般把现场总线系统称为第五代控制系统。

第二节　计算机控制系统的基本组成

通过上一节我们了解计算机控制系统的演变和发展，但无论是 DDC、DCS 还是 FCS，计算机控制系统实现自动控制的基本单元都是由检测变送仪表、工业控制计算机和执行器组成。过程控制的工作原理是一致的，即首先采集被控变量实时数值，然后对采集到的数据进行处理，并按相应的算式（控制规律）进行运算，适时地对执行机构发出控制信号。图 12－1是计算机控制系统的原理图。

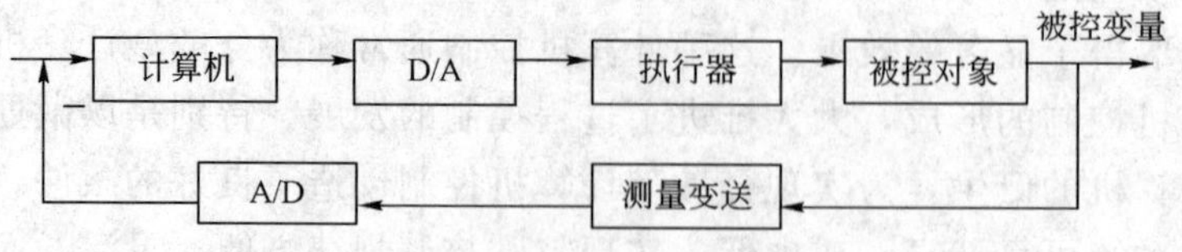

图 12－1　计算机控制系统的原理图

在计算机控制系统中，计算机的输入和输出信号都是数字信号，而现场检测变送仪表和执行器是模拟设备，只能识别模拟信号，因此必须具备将模拟测量信号转换为数字信号的 A/D 转换器，以及将数字控制信号转换为模拟信号的 D/A 转换器。现场总线控制系统所用的现场数字仪表（变送器、执行器）自身以数字信号与工控机通信，不再需要 A/D 转换器和 D/A 转换器。

工业控制计算机包括硬件和软件两部分。图 12－2 是计算机控制系统的基本组成框图，下面分别对各个部分进行简单的介绍。

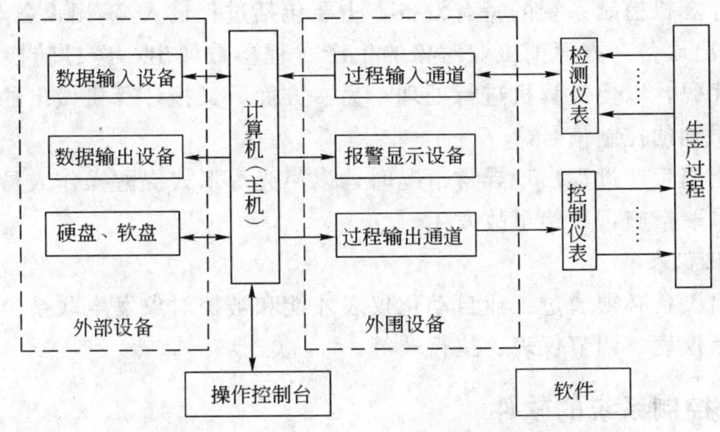

图 12－2　计算机控制系统的基本组成框图

一、计算机控制系统的硬件

计算机控制系统的硬件主要包括主机、外部设备、外围设备和工业自动化仪表，是实现计算机控制的物质基础。

1. 主机

主机是整个系统的核心装置，其他设备都要在它的指挥下工作。它包括运算器、控制器、内存储器、系统总线接口、输入/输出接口等。

2. 外部设备

外部设备包括人一机联系设备和外存储器。

人—机联系设备包括操作键盘、显示器、打印机、操作控制台等，是操作人员和计算机进行联系的工具。

操作键盘是计算机控制系统常用的数据输入设备，目前工控系统的操作大都是通过键盘来实现的。一般采用专用操作键盘，具体操作与键盘上的热键一一对应，配上操作提示菜单，方便直观。

显示器与打印机是计算机控制系统必备的数据输出设备。它们的主要功能是以字符、曲线等形式反映各控制信息，以便操作人员随时了解生产控制情况、计算机的运行情况等。显示器的种类很多，现在较常用的是 CRT 图形终端显示器。打印机主要用来打印各种生产记录和操作记录。

操作控制台用来放置主机、键盘、显示器和打印机等。在计算机控制系统中，虽然整个控制过程一般不需要人直接参与，但人与机器之间的联系是非常密切的。在系统正常运行时，操作人员为了及时掌握情况，需要通过显示器对生产参数和状态进行监视；当工艺流程发生变化时，操作人员根据新的工艺流程的要求，要及时修改某些程序或参数；在系统或生产现场出现异常或故障的情况下，操作人员必须直接干预主机的工作，应急处理各种情况。上述工作一般都是由操作人员在操作控制台上完成的。

外存储器是指装在主机外的大容量存储器。在计算机控制系统中，各类程序需要占用大量存储空间，同时在运行过程中需要保存大量的数据，大容量的外存储器是必不可少的。

3. 外围设备

外围设备是计算机控制系统的特有设备，主要包括过程输入/输出设备和报警显示设备。

过程输入/输出设备一方面把工业对象的生产过程参数取出，经过转换，变成计算机能够接收和识别的代码，以便计算机进行处理；另一方面，又把计算机做出的控制决定，变成操作执行器可以识别的控制信号。

报警设备是指当生产过程出现异常情况时，以声光等形式提醒操作人员的警示设备，以便操作人员及时采取措施，杜绝事故发生。

4. 工业自动化仪表

过程输入输出设备必须通过工业自动化仪表才能和被控对象发生联系。进行这种联系的有检测仪表、显示仪表、调节仪表、执行器等。

二、计算机控制系统的软件

计算机控制系统不仅包括由成套控制计算机与被控对象组成的硬件，而且还包括反映生产过程和控制规律、体现控制功能和控制动作的程序系统。计算机过程控制系统的程序系统分为系统软件和应用软件两大类。系统软件通常包括操作系统、程序设计系统、诊断程序以及与计算机密切相关的程序。应用软件则视计算机的应用场合而异。控制计算机的应用软件包括描述生产过程和控制规律的程序。系统软件由计算机制造厂提供，有一定的通用性；应用软件则由配套厂或使用单位自行配置。

在建立一个计算机控制系统时，除了要配齐硬件之外，还要着重研究生产装置和工艺流程，建立数学描述关系（数学模型），确定控制规律和控制作用，把它们编成相应的程序，并配备必要的软件。因此可以说，一个计算机控制系统的实现，最终要把注意力集中在应用软件方面。

第三节　计算机在控制中的典型应用方式

计算机控制系统按照生产过程的复杂程度和要求的不同，有不同的控制方案。本节依据工业生产控制目的的不同，简述几种计算机过程控制的典型应用方式。

一、数据采集和处理系统

数据采集和处理系统就是用计算机进行数据检测处理的系统。该系统将生产过程的各种参数经一次仪表发送、信号统一、模－数转换而定时地巡回采集到计算机中，然后由计算机对数据进行分析和处理，如数字滤波、仪表校正、计算处理、越限比较等。在出现异常时能发出声光报警。按人工请求可随机打印和选点显示；也可以按要求定时制表打印或将数据处理的结果记录在外存储器内。

严格说来，数据采集和处理系统不属于真正的计算机控制，只是为由人工控制发展到自动控制提供数据和资料。但是，这种应用方式不仅对指导生产具有积极的作用，而且对于探求进一步自动控制用的数学模型是十分需要的。其构成形式如图 12-3 所示。

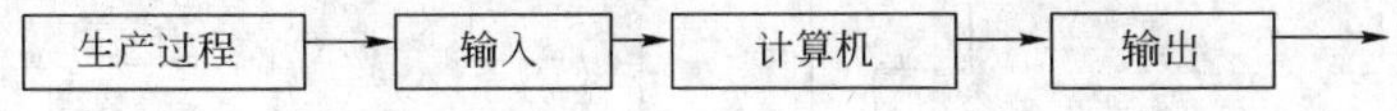

图 12-3　数据采集和处理系统框图

由于计算机具有灵活、快速和逻辑判断能力的特点，因此，采用计算机作巡回检测比一般常规的巡回检测装置具有独特的优点。随着生产过程的越来越复杂，这些处理和监视越来越显示出它的必要性。

二、操作指导控制系统

操作指导控制系统是数据采集和处理系统的进一步发展。它根据生产过程提出的数学模型，在计算机上计算并寻找生产过程的最优状态或最优操作条件，然后由计算机把算出的最优操作条件通过打印、CRT 显示等方式为操作人员提供指导。操作人员则按照这些数据去改变模拟调节器的给定值或操纵执行机构，把生产过程控制在最优状态。这种方法的优点是在闭环控制之前先进行开环控制运行，也可用于试验新的数学模型和调试新的控制程序，以及训练控制人员。其缺点是仍要人工操作，速度受到限制，若要同时控制很多回路就不可能。

三、直接数字控制系统（DDC）

DDC 系统是计算机配以适当的输入输出设备，取代模拟调节器，直接对几十个以至上百个控制回路进行自动巡回检测和数字控制，是微型机在工业上应用最普遍最基本的一种方式。DDC 系统的计算机输出直接去控制调节阀等执行机构，使各个被控参数保持在给定值上。它的系统构成如图 12-4 所示。

DDC 系统的优点是：不但计算机完全代替了模拟调节器，实现几十个甚至更多的单回路的 PID 控制，而且还能比较容易地实现其他复杂规律的控制。它把显示、记录、报警和给定值设定等都集中在操作控制台上，给操作人员带来很大方便。其缺点是：要求工业控制计算机的可靠性很高，否则会直接影响生产。

四、计算机监督控制系统（SCC）

所谓计算机监督控制系统（Supervisory Computer Control，简称 SCC），是指计算机根据生产过程的信息（测量值）和其他信息（给定值等），按照描述生产过程的数学模型，去自动改变模拟调节器或 DDC 工控机的给定值，从而使生产过程处于最优化的工况下进行。这种监督计算机控制系统，又可以分为以下两种类型。

1. SCC 加模拟调节器的控制系统

工控机测量生产过程中有关参数，根据机内储存的数学模型进行计算，同时根据优选的条件求得各个控制回路的给定值，然后由各回路的模拟调节仪表（如 PID 仪表）进行调节。它的优点是可以实现最优化控制，达到省料、高产、低消耗，而且较为安全，当计算机出故障时，由模拟调节仪表独立完成操作。其缺点是仍需要常规的模拟仪表。系

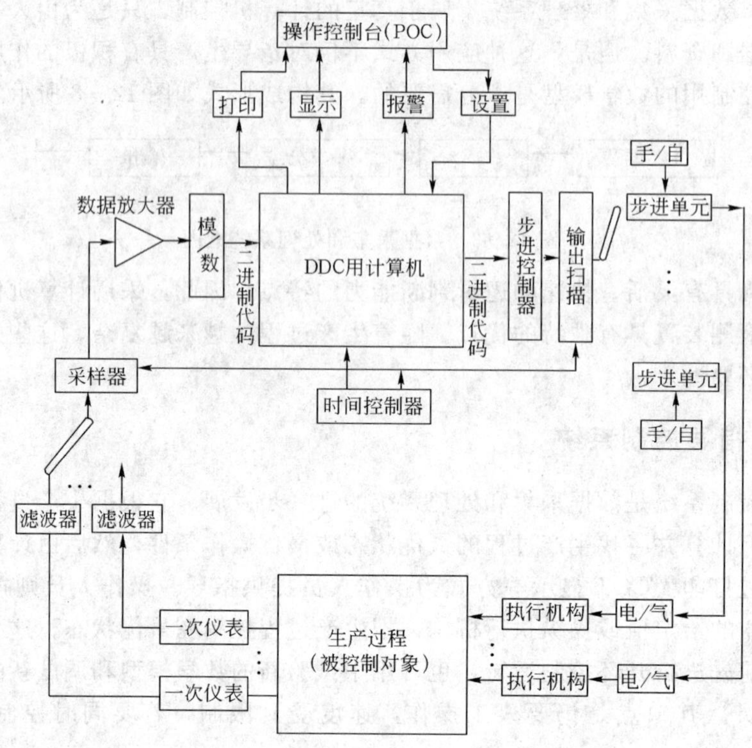

图 12-4　DDC 系统方框图

统框图见图12-5。

2. SCC 加 DDC 的控制系统

在此控制系统中，SCC 计算机根据生产过程的数学模型，计算出最优化操作条件，去重新设定 DDC 计算机的给定值，然后由 DDC 计算机执行过程控制，使工况保持最优。当 DDC 计算机出故障时，可由 SCC 计算机代替 DDC 的功能，使生产确保安全。系统框图见图 12-6。

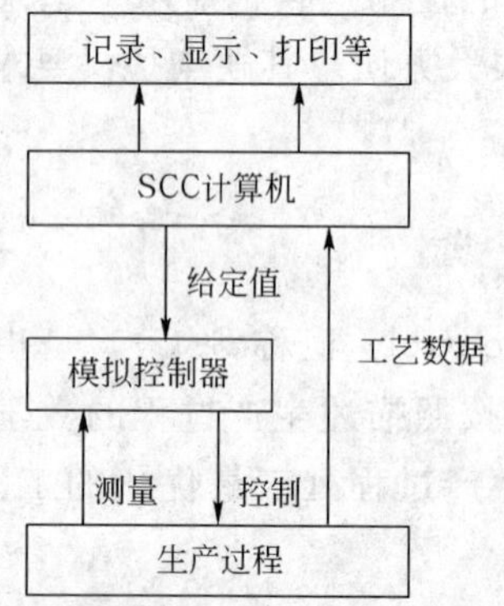

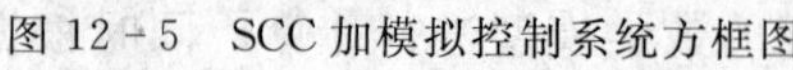
图 12-5　SCC 加模拟控制系统方框图

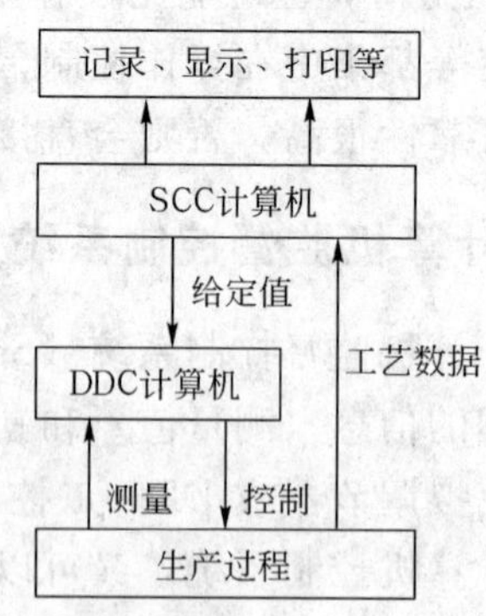

图 12-6　SCC 加 DDC 系统方框图

可以看出，DDC 和 SCC 两种方式的根本区别在于控制是否直接驱动调节阀门。如果条件具备，控制机在进行最优化计算的同时也可兼作 DDC。它是计算机应用的高级形式，即最优化的 DDC。

五、分级控制系统

分级控制系统是以微处理器为核心，将工业控制计算机、数据通信系统、微型计算机、显示操作设备、过程通道、模拟仪表等有机结合起来，采用组合组装式结构组成的系统，主要用于实现大型现代化工业的综合自动化生产。系统构成如图 12-7 所示。

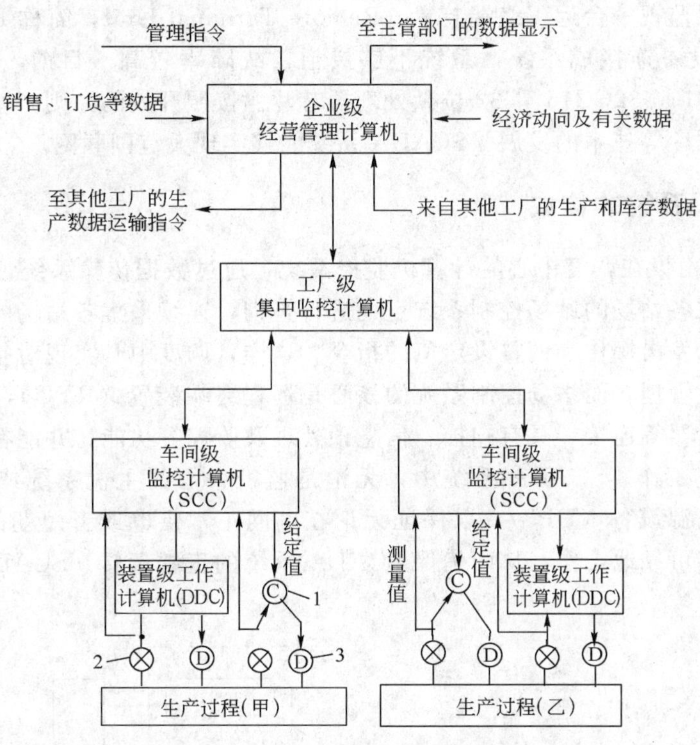

图 12-7　分级控制系统方框图

1—调节器；2—变送器；3—执行器

分级系统兼顾了“集中型”和“分散型”的优点，并把两者有机地结合起来。它保持了集中型计算机控制系统的集中监督、显示、操作、报警、管理的优点，而将集中控制的危险性分散，由一批微处理器来承担控制功能，每台微处理器只负责控制几个回路，用通信网络将各级计算机连接起来，传递信息，从而构成一个完整的控制系统。分级控制系统是目前实现大系统综合自动化的理想方案。

目前分级控制系统正在发展阶段，较多的还仅是二级系统，即 SCC+DDC 系统。下面我们将重点介绍分级控制系统中先进的 SCADA 系统、DCS 系统和 FCS 系统。

第四节　监测控制与数据采集（SCADA）系统

监测控制与数据采集（Supervisory Control And Data Acquisition，简称 SCADA）系统，是由调度中心通过数据通信系统对远程站点的运行设备进行监视和控制，以实现数据采集、设备控制、测量、参数调节以及各类信号报警等功能的分散型综合控制系统。

作为计算机分级控制系统的一个分支，SCADA 系统是专门为分布于大空间跨度的生产过程而开发的，如电力、给水、石油、化工、消防等领域，尤其在长距离输送油气管网上应用非常广泛。我国 2004 年底建成的全程近 4000km 的西气东输项目就是全线采用 SCADA 系统实现过程自动控制。

SCADA 系统的概念形成于 20 世纪 60 年代中期。采用固态的逻辑电路，配备硬布线扫描器和大型模拟显示盘，主控站能够与一定数量的远控站进行通信并对其进行控制。系统的特点是一台主机只监视一台远程终端装置（Remote Terminal Unit，简称 RTU），需要用大量的导线把各种设备连接成系统，系统不够灵活，故障率较高。目前，多数生产厂家的 RTU 采用如 32C016、32CG16 等 32 位微处理器芯片。按照开放的原则，基于分布式计算机网络以及关系数据库等技术的发展，SCADA 系统能够实现大范围联网。

一、SCADA 系统的构成

SCADA 系统由设在调度中心的计算机监控系统，通过数据传输系统（包括通信设备和数传信道）对设在各站场的站场控制系统定期进行查询，连续采集各站场的操作数据和状态信息，并向各站场发出操作和调整设定值的指令。这样，调度中心实现对整个系统进行统一监视、控制和调度管理。而站场控制系统的核心是远程终端装置（RTU），它们与现场传感器、变送器和执行器等连接，具有扫描、信息预处理及监控等功能，并能在与监控中心的通信一旦中断时独立工作。SCADA 系统中，无论是监控中心的主机系统或是现场的 RTU，通常采用不间断电源设备（UPS），以保证无论在电网正常供电或者短期故障停电情况下，整个供电系统都能可靠地工作，从而确保 SCADA 系统的正常运转。SCADA 系统的结构如图 12－8 所示。

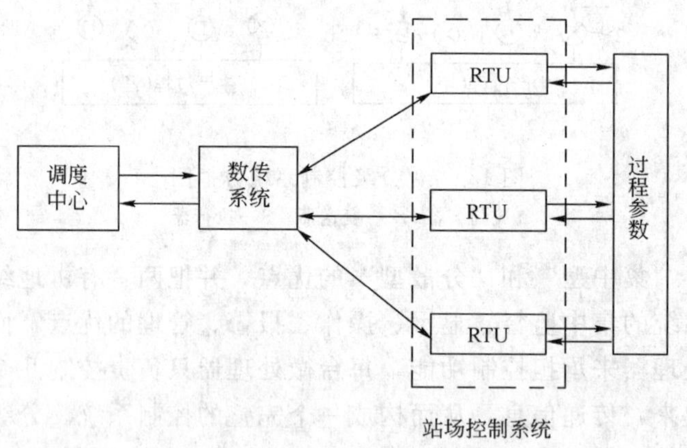

图 12－8　SCADA 系统结构方框图

1. 调度中心计算机监控系统

调度中心计算机监控系统是整个控制系统的最高级，主要由冗余实时数据服务器、操作员工作站、工程师工作站、打印机、冗余交换机、路由器等设备组成冗余局域网。其系统配置见图 12－9 。

实时数据服务器通过数据库管理将远端各站 RTU 的原始值、变换的中间值、最终值、报警点及发生时刻等相关信息存储起来，同时更新不必要的数据。在工作站可随时查询调用实时数据服务器处理计算后的有关数据。为了提高系统的可靠性，服务器采用双机热备配置。

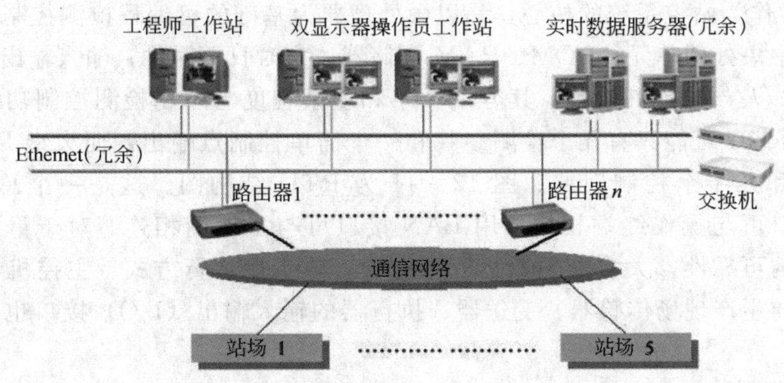

图 12－9　调度中心系统配置图

多台操作员工作站对重要站场或关键的监测点进行定点监视。有些检测点未被显示器直接显示，但只要发生事件，都有声光信号通报，操作员通过查询能迅速识别报警点位置和报警发生条件。操作员工作站可以通过遥控指令改变各站场 RTU 的运行状态，也可以授权 RTU 独立运行。为了安全可靠，工作站控制命令的最终完成常分两步进行：第一步，操作员请求发送遥控命令，RTU 收到命令并返回；第二步，待操作员校核无误后发送执行指令，并由系统提示是否正确完成。系统提供完善的优先级和权限控制功能，对于不同级别的操作员，提供不同的控制功能，防止越权操作。

调度中心还安装有一台或几台工程师工作站，用于完成程序编制、修改和工程计算、管理等任务，有的系统为优化管理设置了在线模拟计算机系统，采用专门设置的计算机，配置实时模型软件、预测模型软件和决策模型软件，从而完成先进管理功能。

操作员工作站和工程师工作站均作为局域网上的一个节点，共享服务器的资源。操作员工作站、工程师工作站通过打印共享器实现打印共享。中心局域网采用冗余配置。

2. 站场控制系统

站场控制系统由远程终端装置、工业控制计算机、交换机、路由器、外部存储设备等构成。站场控制系统的设备配置如图 12－10 所示。

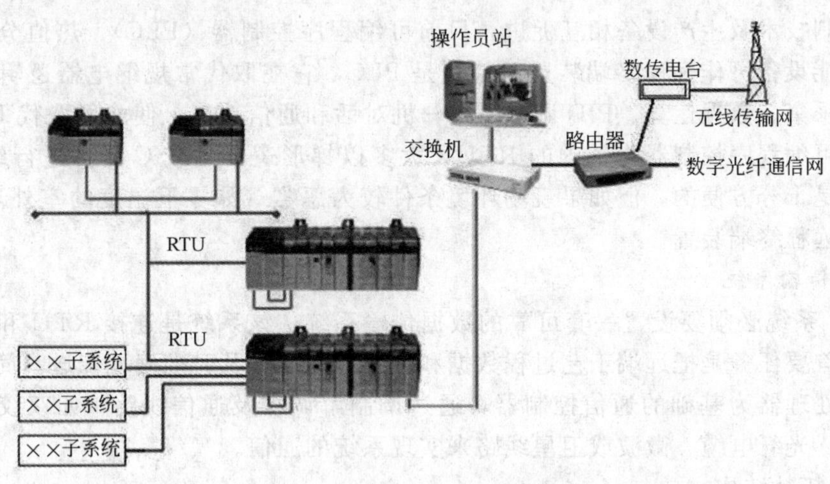

图 12－10　站场控制系统配置图

智能 RTU 作为站控系统的核心，是以微处理器为基础的可编程检测控制组件。其硬件基本配置为：中央处理单元；ROM、RAM 存储器；实时日历时钟；输入输出组件；通信组件及接口设备；人一机接口设备。其容量大小和复杂程度与站场检测控制功能要求紧密相关。一个小型 RTU 可能只有几个检测参数和一个简单控制点输出，而大型 RTU 则有上百点的数据检测和几十个控制回路。图 12－11 为 RTU 结构图。这是一个总线结构系统，通过操作员接口可与操作终端相接，用 LAN 接口可与本地网相连。对于重要的站场，为提高系统运行的可靠性，大多采用双机冗余配置，热备用运行方式。主控机与备用机的切换自动进行，与生产现场传感器、变送器、执行器的输入输出（I/O）接口也可采用冗余配置。

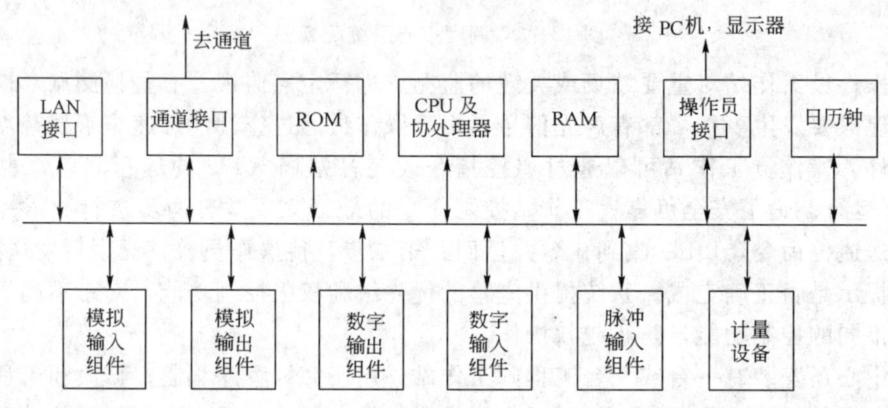

图 12－11　RTU 结构图

RTU 必须保证检测与控制的准确性。它主要完成数据采集、监视控制、逻辑及数据运算和通信功能，其次是操作人员接口、信息的储存与检索等全部或部分功能。RTU 可以独立按预定的程序自行处理站内各种控制功能，同时又能接受调度中心的控制指令，对重要设备进行控制。在站场被控设备处于就地控制状态下或部分设备处于故障状态下时，可以通过站控系统或现场操作实现控制。

由于控制技术及生产设备相互促进，目前可编程序控制器（PLC）、热值分析仪、流量计算机等智能设备可作远程终端装置。特别是 PLC，它在取代常规继电器逻辑控制基础上开发了数据采集、数据运算、PID 调节、人—机对话和通信功能，使之可取代 RTU 的全部应用。采用可编程序控制器为基础的 RTU，大多以梯形逻辑图或 C 语言进行编程与组态，对用户来说是十分方便的。但如果现场环境条件较为恶劣（如零下温度的室外环境），最好采用专门的远程终端装置。

3. 数据传输系统

SCADA 系统必须要设置一套可靠的数据传输系统。该系统是连接 RTU 和调度中心的纽带，它的首要任务是把远端工艺过程数据和调度控制命令及时准确地传送。简单地说，就是采用以微处理器为基础的通信控制器，通过调制解调器及通信线路，如双绞线、同轴电缆、电话线、光纤电缆、微波或卫星线路来实现系统的通信。

1）网络拓扑结构

调度中心和 RTU 间的连接形式称作网络拓扑结构。它常采用点对点式、多点式（又称一址多点式）、冗余多点式及分级式等。网络拓扑结构见图 12－12。

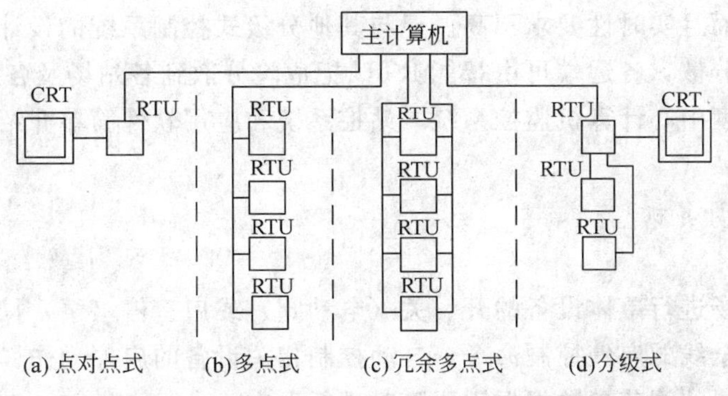

图 12－12　网络拓扑结构图

点对点式网络中，RTU 不需要地址编码，数据传输直接由主机选定对应的专用通道；多点式网络是 SCADA 系统常用网络方案，各 RTU 都共用一个通道，每个 RTU 有特定地址，主机按地址寻呼，各 RTU 响应后随数据及相关信息一起返回监控中心。分级通信网络与分级管理相同，总调度中心与一个以上区域调度中心通信，区域调度中心再采用上述网络之一或其混合网络与 RTU 相连，总调度控制中心管理各区域调度中心。

2）通信规约

为实现调度中心与 RTU 间良好地传输数据信息，需要预先约定使双方都能理解的信息交换格式，称作通信规约。

SCADA 系统有多种可供选择的通信规约，最常见的是国际标准化组织（ISO）以及电气与电子工程协会（IEEE）推荐的标准。SCADA 系统若采用标准通信规约，可以很方便地把不同厂家的计算机或终端设备互联，并使系统容易实现扩展和升级。国际标准化组织（ISO）公布的开放系统互联（简称 OSI）模型是被广泛接受的标准通信规约。

4. 软件部分

SCADA 系统软件分为调度中心软件和站控系统软件。

1）调度中心软件

它们通常又可分为系统软件、过程软件和应用软件。

系统软件一般由计算机的主机制造厂家提供，是专门用于管理计算机本身的程序，带有一定的通用性。过程软件一般由计算机系统供应厂家提供，用户可根据需要进行修改。过程软件包括如下内容：数据库管理软件，网络通信控制软件，信息采集系统软件，报警、显示生成及趋势显示软件，报告生成软件，系统重启软件等。

应用软件是在过程软件的基础上编制出来的，是面向用户本身的程序。它由用户、咨询公司或系统供应厂家研制开发。应用软件是 SCADA 系统最重要的组成部分。

2）站控系统软件

一般包括操作系统软件，数据采集、记录、处理、显示、监视、趋势显示软件，报警和正常停机控制软件，站场闭环控制软件，故障诊断软件，与调度中心和其他站场的通信控制软件，其他控制及站场应用软件等。

二、SCADA 系统的功能

与工厂上应用的 DCS 系统相比，SCADA 系统的检测控制对象比较分散，每个站点采集的数据量不大，而且实时性要求不高。但与其他分级式控制系统的设计思想一样，采用管理集中，控制功能分散，各远端可由智能RTU把危险分散到各站场及各控制回路中。

下面分别就调度中心计算机监控系统、站控系统和应用软件简单介绍SCADA系统的功能。

1. 调度中心主计算机

1）控制功能

(1) 可以对站场进行单体设备的开、关（电动阀）或启、停（泵）操作；

(2) 可以下达全线的启停控制命令，自动控制相关设备的启停动作；

(3) 可以对重要的调节参数根据需要随时进行设定；

(4) 下发全线紧急关断命令；

(5) 对站控进行授权。

2）显示功能

(1) 各站动态工业流程图显示；

(2) 各站所有工艺参数的实时显示；

(3) 各站所有工艺设备的工作状态实时显示；

(4) 各站对连锁命令执行结果的反馈显示；

(5) 各站报警的实时显示；

(6) 各站参数的历史数据的回放。

3）数据、报警、事件记录功能

(1) 实时采集并记录各站工艺参数，形成历史数据库；

(2) 记录各站报警；

(3) 记录各站设备状态变化。

2. 站场控制系统

(1) 过程变量巡回检测和数据处理；

(2) 向调度中心报告经选择的数据和报警；

(3) 提供画面、图像显示；

(4) 除执行调度中心的控制命令外，还可独立进行工作，实现PID及其他控制；

(5) 实现流程切换；

(6) 进行自诊断程序，并把结果报告调度中心；

(7) 提供给操作人员操作记录和运行报告。

第五节 集散控制系统

集散控制系统（DCS）是基于保持集中监督、操作与管理，而将集中控制的危险性分散的思想构成的计算机分级控制系统。

集散控制系统发展很快，自1975年Honeywell公司推出了第一套集散控制系统TDC—2000后，国外已有几十种DCS系统相继问世。我国浙江大学中控自动化公司于1993年推出国内第一套完全实现双机热冗余的SUPCON JX－100系统，并于1996年5月推出了全新设计的JX－300系统。

一、集散控制系统的特点

DCS的设计思想可以概括为：采用标准化、模块化、系列化设计，以通信网络为纽带构成集中显示、集中操作和集中管理，控制功能相对分散，具有配置灵活、组态方便的多级分布式计算机控制系统。集散控制系统的特点如下。

1. 递阶分级结构

递阶分级结构通常分为四级。第一级为直接控制级（又称过程控制级），直接控制过程或对象的状态；第二级为过程管理级，对过程控制进行设定点控制；第三级为生产管理级，任务是维持系统的最佳运行状态；第四层为经营管理级，其任务是决策、计划、管理、调度与协调。

2. 高度开放性

过去的控制系统都是由各厂家各自开发的，一般不能与其他厂家的产品相连接。各厂家开发的系统有自己的通信方法和计算机网络体系结构，相互之间不兼容，由此给广大用户带来了许多麻烦。

为了实现系统的开放，对DCS的通信系统提出了标准化的要求，即开放互联必须符合OSI参考模型。在此基础上，各有关组织提供的几个符合标准模型的国际通信标准，如MAP/TOP协议，IEEE802通信协议等，在集散控制系统中已得到了广泛应用。

3. 强有力的人-机接口功能

操作站的CPU广泛使用32位微处理器，处理速度大为提高；CRT显示技术不断发展，显示画面更为丰富，操作性更为提高，甚至可以不使用键盘，直接使用鼠标器、跟踪球或触摸屏操作，大大方便操作人员的使用。

目前，每个操作站可监视上万个工位，数百幅流程图画面。一般都有总貌显示、报警汇总、操作编组、点调整、趋势编组、趋势记录点、操作指导信息和流程图等画面。还有丰富的信息打印输出功能，如标准报表打印、报警打印，班报、日报、月报等自由报表打印，并具备电子音响报警功能、语言输出功能和系统维护功能等。

4. 采用高可靠技术

可靠性通常用平均无故障间隔时间（MTBF）和平均故障修复时间（MTTR）来表征。当今大多数集散控制系统的MTBF达5万小时，MTTR一般只有5分钟左右。

保证这样的高可靠性，主要是硬件的工艺结构可靠，广泛采用表面安装技术与专用集成电路。另一条重要途径是采用冗余技术，这是维持系统高可靠性的基本措施。保证高可靠性还有采用容错技术，故障自检、自诊断技术和故障的智能化检测诊断技术等。

下面我们以横河公司（YOKOGAWA）的CENTUM－CS系统为代表，比较详细地介绍集散系统的组成和功能。

二、CENTUM—CS系统介绍

CENTUM－CS是日本横河电机株式会社于上世纪90年代推出的新一代的集散控制系统。近年来，CENTUM－CS在国内应用逐渐增多。CENTUM－CS的系统设计主要有以下特点：

(1) 具有集成化的系统结构。它提供了可与多种系统和网络相连的接口，能够将多个不同装置的控制系统、信息系统等集成起来。

(2) 是一个开放系统，采用了标准的通信网络结构（如 FDDI、以太网），它的各种子系统和软件包采用了标准的接口，为将来系统的扩展提供了保证。

(3) 检测控制站，使用四个 CPU 组成两对相互备用，从而构成真正的双冗余系统，大大提高了其可靠性。

1. 系统组成

图 12－13 给出了 CENTUM－CS 系统配置的例子。

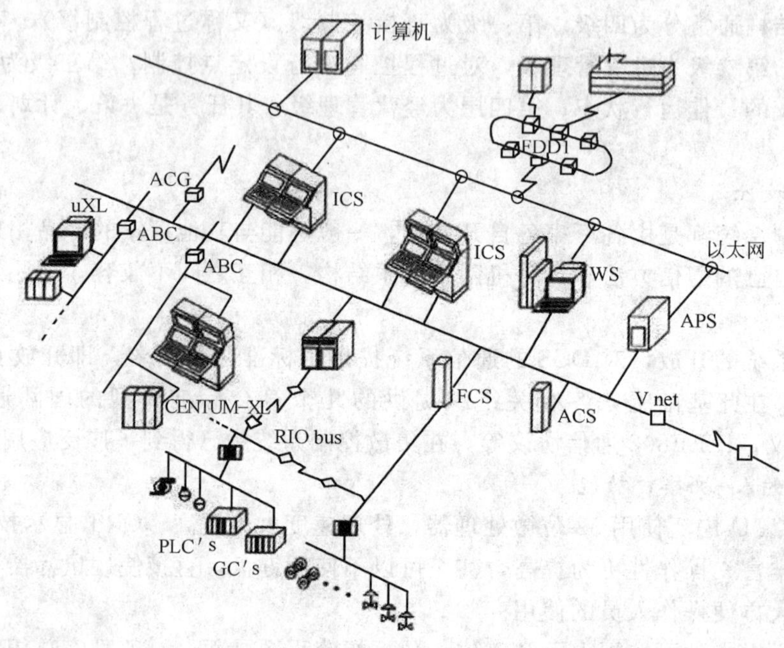

图 12－13 CENTUM－CS 系统的配置案例

1）系统主要设备

(1) 信息命令站（ICS）：主要用于操作员对装置的监视和操作，也可用于仪表人员的组态和维护。具有历史数据采集储存、趋势图显示和报表等功能。ICS 可以和现场检测控制站、组态工作站其他 ICS 以及上位计算机进行通信。

(2) 工程师工作站（EWS）：采用 HP9000/700 系列计算机。主要用于仪表工程师的组态工作。

(3) 应用站（APS）：是执行各种应用软件包的小型计算机。它通常是一个已存在的可被集成到 CENTUM—CS 中的系统。

(4) 现场检测控制站（FCS）（为区别于现场总线控制系统，这里用小写字母表示）：采用了精简指令的处理器和双冗余配置，具有调节控制功能、顺序控制功能和用户编程控制功能。其远程 I/O 单元可安装于现场。

(5) 先进检测控制站（ACS）：是 CENTUM—CS 中提供先进控制功能的平台。在大规模系统中它可以作为上位机对多个 FCS 进行监控。

(6) 通信网关（ACG）：是计算机系统和 V 网通信的接口。主要用于计算机从 FCS 采集数据或向外发送数据。

(7) 总线转换器（ABC）：A 可将两个 CENTUM－CS 系统相连接，也可将一个装置的管理系统分隔成多个域。

2）通信结构

CENTUM－CS 使用的网络有五种：V 网、E 网、RIO 总线、以太网和光纤分散数据接口（FDDI），通常使用的是前四种。下面介绍这 4 种网络的用途和规格。

（1）V 网。V 网是一个实时控制网络，它将 FCS 和其他站连接起来。V 网基于 IEEE802.4 标准，采用了 10Mbps 传输速率的令牌总线型的通信协议。传输介质为同轴电缆和光纤，传输距离（每段）500m。

（2）E 网。E 网是一个信息局域网，用来连接 ICS 之间与 EWS 和 ICS。传输介质为同轴电缆，传输距离（每段）185m。

（3）以太网。CENTUM－CS 采用以太网作为 ICS 和 EWS 或 ICS 和上位机之间进行通信的局域网。

（4）RIO 总线。RIO 总线是检测控制站中用来在现场控制单元（FCU）和 I/O 单元之间传送数据的网络。通过 RIO 总线，可在检测控制站的 I/O 单元之间传送数据，可将检测控制站的功能放于现场，从而可以节省大量信号电缆并减少安装费用。通信介质通常使用双绞线，也可使用光纤，传输距离（每段）750m。

3）分散的过程控制装置

现场检测控制站（FCS）由现场控制单元（FCU）、远程节点接口单元（NFO）、输入/输出单元和连接 FCU 与 NFO 的远程输入/输出总线（RIO）组成。FCS 硬件组成如图 12－14所示。

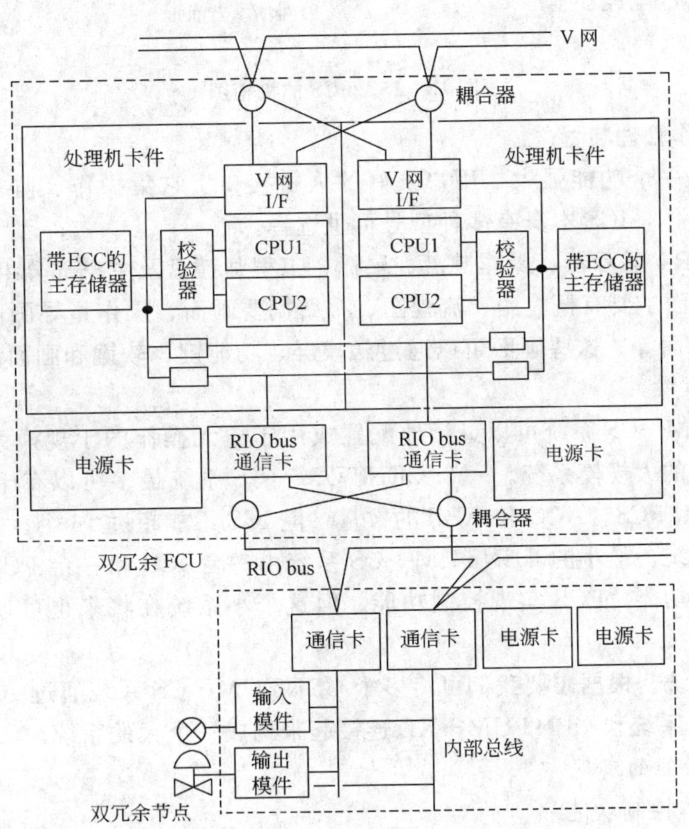

图 12－14 FCS 硬件组成图

现场控制单元（FCU）主要完成计算和控制功能，它由微处理器卡、RIO 总线接口卡、电源卡、V 网通信耦合器组成。

一个 FCU 通过 RIO 总线最多可接 8 个由节点接口单元（NFO）和输入/输出（I/O）单元组成的节点。NFO 是一个信号处理设备，它从输入/输出模件读取现场信号并将信号送给 FCU。I/O 模件是将现场模拟信号转换成数字信号或将数字信号转换成模拟信号的设备。I/O 模件有模拟量 I/O、数字量 I/O、脉冲输入、多路采集、继电器 I/O 等多种类型。

图 12－15 给出了现场检测控制站 FCS 的机柜图。

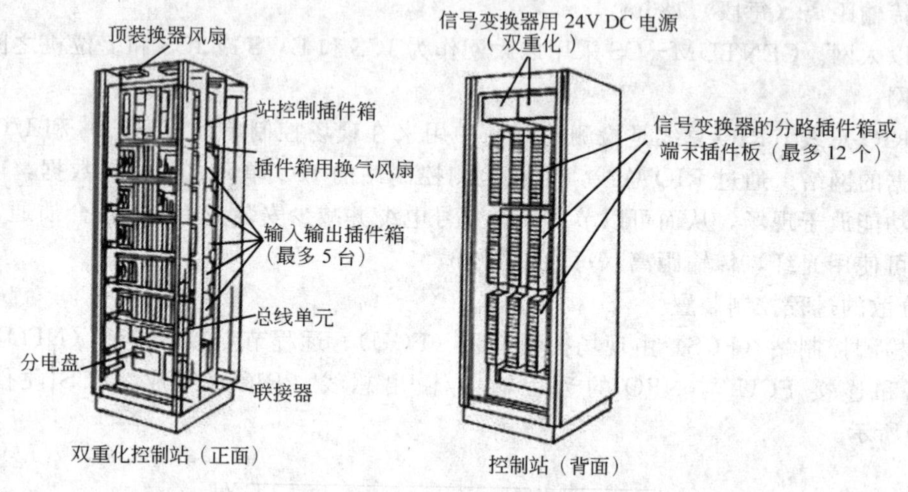

图 12－15　FCS 的机柜图

4）集中的操作管理装置

操作站 ICS 是一个功能强大、用户友好的人机接口。它集操作、监视、系统维护、工程组态等功能于一体，ICS 本身有多种型号可供选择。

ICS 主要由 CRT 显示器、操作键盘、鼠标、工程师键盘及主机部分组成。

ICS 的操作画面主要有概貌图、流程图、报警摘要画面、操作指导画面、控制组图、整定画面、趋势组画面等。这些画面可以通过触摸屏、功能键、软键和画面调用键调用。

2. 系统配置方案

一个 CENTUM—CS 系统可以灵活地配置成用于单元操作的小规模系统，也可配置为用于多个装置操作的大规模系统。一个 CENTUM－CS 系统最多可以有十万个位号，64 个站，其中包括 ICS、FCS、ACC 和 ABC 的数量，但 ICS 不能超过 16 个。

（1）小规模系统。最小的 CENTUM—CS 系统由一台 ICS 和一台 FCS 组成，ICS 完成操作、组态、维护功能，FCS 实现控制功能。但这个小系统在将来也可通过增加设备扩展成为一个大的系统。

（2）大规模系统。根据需要我们可将多个 CENTUM—CS 系统通过 ABC 连接起来，或将 CENTUM－CS 系统和 CENTUM－XL 连接起来构成一个大的系统。

3. FCS 控制功能的实现

1）FCS 的基本控制功能

FCS 的基本控制功能包括调节控制功能、顺序控制功能和计算功能。

调节控制功能主要用于连续过程的控制、监视和操作。各种调节控制功能块，主要有输入指示器、控制器、手操器、信号给定器、信号限制器、信号选择器、信号分配器等类型。每一类又有各种用途不同的功能块。如控制器类有一般的 PID 控制（PID）、自整定 PID 控制（PID－STC）、两位式控制（ON－OFF）等。在控制图中，将这些功能块的信号端子连接起来，就可实现所需的反馈、前馈、选择、串级、分程等控制功能。

顺序控制功能完成各种程序控制，如装置的开停车程序、联锁保护系统等。顺序控制块主要有顺控表、逻辑图、开关仪表等类型。顺控表和逻辑图可与其他功能块结合使用，通过对过程 I/O 和软件 I/O 的控制来实现顺控功能。开关仪表功能块用于监视和操作各种由输出接点控制的设备，如电机、泵等，还有一些辅助功能块。

计算功能块和调节控制块、顺序控制块相结合使用，能实现调节控制和顺序控制功能，主要有数字计算、模拟计算、逻辑运算等。

2）FCS 的先进控制功能

基于模型的预测控制、模糊控制、自整定控制、多变量预测控制等，构成了 FCS 的先进控制功能。采用这些功能，能使操作更加稳定，产品的产量和质量能得到提高。

（1）预测控制（PREDICROL）。它是一个基于模型的多变量预测控制器，当对象具有大滞后时，采用一般 PID 控制器很难控制与稳定。用预测控制可以预测到测量值的变化，从而计算出最优控制输出。

（2）多变量预测控制（IDCOM－Y）。过程模型在控制器内部，可有多个控制输出；对复杂多变量过程具有非关联控制；通过对变量分配优先级来获取全过程的优化。

（3）模糊控制。使用了由 IF—THEN 表达式、关系函数和密度构成的知识库，知识库的内容即熟练操作员和工程师的经验与知识。

（4）自整定控制。是根据瞬间的过程响应波形预估过程特性，从而计算出最优的 PID 参数。此功能在对象特性实时变化时能自动调整 PID 参数，减少了人工调整参数的工作量，能获得更好的过程响应。此功能已作为 CENTUM－CS 的一个基本功能块（PID－STC）而使用。

第六节　现场总线控制系统

一、现场总线

1. 现场总线的发展

现场总线是在 20 世纪 80 年代中期发展起来的。控制系统从模拟仪表到集中监督控制系统，进而到分散控制系统（DCS），可以说取得了很大的进展，但系统的开放性和通信问题仍未解决。系统的开放性是要解决不同厂家软、硬件产品可集中到一个系统中，只要遵循相同的总线标准，各厂家不同的产品均可连在一个系统上。而要进行网络设备的互联必须要对现场总线的标准进行开发。80 年代中期，美国 Rosemount 公司开发了一种可寻址的远程传感器（HART）通信协议。采用在 4～20mA 直流模拟信号上叠加一种较高频率信号作为数字通信信息，用双绞线实现数字信号传输。HART 协议已是现场总线的雏形。随后由不同的公司合作，分别制定了 FIP 协议、PROFIBUS 协议。后来美国仪器仪表学会也制定了现场总线标准 IEC/ISA SP50。1994 年，现场总线基金会（Fieldbus Foundation）在 IEC/ISA SP50 协议标准基础上，开发了基金会现场总线 FF。

现场总线技术是控制系统的重大变革。自动化系统与设备将朝着现场总线体系结构的方向发展，会在今后对自动化仪表和控制技术产生深远的影响，并将涉及所有连续、离散工业控制系统领域。数字通信使用户从控制室中查索所有设备的数据、组态、运行和诊断信息成为现实，而现场总线的多变量特性为仪表及其他自动化设备的革新提供了更广阔的天地。

采用现场总线技术构造低成本的现场总线控制系统，促进现场仪表的智能化、控制功能分散化、控制系统开放化，符合工业控制系统的技术发展趋势。我国在“九五”期间为了加快现场总线技术在国内的发展，重点放在智能化仪表和现场总线技术的开发和工程化上，补充和完善工艺设备、开发装置和测试装置，建立智能化仪表和开发自动化系统的生产基地。2000 年，“九五”国家科技攻关计划针对新一代全分布式控制系统研究与开发和现场总线智能仪表研究开发项目，针对国际上已经出现的多种现场总线协议并存的局面，重点选择了 HART 协议和 FF 协议现场总线技术进行攻关，取得了突破性进展。

2. 现场总线技术

现场总线技术是以智能传感器、控制理论、计算机、数字通信等技术为主要内容的综合技术。它将专用的微处理器植入传统的测控仪表，使其具备了数字计算和通信能力；采用连接简单的双绞线、同轴电缆、光纤等作为总线，按照公开、规范的通信协议，在位于现场的多个检测及执行设备（如传感器、变送器、执行机构、显示设备等）、远程监控计算机之间实现数据共享，形成适应现场实际需要的控制系统。它的出现改变了以往采用电流、电压模拟信号进行测控，信号传输抗干扰能力差的缺点。由于微处理器的使用，使得现场总线有了较高的测控能力，提高了信号的传输精度，丰富了控制信息内容，为远程诊断与控制创造了条件。基于现场总线技术的控制系统——现场总线控制系统 FCS，必将成为工业自动化的主流，成为自动化技术发展的热点，并将导致自动化系统结构与设备的深刻变革。

3. 典型现场总线简介

20 世纪 80 年代以来，各种现场总线技术开始出现，各种现场总线标准陆续形成。其中主要的有：基金会现场总线 FF（Foundation Fieldbus）、控制局域网络 CAN（Controller Area Network）、局部操作网络 LonWorks（Local Operating Network）、过程现场总线 Profibus（Process Field Bus）和 HART 协议（Highway Addressable Remote Transducer）等。但是，总线标准的制定工作并非一帆风顺，由于行业与地域发展等历史原因，加上各公司和企业集团受自身利益的驱使，致使现场总线的国际化标准工作进展缓慢。但是不论如何，制定单一的开放国际现场总线标准是发展的必然。目前国际上现有总线及总线标准不下 200 种，具有一定影响和已占有一定市场份额的总线有如下几种：

（1）**基金会现场总线（FF）**是在过程自动化领域得到广泛支持和具有良好发展前景的现场总线。基金会现场总线分低速 H1 和高速 H2 两种通信速率。H1 通信速率 31.25kbps，通信距离 1900m；H2 通信速率可为 1Mbps 和 1.5Mbps 两种，通信距离分别为 500m 和 750m。目前，FF 总线的应用领域以过程自动化为主，如化工、电力系统、废水处理、油田等行业。

（2）**Lonworks 总线**是又一具有强劲实力的现场总线技术。它采用了 ISO/OSI 模型的全部七层通信协议，采用了面向对象的设计方法，通过网络变量把网络通信设计简化为参数设置，其通信速率从 300bps 至 15Mbps 不等，直接通信距离可达到 2700m（78kbps，双绞线）。支持双绞线、同轴电缆、光纤、射频、红外线、电源线等多种通信介质，并开发相应的本安防爆产品。

LonWorks 技术采用 LonTalk 协议，被封装在称之为 Neuron 的芯片中并得以实现。集成芯片中有 3 个 8 位 CPU，分别用于访问控制处理、网络处理、应用信息处理。Lonworks 总线应用广泛，主要包括楼宇自动化、家庭自动化、保安系统、数据采集、SCADA 系统等。国内主要应用于楼宇自动化。

(3) **Profibus 总线。**1996 年 3 月被批准为欧洲标准，由 Profibus－DP、Profibus－PA、Profibus－FMS 组成。DP 用于分散外设间的高速数据传输，适合于加工自动化领域应用；FMS 适用于纺织、楼宇、电力等；PA 适用于过程自动化。传输速率为 9.6kbps 到 12Mbps，传输距离 12Mbps 为 100m，1.5Mbps 为 400m。

(4) **CAN 总线。**最早用于汽车内部测量与执行部件之间数据通信，广泛应用于离散控制领域，通信速率最高可达 1Mbps/400m，直接传输距离最远 10km/5kbps，具有较强的抗干扰能力。

(5) **HART 总线**。其特点是在现有模拟信号传输线上实现数字信号通信，属于模拟系统向数字系统转变过程的过渡产品，因而在当前的过渡时期具有较强的市场竞争能力，得到了较好的发展。HART 通信采用在 4～20mA 直流模拟信号上叠加交流高频信号作为数字信号。数字信号采用 Bell202 国际标准，数据传输速率为 1200bps，逻辑“0”的信号频率为 2200Hz，逻辑“1”的信号传输频率为 1200Hz。

HART 通信协议的信息格式，包括开头码、设备地址、字节数、设备状态与通信状态、数据、奇偶校验等。HART 的指令有 3 类。第一类称为通用命令，这是所有设备理解、执行的命令；第二类称为一般行为命令，它所提供的功能可以在多数现场设备中实现，这类命令包括最常用的现场设备的功能库；第三类称为特殊设备命令，以便在某些设备中实现特殊功能。HART 支持点对点主从应答方式和多点广播方式。按应答方式工作时的数据更新速率为 2～3 次/s，按广播方式工作时的数据更新速率为 3～4 次/s。它还可支持两个通信主设备，总线上可挂设备数多达 15 个，每个现场设备可有 256 个变量，最大传输距离 3000m。HART 采用统一的设备描述语言 DDL 来描述设备特性，由 HART 基金会负责登记管理这些设备描述并把它们编为设备描述字典。HART 能利用总线供电，可满足本安防爆要求。

4. 现场总线的技术特点

(1) 系统的开放性。是指通信协议公开，不同厂家的设备之间可进行互联并实现信息交换，用户可按自己的需要和对象把来自不同供应商的产品组成大小随意的系统。

(2) 互可操作性与互用性。这里的互可操作性，是指实现互联设备间、系统间的信息传送与沟通，可实行点对点、一点对多点的数字通信。而互用性则意味着不同生产厂家的性能类似的设备可进行互换而实现互用。

(3) 现场设备的智能化。它将传感测量、补偿计算、工程量处理与控制等功能分散到现场设备中完成，仅靠现场设备即可完成自动控制的基本功能，并可随时诊断设备的运行状态。现场总线仪表可以摆脱传统仪表功能单一的制约，可以在一个仪表中集成多种功能，做成多变量变送器，甚至集检测、运算、控制于一体的变送控制器。

(4) 系统结构的高度分散性。由于现场设备本身已可完成自动控制的基本功能，使得现场总线已构成一种新的全分布式控制系统，从根本上改变了现有 DCS 集中与分散相结合的集散控制系统体系，简化了系统结构，提高了可靠性。

(5) 对现场环境的适应性。现场总线工作在现场设备前端，作为工厂网络的底层，是专为在现场环境工作而设计的，它可支持双绞线、同轴电缆、光缆、射频、红外线、电力线等，具有较强的抗干扰能力，能采用两线制实现送电与通信，并可满足本质安全防爆要求等。

(6) 全数字化。数字化信号固有的高精度、抗干扰特性能提高控制系统的可靠性。分布在FCS中各现场设备有足够的自主性，它们彼此之间相互通信，完全可以把各种控制功能分散到各种设备中，而不再需要一个中央控制计算机，实现真正的分布式控制。

(7) 双向传输 。传统的4～20mA电流信号，一条线只能传递一路信号。现场总线设备则在一条线上既可以向上传递传感器信号，也可以向下传递控制信息。现场总线仪表本身具有自诊断功能，而且诊断信息可以送到中央控制室，以便于维护。而这在只能传递一路信号的传统仪表中是做不到的。

(8) 节省布线及控制室空间。传统的控制系统每个仪表都需要一条线连到中央控制室，在中央控制室装备一个大配线架。而在FCS系统中多台现场设备可串行连接在一条总线上，大量节省了布线费用，同时也降低了控制室的造价。

(9) 增强了信息采集能力 。现场总线不单纯取代4～20mA信号，还可实现设备状态、故障和参数信息传送。系统除完成远程控制，还可完成远程参数化工作。

(10) 系统可靠性高、可维护性好 。现场总线控制系统采用总线连接方式，替代一对一的I/O连线。对于大规模I/O系统来说，减少了由接线点造成的不可靠因素。同时，系统具有现场级设备的在线故障诊断、报警和记录功能，可完成现场设备的远程参数设定、修改等参数化工作；操作员在控制室既可了解现场设备或现场仪表的工作状况，也能对其参数进行调整，提高了系统的可靠性、可控性和可维护性。

由于现场总线的以上特点，特别是现场总线系统结构的简化，使控制系统的设计、安装、投运到正常生产运行及其检修维护，都体现出很强的优越性。

一是节省硬件数量与投资。由于现场总线系统中分散在现场的智能设备能直接执行多种传感、控制、报警和计算功能，因而可减少变送器的数量，不再需要单独的控制器、计算单元等，也不再需要DCS系统的信号调理、转换、隔离技术等单元及其复杂接线，从而节省硬件投资。

二是节省安装费用。现场总线系统的接线十分简单，由于一对双绞线或一条电缆上通常可挂接多个设备，因而电缆、接线端子、电缆槽、架的用量大大减少。当需要增加现场控制设备时，无需增设新的电缆，可就近连接在原有的电缆上，既节省了投资，也减少了设计、安装的工作量。

三是节省维护费用。由于现场控制设备具有自诊断与简单故障处理的能力，用户可以查询所有设备的运行，诊断维护信息，以便早期分析故障原因并快速排除，缩短了维护停工时间。同时由于系统结构简化、连线简单而减少了维护工作量。

二、现场总线控制系统

1. 现场总线控制系统的结构

现场总线控制系统（Filedbus Control System，简称FCS）采用了总线通信方式，打破了传统模拟控制系统采用的一对一的设备连线模式。控制功能可不依赖控制室计算机而直接在现场完成，实现了系统的分布式控制。现场总线控制系统与传统的控制系统结构比较如图12－16所示。

分布式的FCS系统比DCS系统更好地体现了“信息集中，控制分散”的思想。与传统

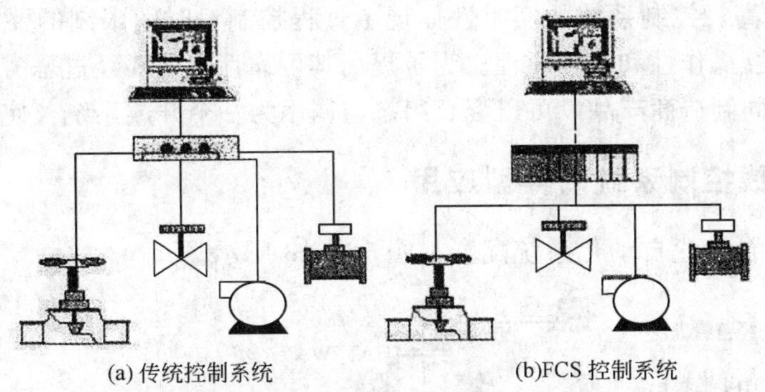

图 12－16　现场总线控制系统与传统控制系统的比较

的 DCS 相比，FCS 系统具有高度的分散性，它可以由现场设备组成自治的控制回路。现场仪表或设备具有高度的智能化与功能自主性，可完成控制的基本功能，并可以随时诊断设备的运行情况。另外，FCS 的结构比 DCS 简化，有的 FCS 系统省略了 DCS 中控制站这一层，操作站直接与现场仪表相连。

由于结构上的改变，FCS 比 DCS 更节约硬件设备。使用 FCS 可以减少大量的隔离器、端子柜、I/O 卡及 I/O 端口，可以节省安装费用。与此同时，FCS 比 DCS 性能有所提高。由于免去了 D/A 与 A/D 变换，使仪表精度得到极大的提高。通过将 PID 功能植入到相应的智能传感器中去，使控制周期大为缩短。目前 FCS 可以从 DCS 的每秒调节 2～5 次增加到每秒调节 10～20 次，改善了调节性能。

图 12－17 中所示为具有 PCI 接口卡的现场总线系统，每个接口板可带 4 条总线网段。为了系统可靠安全，冗余设置了两台相同的 PC 机。图中 PLC 为用于联锁系统开关量控制的程序控制器。

不同通信协议的现场总线控制系统一般通过工业 PC 机内总线插槽的 PC 接口板与现场总线网段连接。

在 FCS 体系结构中处于现场级网络的仪表，通过链路设备，同位于主站级网络的工作站相连接。因此，在 FCS 中只有两个网络层：现场级和主站级。主站级网络将过程自动化系统中所有的子系统连接在一起。

现场总线控制系统由测量系统、控制系统、管理系统三个部分组成。网络系统硬件有系统管理主机、服务器、网关、协议变换器、集线器、用户计算机及底层智能化仪表。网络系统软件有网络操作软件，服务器操作软件。应用软件数据库、通信协议、网络管理协议等。

2. 现场总线控制系统的特点

(1) 在功能上管理集中，控制分散，在结构上横向分散、纵向分级。

(2) 快速实时响应能力。对于工业设备的局域网络，通信信息量小，传输速率要求不高，信息传输任务相对比较简单，但其实

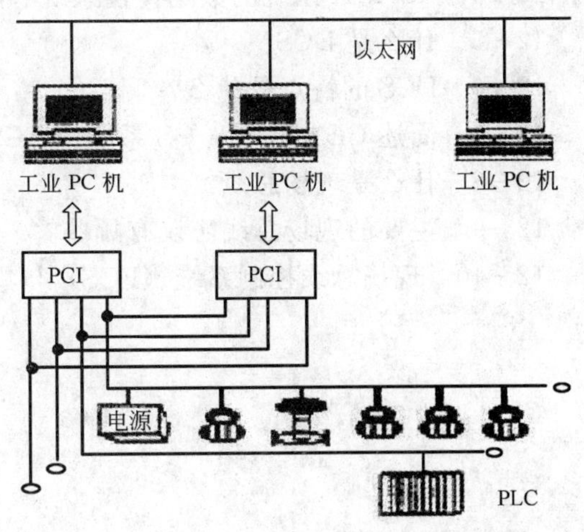

图 12－17　具有 PCI 接口卡的现场总线系统

时响应时间要求较高。控制系统的实时性体现了过程控制对时间限制的要求。

(3) 产品具有互操作性和高可靠性。为了提高其可靠性，需要经过恶劣环境下测试。对于同一类型协议的不同制造商产品，可以混合组态与调用为一个开放系统，使它具有互操作性。

三、现场总线控制系统的典型应用

一个典型的综合企业自动化系统配置如图 12-18 所示。

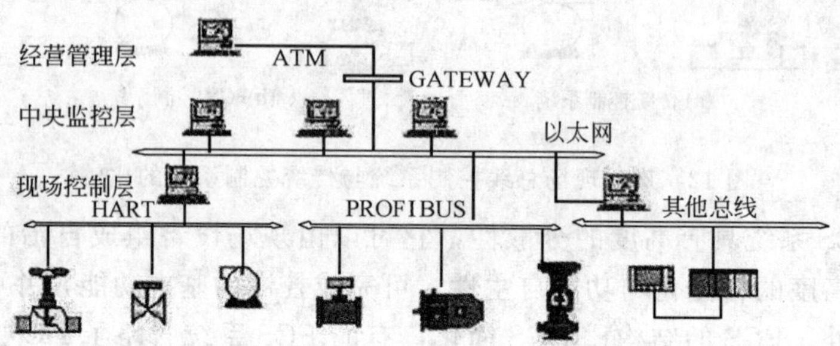

图 12-18　典型企业综合自动化系统结构

从图中可以看出，系统从生产现场开始分为现场控制层、中央监控层和经营管理层，各层间通过网络实现信息共享，从而构成完整的企业信息网络。

现场控制层由 HART、PROFIBUS 等现场总线网段组成，是企业信息网的底层。它把现场的参数信息送到中央控制室适时数据库，进行数据的分析、计算和显示。而经营管理层则由办公自动化、财务、人事和生产等数据库，连同中央控制室数据库，构成企业最上层的网络顶端。

◇ 习题与思考题 ◇

12-1　简述计算机控制系统的硬件组成及各部分的作用。

12-2　计算机控制中的典型应用方式有哪几种？

12-3　SCADA 系统由哪些硬件构成？

12-4　SCADA 系统的数据传输系统有哪些特征？

12-5　什么是 DCS？

12-6　DCS 的特点是什么？

12-7　简述 CENTUM-CS 系统中 FCS 的控制功能。

12-8　什么是现场总线？

12-9　主要的现场总线协议有哪些？

12-10　现场总线控制系统（FCS）与集散控制系统（DCS）的根本区别是什么？

附录：

附录一　常用热电偶分度表

表 1　铂铑 10—铂热电偶分度表（参比端温度为 0℃）

分度号：S　　　　（−50～1340℃）

温度,℃	热电动势，μV										温度,℃
	0	1	2	3	4	5	6	7	8	9	
−50	−236										−50
−40	−194	−199	−203	−207	−211	−215	−220	−224	−228	−232	−40
−30	−150	−155	−159	−164	−168	−173	−177	−181	−186	−190	−30
−20	−103	−108	−112	−117	−122	−127	−132	−136	−141	−145	−20
−10	−53	−58	−63	−68	−73	−78	−83	−88	−93	−98	−10
−0	0	−5	−11	−16	−21	−27	−32	−37	−42	−48	−0
0	0	5	11	16	22	27	33	38	44	50	0
10	55	61	67	72	78	84	90	95	101	107	10
20	113	119	125	131	137	142	148	154	161	167	20
30	173	179	185	191	197	203	210	216	222	228	30
40	235	241	247	254	260	266	273	279	286	292	40
50	299	305	312	318	325	331	338	345	351	358	50
60	365	371	378	385	391	398	405	412	419	425	60
70	432	439	446	453	460	467	474	481	488	495	70
80	502	509	516	523	530	537	544	551	558	566	80
90	573	580	587	594	602	609	616	623	631	638	90
100	645	653	660	667	675	682	690	697	704	712	100
110	719	727	734	742	749	757	764	772	780	787	110
120	795	802	810	818	825	833	841	848	856	864	120
130	872	879	887	895	903	910	918	926	934	942	130
140	950	957	965	973	981	989	997	1005	1013	1021	140
150	1029	1037	1045	1053	1061	1069	1077	1085	1093	1101	150
160	1109	1117	1125	1133	1141	1149	1158	1166	1174	1182	160
170	1190	1198	1207	1215	1223	1231	1240	1248	1256	1264	170
180	1273	1281	1289	1297	1306	1314	1322	1331	1339	1347	180
190	1356	1364	1373	1381	1389	1398	1406	1415	1423	1432	190
200	1440	1448	1457	1465	1474	1482	1491	1499	1508	1516	200
210	1525	1534	1542	1551	1559	1568	1576	1585	1594	1602	210
220	1611	1620	1628	1637	1645	1654	1663	1671	1680	1689	220
230	1698	1706	1715	1724	1732	1741	1750	1759	1767	1776	230
240	1785	1794	1802	1811	1820	1829	1838	1846	1855	1864	240
250	1873	1882	1891	1899	1908	1917	1926	1935	1944	1953	250
260	1962	1971	1979	1988	1997	2006	2015	2024	2033	2042	260
270	2051	2060	2069	2078	2087	2096	2105	2114	2123	2132	270
280	2141	2150	2159	2168	2177	2186	2195	2204	2213	2222	280
290	2232	2241	2250	2259	2268	2277	2286	2295	2304	2314	290

续表

温度,℃	热电动势,μV										温度,℃
	0	1	2	3	4	5	6	7	8	9	
300	2323	2332	2341	2350	2359	2368	2378	2387	2396	2405	300
310	2414	2424	2433	2442	2451	2460	2470	2479	2488	2497	310
320	2506	2516	2525	2534	2543	2553	2562	2571	2581	2590	320
330	2599	2608	2618	2627	2636	2646	2655	2664	2674	2683	330
340	2692	2702	2711	2720	2730	2739	2748	2758	2767	2776	340
350	2786	2795	2805	2814	2823	2833	2842	2852	2861	2870	350
360	2880	2889	2899	2908	2917	2927	2936	2946	2955	2965	360
370	2974	2984	2993	3003	3012	3022	3031	3041	3050	3059	370
380	3069	3078	3088	3097	3107	3117	3126	2136	2145	3155	380
390	3164	3174	3183	3193	3202	3212	3221	3231	3241	3250	390
400	3260	3269	3279	3288	3298	3308	3317	3327	3336	3346	400
410	3356	3365	3375	3384	3394	3404	3413	3423	3433	3442	410
420	3452	3462	3471	3481	3491	3500	3510	3520	3529	3539	420
430	3549	3558	3568	3578	3587	3597	3607	3610	3626	3636	430
440	3645	3655	3665	3675	3684	3694	3704	3714	3723	3733	440
450	3743	3752	3762	3772	3782	3791	3801	3811	3821	3831	450
460	3840	3850	3860	3870	3879	3889	3899	3909	3919	3928	460
470	3938	3948	3958	3968	3977	3987	3997	4007	4017	4027	470
480	4036	4046	4056	4066	4076	4086	4095	4105	4115	4125	480
490	4135	4145	4155	4164	4174	4184	4194	4204	4214	4224	490
500	4234	4243	4253	4263	4273	4283	4293	4303	4313	4323	500
510	4333	4343	4352	4362	4373	4382	4393	4402	4412	4422	510
520	4432	4442	4452	4462	4472	4482	4492	4502	4512	4522	520
530	4532	4542	4552	4562	4572	4582	4592	4602	4612	4622	530
540	4632	4642	4652	4662	4672	4682	4692	4702	4712	4722	540
550	4732	4742	4752	4762	4772	4782	4792	4802	4812	4822	550
560	4832	4842	4852	4862	4873	4883	4893	4903	4913	4923	560
570	4933	4943	4953	4963	4973	4984	4994	5004	5014	5024	570
580	5034	5044	5054	5065	5075	5085	5095	5105	5115	5125	580
590	5136	5146	5156	5166	5176	5186	5197	5207	5217	5227	590
600	5237	5247	5258	5268	5278	5288	5298	5309	5319	5329	600
610	5339	5350	5360	5370	5380	5391	5401	5411	5421	5431	610
620	5442	5452	5462	5473	5483	5493	5503	5514	5524	5534	620
630	5544	5555	5565	5575	5586	5596	5606	5617	5627	5637	630
640	5648	5658	5668	5679	5689	5700	5710	5720	5731	5741	640
650	5751	5762	5772	5782	5793	5803	5814	5824	5834	5845	650
660	5855	5866	5876	5887	5897	5907	5918	5928	5939	5949	660
670	5960	5970	5980	5991	6001	6012	6022	6033	6043	6054	670
680	6064	6075	6085	6096	6106	6117	6127	6138	6148	6159	680
690	6169	6180	6190	6201	6211	6222	6232	6243	6253	6264	690
700	6274	6285	6295	6306	6316	6327	6338	6348	6359	6369	700
710	6380	6390	6401	6412	6422	6433	6443	6454	6465	6475	710
720	6486	6496	6507	6518	6528	6539	6549	6560	6571	6581	720
730	6592	6603	6613	6624	6635	6645	6656	6667	6677	6688	730
740	6699	6709	6720	6731	6741	6752	6763	6773	6784	6795	740

续表

温度,℃	热电动势，μV										温度,℃
	0	1	2	3	4	5	6	7	8	9	
750	6805	6816	6827	6838	6848	6859	6870	6880	6891	6902	750
760	6913	6923	6934	6945	6956	6966	6977	6988	6999	7009	760
770	7020	7031	7042	7053	7063	7074	7085	7096	7107	7117	770
780	7128	7139	7150	7161	7171	7182	7193	7204	7215	7225	780
790	7236	7247	7258	7269	7280	7291	7301	7312	7323	7334	790
800	7345	7356	7267	7377	7388	7399	7410	7421	7432	7443	800
810	7454	7465	7476	7486	7497	7508	7519	7530	7541	7552	810
820	7563	7574	7585	7596	7607	7618	7629	7640	7651	7661	820
830	7672	7683	7694	7705	7716	7727	7738	7749	7760	7771	830
840	7782	7793	7804	7815	7826	7837	7848	7859	7870	7881	840
850	7892	7904	7915	7926	7937	7948	7959	7970	7981	7992	850
860	8003	8014	8025	8036	8047	8058	8069	8081	8092	8103	860
870	8114	8125	8136	8147	8158	8169	8180	8192	8203	8214	870
880	8225	8236	8247	8258	8270	8281	8292	8303	8314	8325	880
890	8336	8348	8359	8370	8381	8392	8404	8415	8426	8437	890
900	8448	8460	8471	8482	8493	8504	8516	8527	8538	8549	900
910	8560	8572	8583	8594	8605	8617	8628	8639	8650	8662	910
920	8673	8684	8695	8707	8718	8729	8741	8752	8763	8774	920
930	8786	8797	8808	8820	8831	8842	8854	8865	8876	8888	930
940	8899	8910	8922	8933	8944	8956	8967	8978	8990	9001	940
950	9012	9024	9035	9047	9058	9069	9081	9092	9103	9115	950
960	9126	9138	9149	9160	9172	9183	9195	9206	9217	9229	960
970	9240	9252	9263	9275	9286	9298	9309	9320	9332	9343	970
980	9355	9366	9378	9389	9401	9412	9424	9435	9447	9458	980
990	9470	9481	9493	9504	9516	9527	9539	9550	9562	9573	990
1000	9585	9596	9608	9619	9631	9642	9654	9665	9677	9689	1000
1010	9700	9712	9723	9735	9746	9758	9770	9781	9793	9804	1010
1020	9816	9828	9839	9851	9862	9874	9886	9897	9909	9920	1020
1030	9932	9944	9955	9967	9979	9990	10002	10013	10025	10037	1030
1040	10048	10060	10072	10083	10095	10107	10118	10130	10142	10154	1040
1050	10165	10177	10189	10200	10212	10224	10235	10247	10259	10271	1050
1060	10282	10294	10306	10318	10329	10341	10353	10364	10376	10388	1060
1070	10400	10411	10423	10435	10447	10459	10470	10482	10494	10506	1070
1080	10517	10529	10541	10553	10565	10576	10588	10600	10612	10624	1080
1090	10635	10647	10659	10671	10683	10694	10706	10718	10730	10742	1090
1100	10754	10765	10777	10789	10801	10813	10825	10836	10848	10860	1100
1110	10872	10884	10896	10908	10919	10931	10943	10955	10967	10979	1110
1120	10991	11003	11014	11026	11038	11050	11062	11074	11086	11098	1120
1130	11110	11121	11133	11145	11157	11169	11181	11193	11205	11217	1130
1140	11229	11241	11252	11264	11276	11288	11300	11312	11324	11336	1140
1150	11348	11360	11372	11384	11396	11408	11420	11432	11443	11455	1150
1160	11467	11479	11491	11503	11515	11527	11539	11551	11563	11575	1160
1170	11587	11599	11611	11623	11635	11647	11659	11671	11683	11695	1170
1180	11707	11719	11731	11743	11755	11767	11779	11791	11803	11815	1180
1190	11827	11839	11851	11863	11875	11887	11899	11911	11923	11935	1190

续表

温度,℃	热电动势,μV										温度,℃
	0	1	2	3	4	5	6	7	8	9	
1200	11947	11959	11971	11983	11995	12007	12019	12031	12043	12055	1200
1210	12067	12079	12091	12103	12116	12128	12140	12152	12164	12176	1210
1220	12188	12200	12212	12224	12236	12248	12260	12272	12284	12296	1220
1230	12308	12320	12332	12345	12357	12369	12381	12393	12405	12417	1230
1240	12429	12441	12453	12465	12477	12489	12501	12514	12526	12538	1240
1250	12550	12562	12574	12586	12598	12610	12622	12634	12647	12659	1250
1260	12671	12683	12695	12707	12719	12731	12743	12755	12767	12780	1260
1270	12792	12804	12816	12828	12840	12852	12864	12876	12888	12901	1270
1280	12913	12925	12937	12949	12961	12973	12985	12997	13010	13022	1280
1290	13034	13046	13058	13070	13082	13094	13107	13119	13131	13143	1290
1300	13155	13167	13179	13191	13203	13216	13228	13240	13252	13264	1300
1310	13276	13288	13300	13313	13325	13337	13349	13361	13373	13385	1310
1320	13397	13410	13422	13434	13446	13458	13470	13482	13495	13507	1320
1330	13519	13531	13543	13555	13567	13579	13592	13604	13616	13628	1330
1340	13640	13652	13664	13677	13689	13701	13713	13725	13737	13749	1340

表 2　镍铬—镍硅热电偶分度表（参比端温度为 0℃）

分度号：K　　　　(0～1000℃)

温度,℃	热电动势,μV										温度,℃
	0	1	2	3	4	5	6	7	8	9	
0	0	39	79	119	158	198	238	277	317	357	0
10	397	437	477	517	557	597	637	677	718	758	10
20	798	838	879	919	960	1000	1041	1081	1122	1162	20
30	1203	1244	1285	1325	1366	1407	1448	1489	1529	1570	30
40	1611	1652	1693	1734	1776	1817	1858	1899	1940	1981	40
50	2022	2064	2105	2146	2188	2229	2270	2312	2353	2394	50
60	2436	2477	2519	2560	2601	2643	2684	2726	2767	2809	60
70	2850	2892	2933	2975	3016	3058	3100	3141	3183	3224	70
80	3266	3307	3349	3390	3432	3473	3515	3556	3598	3639	80
90	3681	3722	3764	3805	3847	3888	3930	3971	4012	4054	90
100	4095	4137	4178	4219	4261	4302	4343	4384	4426	4467	100
110	4508	4549	4590	4632	4673	4714	4755	4796	4837	4878	110
120	4949	4960	5001	5042	5083	5124	5164	5205	5246	5287	120
130	5327	5363	5409	5450	5490	5531	5571	5612	5652	5693	130
140	5733	5774	5814	5855	5895	5936	5976	6016	6057	6097	140
150	6137	6177	6218	6258	6298	6338	6378	6419	6459	6499	150
160	6539	6579	6619	6659	6699	6739	6779	6819	6859	6899	160
170	6939	6979	7019	7059	7099	7139	7179	7219	7259	7299	170
180	7338	7378	7418	7458	7498	7538	7578	7618	7658	7697	180
190	7737	7777	7817	7857	7897	7937	7977	8017	8057	8097	190
200	8137	8177	8216	8256	8296	8336	8376	8416	8456	8497	200
210	8537	8577	8617	8657	8697	8737	8777	8817	8857	8898	210
220	8938	8978	9018	9058	9099	9139	9179	9220	9260	9300	220
230	9341	9381	9421	9462	9502	9543	9583	9624	9664	9705	230
240	9745	9786	9826	9867	9907	9948	9989	10029	10070	10111	240

续表

温度,℃	热电动势, μV										温度,℃
	0	1	2	3	4	5	6	7	8	9	
250	10151	10192	10233	10274	10315	10355	10396	10437	10478	10519	250
260	10560	10600	10641	10682	10723	10764	10805	10846	10887	10928	260
270	10969	11010	11051	11093	11134	11175	11216	11257	11298	11339	270
280	11381	11422	11463	11504	11546	11587	11628	11669	11711	12752	280
290	11793	11835	11876	11918	11959	12000	12042	12083	12125	12166	290
300	12207	12249	12290	12332	12373	12415	12456	12498	12539	12581	300
310	12623	12664	12706	12747	12789	12831	12872	12914	12955	12997	310
320	13039	13080	13122	13164	13205	13247	13289	13331	13372	13414	320
330	13456	13497	13539	13581	13623	13665	13706	13748	13790	13832	330
340	13874	13915	13957	13999	14041	14083	14125	14167	14208	14250	340
350	14292	14334	14376	14418	14460	14502	14544	14586	14628	14670	350
360	14712	14754	14796	14838	14880	14922	14964	15006	15048	15090	360
370	15132	15174	15216	15258	15300	15342	15384	15426	15468	15510	370
380	15552	15594	15636	15679	15721	15763	15805	15847	15889	15931	380
390	15974	16016	16058	16100	16142	16184	16227	16269	16311	16353	390
400	16395	16438	16480	16522	16564	16607	16649	16691	16733	16776	400
410	16818	16860	16902	16945	16987	17029	17072	17114	17156	17199	410
420	17241	17283	17326	17368	17410	17453	17495	17537	17580	17622	420
430	17664	17707	17749	17792	17834	17876	17919	17961	18004	18046	430
440	18088	18131	18173	18216	18258	18301	18343	18385	18428	18470	440
450	18513	18555	18598	18640	18683	18725	18768	18810	18853	18895	450
460	18938	18980	19023	19065	19108	19150	19193	19235	19278	19320	460
470	19363	19405	19448	19490	19533	19576	19618	19661	19703	19746	470
480	19788	19831	19873	19910	19959	20001	20044	20086	20129	20172	480
490	20214	20257	20299	20342	20385	20427	20470	20512	20555	20598	490
500	20640	20683	20725	20768	20811	20853	20896	20038	20981	21024	500
510	21066	21109	21152	21194	21237	21280	21322	21365	21407	21450	510
520	21493	21535	21578	21621	21663	21706	21749	21791	21834	21876	520
530	21919	21962	22004	22047	22090	22132	22175	22218	22260	22303	530
540	22346	22388	22431	22473	22516	22559	22601	22644	22687	22729	540
550	22772	22815	22857	22900	22942	22985	23028	23070	23113	23156	550
560	23198	23241	23284	23326	23369	23411	23454	23497	23539	23582	560
570	23624	23667	23710	23752	23795	23837	23880	23923	23965	24008	570
580	24050	24093	24136	24178	24221	24263	24306	24348	24391	34434	580
590	24476	24519	24561	24604	24646	24689	24731	24774	24817	24859	590
600	24902	24944	24987	25029	25072	25114	25157	25199	25242	25284	600
610	25327	25369	25412	25454	25497	25539	25582	25624	25666	25709	610
620	25751	25794	25836	25879	25921	25964	26006	26048	26091	26133	620
630	26176	26218	26260	26303	26345	26387	26430	26472	26515	26557	630
640	26599	26642	26684	26726	26769	26811	26853	26896	26938	26980	640
650	27022	27065	27107	27149	27192	27234	27276	27318	27361	27403	650
660	27445	27487	27529	27572	27614	27656	27698	27740	27783	27825	660
670	27867	27909	27951	27993	28035	28078	28120	28162	28204	28246	670
680	28288	28330	28372	28414	28456	28498	28540	28583	28625	28667	680
690	28709	28751	28793	28835	28877	28919	28961	29002	29044	29086	690

续表

温度,℃	热电动势,μV										温度,℃
	0	1	2	3	4	5	6	7	8	9	
700	29128	29170	29212	29254	29296	29338	29380	29422	29464	29505	700
710	29547	29589	29631	29673	29715	29756	29798	29840	29882	29924	710
720	29965	30007	30049	30091	30132	30174	30216	30257	30299	30341	720
730	30383	30424	30466	30508	30549	30591	30632	30674	30716	30757	730
740	30799	30840	30882	30924	30965	31007	31048	31090	31131	31173	740
750	31214	31256	31297	31339	31380	31422	31463	31504	31546	31587	750
760	31629	31670	31712	31753	31794	31836	31877	31918	31960	32001	760
770	32042	32084	32125	32166	32207	32249	32290	32331	32372	32414	770
780	32455	32496	32537	32578	32619	32661	32702	32743	32784	32825	780
790	32866	32907	32948	32990	33031	33072	33113	33154	33195	33236	790
800	33277	33318	33359	33400	33441	33482	33523	33564	33604	33645	800
810	33686	33727	33768	33809	33850	33891	33931	33972	34013	34054	810
820	34095	34136	34176	34217	34258	34299	34339	34380	34421	34461	820
830	34502	34543	34583	34624	34665	34705	34746	34787	34827	34868	830
840	34909	34949	34990	35030	35071	35111	35152	35192	35233	35273	840
850	35314	35354	35395	35435	35476	35516	35557	35597	35637	35678	850
860	35718	35758	35799	35839	35880	35920	35960	36000	36041	36081	860
870	36121	36162	36202	36242	36282	36323	36363	36403	36443	36483	870
880	36524	36564	36604	36644	36684	36724	36764	36804	36844	36885	880
890	36925	36965	37005	37045	37085	37125	37165	37205	37245	37285	890
900	37325	37365	37405	37445	37484	37524	37564	37604	37644	37684	900
910	37724	37764	37803	37843	37883	37923	37963	38002	38042	38082	910
920	38122	38162	38201	38241	38281	38320	38360	38400	38439	38479	920
930	38519	38558	38598	38638	38677	38717	38756	38796	38836	38875	930
940	38915	38954	38994	39033	39073	39112	39152	39191	39231	39270	940
950	39310	39349	39388	39428	39467	39507	39546	39585	39625	39664	950
960	39703	39743	39782	39821	39861	39900	39939	39979	40018	40057	960
970	40096	40136	40175	40214	40253	40292	40332	40371	40410	40449	970
980	40488	40527	40566	40605	40645	40684	40723	40762	40801	40840	980
990	40879	40918	40957	40996	41035	41074	41113	41152	41191	41230	990
1000	41269	41308	41347	41385	41424	41463	41502	41541	41580	41619	1000
1370	54807	54841	54875								

附录二　常用热电阻分度表

表 1　工业用铂热电阻分度表

分度号：Pt100　R_0＝100.00Ω　α＝0.003850　（－50～1340℃）

℃	0	1	2	3	4	5	6	7	8	9
	热电阻值，Ω									
0	100.00	100.39	100.78	101.17	101.56	101.95	102.34	102.73	103.12	103.51
10	103.90	104.29	104.68	105.07	105.46	105.85	106.24	106.63	107.02	107.40
20	107.79	108.18	108.57	108.96	109.35	109.73	110.12	110.51	110.90	111.28
30	111.67	112.06	112.45	112.83	113.22	113.61	113.99	114.38	114.77	115.15
40	115.54	115.93	116.31	116.70	117.08	117.47	117.85	118.24	118.62	119.01
50	119.40	119.78	120.16	120.55	120.93	121.32	121.70	122.09	122.47	122.86
60	123.24	123.62	124.01	124.39	124.77	125.16	125.54	125.92	126.31	126.69
70	127.07	127.45	127.84	128.22	128.60	128.98	129.37	129.75	130.13	130.51
80	130.89	131.27	131.66	132.04	132.42	132.80	133.18	133.56	133.94	134.32
90	134.70	135.08	135.46	135.84	136.22	136.60	136.98	137.36	137.74	138.12
100	138.50	138.88	139.26	139.64	140.02	140.39	140.77	141.15	141.53	141.91
110	142.69	142.66	143.04	143.42	143.80	144.17	144.55	144.93	145.31	145.68
120	146.06	146.44	146.81	147.19	147.57	147.94	148.32	148.70	149.07	149.45
130	149.82	150.20	150.57	150.95	151.33	151.70	152.08	152.45	152.83	153.20
140	153.58	153.95	154.32	154.70	155.07	155.45	155.82	156.19	156.57	156.94
150	157.31	157.69	158.06	158.43	158.81	159.18	159.55	159.93	160.30	160.67
160	161.04	161.42	161.79	162.16	162.53	162.90	163.27	163.65	164.02	164.39
170	164.76	165.13	165.50	165.87	166.24	166.61	166.98	167.35	167.72	168.09
180	168.46	168.83	169.20	169.57	169.94	170.31	170.68	171.05	171.42	171.79
190	172.16	172.53	172.90	173.26	173.63	174.00	174.37	174.74	175.10	175.47
200	175.84	176.21	176.57	176.94	177.31	177.68	178.04	178.41	178.78	179.14
210	179.51	179.88	180.24	180.61	180.97	181.34	181.71	182.07	182.44	182.80
220	183.17	183.53	183.90	184.26	184.63	184.99	185.36	185.72	186.09	186.45
230	186.82	187.18	187.54	185.91	188.27	188.63	189.00	189.36	189.72	190.09
240	190.45	190.81	191.18	191.54	191.90	192.26	192.63	192.99	193.35	193.71
250	194.07	194.44	194.80	195.16	195.52	195.88	196.24	196.60	196.96	197.33
260	197.69	198.05	198.41	198.77	199.13	199.49	199.85	200.21	200.57	200.93
270	201.29	201.65	202.01	202.36	202.72	203.08	203.44	203.80	204.16	204.52
280	204.88	205.23	205.59	205.95	206.31	206.67	207.02	207.38	207.74	208.10
290	208.45	208.81	209.17	209.52	209.88	210.24	210.59	210.95	211.31	211.66
300	212.02	212.37	212.73	213.09	213.44	213.80	214.15	214.51	214.86	215.22
310	215.57	215.93	216。28	216.64	216.99	217.35	217.70	218.05	218.41	218.76
320	219.12	219.47	219.82	220.18	220.53	220.88	221.24	221.59	221.94	222.29
330	222.65	223.00	223.35	223.70	224.06	224.41	224.76	225.11	225.46	225.81
340	226.17	226.52	226.87	227.22	227.57	227.92	228.27	228.62	228.97	229.32
350	229.67	230.02	230.37	230.72	231.07	231.42	231.77	232;12	232.47	232.82
360	233.97	233.52	233.87	234.22	234.56	234.91	235.26	235.61	235.96	236.31
370	236.65	237.00	237.35	237.70	238.04	238.39	238.74	239.09	239.43	239.78
380	240.13	240.47	240.82	241.17	241.51	241.86	242.20	242.55	242.90	243.24
390	243.59	243.93	244.28	244.62	244.97	245.31	245.66	246.00	246.35	246.69

续表

℃	0	1	2	3	4	5	6	7	8	9
	热电阻值，Ω									
400	247.04	247.38	247.73	248.07	248.41	248.76	249.10	249.45	249.79	250.13
410	250.48	250.82	251.16	251.50	251.85	252.19	252.53	252.88	253.22	253.56
420	253.90	254.24	254.59	254.93	255.27	255.61	255.95	256.29	256.64	256.98
430	257.32	257.66	258.00	258.34	258.68	259.02	259.36	259.70	260.04	260.38
440	260.72	261.06	261.40	261.74	262.08	262.42	262.76	263.10	263.43	263.77
450	264.11	264.45	264.79	265.13	265.47	265.80	266.14	266.48	266.82	267.15
460	267.49	267.83	268.17	268.50	268.84	269.18	269.51	269.85	270.19	270.52
470	270.86	271.20	271.53	271.87	272.20	272.54	272.88	273.21	273.55	273.88
480	274.22	247.55	274.89	275.22	275.56	275.89	276.23	276.56	276.89	277.23
490	277.56	277.90	278.23	278.58	278.90	279.23	279.56	279.90	280.23	280.56
500	280.90	281.23	281.56	281.89	282.23	282.56	282.89	283.22	283.55	283.89

注：Pt10 型热电阻分度表可将 Pt100 型分度表中电阻值的小数点左移一位而得。

表 2　工业用铜热电阻分度表

分度号：Cu50　$R_0=50\Omega$　$\alpha=0.004280$

℃	0	1	2	3	4	5	6	7	8	9
	热电阻值，Ω									
−50	39.24									
−40	41.40	41.18	40.97	40.75	40.54	40.32	40.10	39.89	39.67	39.46
−30	43.55	43.34	43.12	42.91	42.69	42.48	42.27	42.05	41.83	41.61
−20	45.70	45.49	45.27	45.06	44.84	44.63	44.41	44.20	43.98	43.77
−10	47.85	47.64	47.42	47.21	46.99	46.78	46.56	46.35	46.13	45.92
−0	50.00	49.78	49.57	49.35	49.14	48.92	48.71	48.50	48.28	48.07
0	50.00	50.21	50.43	50.64	50.86	51.07	51.28	51.50	51.71	51.93
10	52.14	52.36	52.57	52.78	53.00	53.21	53.43	53.64	53.86	54.07
20	54.28	54.50	54.71	54.92	55.14	55.35	55.57	55.78	56.00	56.21
30	56.42	56.64	56.85	57.07	57.28	57.49	57.71	57.92	58.14	58.35
40	58.56	58.78	58.99	59.20	59.42	59.63	59.85	60.06	60.27	60.49
50	60.70	60.92	61.13	61.34	61.56	61.77	61.98	62.20	62.41	62.63
60	62.84	63.05	63.27	63.48	63.70	63.91	64.12	64.34	64.55	64.76
70	64.98	65.19	65.41	65.62	65.83	66.05	66.26	66.48	66.69	66.90
80	67.12	67.33	67.54	67.76	67.97	68.19	68.40	68.62	68.83	69.04
90	69.26	69.47	69.68	69.90	70.11	70.33	70.54	70.76	70.94	71.18
100	71.40	71.61	71.83	72.04	72.25	72.47	72.68	72.90	73.11	73.33
110	73.54	73.75	73.97	74.18	74.40	74.61	74.83	75.04	75.26	75.47
120	75.68	75.90	76.11	76.33	76.54	76.76	76.97	77.19	77.40	77.62
130	77.83	78.05	78.26	78.48	78.69	78.91	79.12	79.34	79.55	79.77
140	79.98	80.20	80.41	80.63	80.84	81.06	81.27	81.49	81.70	81.92
150	82.13									

续表

分度号：Cu100　R_0＝100Ω

℃	0	1	2	3	4	5	6	7	8	9
	热电阻值，Ω									
−50	78.49									
−40	82.80	82.36	81.94	81.50	81.08	80.64	80.20	79.78	79.34	78.92
−30	87.10	86.68	86.24	85.82	85.38	84.96	84.54	84.10	83.66	83.22
−20	91.40	90.98	90.54	90.12	89.68	89.26	88.82	88.40	87.96	87.54
−10	95.70	95.28	94.84	94.42	93.98	93.56	93.12	92.70	92.26	91.84
−0	100.00	99.56	99.14	98.70	98.28	97.84	97.42	97.00	96.56	96.14
0	100.00	100.42	100.86	101.28	101.72	102.14	102.56	103.00	103.42	103.86
10	104.28	104.72	105.14	105.56	106.00	106.42	106.86	107.28	107.72	108.14
20	108.56	109.00	109.42	109.84	110.28	110.70	111.14	111.56	112.00	112.42
30	112.84	113.28	113.70	114.14	114.56	114.98	115.42	115.84	116.28	116.70
40	117.12	117.56	117.98	118.40	118.84	119.26	119.70	120.12	120.54	120.98
50	121.40	121.84	122.26	122.68	123.12	123.54	123.96	124.40	124.82	125.26
60	125.68	126.10	126.54	126.96	127.40	127.82	128.24	128.68	129.10	129.52
70	129.96	130.38	130.82	131.24	131.66	132.10	132.52	132.96	133.38	133.80
80	134.24	134.66	135.08	135.52	135.94	136.38	136.80	137.24	137.66	138.08
90	138.52	138.94	139.36	139.80	140.22	140.66	141.08	141.52	141.94	142.36
100	142.80	143.22	143.66	144.08	144.50	144.94	145.36	145.80	146.22	146.66
110	147.08	147.50	147.94	148.36	148.80	149.22	149.66	150.08	150.52	150.94
120	151.36	151.80	152.22	152.66	153.08	153.52	153.94	154.38	154.80	155.24
130	155.66	156.10	156.52	156.96	157.38	157.82	158.24	158.68	159.10	159.54
140	159.96	160.40	160.82	161.26	161.68	162.12	162.54	162.98	163.40	163.84
150	164.27									

参考文献

1 厉玉鸣主编. 化工仪表及自动化. 3版. 北京: 化学工业出版社, 1999
2 厉玉鸣主编. 化工仪表及自动化. 修订版. 北京: 化学工业出版社, 2001
3 谢建昌, 王克华编. 测量仪表及自动化. 北京: 石油工业出版社, 1996
4 杜鹃主编. 测量仪表及自动化. 东营: 石油大学出版社, 2000
5 王永红主编. 过程检测仪表. 北京: 化学工业出版社, 1999
6 蔡武昌等编著. 流量测量方法和仪表的选用. 北京: 化学工业出版社, 2001
7 蒋慰孙主编. 过程与控制. 北京: 化学工业出版社, 1992
8 周春辉主编. 化工过程控制原理. 北京: 化学工业出版社, 1980
9 孙自强主编. 生产过程自动化及仪表. 武汉: 武汉工业大学出版社, 1999
10 董佩瑞主编. 自动式控制器原理及应用. 北京: 中国石化出版社, 1992
11 徐春山主编. 过程控制仪表. 北京: 冶金工业出版社, 1995
12 俞云奎主编. 可编程序调节器控制器原理与应用. 哈尔滨: 哈尔滨工程大学出版社, 1997
13 周志成主编. 石油化工仪表及自动化 (工艺类专业适用). 北京: 中国石化出版社, 1994
14 慎大刚主编. 化工自动化及仪表. 杭州: 浙江大学出版社, 1991
15 夏焕彬等编. 过程控制仪表及装置. 北京: 兵器工业出版社, 1991
16 何衍庆等编. 控制阀工程设计与应用. 北京: 化学工业出版社, 2005
17 王骥程主编. 化工过程控制工程. 2版. 北京: 化学工业出版社, 1991
18 吴勤勤主编. 控制仪表及装置. 北京: 化学工业出版社, 1997
19 杨丽明主编. 化工自动化及仪表 (工艺类专业适用). 北京: 化学工业出版社, 2004
20 涂植英主编. 过程控制系统. 北京: 机械工业出版社, 1983
21 范玉久主编. 化工测量及仪表. 北京: 化学工业出版社, 1981
22 安庆石油化工总厂教材编写组编著. 集散控制系统基础知识. 北京: 石油工业出版社, 1999
23 Jonas Berge 著. 过程控制现场总线. 陈小枫, 译. 北京: 清华大学出版社, 2003
24 解怀仁, 杨彬彦主编. 石油化工仪表控制系统选用手册. 北京: 中国石化出版社, 2004
25 左国庆, 明赐东主编. 自动化仪表故障处理实例. 北京: 化学工业出版社, 2003
26 郭祖樑主编. 石油化工工程师实用技术手册. 北京: 化学工业出版社, 2005
27 开俊主编. 工业电器与仪表. 北京: 化学工业出版社, 2002
28 张宝芬等主编. 自动检测技术及仪表控制系统. 北京: 化学工业出版社, 2000
29 柳桂国主编. 检测技术及应用. 北京: 电子工业出版社, 2003
30 叶江祺主编. 热工测量和控制仪表的安装. 北京: 中国电力出版社, 1992
31 王一平等主编. 化工测试技术. 天津: 天津大学出版社, 2005
32 余成波等主编. 传感器与自动检测技术. 北京: 高等教育出版社, 2002